中国城市科学研究系列报告
中国城市科学研究会 主编

中国工程院咨询项目

中国建筑节能年度发展研究报告 2015

2015 Annual Report on China Building Energy Efficiency

清华大学建筑节能研究中心 著

中国建筑工业出版社

图书在版编目（CIP）数据

中国建筑节能年度发展研究报告 2015/清华大学建筑节能研究中心著. —北京：中国建筑工业出版社，2015.3
ISBN 978-7-112-17869-9

Ⅰ.①中… Ⅱ.①清… Ⅲ.①建筑热工-节能-研究报告-中国-2015 Ⅳ.①TU111.4

中国版本图书馆 CIP 数据核字（2015）第 042418 号

责任编辑：齐庆梅
责任校对：姜小莲 赵 颖

中国城市科学研究系列报告
中国城市科学研究会 主编
中国工程院咨询项目

中国建筑节能年度发展研究报告 2015

2015 Annual Report on China Building Energy Efficiency

清华大学建筑节能研究中心 著

*

中国建筑工业出版社出版、发行（北京西郊百万庄）
各地新华书店、建筑书店经销
北京红光制版公司制版
北京建筑工业印刷厂印刷

*

开本：787×1092 毫米 1/16 印张：21¼ 字数：415 千字
2015 年 3 月第一版 2015 年 3 月第一次印刷
定价：**58.00** 元
ISBN 978-7-112-17869-8
（27111）

《中国建筑节能年度发展研究报告 2015》
顾问委员会

本 书 作 者

清华大学建筑节能研究中心

江　亿　5.4
付　林　第3章，2.2，2.3，2.4，4.1
夏建军　第2章，第5章，4.5，4.7，6.4，6.6，6.7
胡　姗　第1章，2.1，附录
孙　健　2.4，4.1，6.1，6.2，6.8，6.9
李文涛　2.4，4.1，6.1，6.2
赵玺灵　2.4，4.2，4.3
介鹏飞　2.4，4.8，4.15，6.3
王静怡　2.5
郑忠海　3.3
张世钢　4.1，4.9
方　豪　4.5，4.6，4.11，6.4，6.6
张立鹏　4.7
谢晓云　4.10，4.14
毛晓晨　4.13
吴延延　4.4
华　靖　4.12
王　萌　5.1，5.2
李　峰　6.5
林立身　附录

特邀作者

中国建筑科学研究院　　刘月莉（2.2，4.15）

统稿

胡　姗　郭偲悦

总　序

建设资源节约型社会，是中央根据我国的社会、经济发展状况，在对国内外政治经济和社会发展历史进行深入研究之后做出的战略决策，是为中国今后的社会发展模式提出的科学规划。节约能源是资源节约型社会的重要组成部分，建筑的运行能耗大约为全社会商品用能的三分之一，并且是节能潜力最大的用能领域，因此应将其作为节能工作的重点。

不同于“嫦娥探月”或三峡工程这样的单项重大工程，建筑节能是一项涉及全社会方方面面，与工程技术、文化理念、生活方式、社会公平等多方面问题密切相关的全社会行动。其对全社会介入的程度很类似于一场新的人民战争。而这场战争的胜利，首先要“知己知彼”，对我国和国外的建筑能源消耗状况有清晰的了解和认识；要“运筹帷幄”，对建筑节能的各个渠道、各项任务做出科学的规划。在此基础上才能得到合理的政策策略去推动各项具体任务的实现，也才能充分利用全社会当前对建筑节能事业的高度热情，使其转换成为建筑节能工作的真正成果。

从上述认识出发，我们发现目前我国建筑节能工作尚处在多少有些“情况不明，任务不清”的状态。这将影响我国建筑节能工作的顺利进行。出于这一认识，我们开展了一些相关研究，并陆续发表了一些研究成果，受到有关部门的重视。随着研究的不断深入，我们逐渐意识到这种建筑节能状况的国情研究不是一个课题通过一项研究工作就可以完成的，而应该是一项长期的不间断的工作，需要时刻研究最新的状况，不断对变化了的情况做出新的分析和判断，进而修订和确定新的战略目标。这真像一场持久的人民战争。基于这一认识，在国家能源办、建设部、发改委的有关领导和学术界许多专家的倡议和支持下，我们准备与社会各界合作，持久进行这样的国情研究。作为中国工程院“建筑节能战略研究”咨询项目的部分内容，从2007年起，把每年在建筑节能领域国情研究的最新成果编撰成书，作为《中国建筑节能年度发展研究报告》，以这种形式向社会及时汇报。

清华大学建筑节能研究中心

前　言

按照既定的计划，本书今年的主题是北方城镇建筑供暖的节能减排，而这正是当前全社会的热点话题之一。日益加重的雾霾严重影响了我国三分之一人口的正常生活、健康和社会活动，尽快治理雾霾，还百姓以蓝天已经成为从中央到地方各界人民的企盼。治理雾霾必须从排放源抓起，而大量的实测数据表明，北方城镇供暖造成的硫化物、氮氧化合物等的排放是形成雾霾的主要污染源之一。为了治理雾霾，北方供暖开始了声势浩大的“煤改气”运动，用燃气锅炉、燃气热电联产替代燃煤锅炉和燃煤热电联产，以实现减煤的目标。随着“煤改气”的铺开，天然气不断发出“气荒”信号，停气就意味着冬天的停暖，而冬季保障建筑的正常供暖是北方城市民生保障的主要任务之一。不同于发达国家，中国目前的天然气仅承担全国总能源消耗的不到6%，而且其中还包括大约1/3的进口天然气。按照热值换算，我国目前天然气供暖的市场价格是燃煤价格的5～6倍，“煤改气”造成供暖热源成本大幅度增加。然而为了维持城市的社会稳定和居民的正常生活，供暖价格却被严格控制，有些城市供暖价格十年不变。面对成本的大幅度上涨和售价的不变，作为供暖主体经营者的热力公司陷入重重困境：燃煤不能再烧，燃气供不应求，被燃气逼高的热源成本，长期不变的供热价格，再加上从保民生出发要求的供暖质量，飞速增长的城镇建筑形成的对供暖规模增长的要求和控制城市大气环境而严格限制的供暖新热源的建设。既要保民生，又要经营下去，还要改善环境，热力公司的出路在哪里？怎样杀出重围，找到一条可持续发展的路？

现在看来，唯一的走出困境的办法就是改革与创新：靠科技创新，走出一条新的城镇供暖技术方式；靠体制创新，彻底改革供暖企业的经营模式；靠政策创新，由新的计价、计量模式去支持新的技术模式。本书从这三方面的改革与创新出发，总结了近年来北方城镇供暖领域的积极探索和实践，提出区域大联网，用低品位工业余热和热电联产余热作为基础热源，用分布式天然气锅炉作为末端调峰热源的方案，实现最少的污染排放、最低的天然气消耗、可接受的初投资成本和更安全的供暖方案。这个方案并非来自于畅想，而是来自于多年的工程实践。这个方案目前不是仅停留在纸上和计算机中，而是已经开始在一些地区开工建设，并已经区域性地

是仅停留在纸上和计算机中，而是已经开始在一些地区开工建设，并已经区域性地展示出其效果。然而，真正全面实现这样一种全新的供暖方式，需要科学、全面、细致的整体规划；需要从建筑、到小区、到大管网的全面改造；需要电厂、各个工业余热热源厂的全面配合与工程实施；还需要全新的、科学的、系统的运行管理与调节。要做到这些，只有依靠相应的政策配套、融资途径、管理机制以及收益分配模式。这些都是目前国内外没有的，都需要创新发展。然而我们本来就在做这样前人没有做过的大事，中国的城镇化本来就是一件人类发展史上前所未有的新事。我们不改革，不创新，又怎么可能成功呢?

本书试图尽可能多地给出一些工程案例和工程数据。我们觉得只有实际的运行数据和实际的工程案例才能说明真正的问题，才能进一步揭示出事物的本质，从而做出正确的判断。遗憾的是“书到用时方恨少”，平时以为掌握了大量的实测数据，但真的整理起来却是残缺不全，漏洞百出。由于数据的不配套、不全面，有些问题可能判断不准，甚至结论也有偏差。这催促我们还要做更深入的研究，还需要更多的现场调研。同时也希望有供热界更多的同事能够和我们一道，从实际数据出发，搜集案例，剖析案例，在更多的数据和案例的基础上对我国北方城镇供暖问题给出更清晰的认识，做出更科学的判断。然而，根据目前的大量工程实践分析，本书提出的我国北方城镇供热事业的发展方向应该不会变化。这就是以热电联产和工业余热为基础，配之以燃气调峰，形成大区域协调的新型供热网络，热、电、气协同，实现高效率、低污染、高可靠性、低成本的供热模式。

在此要感谢很多热忱于供热事业的同行、朋友这些年来的大力支持，为我们提供的大量信息，为我们的调查研究提供的各种方便，更为供热事业创新发展做出的巨大贡献。中国电机工程学会热电专业委员会的王振铭先生，是我见到过的热心于热电事业的第一人。耄耋之年，还奔波在热电第一线做调查研究，还在为科学地发展热电事业大声疾呼。本书中许多数据、资料都是由王先生提供，为此深表感谢。再一个必须提及的是赤峰富龙热力集团。本书很多数据和案例都是在赤峰开展的调研和实验中获得。不仅为了富龙热力自己的主业，更是为了发展我国的供热事业，富龙热力集团做了大量的“第一个吃螃蟹”的工作，对诸多新技术、新思路进行尝试、实践。衷心感谢富龙热力集团为我国供热事业创新发展的无私奉献。第三要感谢的是现任太原市市长耿彦波。正是他打破常规、勇于创新，才使得大同的第一个“吸收式换热”的示范工程得以实施。也正是他的全力支持，才使得太原实现了余热供热的全面规划并开始实施。如果在全国有更多的耿市长、富龙集团和王秘书长，我们供热事业的创新发展就有希望了。

今年这本年度报告主要由付林教授、夏建军副教授组织、策划，并由他们二位领导的科研小组的工程师和研究生共同完成。书中许多内容汇集了他们多年来在供热领域的研究成果。北方城镇建筑供热占我国建筑总能耗约 1/4，是目前可以看到的具有最大节能潜力的建筑耗能部分，应是我国建筑节能工作的第一重点。正是如此，这二位主持者和他们的研究小组在这个方向上兢兢业业付出巨大的投入，可以说是呕心沥血。本书的完成还要感谢负责全书协调和统稿工作的胡姗，没有她付出的努力，本书的完成也无法设想。最后，感谢本书的编辑齐庆梅，正是她一如既往地支持，克服诸多难以想象的困难，使本书一次次得以按时高质量的出版。

这是第 9 本建筑节能年度发展研究报告了。九年来得到了广大读者的热心支持。这种支持是最大的动力，使我们能够把这本书持续地写下去。衷心感谢各位的支持，我们希望能够不负众望，把这部书一直写下去，写好。

江 亿

2015 年 2 月 6 日于清华大学节能楼

目　录

第 1 篇　中国建筑能耗现状分析

第 2 篇　北方城镇供暖节能专题

第1篇　中国建筑能耗现状分析

第1章　中国建筑能耗基本现状

1.1　中国建筑能耗基本现状

1.1.1　中国建筑能耗基本现状

本书讨论的建筑能耗，指的是民用建筑的运行能耗，即在住宅、办公建筑、学校、商场、宾馆、交通枢纽、文体娱乐设施等非工业建筑内，为居住者或使用者提供采暖、通风、空调、照明、炊事、生活热水，以及其他为了实现建筑的各项服务功能所使用的能源。

考虑到我国南北地区冬季采暖方式的差别、城乡建筑形式和生活方式的差别，以及居住建筑和公共建筑人员活动及用能设备的差别，将我国的建筑用能分为北方城镇供暖用能、城镇住宅用能（不包括北方地区的供暖）、公共建筑用能（不包括北方地区的供暖），以及农村住宅用能四类。

（1）北方城镇供暖用能

指的是采取集中供暖方式的省、自治区和直辖市的冬季供暖能耗，包括各种形式的集中供暖和分散采暖。地域涵盖北京、天津、河北、山西、内蒙古、辽宁、吉林、黑龙江、山东、河南、陕西、甘肃、青海、宁夏、新疆的全部城镇地区，以及四川的一部分。西藏、川西、贵州部分地区等，冬季寒冷，也需要供暖，但由于当地的能源状况与北方地区完全不同，其问题和特点也很不相同，需要单独论述。将北方城镇供暖部分用能单独考虑的原因是，北方城镇地区的供暖多为集中供暖，包括大量的城市级别热网与小区级别热网。与其他建筑用能以楼栋或者以户为单位不同，这部分供暖用能在很大程度上与供暖系统的结构形式和运行方式有关，并且其实际用能数值也是按照供暖系统来统计核算的，所以把这部分建筑用能作为单独一类，与其他建筑用能区别对待。目前的供暖系统按热源系统形式及规模分类，可分为大中规模的热电联产、小规模热电联产、区域燃煤锅炉、区域燃气锅炉、小区燃煤锅炉、小区燃气锅炉、热泵集中供暖等集中供暖方式，以及户式燃气炉、户式燃煤炉、空调分散采暖和直接电加热等分散采暖方式。使用的能源种类主要包括燃煤、燃气和电力。本章考察各类供暖系统的一次能耗，包括了热源和热力站损失、管网的热损失和输配能耗，以及最终建筑的耗热量。

（2）城镇住宅用能（不包括北方地区的供暖）

指的是除了北方地区的供暖能耗外，城镇住宅所消耗的能源。在终端用能途径上，包括家用电器、空调、照明、炊事、生活热水，以及夏热冬冷地区的省、自治区和直辖市的冬季供暖能耗。城镇住宅使用的主要商品能源种类是电力、燃煤、天然气、液化石油气和城市煤气等。夏热冬冷地区的冬季供暖绝大部分为分散形式，热源方式包括空气源热泵、直接电加热等针对建筑空间的供暖方式，以及炭火盆、电热毯、电手炉等各种形式的局部加热方式，这些能耗都归入此类。

（3）商业及公共建筑用能（不包括北方地区的供暖）

这里的商业及公共建筑指人们进行各种公共活动的建筑。包含办公建筑、商业建筑、旅游建筑、科教文卫建筑、通信建筑以及交通运输类建筑，既包括城镇地区的公共建筑，也包含农村地区的公共建筑❶。除了北方地区的供暖能耗外，建筑内由于各种活动而产生的能耗，包括空调、照明、插座、电梯、炊事、各种服务设施，以及夏热冬冷地区城镇公共建筑的冬季供暖能耗。公共建筑使用的商品能源种类是电力、燃气、燃油和燃煤等。

（4）农村住宅用能

指农村家庭生活所消耗的能源，包括炊事、供暖、降温、照明、热水、家电等。农村住宅使用的主要能源种类是电力、燃煤和生物质能（秸秆、薪柴）。其中的生物质能部分能耗不纳入国家能源宏观统计，本书将其单独列出。

本章的建筑能耗数据来源于清华大学建筑节能研究中心建立的中国建筑能耗模型（China Building Energy Model，简称 CBEM）的研究结果，分析我国建筑能耗现状和从 2001～2013 年的变化情况。从 2001～2013 年，建筑能耗总量及其中电力

---

❶ 2015 年以前出版的《中国建筑节能年度发展研究报告》中的公共建筑未考虑农村公共建筑，从本书起对此概念进行修正，具体可见附录。

消耗量均大幅增长（图1-1）。如表1-1所示，2013年建筑总商品能耗为7.56亿tce❶，约占全国能源消费总量的19.5%，建筑商品能耗和生物质能共计8.62亿tce（生物质能耗1.06亿tce）。

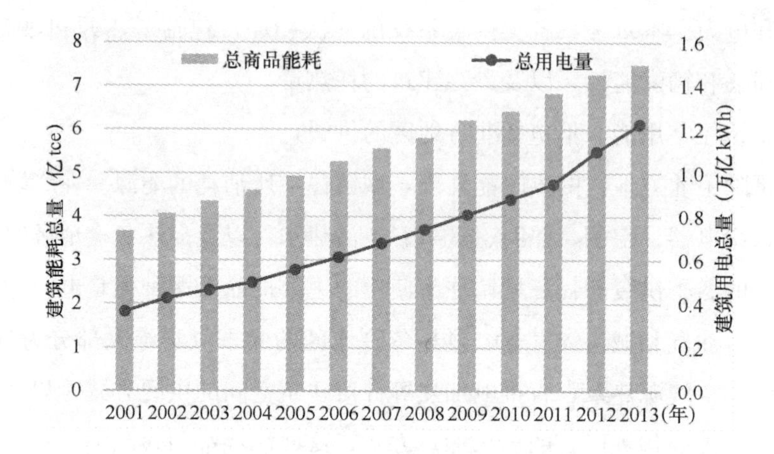

图1-1 建筑商品能耗总量及用电量

中国2013年建筑能耗 **表1-1**

用能分类	宏观参数（面积/户数）	电（亿kWh）	总商品能耗（亿tce）	能耗强度
北方城镇供暖	120亿m^2	92	1.81	15.1 kgce/m^2
城镇住宅（不含北方地区供暖）	2.57亿户	5302	1.85	723 kgce/户
公共建筑（不含北方地区供暖）	99亿m^2	6324	2.11	21.3kgce/m^2
农村住宅	1.62亿户	1614	1.79	1102 kgce/户
合计	13.6亿人 约545亿m^2	13332	7.50	551kgce/人

从2001～2013年，我国城镇化高速发展，城乡建筑面积大幅增加。大量的人口从农村进入城市，城镇化率从37.7%增长到53.7%❷，城镇居民户数从1.55亿户增长到2.57亿户，城乡居民平均每户人数逐年减少，家庭规模小型化（图1-2）。

---

❶ 本书中尽可能单独统计核算电力消耗和其他类型的终端能源消耗，当必须把二者合并时，2015年以前出版的《中国建筑节能年度发展研究报告》中采用发电煤耗法对终端电耗进行换算，从本书采用供电煤耗法对终端电耗进行换算，即按照每年的全国平均火力供电煤耗把电力换算为标煤。因本书定稿时国家统计局尚未公布2013年的全国火电供电煤耗值，故选用2012年该数值，为325 gce/kWh。

❷ 中国国家统计局．中国统计年鉴2014．中国统计出版社．

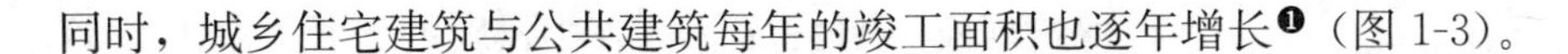

同时，城乡住宅建筑与公共建筑每年的竣工面积也逐年增长❶（图 1-3）。

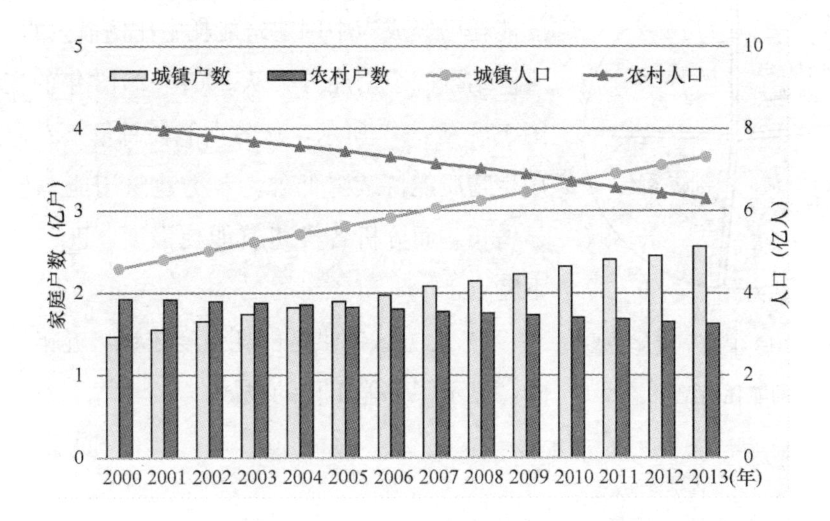

图 1-2　2001～2013 年城乡户数和人口的变化

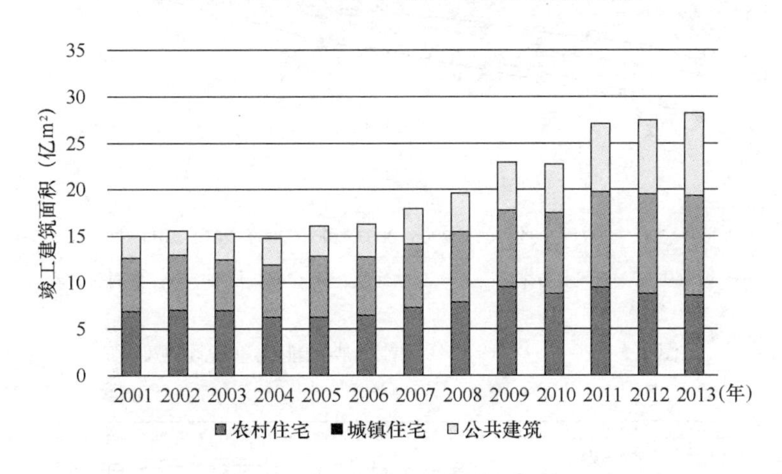

图 1-3　2001～2013 年各类民用建筑竣工面积

1.1.2　四个用能分类的能耗状况

从用能总量来看，呈四分天下的局势，四类用能各占建筑能耗的 1/4 左右（图 1-4）。从面积来看，2013 年农村住宅建筑面积为 238 亿 m²，占全国建筑总面积的 44%；城镇建筑中，住宅面积为 208 亿 m²，公共建筑面积为 99 亿 m²。随着公共

❶ 中国国家统计局. 中国建筑业统计年鉴 2012. 中国统计出版社.

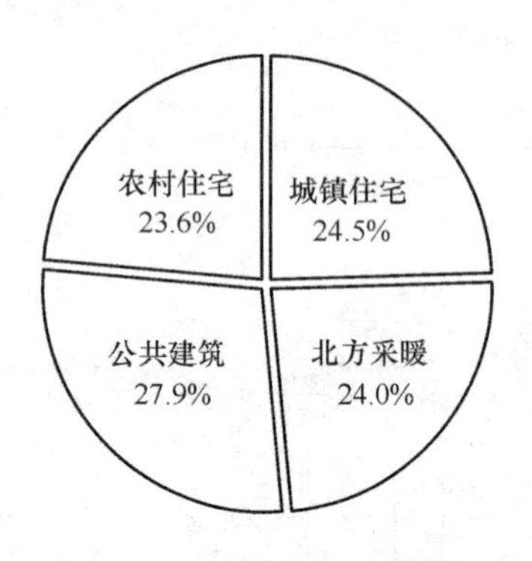

图 1-4 2013 年四个用能分类的能耗情况

建筑规模的增长及平均能耗强度的增长，公共建筑的能耗已经成为中国建筑能耗中比例最大的一部分。

结合四个用能分类从 2001～2013 年的变化，如图 1-5～图 1-7 所示，从各类能耗总量上看，除农村用生物质能持续降低外，各类建筑用能总量都有明显增长。而分析各类建筑能耗强度，进一步发现以下特点：

1）北方城镇供暖能耗强度较大，近年来持续下降，显示了节能工作的成效。

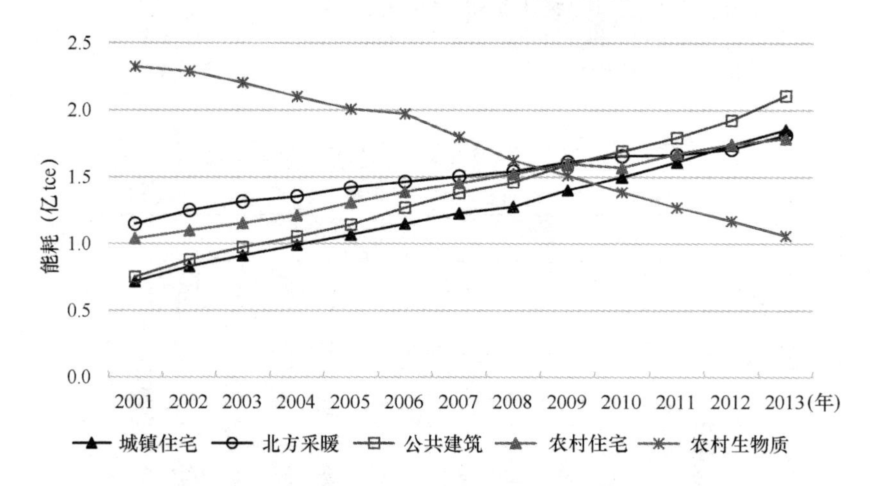

图 1-5 2001～2013 年各用能分类的能耗总量逐年变化

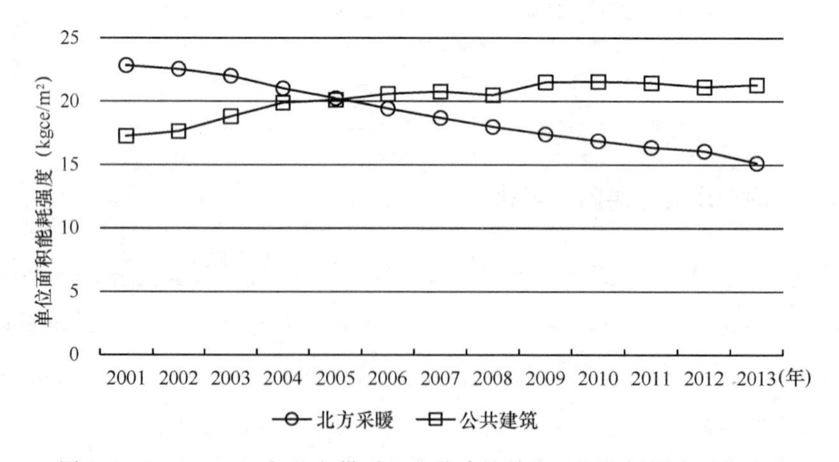

图 1-6 2001～2013 年北方供暖和公共建筑单位面积能耗强度逐年变化

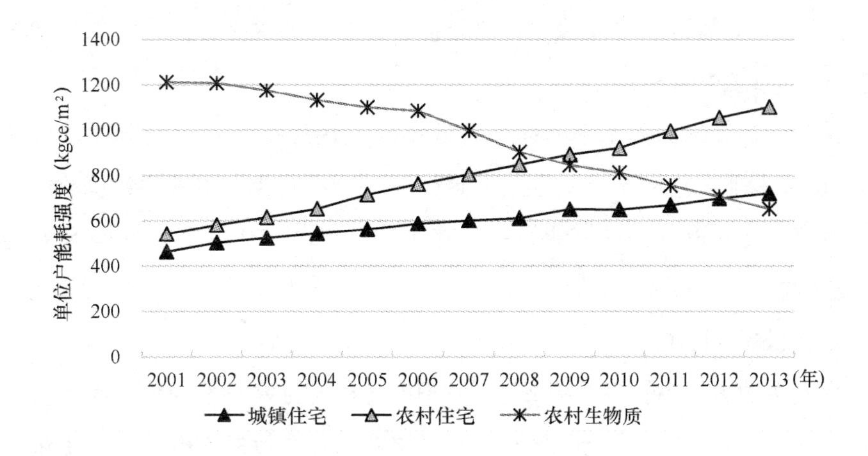

图 1-7 2001～2013 年住宅单位户能耗强度逐年变化

2）公共建筑单位面积能耗强度持续增长，各类公共建筑终端用能需求（如空调、设备、照明等）的增长，是建筑能耗强度增长的主要原因，尤其是近年来许多城市新建的一些大体量并应用大规模集中系统的建筑，能耗强度大大高出同类建筑。

3）城镇住宅户均能耗强度增长，这是由于生活热水、空调、家电等用能需求增加，长江流域地区住宅建筑冬季供暖方式正发生变化，随着各类新的供暖方式的出现，供暖用能也在持续增加；由于节能灯具的推广，住宅中照明能耗没有明显增长，炊事能耗强度也基本维持不变。

4）农村住宅商品能耗增加的同时，生物质能使用量持续快速减少，在农村人口减少的情况下，农村住宅商品能耗总量大幅增加。农村住宅户均采暖能耗和除采暖外能耗均高于城镇住宅，原因来自多个方面：①北方农村大量使用煤供暖，供暖效率低，因此能耗较高；②农村户均人口较城镇多，炊事、生活热水用能需求较大；③节能灯、高效电器的推广不如城市普及等。

下面对每一项用能分类的变化进行详细的分析。

（1）北方城镇供暖

2013 年北方城镇供暖能耗为 1.81 亿 tce，占建筑能耗的 24.0%。2001～2013 年，北方城镇建筑供暖面积从 50 亿 m^2 增长到 120 亿 m^2，增加了 1.5 倍，而能耗总量增加不到 1 倍，能耗总量的增长明显低于建筑面积的增长，体现了节能工作取得的显著成绩——平均的单位面积供暖能耗从 2001 年的 22.8kgce/m^2，降低到 2013 年的 15.1kgce/m^2，降低了 34%。

具体说来，能耗强度降低的主要原因包括建筑保温水平提高、高效热源方式占比提高和供热系统效率提高。

1）建筑围护结构保温水平的提高。近年来，住房和城乡建设部通过多种途径提高建筑保温水平，包括：建立覆盖不同气候区、不同建筑类型的建筑节能设计标准体系、从2004年底开始的节能专项审查工作，以及“十一五”期间开展的既有居住建筑改造。这三方面工作使得我国建筑的保温水平整体大大提高，起到了降低建筑实际需热量的作用。

2）高效热源方式占比迅速提高。各种供暖方式的效率不同[1]，目前缺乏对各种热源方式对应面积的权威统计数据，但总体看来，高效的热电联产集中供暖、区域锅炉方式取代小型燃煤锅炉和户式分散小煤炉，使后者的比例迅速减少；各类热泵飞速发展，以燃气为能源的供暖方式比例增加。

3）供暖系统效率提高。近年来，特别是“十一五”期间开展的供暖系统节能增效改造，使得各种形式的集中供暖系统效率得以整体提高。

关于北方供暖能耗的具体现状、特点及节能理念和方法详见本书后续章节。

（2）城镇住宅（不含北方供暖）

2013年城镇住宅能耗（不含北方供暖）为1.85亿tce，占建筑总商品能耗的24.5%，其中电力消耗5302亿kWh。2001～2013年我国城镇住宅各终端用能途径的能耗如图1-8所示[2]，十三年间该类建筑能耗总量增长近1.4倍。

2001～2013年城镇人口增加了近2.3亿，城镇住宅面积增加了58亿m^2，十三年间住宅总面积增长了约50%，户数增长了75%。

用能方面，空调、家电、生活热水等各终端用能项需求增长，户均能耗强度增长近50%。一方面是家庭用能设备种类和数量明显增加，造成能耗需求提高；另一方面，炊具、家电、照明等设备效率提高，减缓了能耗的增长速度。例如，虽然家庭照明需求不断提高，灯具数量和种类都有所增加，但节能灯大量取代白炽灯，

---

[1] 关于各种供暖方式热源效率的详细分析见本书第2章、第3章。简单说来，各种主要的供暖方式中，燃气供暖方式的热源效率与锅炉大小没有直接关系，实际使用的效率为85%～90%之间。燃煤供暖方式中，热源效率最高的是热电联产集中供暖，其次是各种形式的区域燃煤锅炉，效率在35%～85%之间，一般说来，燃气锅炉的效率高于燃煤锅炉；燃煤的供暖方式中大型锅炉效率高于中小型锅炉，而分户燃煤炉供暖效率最低，根据炉具和供暖器具的不同，效率可低至15%。

[2] 电力按2012年全国平均火力供电煤耗水平换算为标准煤，换算系数为1kWh=0.325kgce。

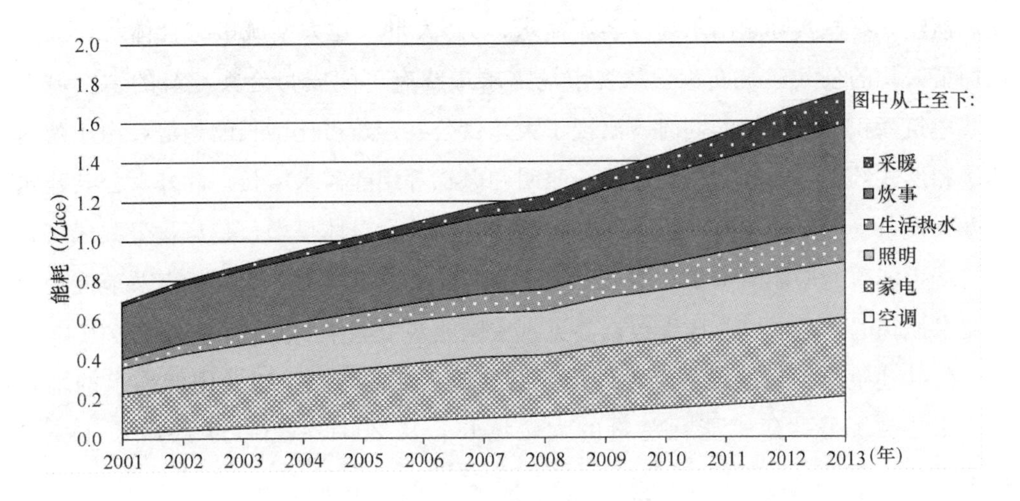

图 1-8 城镇住宅用能分类的商品能耗强度逐年变化

注：这里的供暖能耗指的是北方集中供暖以南的，无集中供暖地区的供暖能耗。

将照明光效提高了 4～5 倍，使得照明能耗强度并没有增长。再一个显著特点就是，由于各类供暖设施的普及，一些区域开始集中供暖，长江流域及其以南地区住宅供暖的能耗迅速增长。

（3）公共建筑（不含北方供暖）

2013 年全国公共建筑面积约为 99 亿 m^2，其中农村公共建筑约有 13 亿 m^2。公共建筑总能耗（不含北方供暖）为 2.04 亿 tce，占建筑总能耗的 26.9%，其中电力消耗为 5427 亿 kWh。2001～2013 年，公共建筑单位面积能耗从 16.8kgce/m^2增长到 21.3kgce/m^2，能耗强度增长了约 20%。之前本书在研究和分项中仅考虑了城镇地区公共建筑，而未考虑农村地区的公共建筑，农村公共建筑从用能特点、节能理念和技术途径各方面与城镇公共建筑并无太大差异，因此从今年起本书将农村公共建筑也统计入公共建筑用能一项，统称为公共建筑用能。

我国城镇化快速发展促使了公共建筑面积大幅增长，2001 年以来，公共建筑竣工面积达到 60 亿 m^2，超过当前公共建筑保有量的 60%，即超过一半的公共建筑是在 2001 年后新建的。我国城镇地区公共建筑人均面积从 2001 年的 9m^2迅速增加到 2013 年的 14m^2，已接近日本、新加坡等亚洲发达国家的水平。在快速城镇化过程中也暴露出一些过量建设的问题，如：1）地方政府大量新建豪华的办公楼，人均政府办公面积大大高于人均商业办公面积；2）大规模兴建铁路客站、机场等交通枢纽，有些实际超出了地方客流需求；3）大量兴建大型城市综合体等，大大增加了人均的公共建筑面积，忽视市场需求最终有可能成为公共建筑的“空城”。公共建筑面积总量增长的同时，出现了大体量公共建筑占比增长的趋势，由于建筑体量和形式约束导致的空调、通风、照明和电梯等用能需求增长。此外，公共建筑内办公设备（如电脑、打印机等）和大型服务器数量总体呈增长趋势，公共建筑各个终端用能项的用能需求都在增长。关于我国公共建筑发展、能耗特点及节能理念和技术途径的讨论，以及详细数据参见《中国建筑节能年度发展研究报告2014》。

公共建筑总面积的增加、大体量公共建筑占比的增长，以及用能需求的增长等因素导致了公共建筑能耗总量的大幅增长，从2001～2013年共增长1.5倍以上。

（4）农村住宅

2013年农村住宅的商品能耗为1.79亿tce，占建筑总能耗的23.6%，其中电力消耗为1614亿kWh，此外，农村生物质能（秸秆、薪柴）的消耗约折合1.06亿tce。随着城镇化的发展，2001～2013年农村人口从8.0亿减少到6.3亿人，而农村住房面积从人均25.7m^2/人增加到38.1m^2/人[1]，住宅总量有所增长。

以家庭户为单位来看农村住宅能耗的变化，户均总能耗没有明显的变化，而生物质能有被商品能耗取代的趋势，占总能耗的比例从2001年的69%下降到2013年的38%。随着农村电力普及率的提高、农村收入水平的提高，以及农村家电数量和使用的增加，农村户均电耗呈快速增长趋势。同时，越来越多的生物质能被煤炭所取代，这就导致农村生活用能中生物质能源的比例迅速下降。如何充分利用农村地区各种可再生资源丰富的优势，通过整体的能源解决方案，在实现农村生活水平提高的同时不使商品能源消耗同步增长，维持农村非商品能为主的特征，既是我国农村住宅节能的关键，也是我国能源系统可持续发展的重要问题。关于此问题的讨论详见《中国建筑节能年度发展研究报告2012》。

1.2 中国建筑节能工作新进展

2014年中国发布了一系列与建筑工作密切相关的规划和工作计划。

[1] 中国国家统计局. 中国统计年鉴2013. 中国统计出版社.

1.2.1 国家新型城镇化规划（2014～2020年）

2014年3月17日，中共中央、国务院印发《国家新型城镇化规划（2014～2020年）》（此小节简称《规划》），它是今后一个时期指导全国城镇化健康发展的宏观性、战略性、基础性规划。

规划总结了我国在城镇化快速发展中的一系列矛盾和问题，包括城乡二元矛盾，“土地城镇化”快于人口城镇化，建设用地粗放低效，城镇空间分布不合理，与资源环境承载能力不匹配，城市管理服务水平不高，一些城市存在空间无序开发、人口过度集聚，重经济发展、轻环境保护，重城市建设、轻管理服务的问题，同时也指出了现行体制机制不健全，阻碍了城镇化的健康发展。针对严峻的外部挑战和紧迫的内在需求，《规划》提出了新型城镇化的指导思想是以“人的城镇化”为核心，有序推进农业转移人口市民化；以城市群为主体形态，推动大中小城市和小城镇协调发展；以综合承载能力为支撑，提升城市可持续发展水平；以体制机制创新为保障，通过改革释放城镇化发展潜力，走以人为本、四化同步、优化布局、生态文明、文化传承的中国特色新型城镇化道路，促进经济转型升级与社会和谐进步，为全面建成小康社会、加快推进社会主义现代化、实现中华民族伟大复兴的中国梦奠定坚实基础。《规划》中指出的以人为本，强调生态文明、绿色发展的新型城镇化道路，以及注重城镇化质量提升和城镇科学合理的发展模式，体现了全面协调可持续的科学发展思路，也直接反映和落实了“把生态文明建设融入经济建设、政治建设、文化建设和社会建设的各方面和全过程中”。基于这样的指导思路，《规划》提出了2020年的发展目标包括：城镇化水平和质量稳步提升，城镇化格局更加优化，城市发展模式科学合理，城市生活和谐宜人，城镇化体制、机制不断完善。

对应国家出台的新型城镇化规划，各省市都出台了省市级别的新型城镇化规划，部分出台的新型城镇化规划参见表1-2。各地都根据国家宏观的顶层设计和发展目标，设定了地区发展目标，保障了新型城镇化发展战略在具体层面的落实和各项建设工作的推进。

针对《规划》提出的以人为本，生态文明建设和绿色发展道路，最关键的问题是明确城镇化质量的真正内涵，以明白在实现新型城镇化发展的过程中，需要付出

部分省市出台的新型城镇化规划 表 1-2

地区	规 划 名 称
山东	山东省新型城镇化规划（2014—2020年）
云南	云南省新型城镇化规划（2014—2020年）
陕西	陕西省新型城镇化规划（2014—2020年）
广西	广西壮族自治区新型城镇化规划（2014—2020年）
广东	广东省新型城镇化规划（2014—2020年）
江苏	江苏省新型城镇化与城乡发展一体化规划（2014—2020年）
江西	江西省新型城镇化规划（2014—2020年）
福建	福建省新型城镇化规划（2014—2020年）
青海	青海省新型城镇化规划（2014—2020年）
河南	河南省新型城镇化规划（2014—2020年）
甘肃	甘肃省新型城镇化规划（2014—2020年）
吉林	吉林省新型城镇化规划（2014—2020年）
湖南	湖南省推进新型城镇化实施纲要（2014—2020年）
河北	河北省委、省政府关于推进新型城镇化的意见
贵州	贵州省山地特色新型城镇化规划（2014—2020年）（征求意见稿）
宁夏	宁夏回族自治区《关于加快推进新型城镇化的意见》

的努力和实现的目标。对应在建筑节能领域，就需要明确在城镇和乡村，人应该是怎样的生活方式和用能方式，建筑和基础设施应该是怎样的系统和设备形式，以及实现怎样的服务水平。

在《规划》中也对于生活方式给出了方向上的引导，“绿色生产、绿色消费成为城市经济生活的主流”。对于建筑节能明确提出了“节能节水产品、再生利用产品和绿色建筑比例大幅提高”“城市地下管网覆盖率明显提高”。对于基础设施，提出了“基础设施和公共服务设施更加完善，消费环境更加便利，生态环境明显改善，空气质量逐步好转”的发展目标。这进一步突出了绿色生活和消费方式的重要性，因此不管是节能产品还是相应的绿色建筑都应该“和谐宜人”，以人为本，以人的绿色生活方式为出发点，采用适宜的建筑形式和设备系统形式以及合适的基础设施管网，在城市的能耗上限与生态承载力之内尽可能地提高室内环境服务水平。

1.2.2 关于积极推动我国能源生产和消费革命的重要讲话

2014年6月13日，中共中央总书记、国家主席、中央军委主席、中央财经领导小组组长习近平主持召开中央财经领导小组第六次会议，研究我国能源安全战略。习近平发表重要讲话强调，能源安全是关系国家经济社会发展的全局性、战略性问题，对国家繁荣发展、人民生活改善、社会长治久安至关重要。面对能源供需格局新变化、国际能源发展新趋势，保障国家能源安全，必须推动能源生产和消费革命。推动能源生产和消费革命是长期战略，必须从当前做起，加快实施重点任务和重大举措。

习近平就推动能源生产和消费革命提出五点要求。第一，推动能源消费革命，抑制不合理能源消费。坚决控制能源消费总量，有效落实节能优先方针，把节能贯穿于经济社会发展全过程和各领域，坚定调整产业结构，高度重视城镇化节能，树立勤俭节约的消费观，加快形成能源节约型社会。第二，推动能源供给革命，建立多元供应体系。立足国内多元供应保安全，大力推进煤炭清洁高效利用，着力发展非煤能源，形成煤、油、气、核、新能源、可再生能源多轮驱动的能源供应体系，同步加强能源输配网络和储备设施建设。第三，推动能源技术革命，带动产业升级。立足我国国情，紧跟国际能源技术革命新趋势，以绿色低碳为方向，分类推动技术创新、产业创新、商业模式创新，并同其他领域高新技术紧密结合，把能源技术及其关联产业培育成带动我国产业升级的新增长点。第四，推动能源体制革命，打通能源发展快车道。坚定不移推进改革，还原能源商品属性，构建有效竞争的市场结构和市场体系，形成主要由市场决定能源价格的机制，转变政府对能源的监管方式，建立健全能源法治体系。第五，全方位加强国际合作，实现开放条件下能源安全。在主要立足国内的前提条件下，在能源生产和消费革命所涉及的各个方面加强国际合作，有效利用国际资源。

1.2.3 能源发展战略行动计划（2014～2020年）

2014年11月20日，国务院办公厅下发《国务院办公厅关于印发能源发展战略行动计划（2014～2020年）的通知》，发布了《能源发展战略行动计划（2014～2020年）》（下称《计划》）。《计划》提出了“节约优先、立足国内、绿色低碳、创新驱动”四大战略，并再次强调了要推进重点领域和关键环节节能，合理控制能源消费，以较少的能源消费支撑经济社会较快发展，给出了2020年一次能源消费总量控制在48亿tce左右、煤炭消费总量控制在42亿t左右的目标。同时，科学合理地提出了逐步降低煤炭消费比重的目标，“到2020年将天然气比重提高至10%以上，煤炭消费比重控制在62%以内”。针对《计划》给出的未来我国的能源消费总量，可用于建筑运行的能耗就不应该超过11亿tce。如果考虑未来城乡建筑总规模为800亿m^2，则用能强度为13.7kgce/m^2，不到美国目前建筑用能强度的1/3，不到日本、德国的40%。这对于建筑运行能耗的总量控制也提出了严峻的挑战，必须对每类建筑用能根据特点分别制定用能上限、技术途径、政策机制，分别落实。

1.2.4 国家应对气候变化规划（2014～2020年）

2014年9月19日，国家发展和改革委员会正式印发《国家应对气候变化规划》(以下称《规划》)，这是中国应对气候变化领域的首个国家专项规划。《规划》分析了全球气候变化趋势及对中国的影响，明确了2020年前中国积极应对气候变化的指导思想和主要目标，从控制温室气体排放、适应气候变化影响等方面提出政策措施和实施途径。《规划》要求，到2020年，中国控制温室气体排放行动目标全部完成。其中包括单位国内生产总值二氧化碳排放比2005年下降40%～45%，非化石能源占一次能源消费的比重到15%左右，森林面积和蓄积量分别比2005年增加4000万hm^2和13亿m^3。

为实现上述目标，《规划》要求抑制高碳行业过快增长，推动传统制造业优化升级并大力发展战略性新兴产业。到2020年，战略性新兴产业增加值占国内生产总值的比重达到15%左右，服务业增加值占比达到52%以上。

中国还将优化能源结构。具体措施包括合理控制煤炭消费总量、加快石油天然气资源勘探和开发力度、安全高效地发展核电、大力开发风电、推进太阳能多元化利用、发展生物质能等。在产业方面，《规划》明确提出，中国到2020年将建成150家左右的低碳产业示范园区、创建1000个左右的低碳商业试点、开展1000个左右低碳社区试点。同时推动低碳产品推广、工业生产过程温室气体控排、碳捕集、利用和封存等示范工程。在制度方面，中国将加快建立全国碳排放交易市场，制定不同行业减排项目的减排量核证方法学，并研究与国外碳排放交易市场衔接。

《规划》指出，未来，中国将坚持联合国气候变化框架公约原则和基本制度，积极建设性地参与国际气候谈判多边进程，承担与发展阶段、应负责任和实际能力相称的国际义务，为保护全球气候作出积极贡献。

1.2.5 中美气候变化联合声明

2014年11月12日，中美两国在北京共同发表《中美气候变化联合声明》(以下简称《声明》)，中美双方应对气候变化上的积极姿态，受到国内外社会关注。

《声明》称，美国计划于2025年，实现在2005年基础上减排26%～28%的目标，并努力减排28%；中国计划2030年左右二氧化碳排放达到峰值且将努力早日达峰，并计划到2030年将非化石能源占一次能源消费比重提高到20%左右。此外，中美将在一系列促进节能减排的领域开展技术合作，包括先进煤炭技术、核能、页岩气和可再生能源等。2030年达到碳排放峰值和可再生能源达到20%的目标，也对促进经济发展方式转变和能源结构变革，形成了一种倒逼机制，在这样一种紧迫的目标下就必须一方面降低化石能源消耗，另一方面就是调整能源结构。

此外，《声明》还提出了双方务实合作的领域和方向，其中包括：

启动气候智慧型/低碳城市倡议：为了解决正在发展的城镇化和日益增大的城市温室气体排放，并认识到地方领导人采取重大气候行动的潜力，中美两国将在气候变化工作组下建立一个关于气候智慧型/低碳城市的新倡议。作为第一步，中美两国将召开一次气候智慧型/低碳城市峰会，届时两国在此领域领先的城市将分享其最佳实践、设立新的目标并展示城市层面在减少碳排放和构建适应能力方面的领导力。

实地示范清洁能源：在建筑能效、锅炉效率、太阳能和智能电网方面开展更多试验活动、可行性研究和其他合作项目。

1.3 由措施控制转为总量控制

1.3.1 全球节能政策的历史与发展趋势

能源是现代社会运行和发展的重要趋动力。能源政策涉及社会发展的方方面面，也涉及一个国家的政治独立和安全问题。节能政策作为能源政策的一个重要组成部分，也反映了各国对待能源与社会经济发展、环境及可持续方面的观点的转变。纵观全球能源与节能方面的政策思路，能源品种经历了从煤炭到石油再到天然气的转变，整体的能源利用思路也发生了非常大的转变。

（1）从增加生产到减少消耗，从生产领域到消费领域

二战以后，各国的能源发展战略均是通过各种方式增加化石能源的挖掘与使用，试图降低能源成本，得到和使用更多的化石能源，来推动战后各国工业的发展。1973年和1979年的两次石油危机，暴露了各国能源对外依存度高的问题，使得保障能源安全成了各国能源战略最主要的矛盾。为了应对石油危机，在这个阶段，各国的能源政策均是强化供应安全，加强能源储备的目标。但与此同时，艾默里·洛文斯的"硬性"与"软性"政策也作为一种新的观点，为能源政策提供了一种新思路，即：硬性的能源政策是指继续促进能源的生产和消费，其速度要等于或高于经济增长，并依赖特别像是煤炭一类的矿物燃料，以及使用核能作为补充。而软性的能源政策则使能源消耗低于国民经济增长、鼓励节能，强调分散能源生产等。

1986年以后，由于国际油价暴跌、内部市场的启动以及环境运动的高涨，全球能源政策的观点开始有了明显转变，能源使用引起的环境和安全问题首次被纳入各国政府决策的考虑范围内，并开始有了相关的减少能源消耗以降低对环境的影响相关的政策，例如：美国于1975年颁布了《能源政策和能源节约法》，一方面建立了战略石油储备，另一方面也建立了第一个汽车能效标准。1977年，美国开展了能源部组织行动（Department of Energy Organization Act），建立了联邦能源部。次年，国家能源法案（National Energy Act）颁布，节能行动开始从交通领域推广到建筑领域，在该法案中鼓励了住宅、学校和公共建筑的节能。

（2）从供应侧到需求侧

1997年《阿姆斯特丹条约》的生效和《京都议定书》的签定，为各国节能政策的可持续化提供了强大的动力和压力。减少对化石燃料的消耗、提高各领域能源效率以及扩大可再生能源的使用，不仅成为保障能源安全的需要，并成为应对气候变化、实现可持续发展的迫切需要。2000年以后，能源政策的重心由增加供应的传统思路转向控制需求增长方面。"需求侧管理"的概念被提出来，旨在通过电力供需双方共同对用电市场进行管理，以达到提高供电可靠性，减少能源消耗及供需双方费用支出的目的。需求侧管理由政府主导，电力公司为主要实施推广单位，旨在以经济激励为主要手段，引导和刺激广大电力用户优化用电方式，最终实现能源

节能。但由于供应侧和需求侧的利益并不一致，传统电力企业的收益与卖出的电力呈强烈的相关性，因此传统的需求侧管理还是出于削峰填谷的思路，供电企业的目的在于调节峰谷的差异而不在于节能，因此仍会鼓励消费侧使用更多的电力来获得更高的利润。如果不打破这一关系，那么很难真正地发挥需求侧调节的节能效果。而美国加州的“电价解耦”政策则正是打破了这一连接，成为供应侧与需求侧双轨节能的一个很好的实践案例，这个政策使得全美国人均耗电量持续增长的情况下，加州地区实现了人均耗电量的稳定不增长（图 1-9）。这个政策的关键在于打破了电厂收益与所售电量之间的关系，为供应侧提供了激励，使得供应侧（电厂）和需求侧（消费领域）首次实现了目标的统一，即提高用电效率、降低用电的负荷并尽量维持负荷稳定。结果表明，这种政策机制上的突破确实实现了很好的削峰和节能的效果。

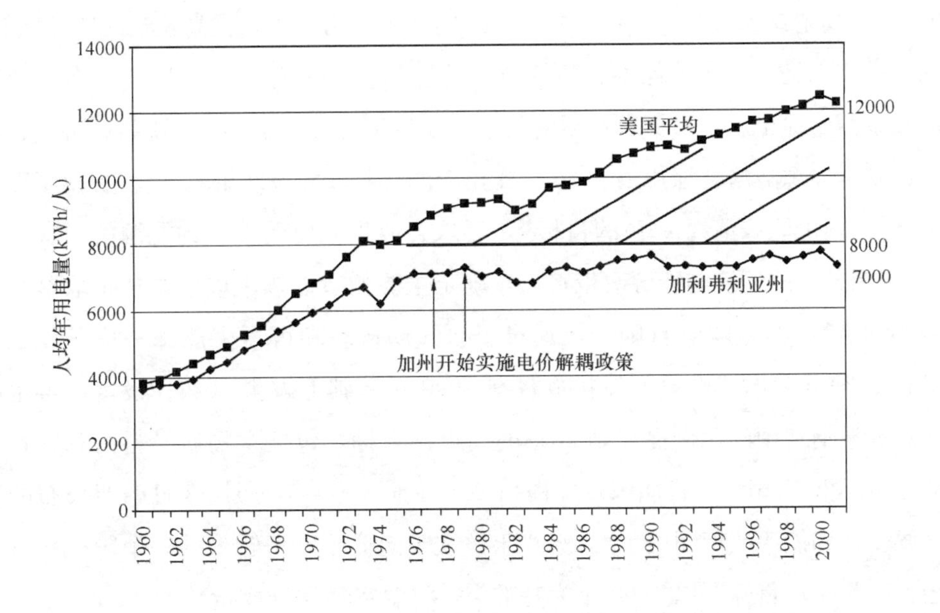

图 1-9 1960～2000 年美国加州人均用电量的变化❶

（3）从措施管理到目标管理

由于消费领域的节能特点，单一提高用能效率并不能达到降低最终能耗的目

❶ 数据来源：Mary Ann Piette，Building Energy Efficiency Research at LBNL - Progress and a Vision for Low Energy and Grid Integrated Buildings，October 14，2014。

的，各国在经济社会发展的过程中，生活水平都不断提升，生活方式和用能习惯也不断改变，尽管各国均在能源效率方面做出了巨大努力，但并未阻止消费侧能耗的稳步增长。而随着全球气候变化与极端天气的增多，各种由于化石能源使用而产生的环境问题开始凸显，节能的环境、生态与减排效益逐渐凸显，而由于环境容量的有限，全球变暖的温升限制，化石能源消费的开始有了一个客观存在、不可逾越的红线，并且其重要性逐渐突出。伴随着这一思路的变化，各国的节能政策也实现了目标设定和管理思路上的转变，由原本的措施性指南政策（提高效率）转向了以总量控制为目标的方法。

以建筑节能方面的政策为例，欧盟于2002年、2003年间提出的建筑节能政策，如《欧盟建筑能源效率指导政策（EPBD）（2002）》、《欧盟建筑物能源性能的指令（2002）》、《智能能源计划（IEE）（2003）》、《欧洲理智能源计划（SAVE）（2003）》，其主要的目标均设定为提高建筑的能源利用效率，提高建筑的能源性能，鼓励的措施也是各项建筑保温、高效技术的应用。2006年以后，欧盟出台的建筑节能政策开始提出总量目标，典型的代表即是欧盟2006出台的《欧洲可持续、竞争力、安全能源战略》绿皮书和2007年出台的《欧洲能源政策》，首次提出了欧盟至2020年减少能源消耗20%的目标[1]，要求各成员国要明确节约能源的“责任目标”，依照各国的经济与能源政策特点，确定主要的节能领域以便迅速采取落实措施。2008年12月，欧盟首脑会议通过了《气候行动和可再生能源一揽子计划》，承诺到2020年将欧盟温室气体排放量在1990年基础上减少20%；设定可再生能源在总能源消费中的比例提高到20%的约束性目标，包括生物质燃料占总燃料消费的比例不低于10%；将能源效率提高20%。而2014年1月22日欧盟公布的新的气候变化和能源政策明确了到2030年，欧盟向低碳经济转型的三个阶段性目标路径：一是减排目标，以1990年为基准年，将温室气体排放量减少40%；二是可再生能源比例目标，在能源消费结构中的占比提高到至少27%；三是进一步提高能效目标。与2008年欧盟推行的三个“20-20-20”目标相比，新的能源和气候变化政策提高了量化的减排目标，在提高能效方面不再作量化规定。相对应的建筑节能领域的措施方法也从原来的单纯提高性能变成了能源证书的推广、零能耗及近零

[1] 以欧洲2020年基准情景下的能耗作为参照值。

能耗建筑的推广、被动房建筑的推广等关注建筑终端用能量的政策措施和技术方法。

纵观全球政策的发展，随着人类对于化石能源认识的转变，应对能源的政策方法也不断改变。从一开始的单纯认为化石能源取之不尽用之不竭，到意识到能源对于国家安全的重要性，这个阶段的认识促使人类开始开发更多的能源、开发新的能源品种以及加强本国的能源储备。随着各国经济社会的发展，消费领域在全社会能源消耗的比重越来越大，在发达国家甚至超过了生产领域，同时化石能源使用的各种气候、环境问题开始凸显，人类逐渐认识到化石能源是一把双刃剑，在使用的同时必须应对其带来的各种问题，减少能源使用的问题变得比增加供给更重要，各国开始一系列的节能措施，并逐渐从工业过渡到交通和建筑领域。20 世纪以来，随着气候谈判的开展，化石能源所产生的气候问题有了明确的总量目标，因此节能问题的措施和思路也从单纯的提高能效，开始转变为对总量的控制。每一次的能源政策的转变都为节能提供了一个新的思路和方法，从而双轨并进，但最终殊途同归，都是为了实现降低能源消耗这个最终目的。

1.3.2 消费领域的能耗特点及节能途径分析

从全社会的角度来讲，社会的用能可分为生产领域（即工业用能，包括各类产品和能源的生产过程）和消费领域（即建筑用能和交通用能），这两个领域最终的能源消耗同时受到产品或服务需求，以及生产或供应系统的能效的双重影响。从图 1-10 中可以看出，生产领域的能源消耗，由于其生产的产品的品类、规格和大小都是独立确定的，不受生产计划外的任何因素制约和影响，所以生产领域节能的惟一途径就是提高生产设备的能效，用更少的能源消耗生产出相同的产品。而消费领域的产品与工业领域有很大不同，消费领域的产品是对室内环境的服务需求和到达目的地的服务需求，而这个产品并不惟一确定，它会受到经济、文化、环境等各方面因素的影响而呈现出不同的需求量。

因此，对于生产领域的节能，仅需考虑如何通过技术的变革和产品的更新来提高生产设备的能效即可。而对于消费领域的节能就要同时考虑两个方面：合理引导需求，提高供应侧能效。对于交通领域的节能，一方面可以通过合理的城市规划和小区规划来优化交通路线，减轻交通压力；另一方面则是通过优化设计交通工具，

	生产领域（工业）	消费领域（建筑、交通）
产品或服务需求	产品 确定	室内环境 交通出行 不确定，可调整
生产或供应	生产设备的能效	建筑、系统的能效 交通设施的能效

图 1-10 社会能耗的影响因素分析

来提高其能效。对于建筑领域的节能也是如此，一方面可以通过合理的建筑功能设计和建筑设计，以及合理的引导健康、绿色的生活方式来减少对于机械调节系统的依赖；另一方面则是通过优化机械系统来提高能效。对于生产设备、系统和产品的能效提升相对来说偏“硬”，容易通过对技术措施的指导和规范来实现，因此是各国政府在对待节能时首先考虑的方法。而优化城市规划、建筑设计以及引导交通和建筑的使用方式，相对来说偏“软”，难以定量、不易操作实施，因此其节能的路线并不明确。但仅仅采取“硬”措施对于消费领域的节能来说可能并不足够，而且由于能源领域“回弹效应”的存在，以及产品效率的提升，消费者得到服务的成本降低，可能反而会刺激服务量的增加，导致最终能耗不降反升。但近年来，由于碳排放总量的压力、环境容量的压力，各国政府均面对碳排放达到峰值或减排的压力，“软”政策开始得到重视，各项合理引导消费需求的政策得到实施。

从全球节能政策的发展趋势也可以发现这一规律，各国节能政策的对象从产品确定的工业生产领域逐渐扩展到消费领域。那么，以建筑的运行能耗为例，再具体来看一下建筑运行能耗的影响因素。除去无法进行调控的室外气象参数，影响建筑运行能耗的因素可以分为两类，如图 1-11 所示：一类是与人相关的需求侧，主要包括与室内使用人员相关的，建筑内的人员密度及其变化，室内人员对于建筑的使用时间、使用空间，室内人员对室内环境的要求和自主调控等；另一类是与建筑系统相关，即将建筑本体和为了提供建筑室内舒适环境的各系统（照明系统、空调供暖和通风系统等）看做一个整体的建筑系统，这个系统的目的是为人类活动提供舒适的室内环境，将其称为供应侧，其影响能耗的因素主要包括建筑本体空间形态、围护结构热工性能、系统设备的能效等性能参数，还包括各系统根据室内需求做出的各种运行调控策略，调控策略是否得当影响供应系统的整体效率。

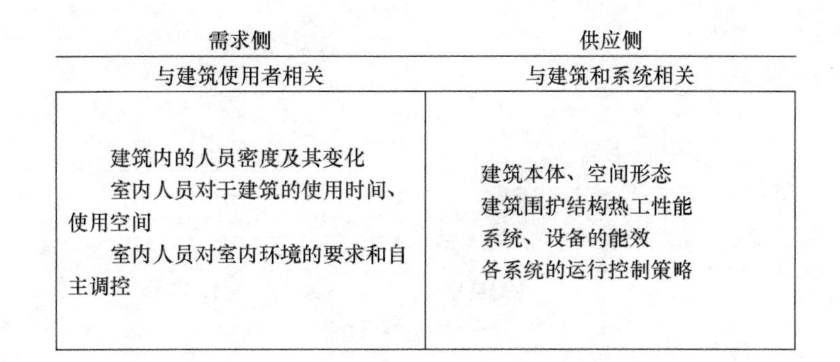

图 1-11 建筑运行能耗的影响因素分析

经过大量的实际调研测试数据分析和案例的研究，我们可以发现，与建筑使用者相关的需求侧影响因素能引起 5～10 倍的建筑能耗差异，而供应侧的影响因素，虽然对于建筑节能也有着至关重要的影响，但其对能耗的影响远不及需求侧的影响大，其影响不超过 3 倍。

以空调能耗为例，对同一地区同一个建筑中不同住户的空调能耗进行调查的结果表明，在建筑本体及围护结构性能一致、系统设备能效差异不大的情况下，仅仅由于需求侧使用者对室内环境的要求不同，就会产生成倍、甚至 10 倍以上的能耗差异[1]，如图 1-12 所示。

对于建筑本体空间形态和围护结构性能，以影响最显著的北方集中供暖建筑为例，在连续供暖室内环境基本相同的情况下，不同建筑本体和围护结构性的供暖需热量和供暖能耗差异不超过 2 倍，具体的数据可见本书第 2 章 2.1 节。而建筑中各个系统和设备的运行效率差异，运行管理和控制策略不同引起的系统综合效率（例如冷站效率）最大值大概在 3 倍左右。以公共建筑中冷站的全年能效比指标 EER 为例，该指标是制冷站全年制冷量与能耗之比，能够综合反映制冷站中各独立设备的效率，包括冷机、水泵的效率，以及冷源系统整体的运行管理水平。清华大学调研了我国多个商业建筑的集中冷站，对 EER 实际测试结果进行分析可以发现，最大值大概是最小值的 3 倍多[2]，如图 1-13 所示。

---

❶ 详见《中国建筑节能年度发展研究报告 2013》。武汉调查数据来源：华中科技大学 胡平放等，《湖北地区住宅热环境与能耗调查》，暖通空调 2004 年第 34 卷第 6 期。北京数据来源：清华大学 李兆坚，博士论文《我国城镇住宅空调生命周期能耗与资源消耗研究》，2007 年 10 月。

❷ 详见《中国建筑节能年度发展研究报告 2014》。

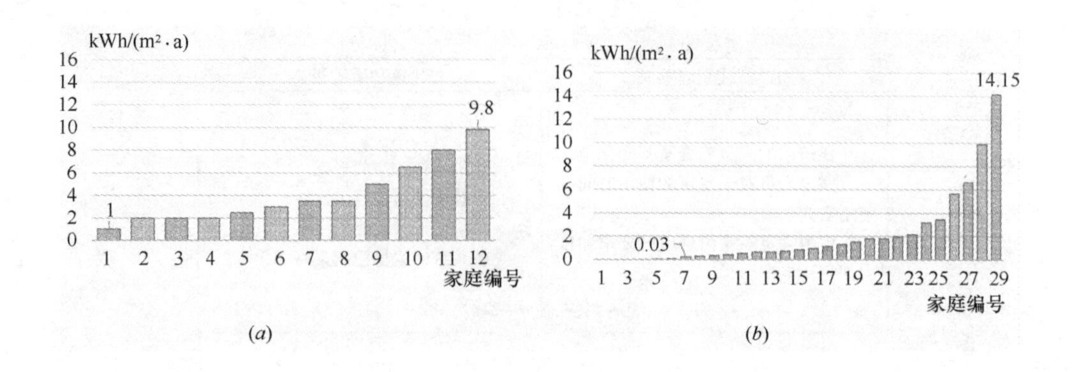

图 1-12 住宅空调耗电量调查结果

（a）武汉；（b）北京

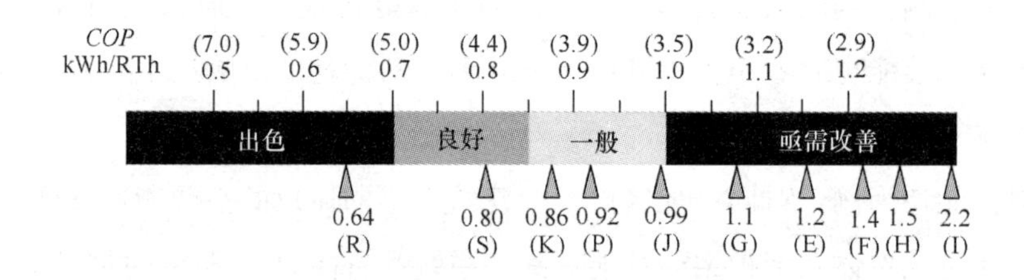

图 1-13 部分调研冷站能效在标尺上的位置

因此可以看出，需求侧的服务水平要求对于建筑运行能耗的影响要远大于供应侧产品系统效率对最终能耗的影响。那么对于消费领域的节能，建筑运行能耗的节能除了关注供应侧的能效以外，另外一个很重要的出发点就应该是合理的需求侧引导。欧美以及日本各国建筑节能政策的方向转变也反映了对于消费领域的节能方向逐渐从提高供应侧的能效开始转向关注如何通过有效的方法来引导合理的消费侧需求。

1.3.3 国外建筑节能政策的转变

（1）欧洲的建筑节能政策

欧盟在2002年颁布的建筑能效法案（EPBD）是欧洲各成员国在建筑能源利用方面所遵循的一个主要政策，目标在充分考虑室内舒适度要求和成本效果的前提下，提高建筑物的能源利用效率，具体有以下几方面的内容：提出了建筑物整体能源性能计算方法，对新建建筑能源利用效率的最低要求，对需进行较大规模改造的大型既有建筑能源利用效率的最低要求以及建筑物能源性能证书等。到2010年，大部分欧盟国家都依据其实际情况执行了EPBD法案。

2010年，为了进一步探索建筑节能在社会、经济与环境潜力方面的优势，欧盟发布了EPBD修订版，其中最重要的改变就是提出了2020年近零能耗建筑目标，将建筑领域的节能目标从提高效率转变为控制最终能耗，与此同时还提出了其他一些目标，例如：要求所有进行综合改造的建筑达到节能标准；提出成本效益概念，要求成员国应保证建筑的最小能耗必须是在最具成本效益的水平上达到的；要求相关机构对能效认证进行抽样审查，并出具年度审查报告；进一步强制新建和既有建筑（在售或在租）的能效认证，等等。

2010年2月，欧盟出台《近零能耗建筑计划》，要求2020年12月31日前所有新建建筑需达到近零能耗水平；2018年12月31日前所有公共建筑需达到近零能耗水平；欧盟成员国需制定2015中期计划；对于既有建筑，成员国需采取措施使之成为近零能耗建筑。这些针对建筑节能的行动计划，可在国家层面上分别执行，各国可以根据本国要求提出更高要求。虽然欧洲各国对不同能耗建筑的定义具有一定差别，但其整体的节能思路均从提高建筑保温和能源利用效率转变为控制建筑的最终能耗。

德国是欧洲最大的经济体，也是欧盟的成员国和经济支柱。德国政府为了推行建筑节能，十分鼓励建筑节能相关的法规、标准体系的制定和更新。德国建筑能耗标准平均每三年更新一次，且每次更新都有较大幅度的提高。德国建筑节能法规与标准的发展轨迹也揭示了其建筑节能思想的变迁，可见表1-3。

德国建筑节能标准逐年变化 **表1-3**

时间	大事件
19世纪中期	Pettenkofer提出了对建筑物室内卫生和空气质量的要求
1897年	柏林市颁布了《建筑安全条例》，对多层建筑的砖墙厚度做了规定
1934年	DIN4110标准对新建建筑提出了20项要求，仅在最后一点提到了保温和隔热要求
1939年	Ebinghaus撰写的教科书《高层建筑》，对建筑保温进行了初步描述
1948年	第二版DIN标准，对新建建筑提出了大量的保温和隔热要求
1952年	DIN4108《高层建筑保温》出版，引入了三个保温等级，1960年、1969年又进行了修订
1974年	DIN4108的补充规定颁布，要求安装传热系数小于3.5W/(m^2·K)的双层中空玻璃，并限制了窗户气密性

续表

时间	大 事 件
1976年	联邦政府颁布了《建筑节能法》，规定了改造时的建筑保温要求
1977年	第1版《建筑保温法规》详细规定每种建筑构件的传热系数限值
1981年	修订DIN4108，最低保温要求提高到0.55 $(m^2 \cdot K)/W$
1982年	第2版《建筑保温法规》对围护结构K值提出更高要求
1994年	第3版《建筑保温法规》提高围护结构K值，提出建筑每平方米能耗的供暖能耗量控制值❶
2002年	《建筑节能法规》EnEV2002，新建建筑的年供暖终端能耗在1994年《建筑保温法规》基础上降低30%，明确提出一次能源需求指标，将建筑能耗扩大到供暖、热水、通风和辅助能源等
2005年	联邦政府修订了《建筑节能法》，加入了能源证书的内容
2007年	第2版《建筑节能法规》EnEV2007，以参考建筑的年一次能源量作为公共建筑的限值；引入能源证书
2009年	第4版《建筑节能法规》EnEV2009，新建建筑单位面积能耗再降低30%
2012年	对《建筑节能法规》EnEV2009进行了修订，加强了对新建筑能效指标的规定
2014年	对《建筑节能法规》EnEV2012进行了修订，要求在2016年1月1日起，新建建筑一次能源消耗减少到总消耗的25%

从19世纪中期开始，德国对于建筑主要着眼于服务水平、安全性等问题；从1952年《高层建筑保温》开始，逐渐关注建筑的供暖能耗问题，在建筑节能的起步阶段主要是针对建筑物的热工性能，旨在提高围护结构构件的传热系数；1973年能源危机后，保温日益受到重视，控制目标逐渐转变为单位面积能耗量、一次能源需求量等指标，针对建筑供暖能耗，建筑物围护结构系统的平均传热系数和气密性问题开始得到关注，并在1977年颁布的《建筑保温法规》中得到体现，之后不断提高对围护结构的性能要求；到1994年《建筑保温法规（第三版）》中首次提出了建筑供暖能耗的控制值；1999年《建筑节能法规》又再次明确提出了规定供暖终端能耗（新建建筑每平方米居住建筑的年供暖终端能耗要小于10升油），对于新

❶ 1994年《建筑保温法规》中对新建建筑的年供暖终端能耗（$kWh/(m^2 \cdot a)$）的规定采用计算方法$Q_h = 0.9(Q_T + Q_L) - (Q_I + Q_S)$来计算，限值按照$Q'_h = 13.82 + 17.32 \cdot S$来计算。$S$是体系系数；$Q_T$是散热损失、$Q_L$是通风损失、$Q_I$是室内热增量、$Q_S$是太阳辐射热增量，此四值的计算均有具体的规定。

建建筑单位面积的能耗在 1994 年的基础上又降低了 30%；到 2001 年，对建筑能耗的规定扩大到生活热水、通风等其他方面，规定了建筑整体的一次能源消耗量限值；2005 年，建筑能源证书正式被加入《建筑节能法》，将建筑物的终端能耗作为建筑节能的核心；2009 年和 2014 年的《建筑节能法规》中对于新建建筑单位面积一次能耗的规定不断降低，陆续提出了能耗降低 30%和 25%的目标。德国建筑节能法规与标准的发展历史反映了德国建筑节能政策从关注做法到关注终端能耗的思想转变，具体可见表 1-3。

能源证书，对于科学定量地反映建筑物的能耗也起到了很大的作用。德国政府对于新建建筑和既有建筑改造以及建筑物买卖都进行了出具能源证书的强制规定：新建建筑审批时必须出具建筑能源证书，既有建筑改造过程中，建筑面积超过 $100m^2$ 的加建建筑必须出具建筑能源证书，既有建筑的较大规模改造必须出具建筑能源证书，建筑物买卖时，必须出具建筑能源证书；公共建筑的能源证书必须在该建筑的公共部分悬挂，方便监督；证书有效期 10 年，超过 10 年，需重新依据实际情况办理新的证书。

围绕建筑的实际终端能耗，德国的建筑节能管理机制也都是围绕这个核心设计，如图 1-14 所示。开发商使用建筑物的实际终端能耗来考核设计师、承建商、验收方的质量，最终开发商将建筑售给业主时相应地也提交给业主建筑的能源证书。建筑和用户、业主和租户通过建筑的能源证书可以沟通和了解建筑物能耗的相关信息。能源供应商按照建筑实际的能耗或热耗来收取相应的费用。例如对于供暖的计量方式，1973 年以前，德国的收费方式是“分栋计量，按户面积分摊”，1981 年以后，逐步实现“分栋计量，按户面积和用热量分摊”，将建筑物的实际耗热量

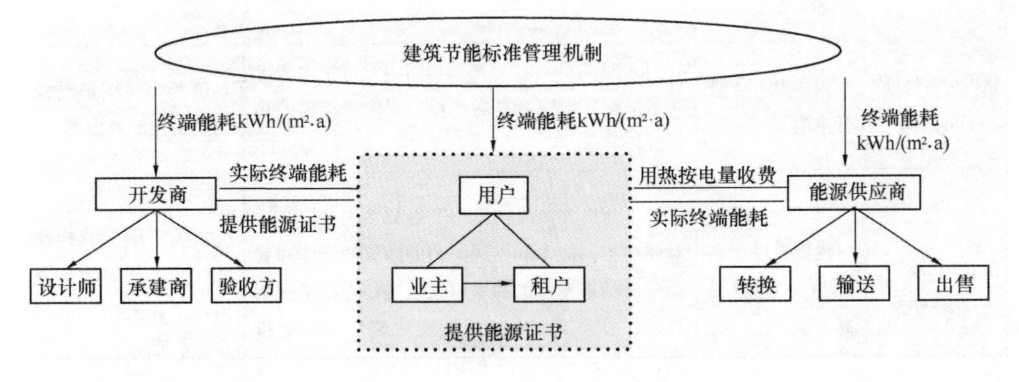

图 1-14 德国的节能标准管理机制

与用户的能源费用直接相关，让用户实实在在体会到行为节能的效果，促进了行为节能。使用能源证书，既降低了用户在交易和租赁时获取建筑物能效性能的信息费用，同时也让用户成为实际能耗的监管者，以市场手段促进了建筑节能标准执行。

法国的建筑节能思想的变迁与德国类似。法国政府在1973年石油危机之后便立刻开始着手第一部有关住房供暖节能标准的制定与实施，对建筑单位面积的供暖能耗进行限制，并对建筑物墙体等围护结构的热工性能做出强制性要求，同时开始在全国大力推广各种住宅节能技术来降低新建建筑的单位供暖能耗。从1974年正式改造节能设计规范，对围护结构综合传热系数进行规定，节能思路在于提高建筑围护性能和密闭性；到1989年，RT1988开始对由关注墙体保温性能转向关注生活热水和供暖的能耗，并对能耗给出了上限值；2001年RT2000对建筑的整体能耗（包括供暖、空调、通风、热水及照明用电）等均作出了详细的规定；直到2006年针对不同的建筑类型和供暖方式，给出了不同的限值。法国建筑节能法规的发展过程也是经历了从技术措施的导则到关注实际运行能耗变化，如表1-4所示。

法国建筑节能法规与标准的发展 **表1-4**

名称	目　标	内　容	设计思路及转变
RT1974（1974年）	第一部分正式的节能设计规范	规定所有新建的房屋在冬季室内温度达到18℃的前提下，供暖能耗比当时的既有建筑降低25%。 对建筑物的综合传热系数 G 值和围护结构各个构件的传热系数 K 值的上限依照房屋的类型和所处的气候区域作出了明确的规定	降低围护结构和通风换气的热损失
RT1974修订（1982年）	对RT1974进行修改	引入CoefficientB（冬季房间内维持室内规定热舒适度）指标，提高了对房屋围护结构的热工性能要求	仍然关注围护结构的热工性能的提高
RT1988（1989年）	规定新建建筑的热工性能提高25%	对生活热水的能耗作出了限制性规定。开始对使用不同能源和不同类型的建筑的墙体和其他部分的保温性能和单位供暖能耗进行了限制规定。引入了三个新的住宅建筑热工性能指标，并同时开始考虑供暖设备的能效	由关于围护结构性能转变为规定能耗限值，主要关注生活热水和供暖

续表

名称	目　标	内　容	设计思路及转变
RT2000（2001 年）	要求居住建筑节能 10%，非居住建筑节能 25%	开始对建筑的空调能耗和夏季的室内热舒适性作出了具体规定。在对建筑的供暖能耗作出限制的同时，RT2000 对建筑整体能耗（包括供暖、空调、通风、热水及照明用电等）作出了详细规定	对能耗的规定拓展到空调、照明等各方面
RT2005（2006 年）	法国目前最新的一部建筑节能规范，提出 2020 年以前将建筑能耗比 2000 年降低 40%的目标	对房屋的空调、新风、照明等能耗进行了更加详细的说明和规定，尤其是对房屋的夏季热舒适提出了新的要求。 对于住宅建筑，引入 CepMax 指标，规定了不同的建筑类型和供暖方式的住宅供暖和生活热水的单位面积能耗的上限。鼓励使用可再生能源满足供暖和生活热水的消费	对各分项能耗有了细致的规定，对于供暖和生活热水，考虑到了不同的方式能耗上限指标不同

作为欧洲建筑能耗总量较高的德国和法国，在 1990 年以后经济高速发展时期，其建筑能耗的总量仍然保持不变，并在 2010 年后实现了建筑能耗的负增长，见图 1-15，这也反映了以建筑实际能耗作为核心的建筑节能政策体系对于建筑节能工作起到了切实的效果。

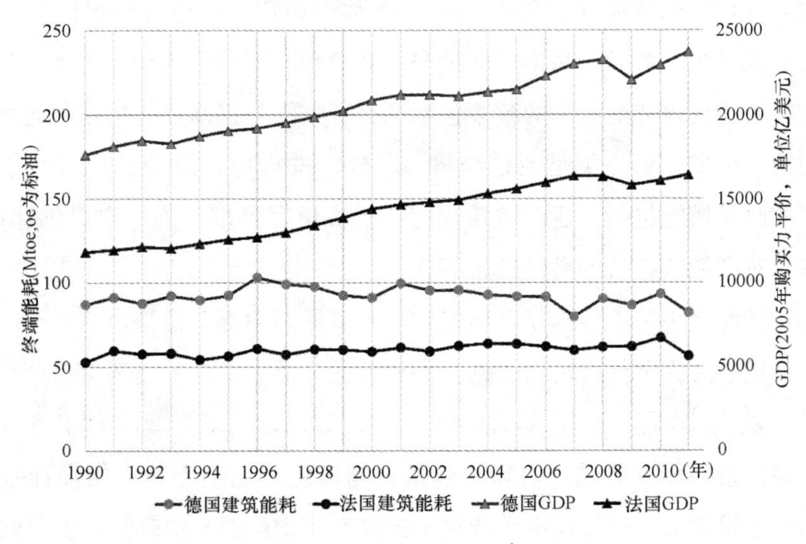

图 1-15　德国和法国建筑能耗发展与经济增长[1]

---

[1] 数据来源：Odyssee 数据库。http：//www. enerdata. net/enerdatauk/solutions/data-management/odyssee. php

(2) 美国的建筑节能政策

自1998年以来，美国建筑领域的能源消耗已经超过工业和交通领域，成为美国最大的能耗部门。《1992年能源政策法案》要求美国能源部积极参与，并与州、地方政府和建筑标准制定机构密切合作，制定和实施建筑节能政策。2000年加利福尼亚州供电能力出现巨大缺口，2003年纽约因为缺电在而经历了一片漆黑，2004年石油价格上涨，都使得美国出于能源安全和经济发展等各方面的因素，加快了建筑相关的能源政策推进。

美国针对建筑领域的主要目标包括照明能效提高、电器效率提高、联邦政策运行管理能效提升等。在美国，建筑节能标准是由在该领域起主要作用的非政府组织制定，由各州和当地政府采用。居住建筑节能标准是国际规范委员会在1998年制定的国际节能规范IECC（International Energy Conservation Code），每三年更新一次。而公共建筑的节能是由美国供暖、制冷与空调工程师协会（ASHRAE）制定的ASHRAE90.1标准，覆盖了新建商业建筑及既有建筑改造。这两个标准的主要作用在于提高建筑本身和建筑内的各用能系统的效果，并给出了具体的做法和指导。可以看出，美国的建筑节能标准是以提高系统效率和产品的效率为核心，而相应的，政府推动建筑节能的主要方法在于推动市场转型，通过制定标准、颁发指令，打消高效建筑、节能产品推广的壁垒，并将建筑节能作为新的经济增长点，因此美国政府对于建筑节能工作的政策包括两类：一类是提高性能指标和建立新兴技术应用的统一标准，另一类是通过经济、非经济的措施，激励新技术的使用和推广。主要的政策措施包括：建立建筑规范，提高电器标准，为用户提供标识信息，以及一些针对高能效建筑的激励措施等。

例如，能源之星是美国国家环境保护局和美国能源部合作推出的对于产品能效的标识，其核心是为了促进消费者选择高能效的产品，推广节能环保型产品。1992年启动时主要针对电器，1996年开始推广至建筑用能领域。政策对于既有建筑获得能源之星评价的授予奖励，对新建建筑，则以能源之星为其提供设计基准和指导。与能源之星类似，LEED也是针对于提高性能指标的一项政策，主要强调建筑在整体、综合性能方面达到绿色要求。美国政府对于LEED的支持包括规定联邦的新建建筑和重要改造必须达到LEED金奖认证等。LEED借助其评分机制的灵活性，制定过程的透明，以及良好的商业运作，成为了国际上现有的认可度最高，最具影响力的绿色评估体系。这些政策支持都使得美国的高性能产品、技术方法取得了商业上的巨大成功，但是由于这些政策都不关注建筑的最终运营能耗，对于降低建筑领域实际能源消耗的推动作用并不多。

2007年开始，建筑评级和信息公示政策得到了越来越多国家和地区的共识，美国的各个地区也开始自下而上地积极推动建筑评级和信息公示政策的建立。纽约、奥斯汀、旧金山等9个城市已经陆续建立了类似政策。不同地区对于评级和公示有不同的规定，但整体的运行评级均是以建筑的实际运行能耗作为主要的评价指标，而将物理性能（即建筑物围护结构、暖通空调系统的能效）作为辅助评价指标。具体使用的评级工具有"能源之星"推出的"建筑集群管家（portfolio manager)"，业主输入一系列建筑信息和能耗信息，就可以得到建筑物能耗强度的结果，"能源之星"的评分结果。基于这个结果，业主可以得到一些关于优化运行、行为节能以及节能改造方面的指导和寻找资金的建议，进行下一步的节能行动。美国联邦政府2007年通过的《能源独立和安全法案》要求符合规定的联邦政府建筑必须使用"建筑集群管家"工具进行能耗评级，截至目前已经有25个州、市出台了强制评级政策，还有29个州、市开展了自愿评级项目。有了评级结果，另外一个作用就是公示。对于非政府的信息，取决于各地的实际情况采用交易型公示或定期公示。而政府建筑的评级信息则主要采用定期公示。这种建筑能耗评级和信息公示的核心目的是保障决策者掌握建筑能源消费的真实准确的信息，从而采取更具有成本效益的优化改进措施。大量的建筑能耗信息也能够使得政府机构更准确地对建筑节能进行宏观分析，明确节能的重点、类型、区域，也能够推动建筑节能政策的日趋完善。这一政府在美国也确实推动了建筑能耗的降低，截至目前，以纽约为例，完成了2011和2012年度的评级工作，单位面积的建筑能耗强度也有了明显下降[1]。

（3）日本的建筑节能政策

日本的建筑节能事业由工业节能延伸而来，因此对建筑节能的理念也是由工业延伸过来，建筑节能的基本出发点也是提高效率，即在提高建筑物性能的同时推进

[1] New York City's Office of Long-Term Planning and Sustainability (OLTPS), 2013.9. New York City's Second Benchmarking Report for the Private Sector.

建筑节能技术，例如居住建筑的节能标准《居住建筑设计与建造能源合理化利用导则》是规定围护结构的传热系数，而对于公共建筑的标准《公共建筑用户能源合理化利用标准》是对建筑物全年的冷热总负荷系数和设备系统用能系数进行限制，这两个都是对建筑和系统的性能指标。

日本的领跑者制度也是对于电器类产品性能的要求，包括电视机、录像机、空调、电冰箱等，取得了成功。领跑者制度延伸至住宅建筑的标准是对于综合节能性能、外墙窗户等的隔热性能的规定。政府也鼓励银行、财团对三联供系统等高效设备系统出资、融资，对城市集中三联供单位进行减税或免税，对节能设备投资和技术开发项目给予低息、贴息贷款和贷款担保，日本政府还大力支持节能服务产业ESCO，鼓励ESCO的发展。

除了对于各项节能技术、高效设备和节能服务的鼓励、支持以外，日本政府还特别注重利用多种形式和渠道向社会提供和传播节能信息，通过降低消费侧的能耗需求来达到节能的效果。对于行为节能的鼓励，日本政府也是以身作则。例如："Cool biz"是日本小泉纯一郎内阁于2005年夏天开始，为了减少能源消耗，以调高空调温度，由环境省推行的衣物轻量化运动。这项运动是因为日本上班族工作时普遍穿西装，夏天也不例外。根据环境省提出，中央政府部门应设置空调至28°C直至九月。日本政府称，2005年日本的二氧化碳排放量减少了46万t。日本当年冬季还发起了"Warm Biz"（暖装）运动。再如2011年日本东北部地震后，日本的核能发电受到严重影响，造成了全社会的电力供应紧张，电力供需矛盾在东京和东北地区尤为突出。为了缓解用电紧张，日本通过一系列的措施来降低工业、公共建筑和住宅建筑的用电需求。对于公共建筑和住宅建筑，主要通过各项高效设备的替代、优化管理及各种节能行为的推广来降低峰值用电需求和总用电量。调研结果表明，在公共建筑中各种节能行为的实施率都很高，如图1-16所示。通过全社会的努力，实际的节能效果也很明显，东京和东北地区2011年的用电峰值负荷和用电量较2011年都下降了15%（图1-17），调研得到的样本家庭在2011年的电耗与2010年相比降低了约15%。

通过对欧洲（德国、法国）、日本和美国的建筑节能政策研究表明，对于建筑节能工作的思路都经历了从供应侧到需求侧，从技术措施管理到能耗管理的转变。各国的建筑节能工作，首先关注的都是供应侧的能效，包括提高围护结构的性能参

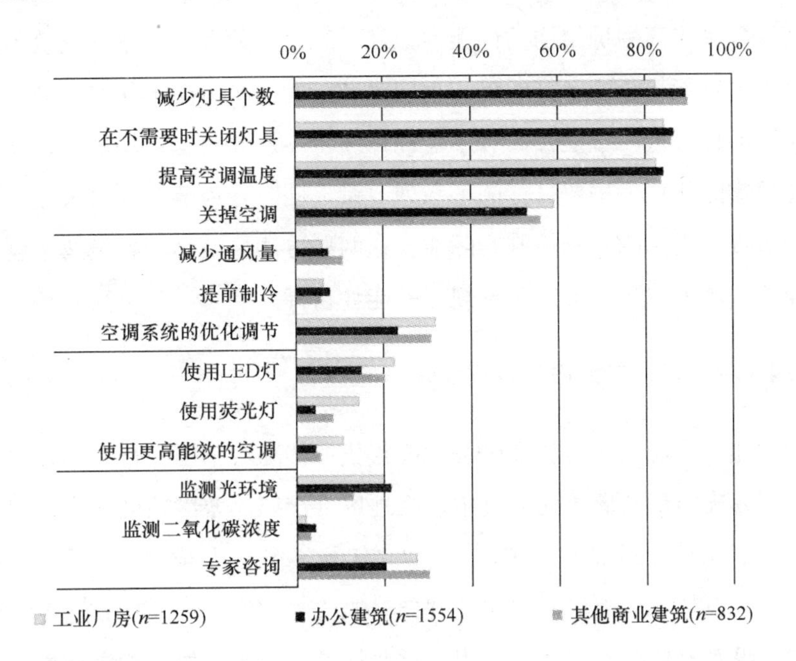

图 1-16 东京和东北地区公共建筑节能措施的实施率（2011 年）

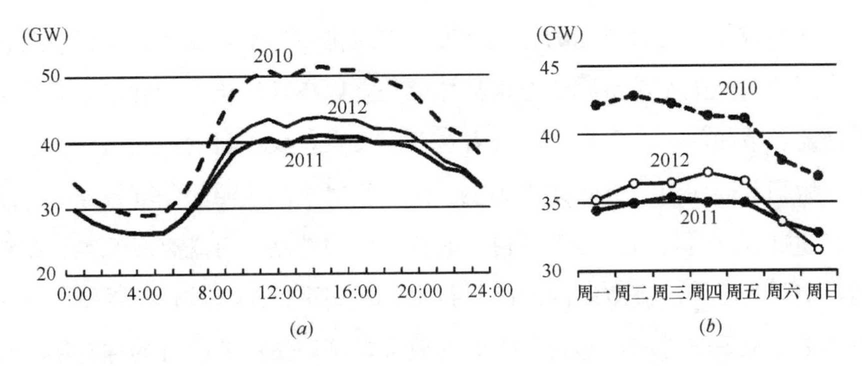

图 1-17 日本住宅能耗的降低（2011 年与 2010 年相比）[1]

（a）工作日逐时峰值用电需求的全年平均值；（b）一周逐日峰值用电需求的全年平均值

数和系统设备的运行效率，根据这个政策目的，所制定的政策措施也大都是颁布建筑节能设计标准，推广高性能的产品、设备等。但是随着各国经济水平的大幅提升和人类对于健康、舒适要求的不断提高，消费领域的服务需求不断攀升，虽然随着技术水平的提高、供应侧的系统能效也有所提高，但相比于服务需求的提升仍然是

[1] Osamu Kimura and Ken-ichiro Nishio, Central Research Institute of Electric Power Industry : Saving Electricity in a Hurry: A Japanese Experience after the Great East Japan Earthquake in 2011.

杯水车薪，各种提高围护结构的性能参数和系统设备的运行效率的建筑节能政策并没能扼制住建筑能耗急剧上升的势头。同时各国的建筑节能工作也逐渐开始关注建筑物的实际能耗降低，于是开始有了能耗评级、零能耗房、被动房、三升油建筑等以降低建筑实际能耗为主要目标的一系列政策，同时行为节能的效果也开始得到政府工作的重视。提高能效和控制实际能耗这两种方法，鼓励了各类技术创新来提高能效和建筑的服务水平，最终实现规定的能耗目标。

1.3.4 中国建筑节能政策发展

我国的建筑节能工作是从20世纪80年代初伴随着中国实行改革开放以后开始的，建设部首先组织开展了北方集中供暖地区（严寒、寒冷地区）居住建筑的能耗调查和建筑节能设计标准的制定。从2000年起逐步扩大至中部（夏热冬冷地区）及南部地区（夏热冬暖地区）的居住建筑，从2002年起开始推出公共建筑的节能设计标准。纵观这些标准，可以看出，这些标准对于建筑的节能设计指导与大多数发达国家建筑节能初期的思路类似，规定的是围护结构的性能指标，以围护结构的做法与传热系数作为是否节能的评判标准，而对供暖和空调的能耗限值仅是次要指标，在实际的实施中，基本无法考核具体能耗。以提高建筑性能和设备效率为主是我国目前建筑节能的主流思想。围绕着这一出发点，我国目前的政策体系也是以鼓励、财政激励节能建筑、高效技术为主。例如，对于高效照明、高效家电、节能产品的推广和财政支持，再如对于可再生能源利用的补贴，对既有建筑围护结构改造的补贴，都是为了推广高效能的产品与技术，提高围护结构和建筑系统的效率。这些政策的推广范围非常广，起到了很好的效果，例如使得节能灯的拥有率、高效家电的拥有率提高，北方围护结构的性能也有了一定的提高。但这些措施，是否切切实实地降低了我国的建筑能耗，其对于节能降耗的效果，仍有待评判。

我国目前建筑节能工作亟需理清楚的问题是：建筑节能的基本出发点究竟是什么？如果是从提高效率出发，那么我国建筑节能的基本工作就在于研究需要推广哪些节能技术和措施，通过何种政策手段支持，使得这些措施得以最大程度推广；如果是从降低能耗出发，就应该从实际能耗出发，研究影响实际能耗的三个环节，即建筑节能与系统形式、运行管理模式、生活方式和建筑物的服务标准与使用模式，围绕着这三个环节设计相关的政策，使得最终实现节能降耗低碳的目标。除了这两种观点，目前对于建筑节能，社会上还有第三个观点：使建筑、系统都具有更好的性能，当未来经济发展、人民生活水平提高后，仍能够满足需求；尽管目前可能使得建筑运行能耗增加，但在未来的高标准下将产生节能效果，因此其主要出发点是提高建筑、系统的服务水平。第三个观点从具体的做法上，实际上与第一种出发点类似，在于提高建筑及系统的性能和效率。

通过前面的分析，我们已经知道：节能的技术措施并不是绝对的，而是取决于建筑物的使用模式和生活方式，这样就需要确定到底未来该是什么样的生活模式和建筑使用方式。这将决定走什么样的建筑节能道路，支持、鼓励和推广哪些节能技术，否则将产生相反的作用，相反的影响。那么问题就成为中国未来将是什么样的生活模式和建筑使用方式，这就出现了一个基本策略：确定未来的建筑提供的服务水平，通过节能技术使得在达到这一水平时能耗较低（或最低）；还是根据未来能源规划，确定建筑用能上限，研究通过何种技术措施能够在这一上限之下，获得最好的建筑服务水平？先定服务标准还是先定能耗，将导致完全不同的做法和政策。

到2020年我国城镇人口将增加到9亿，城镇建筑面积有可能超过300亿m^2，这时，即使维持2010年城镇建筑单位面积的能耗水平，全国城镇建筑能耗也将达到近7亿tce，再加上农村住宅能耗的增长，就会使我国城乡建筑总的运行能耗超过9亿tce。而按照我国能源的中长期规划，2020年一次能源消费总量要控制在48亿tce（包括可再生能源）。这样可用于建筑运行的能耗不应该超过11亿tce，占全社会能耗消费的比例大约23%。对于一个制造业为主和出口产品占很大比例的国家来说，这是合理的份额。而如果城镇单位面积能耗达到美国目前水平的80%，2020年我国城镇建筑能耗就将达到16.5亿tce，城乡建筑总能耗则可能突破19亿tce，我国建筑能耗将占到每年可以获得的总能源的45%，这将严重阻碍我国社会、经济和城市的发展。因此从我国今后城市化发展速度和能源供求状况看，未来的单位建筑能耗强度必须维持在目前水平，这应该作为建筑节能工作的长远目标。

从全球能源状况来看，可以得到同样的结果。如果全球人均建筑能耗都达到目前的美国水平，则全球建筑能耗就会达到目前的全球全部能耗（包括建筑、交通、工业能耗）的180%，这显然不可能实现；如果人均能耗达到目前的欧洲水平，则大约需要120%的全球总能耗，这也属于不可实现的范围。如果认为今后全球总的能源消耗量不能再增加，而建筑运行能耗应维持在总能耗的35%以下，则目前中国城镇人均建筑能耗正好接近于按照这个数字得到的全球人均量。这样的估算也表明，中国以及其他发展中国家，都不可能按照目前发达国家的建筑能耗强度来发展，必须将建筑能耗维持在远比目前发达国家低得多的水平。

因此，中国只能在保持人均建筑用能强度基本不增长的前提下，通过技术创新来改善室内环境，进一步满足居住者的需要；不能借“提高居民生活水平”（事实上只是在生活方式上全部效仿发达国家，这种效仿能否定义为“提高”还有待商榷）之名而放任人均建筑能耗大幅度上涨，这是中国建筑节能工作必须面对的问题。

在这样的能源限制下，中国的建筑节能工作不能是盲目地以发达国家既定的建筑舒适性和服务质量标准为目标，然后通过最好的技术条件去实现这样的需求；而应该先明确建筑能耗上限，然后量入为出，通过创新的技术力争在这样的能耗上限之内营造最好的室内环境和提供最好的服务。

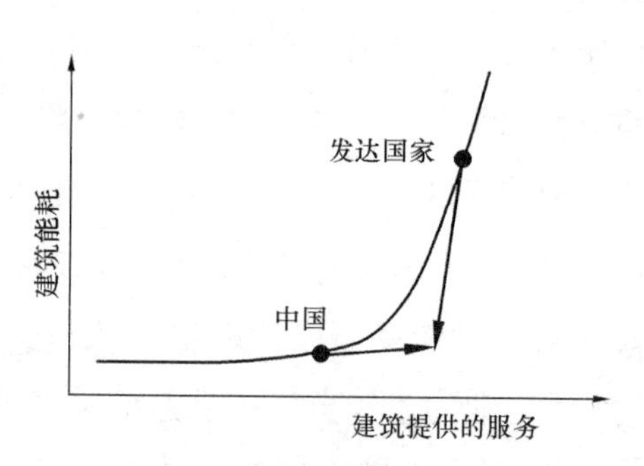

图1-18　中国和发达国家不同的建筑节能路线图

图1-18给出了我国和发达国家实现建筑节能的不同路线。不同的路线图也表明了我国和发达国家建筑节能工作不同的侧重点。发达国家建筑节能工作的中心是如何提高设备系统和建筑本体的能效水平，从而实现在维持其目前的生活方式下的逐步节能降耗，而我国目前建筑节能的基本出发点应该是在建筑能耗不大幅度增长的基础上提高建筑服务水平，其关键则是确定建筑用能上限，在这个上限之下，通过研究创新的技术来提高建筑物的服务水平，而不是在追求最好的建筑服务质量的前提下再谈建筑节能。

1.3.5　建立以实际能耗作为控制目标的建筑节能政策体系

要实现以实际能耗作为控制目标的政策体系，首先要对建筑运行能耗进行科学地边界划分，建立建筑能耗的标准定义方式，在此基础上逐步地开展建筑运行能耗的计量和监测，并逐步完善相应的建筑能耗数据、信息的统计系统。在此基础上，才能逐步完善各类建筑能耗的定额、规范，同时设计相应的管理制度和实施方案。

（1）建筑能耗的定义与分类

2013年8月，国际标准组织ISO（International Standard Organization）标准ISO12655（Energy performance of buildings-Presentation of measured energy use of buildings），即《建筑物的能量性能-测量的建筑用能数据表述国际标准》正式颁布实施。该标准是关于建筑物实测能源消耗数据表述方法的标准，包括能耗数据的边界、终端用能即分项能耗的定义、不同能源种类的折算方法等，是建筑节能领域的一项基本国际标准。ISO12655于2008年4月在国际标准组织163技术委员会南京全体大会上讨论通过立项，历时5年，经苏黎世、首尔、悉尼、芝加哥、拉罗谢尔、代尔夫特等6次工作会议和全体大会讨论修改，25个成员国4轮投票后，最终获得通过并颁布实施。而在此之前，我国以该标准为蓝本的建筑工业行业产品标准《建筑能耗数据分类及表示方法》JG/T 358—2012已于2012年8月1日起正式实施。

（2）建筑节能标准体系

《建筑能耗标准》目前为（征求意见稿）从建筑能耗总量控制的思路出发，以实际能耗作为约束条件。参照建筑用能规划，从北方供暖、公共建筑用能（不包括北方供暖用能）和城镇住宅（不包括北方供暖用能）三个方面给出了相应的能耗指标，各项指标的具体数值和确定方法可参见清华大学建筑节能研究中心出版的《中国建筑节能年度发展研究报告2013》，在此不一一赘述。

建筑能耗标准与各建筑节能标准的出发点虽然不同，但其目的却是一样的。各类建筑节能设计标准、建筑节能施工验收标准和建筑节能运行管理标准对建筑实际用能降低给出了结合具体工程实际的方法和技术上的指导，这些标准制定的出发点和参考来源于《建筑能耗标准》对于各类建筑能耗的指标，这些标准最终执行的效果也将交由《建筑能耗标准》来进行检验，这两类标准的关系可见图1-19。

各类建筑节能设计标准给出了建筑和系统应该是什么样子，约束的是建筑和系统、设备的具体做法与性能，属于指南性的标准，应用于建筑与系统的设计过程中。节能设计标准在制定之初就保证了只要能够满足节能设计标准，结合好的使用与运行管理，就能够保证建筑在运行中的能耗符合《建筑能耗标准》的规定。但建筑节能设计标准的实施与否只和建筑的设计、设备、工程质量与调整水平有关，也

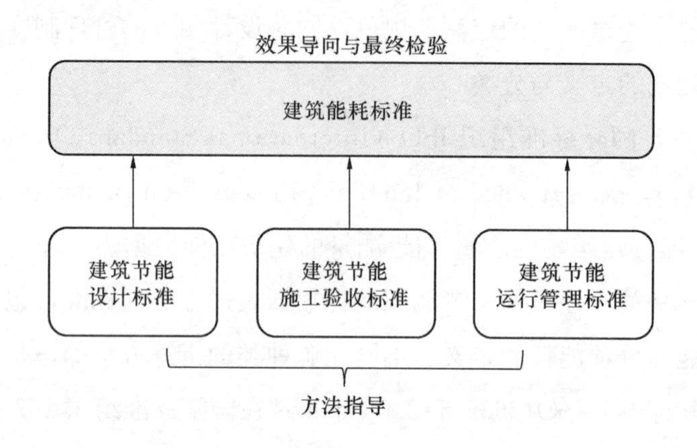

图1-19 建筑节能设计标准与建筑能耗标准的关系

就是说，满足了节能设计标准并不能保证建筑能耗也符合《建筑能耗标准》。因此，就需要《建筑能耗标准》这个以约束最终效果为目的的标准，它是效果性的标准，是适用于建筑物实际运行管理过程中的约束。建筑物要想满足能耗标准，需要在满足各类建筑节能标准的同时，合理地引导建筑的使用模式，对其进行科学的运行管理，才有可能达到建筑能耗标准的要求。不满足以上任何一点，都很难实现这一要求：只满足了节能设计标准，而不注意建筑合理的使用模式或者运行管理水平低，就会造成和目前一些所谓的“节能建筑”一样的“高性能、高能耗”；不满足节能设计标准，要想在能耗标准规定的能耗上限之下运行，必然会牺牲服务质量，很难为建筑使用者提供满意的服务。

《建筑能耗标准》的核心是“以能耗数据为导向”的建筑节能思路，颁布这一标准的出发点是希望通过这一标准建立以实际能耗作为控制目标的建筑节能政策体系，促进建筑节能工作从过程管理到效果管理的转变。各省、市也参照此思路和方法，在此标准的基础上制定本省市的标准，使其更适应本省市的实际状况。上海从2011年起就颁布了一系列建筑合理用能指南性标准，对建筑的实际能耗进行了规定和引导，具体的标准包括：《市级机关办公建筑合理用能指南》DB31/T 550—2011、《星级饭店建筑合理用能指南》DB31/T 551—2011、《大型商业建筑合理用能指南》DB31/T 552—2011、《市级医疗机构建筑合理用能指南》DB31/T 554—2012、《综合办公建筑合理用能指南》DB31/T 555—2013等，深圳市从2012年开始，也陆续制订了一系列的建筑用能限额标准，包括：《深圳市办公建筑能耗限额标准》、《深圳市商场建筑能耗限额标准》、《深圳市宾馆酒店建筑能耗限额标准》等。这些标准都是以建筑实际用能作为控制目标的标准，其框架、思想和《建筑能耗标准》都是一脉相承，但其规定的建筑用能的数值会在实施过程中不断修订、完善，并且随着技术水平的发展，这些数值也会逐渐地下降。

（3）建筑用能管理的政策机制

以建筑用能总量控制作为政策目标的政策体系与机制最核心的政策内容，除了通过《建筑能耗标准》给出各类建筑用能的约束值外，另一个关键点就是明确各类建筑用能的责任者，通过各类实际计量监测得到的数据对各责任者和利益相关者进行有效的约束和管理。

对于北方建筑的供暖能耗，在各建筑的楼栋入口处进行计量，将计量得到的热量平摊到每户，并与建筑居住者的收费相关联，这样既省去了单户计量的大量设备投资，又可以有效地促进居民的行为节能和推进既有建筑的节能改造工作；在热源处，对热源单位热量所消耗的一次能源进行计量，可以有效地约束热源企业，从而推进北方供暖热源能效的提升与热源改造的革命。

对于住宅建筑，设置住宅用电、用气的梯级价格机制，对于引导居民合理用电、节能用电，起到了积极推行作用。该政策自 2006 年部分省市试行，到 2012 年已在全国范围推行。同时，梯级电价制度作为以实际能耗为控制目标的政策，也能有效地促进和推动住宅领域其他节能政策的推行，例如高效照明灯具的推广以及节能家电产品的应用。但在具体的推进过程中也存在一些问题，例如：目前在住宅中，楼栋或小区的中央空调系统用电未计入居民阶梯电价计量中，可能会导致使用中央空调系统提供供暖或制冷的家庭比使用户式或分体式空调供暖系统的家庭用电量还低，这并不是由于实际用能量不同造成，而仅仅是由于计量范围不同造成，这个问题在阶梯电价的实施中仍需要进一步地完善。

对于公共建筑，应该参考《建筑能耗标准》（以下简称《标准》），逐渐实行用能的定额管理，在建筑的设计、施工、竣工和运行的全生命周期中以能耗指标作为目标来进行全过程的节能管理。在建筑设计阶段，《标准》将作为设计者做方案设计时应参考的依据：（1）北方地区建筑设计方案需符合建筑需热量指标要求。（2）对于“可自然通风，分散控制”模式的公共建筑设计方案，通过能耗模拟分析，检验是否能够达到能耗指标要求，否则进行方案修改。（3）对于“需机械通风，集中控制”模式的公共建筑设计方案，需准备详细充分的方案论证说明。(4)对于居住建筑设计方案，如果采用了集中控制的系统（空调、生活热水和公共区域照明等），需提供集中系统折算到户的能耗强度，以供开发商和购房者参考。在施工阶段，施工方如果要修改设计方案，需论证改动后，建筑能耗强度仍然能够满足能耗指标要求，才可进行修改。在竣工验收阶段，节能监管部门和业主可对建筑试运行能耗进行评估，如果高于能耗指标的，可向设计方和施工方问责，追究能耗高的原因，并要求整改；如果试运行能耗高于设计能耗的，业主可要求设计方和施工方提供说明，以维护业主的权利。在建筑正式投入使用后的运行阶段，节能监管部门可根据能耗指标考核建筑运行能耗水平，高于约束值的，可责令其进行整改或进行相应的惩罚；接近引导值的建筑，可以予以表彰，作为节能工作先进典范。在这个过程中，公共建筑的业主可以将能耗指标作为参照，了解当前建筑运行管理水平，并根据自身需求，确定是否进行节能改造；节能服务企业在提供能源管理服务时，可依据能耗指标与建筑业主进行协商。

建筑用能的总量控制，除了对于建筑的用能进行限额管理以外，还需要对城市规模和建筑的规模总量进行管理。各级政府和相关部门可以根据社会能耗总量控制目标和建筑能耗总量控制目标，进行建筑用能顶层设计，制定相应的专项规划。在城市的建设过程中，由各个对口单位分别对新建建筑规模总量和用能强度进行监管与考核。

本章参考文献

[1]　国家统计局．中国统计年鉴(1996～2014年)．中国统计出版社．

[2]　国家统计局．中国能源统计年鉴(1996～2013年)．中国统计出版社．

[3]　国家统计局．中国建筑业统计年鉴(1996～2013年)．中国统计出版社．

[4]　住房和城乡建设部．中国城市建设统计年鉴(2006～2013年)．中国统计出版社．

[5]　住房和城乡建设部．中国城乡建设统计年鉴(2006～2013年)．中国统计出版社．

[6]　维托·斯泰格利埃诺．郑世高等译．美国能源政策：历史、过程与博弈．石油工业出版社，2008．

[7]　清华大学建筑节能研究中心．中国建筑节能年度发展研究报告2011．北京：中国建筑工业出版社，2011．

[8] 清华大学建筑节能研究中心. 中国建筑节能年度发展研究报告 2012. 北京：中国建筑工业出版社，2012.

[9] 清华大学建筑节能研究中心. 中国建筑节能年度发展研究报告 2013. 北京：中国建筑工业出版社，2013.

[10] 清华大学建筑节能研究中心. 中国建筑节能年度发展研究报告 2014. 北京：中国建筑工业出版社，2014.

[11] 杨秀. 基于能耗数据的中国建筑节能问题研究. 清华大学博士论文，2009.

[12] 彭琛. 基于总量控制的中国建筑节能路径研究. 清华大学博士论文，2014.

[13] 朴光姬. 日本的能源. 经济科学出版社，2008.

[14] 盖依·彼得斯. 顾丽梅等译. 美国的公共政策——承诺与执行(第六版). 上海：复旦大学出版社，2008.

[15] 冯建中. 欧盟能源政策：走向低碳经济. 时事出版社，2010.

[16] 赵辉，杨秀等. 德国建筑节能标准的发展演变及其启示[J]. 动感(生态城市与绿色建筑)，2010：40-44..

[17] 余春容. 德国建筑节能法规进展[J]. 建筑节能，2013：42-46.

[18] http：//www. sustainablebuildingscentre. org/countries/Germany.

[19] 中德技术合作“中国既有建筑节能改造项目”成果汇编：德国建筑节能法律法规汇编. 2007 年 7 月.

[20] 李骏. 法国建筑节能政策的探讨与分析(上). 节能与环保[J]，2007. 9.

[21] 李骏. 法国建筑节能政策的探讨与分析(中). 节能与环保[J]，2007. 10.

[22] 李骏. 法国建筑节能政策的探讨与分析(下). 节能与环保[J]，2007. 11.

[23] 曹宁等. 中日能效标准标识制度浅析比较. 中国能源[J]，第 32 卷，2010 年 2 月.

[24] 陈超. 日本的建筑节能概念与政策. 暖通空调[J]，2002 年第 32 卷第 6 期.

第2篇　北方城镇供暖节能专题

第 2 章　北方城镇建筑供暖用能现状分析

2.1　北方地区供暖现状

北方城镇建筑供暖能耗指的是采取集中供暖方式的省、自治区和直辖市的冬季供暖能耗，包括各种形式的集中供暖和分散供暖。地域涵盖北京、天津、河北、山西、内蒙古、辽宁、吉林、黑龙江、山东、河南、陕西、甘肃、青海、宁夏、新疆的全部城镇地区，以及四川的一部分。需要特别指出的是，西藏、川西、贵州部分地区等，冬季寒冷，也需要供暖，但由于当地的能源状况与北方地区完全不同，其问题和特点也很不相同，需要单独论述。

建筑供暖能耗不仅与建筑本体的热工性能相关，还与建筑内人的使用行为模式、热力管网系统的运行调节方式、输配管网的效率以及热源设备的效率密切相关。因此，认识建筑供暖系统能耗状况，不仅要了解建筑供暖综合能耗，还应了解建筑耗热量、管网热损失率、管网水泵电耗、热源热量转换效率等，从而对实际的建筑供暖能源消耗状况有全面了解。

2.1.1　供暖面积

根据清华大学建筑节能研究中心的计算，2001～2013 年，北方城镇建筑面积从 50 亿 m^2增长到 120 亿 m^2，增加了 1.5 倍以上。2013 年，北方城区（市级以上，含市级）及县城地区建筑面积约 100 亿 m^2，建制镇区建筑面积约 20 亿 m^2。城镇化的快速推进使得北方城镇建筑面积不断增长，同时城镇居民的生活水平不断提高，北方城镇集中供热建筑的面积也随之增长。

本书所涉及的“集中供热”这一供热方式是针对采用独立供暖炉（蜂窝煤炉或燃气壁挂炉）或小型空气源热泵、电热膜电热缆等各种分散独立供热模式而言。只要是通过热水循环管网把热源产生的热量送到多个用户末端进行供暖，都认为是“集中供热”，英文译为 central heating 或 district heating。

根据《中国城市建设统计年鉴》及《中国城乡建设统计年鉴》的数据，2013年，北方城市地区集中供热的面积约 57.2 亿 m^2，集中供热的比例约 54%。但实际上，统计年鉴中给出的集中供热面积仅统计了经营性的集中供热系统所供应的采暖面积，除了这部分面积，还存在大量的建筑由非经营性集中供热系统供暖，例如：高校、部队、机关大院以及一些大型企业有自己独立的供热管理团队来运营集中供暖系统，而这部分集中供暖系统所供应的建筑面积由于各种原因并未收入有关部门的统计中。表 2-1 列出了一些典型城市 2012 年《中国城市建设统计年鉴》给出的集中供热面积和当地供热专项规划❶中给出的集中供热面积现状值的对比。以北京为例，表中给出的集中供热面积为 52555 万 m^2，而北京供热专项规划文件中给出的北京市集中供热面积现状值约为 73143 万 m^2（约为前者的 1.39 倍)，也就是约 2.06 亿 m^2 的面积未统计进去，这主要是由那些非经营性集中供热系统构成。

北方典型城市供热面积（2012 年，单位：万 m^2） **表 2-1**

城市名称	年鉴统计数据	当地供热专项规划数据
北京	52555	73143
石家庄	12251	13312
济南	8262	11708
太原	9650	14600
银川	3914	5397

在统计年鉴中给出的集中供热面积的基础上考虑非经营性集中供暖面积，进行估算后得到北方市、县及镇区 2013 年集中供热的面积约为 100 亿 m^2，具体数据如表 2-2 所示。

❶ 数据来源：北京：《北京能源发展报告（2013 年）》，石家庄：《石家庄市废热利用集中供热规划（2013—2020）》，济南：《济南市工业废热（余热）利用供热实施方案可行性研究报告（2014 年）》，太原：《太原市清洁能源供热规划方案（2013—2020）》，银川：《银川市城市供热总体规划（2012—2020）》。

北方城镇采暖集中供热面积 表 2-2

单位：亿 m²	市县区	镇区	总量
建筑面积	100	20	120
集中供热面积（年鉴）	67.5	3	70.5
占建筑总量比例	68%	15%	59%
集中供热面积（修正）	87.8	3.9	91.7
占建筑总量比例	88%	20%	76%

从图 2-1 中可以看出，市区的集中供热比例已经高达 88%，而镇区集中供热比例则很低，仅为 20%，北方城镇地区整体的集中供热比例约为 76%。

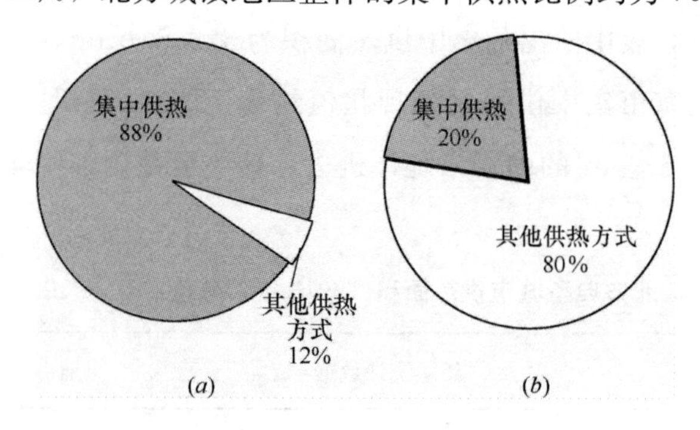

图 2-1 北方城镇地区集中供热比例

(*a*) 市县区；(*b*) 镇区

2.1.2 不同热源供热比率

北方供暖使用的能源种类主要包括燃煤、燃气和电力，按热源系统形式及规模分类，可分为大中规模的热电联产❶、小规模热电联产❷、区域燃煤锅炉、区域燃气锅炉、小区燃煤锅炉、小区燃气锅炉、热泵集中供热等集中供热方式，以及户式燃气炉、户式燃煤炉、空调分散供暖和直接电加热等分散供暖方式。图 2-2 为北方城镇建筑各类热源对应面积比例的逐年变化，总体来看有如下特点：

---

❶ 大中规模的热电联产指的是单机容量为 10 万 kW 以上发电量的大型凝气机组，这类机组基本兴建于 2000 年以后。

❷ 小规模热电联产指的单机容量从不足 1 万 kW 到几万 kW 发电量的小型热电联产机组，多兴建于 20 世纪 80～90 年代。

1）随着节能减排和清洁能源的推广，分散燃煤锅炉采暖的比例迅速减少，从2000年超过40%降低到2013年的不到5%；

2）与此同时，以燃气为能源的供暖方式比例增加，到2013年各种规模的燃气供暖（包括燃气热电联产和各种规模的燃气锅炉）已经超过北方城镇供暖建筑面积的14%。

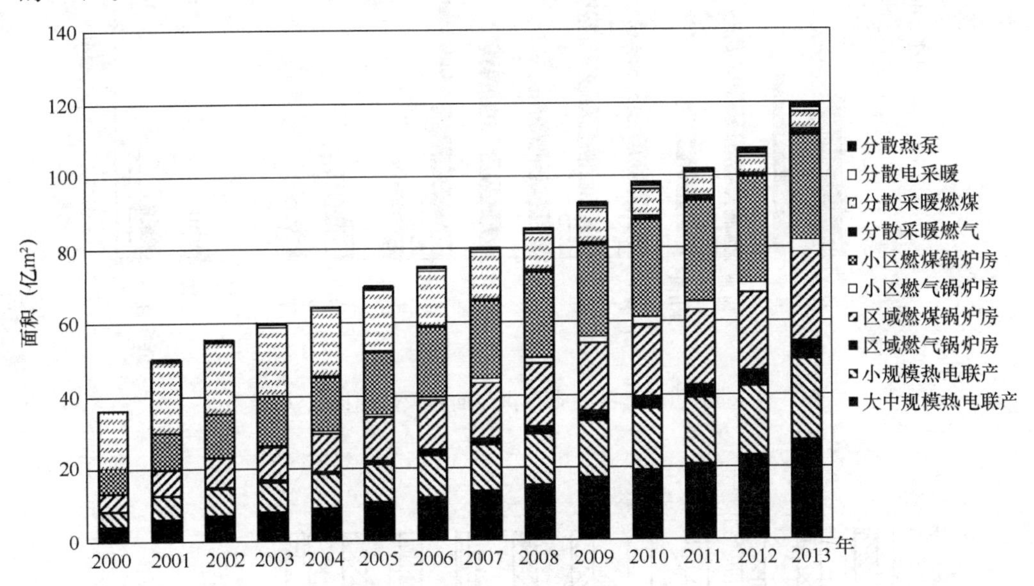

图2-2 北方城镇建筑各类热源对应面积比例的逐年变化

从供热热源构成来看，由于我国能源以煤为主，在供热领域中热电联产和燃煤锅炉占据绝大多数，两者也是逐年有所增长。与此同时，在我国“节能减排”政策的支持下，燃气锅炉和其他采用较为清洁的能源方式进行供热的面积也逐年增长。对2013年全国集中供热热源构成分析，我国北方地区的热电联产和各种大小的燃煤锅炉比例相当，两者占据总供热面积的90%，而燃气锅炉比例为8%，如图2-3所示。

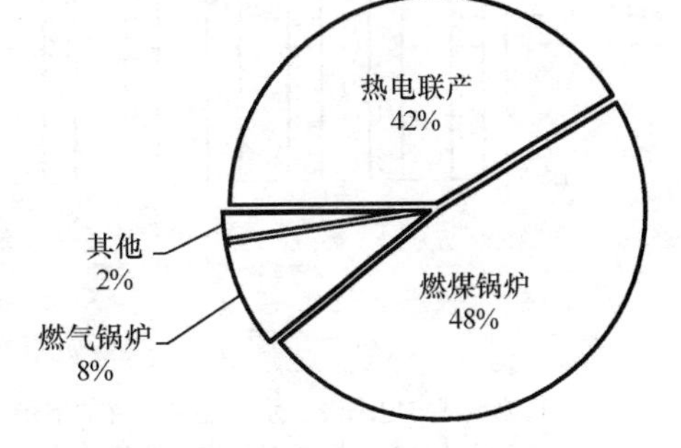

图2-3 供热各种热源的比例（2013年）

图2-4为2013年北方各个省市（市级，含市级城市以上）的供热面积及热源构成。

典型城市供热热源比例关系如图2-5所示。

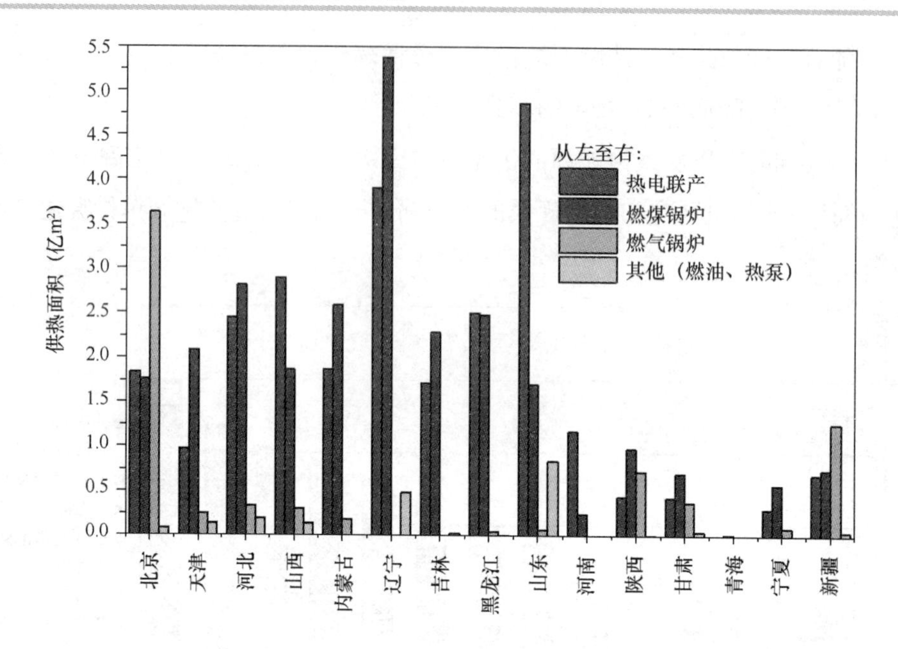

图 2-4　北方供暖地区各省市供热面积及热源构成（2013）

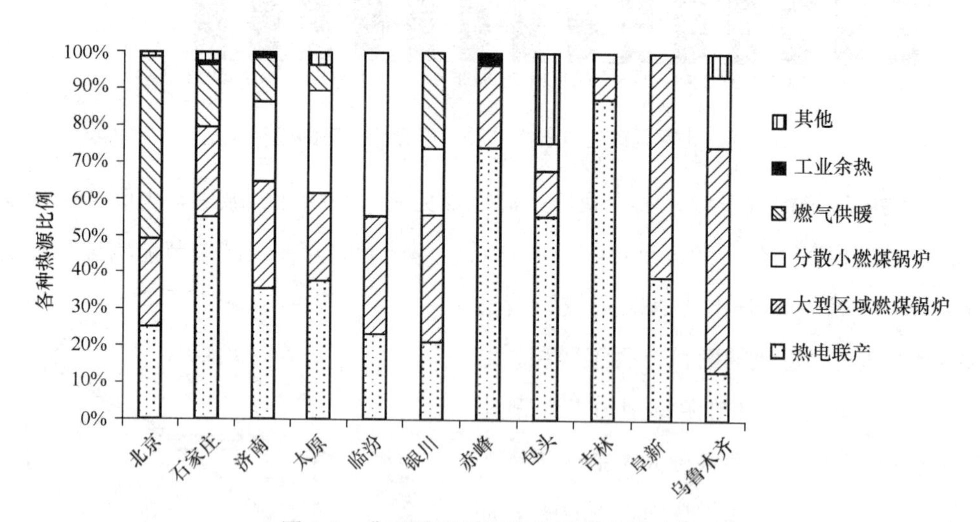

图 2-5　典型城市热源供热形式构成比例

注：1. 其他包括：电采暖、水源热泵、燃油锅炉、清洁能源。
2. 燃气供暖包括：燃气锅炉房、燃气壁挂炉。
3. 热电联产包括燃气热电联产和燃煤热电联产。
4. 北京数据引自《北京能源发展报告（2013年）》。
5. 其他城市数据来源于可行性研究报告或供热规划报告。
6. 阜新的锅炉供热里面没有区分大型锅炉还是小型分散锅炉。

2.2 供暖耗热量现状

2.2.1 建筑供暖需热量

建筑供暖需热量是为了满足冬季室内温度舒适性要求所需要向室内提供的热量。单位建筑面积的供暖需热量与建筑的体形系数、围护结构传热系数、室内外的通风换气量以及室内温度等有关。

表 2-3 给出不同形状的建筑的体形系数范围。表中表明作为我国北方城镇住宅主要形式的大型塔楼或中高层板楼，其体形系数大致在 0.2～0.3m^{-1}之间，而作为西方住宅主要形式的别墅和联体低层建筑（Town house）其体形系数则在 0.4～0.5m^{-1}之间。

不同形状的住宅建筑的体形系数范围 **表 2-3**

建筑类型	体形系数
多层住宅	0.3～0.35
塔楼	0.2～0.3
中高层板楼	0.2～0.3
别墅和联体底层建筑	0.4～0.5

20 世纪 50～60 年代我国北方地区砖混结构墙体的传热系数为 1.28～2.09W/(m^2·K)，70～80 年代之后，部分建筑采用混凝土预制板和单层钢窗，围护结构平均传热系数超过 2 W/(m^2·K)。自 20 世纪 90 年代开始，建筑节能逐渐得到全社会的关注。尤其是近年来，伴随着北方城市新建建筑符合建筑节能设计标准要求的比例不断提高，建筑围护结构的平均传热系数大幅度降低。

图 2-6 是按照耗热量指标折算出的北方不同地区不同节能标准居住建筑综合传热系数。可以看到，达到 65%节能标准的新建建筑，其综合传热系数已达到 0.7～1.2 W/(m^2·K）之间。发达国家也经过了与我们类似的过程，一些早期建筑围护结构平均传热系数也在 1.5 W/(m^2·K）以上，从 20 世纪 70 年代能源危机开始，各国开始注重围护结构的保温，写入欧美各国建筑节能标准中的围护结构平均传热系数可低至 0.4 W/(m^2·K)。

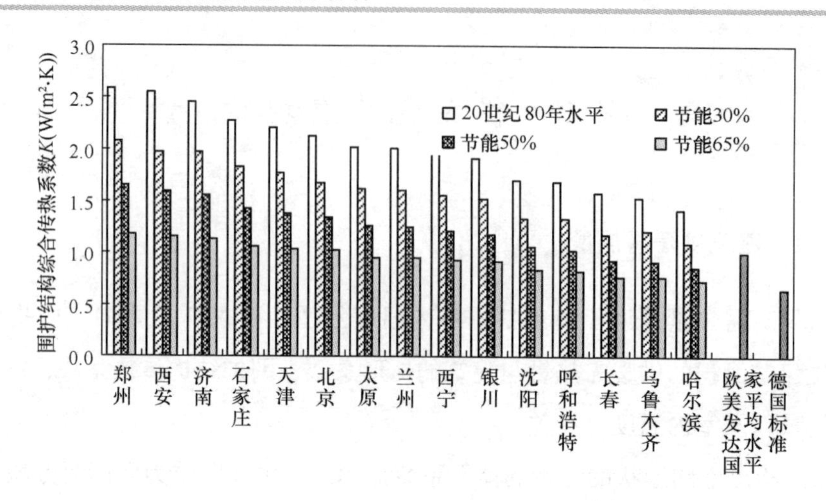

图 2-6 不同节能标准的居住建筑综合传热系数

我国 20 世纪 90 年代以前建造的建筑物由于外窗加工和安装质量不高，房屋密闭性很差，门窗关闭后仍漏风严重，换气次数达 1.5 次/h。近年来，新建建筑普遍采用了节能门窗，气密性能得到显著改善。当门窗关闭时，建筑物的换气次数可在 0.5 次/h 以下。实际上为了满足室内空气品质，必须要保证一定的室内外新风换气量。近年来，在发达国家越来越关注室内空气品质，对于密闭性较好的建筑物都要求采用机械通风的方式保证室内外的通风换气。目前，发达国家对住宅建筑机械通风换气的标准是 0.5～1 次/h，如果机械换气系统没有采用热回收，则我国的通风换气造成供暖热量需求的增加与发达国家基本相同或者略小于发达国家。

居民的生活习惯在一定程度上也影响着建筑物的供暖需热量。一般来说，由于冬季室内外温差较大，北方严寒地区建筑物整体密闭性较好。除由于供暖系统控制原因，室温偏高、用户开窗散热原因外，用户较少开窗，因此用户换气次数多数可控制在 0.5 次/h 以下。相比之下，室外不是那么冷的寒冷地区，即使室内温度合适，用户开窗次数也要高得多。由于这种生活习惯使得寒冷地区的用户换气次数往往会高于 1.5 次/h。图 2-7 中给出了 65%的节能标准下，严寒地区和寒冷地区几个典型区域对应室内温度 18℃，不同换气次数下所对应的建筑负荷和需热量。其中，哈尔滨和长春换气次数取 0.5 次/h，北京换气次数取 1 次/h，济南和郑州换气次数取 1.5 次/h。可以看出，由于换气次数的影响，济南和郑州建筑的单位面积热负荷可达到近 30W/m²，比哈尔滨和沈阳还要高，只是由于供暖天数较长，哈尔滨和沈阳供暖季总的建筑需热量依然高于济南和郑州。

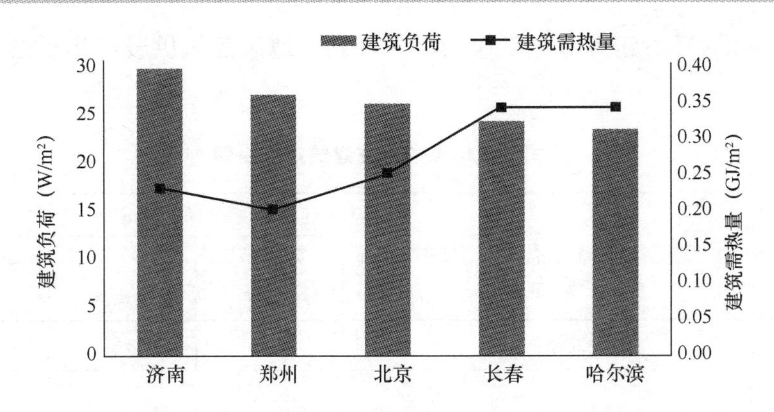

图 2-7 不同地区不同通风换气次数下造成的需热量（65%节能标准，室内温度 18℃）

进一步分析室温设定值不同对建筑需热量的影响。我国规定的供暖期间室内温度为 18℃，对于北京，供暖期室外平均温度为 0℃左右，这样平均室内外温差为 18K，发达国家供暖室内设计温度多为 20～22℃。如果室外供暖期平均温度仍为 0℃，则供暖期室内外平均温差为 20～22K。这就使得这些国家的供暖需热量比北京高 12%～22%。图 2-8 为严寒和寒冷地区几个典型区域达到 65%节能标准的建筑，室温平均升高 1℃建筑负荷和需热量的变化。从图中可以看到，寒冷地区由于建筑围护结构保温性能较差和换气次数较大，其室温升高 1℃建筑负荷增加量约为 1.8W/m²，是严寒地区的近两倍，耗热量更大。只是由于供暖季时间较短，其建筑需热量的变化与严寒地区相当。这说明，对于较温和的地区，室内温度的高低对于供暖能耗的影响更大。因此，气候较温和的地区应该更严格地控制室内温度。

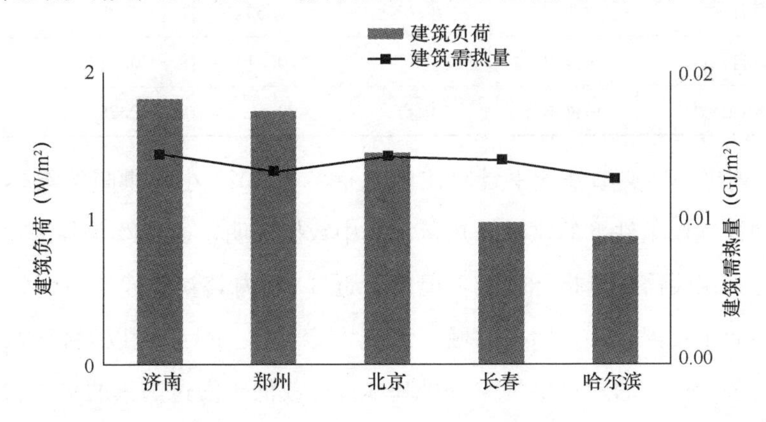

图 2-8 不同地区室温升高 1℃所增加的负荷和建筑需热量（65%节能标准的建筑）

综合上述各因素，表 2-4 给出了不同省份不同节能标准下居住建筑需热量的值。可以看出，随着建筑节能工作的深入，北方地区建筑供暖需热量已有显著的降低。

不同节能标准的居住建筑需热量值　　表 2-4

省份	城市	建筑需热量（GJ/（m²·a））			
		1980年以前	30%节能标准	50%节能标准	65%节能标准
北京	北京	0.56	0.44	0.26	0.19❶
天津	天津	0.53	0.42	0.25	0.2
河北省	石家庄	0.47	0.38	0.23	0.15
山西省	太原	0.64	0.48	0.29	0.21
内蒙古自治区	呼和浩特	0.77	0.56	0.36	0.27
辽宁省	沈阳	0.72	0.54	0.33	0.27
吉林省	长春	0.87	0.62	0.37	0.34
黑龙江省	哈尔滨	0.96	0.68	0.39	0.34
山东省	济南	0.42	0.33	0.21	0.14
河南省	郑州	0.39	0.31	0.2	0.12
西藏自治区	拉萨	0.56	0.44	0.29	0.15
陕西省	西安	0.41	0.32	0.21	0.12
甘肃省	兰州	0.63	0.48	0.28	0.2
青海省	西宁	0.68	0.53	0.35	0.24
宁夏回族自治区	银川	0.63	0.51	0.31	0.24
新疆维吾尔自治区	乌鲁木齐	0.83	0.60	0.36	0.29

表2-5列出一些典型情况下计算出的北京冬季3024小时供暖的需热量，以及发达国家同样气候条件下的供暖需热量。表中数据表明，虽然欧美各国建筑节能标准中新建建筑供暖需热量指标较低，但由于近30年内其新建建筑占建筑总量的比例不大（不同于我国，70%以上的城市建筑为20世纪90年代以后兴建），因此我国符合建筑节能标准的建筑供暖需热量基本接近或低于发达国家的平均状况。

---

❶ 2010年严寒和寒冷地区居住建筑节能设计标准中，北京的供暖天数较1995年节能设计标准中的数据有较大的调整（从125天变为114天），故建筑需热量数值降低较多。

北京及发达国家同样气候条件下住宅单位面积供暖需热量 表 2-5

围护结构类型	单位面积供暖需热量（kWh/（m^2·a））	备 注
20 世纪 50～60 年代砖混结构	96～155	体形系数 0.3～0.35，换气次数 1～1.5 次/h
20 世纪 60～80 年代建筑（100mm 混凝土板和单层钢窗）	111～167	体形系数 0.2～0.3，换气次数 1～1.5 次/h
20 世纪 90 年代中期以后的建筑	60～100	体形系数 0.2～0.3，换气次数 0.5 次/h
欧美发达国家建筑	95～154	体形系数 0.4～0.5，换气次数 0.5～1 次/h

2.2.2 建筑实际耗热量

上述供暖需热量并非实际的建筑供暖能耗。图 2-9 为 2005～2006 年供暖季清华大学建筑节能研究中心在北京市不同建筑热入口实测出的全供暖季建筑实际耗热量。所测建筑室内温度在采暖期都高于 18℃。这些数据来自包括不同供暖和不同保温水平的建筑。实测的这些耗热量数据基本处于表 2-5 中列出的数据范围。这表明表 2-5 中的数据基本反映出实际的建筑供暖需热量。但同时也可以看出，相同的

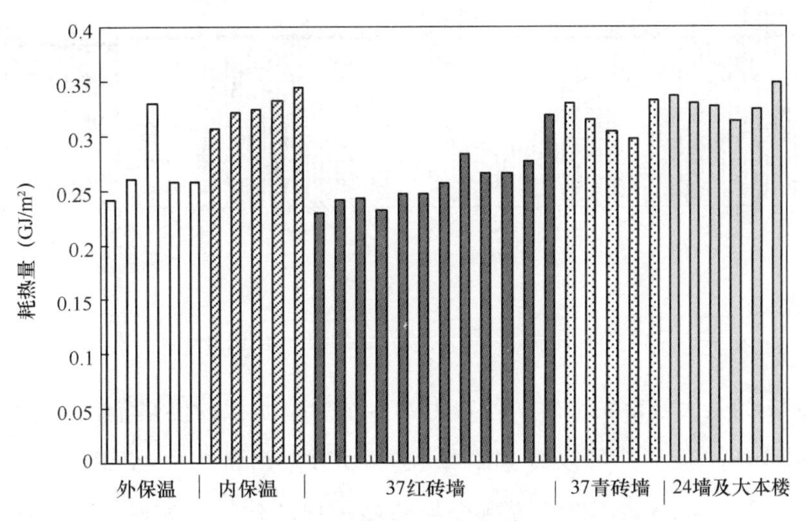

图 2-9 2005～2006 年清华大学在北京市不同建筑热入口实测全供暖季建筑实际耗热量

气候条件和围护结构保温情况下，各栋建筑之间的建筑实际耗热量也不尽相同。这主要是由于楼栋之间的冷热不均造成的。由于目前末端缺乏有效的调节手段，为了维持温度较低用户的舒适性要求，热源处只能整体加大供热量，这样就会使得其他用户过热，造成过量供热损失。从图中可以看出楼栋之间的差异高出建筑需热量约10%。

从热力站测得的实际耗热量数据进一步说明目前实际系统中存在大量过量供热的现象。图2-10为严寒地区某市2012～2013年各热源的95个热力站耗热量统计。当年采暖时间为2012年10月15日～2013年4月15日，天数为181天，采暖季平均室外温度－4.95℃。从中可以看到，同一年，同一地区，同一热源的不同热力站，其耗热量差异较大。以热源1为例，耗热量最大的热力站与耗热量最小的热力站，可以相差1倍左右。造成差异的原因，一方面是管网热损、建筑本身的围护结构造成了同样室温下的需热量不同，另一方面则主要是供热系统的供热参数、用户之间、楼栋之间以及热力站之间不均匀损失造成的过量供热损失等因素。

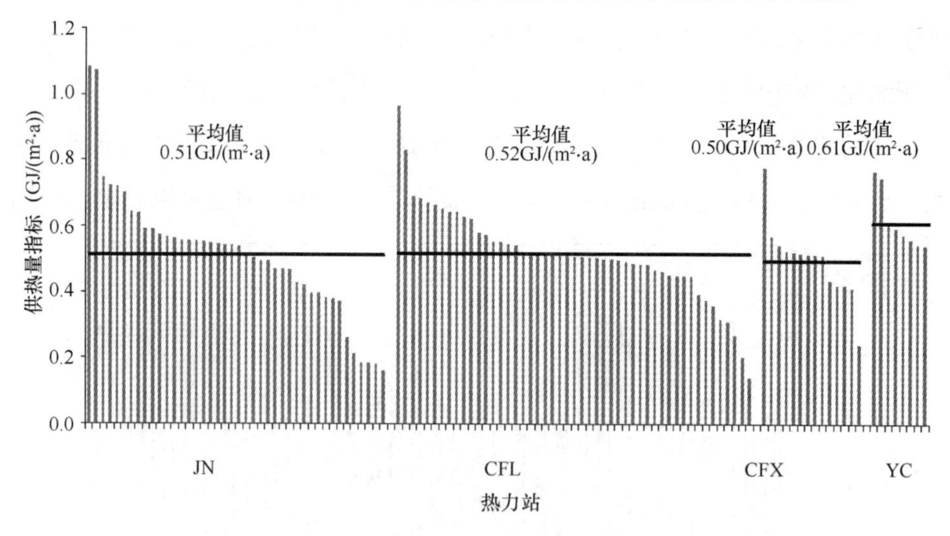

图2-10 CF市2012～2013年热力站耗热量统计

图2-11为某大城市城市热网各热力站冬季单位面积的供热量，大热网具有完善的一次网自控系统，可以看到每个换热站的耗热量为0.28GJ/（m^2·a）到0.53GJ/（m^2·a）之间，很难说哪个换热站负担的建筑保温好、哪个保温不好。如果认为各小区的保温水平差别不大的话，以最小耗热量的换热站水平作为需热量

(图 2-11 直线处)，则其他高于此水平的热力站就是由于冷热不匀和过量供热造成的损失，约占需热量总量的 29%。

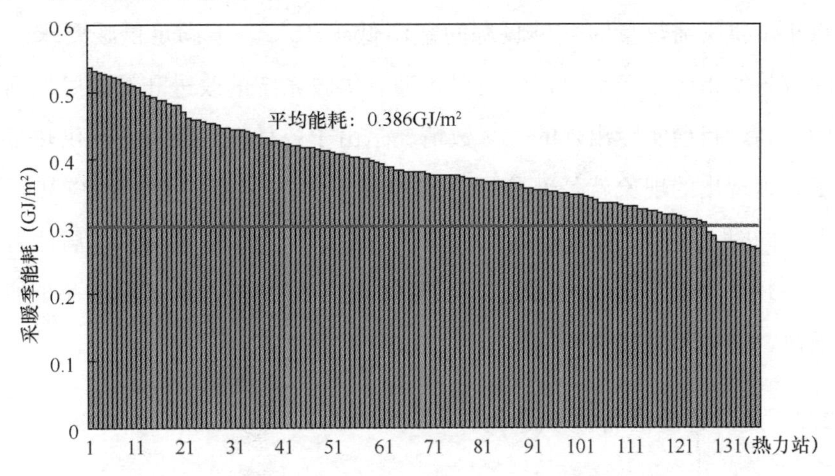

图 2-11 某大城市集中供热各热力站耗热量统计（2010 年）

图 2-12 是北方省会城市或供热改革示范城市的实际耗热量状况调查结果，图中 C1～C18 是按城市所处纬度从高到低排列的。从图中可以看到，我国北方采暖地区城镇实际的采暖耗热量大体位于 0.4～0.55 GJ/（m² · a)，平均约在 0.47GJ/(m² · a)，应注意这是热源总出口处计量的热量，扣除 5%左右的一、二次管网热损失，则建筑内实际消耗的热量约为 0.45GJ/（m² · a)，高于平均建筑需热量

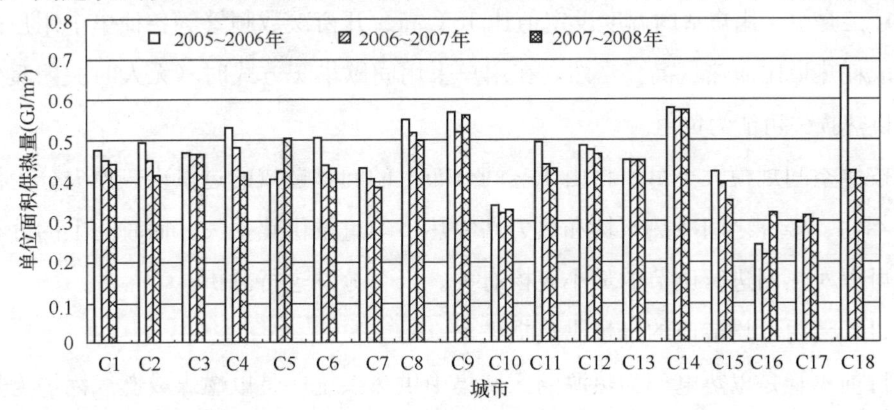

图 2-12 不同地区实际耗热量状况（图中是热源总出口处计量热量）

注：城市 C1～C5 位于严寒地区，C6～C18 位于寒冷地区。在这 18 个城市中，C18 以燃煤锅炉作为主要热源，C5、C6、C7、C8、C12、C13、C14、C17 以热电联产作为主要热源，C1、C2、C3、C4、C9、C10、C11、C15、C16 两种供热方式兼有。

0.33GJ/（m^2·a）的35%左右。

由上可知，供暖系统实际送入建筑内的热量不等于供暖需热量。当实际送入建筑的热量小于供暖需热量时，供暖房间室温低于18℃，不满足供暖要求。这是以前我国北方各城市冬季经常出现的情况。随着供暖系统的改进和对人民生活保障重视程度的提高，目前实际出现的大多数情况是由于各种原因使得实际供热量大于供暖需热量，表现出的现象就是部分用户室温高于18℃，有时有的用户甚至可高达25℃以上。同时，过高的室温引起居住者的不舒适，为了避免过热，居住者最可行的办法就是开窗降温，这就大幅度加大了室内外空气交换量，从而进一步加大了向外界的散热，增加了供暖能耗。

2.2.3 建筑过量供热的原因

从实际测量数据可以看出，建筑实际耗热量往往要高于需热量，主要有三个方面的影响：一是由于空间分布上的问题，各个用户的室内温度冷热不均，在目前末端缺乏有效调节手段的条件下，为了维持温度较低用户的舒适性要求，热源处只能整体加大供热量，这样就会使得其他用户过热，造成过量供暖损失；二是由于时间分布上的问题，供暖系统热源未能随着天气变化及时有效调整供热量，使得整个供热系统部分时间整体过热，造成过量供暖损失，这种现象初、末寒期也即供暖初期和末期尤为明显；三是由于用户室内温度设定值比18℃高、开窗次数频繁等各种单个用户的行为造成耗热量比需热量高。当然，在用户采用间歇供暖方式时（无人时关闭暖气），过量供热损失可能为负值。

按照空间规模大小可以将由于空间分布上的问题造成的过量供热损失分为楼内冷热不匀、楼栋之间冷热不均和热力站冷热不匀过量供热损失。而时间上的分布则又与可以对热网进行调节的最小规模有关。以下分别进行分析。

（1）楼内不均造成的过量供热损失

目前不管是以热电厂为热源的区域集中供热系统还是以燃煤或燃气锅炉为热源的小区集中供热系统，在用户一侧的主要调节方式是质调节，即根据室外温度的变化统一改变供水温度，而不可能对不同的用户供给不同的供水温度。而由于不同朝向太阳辐射，不同室内得热，同一栋楼不同位置用户在同一时间内的负荷变化差异很大，此时若要保证最不利用户的室温，就必须按照最大负荷率的用户确定供热参数，其他负荷率偏小的用户就必然过热。

对严寒地区某小区内同一栋建筑 36 个房间的温度进行了测试，计算每个房间的月平均气温，统计温度的分布，如图 2-13 所示。从图中可以看到，房间温度的差异较大，随着室外温度的升高，房间过热问题较为严重。

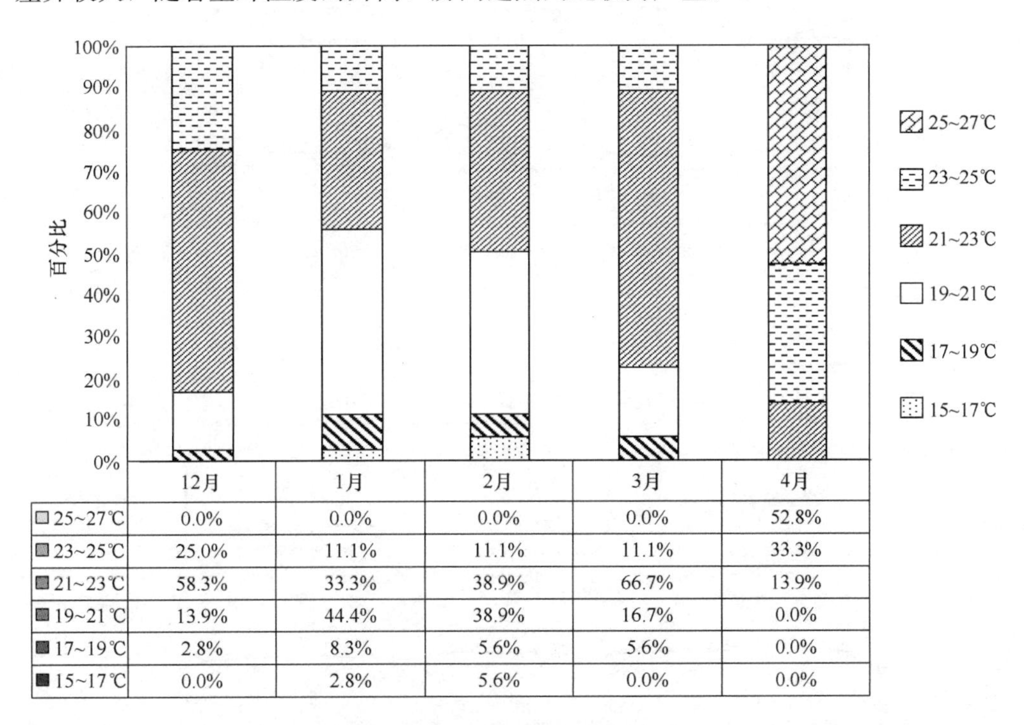

图 2-13 测试期间房间平均室温分布情况

图 2-14 与图 2-15 分别是上述小区处于不同的两个区域 B 区（上供下回垂直单管跨越式）与 D 区（下供上回垂直双管并联式）典型单元各楼层的同一房间在同一时间段（1 月 20 日）的室温变化曲线。从中可以看到，单管系统各楼层的室温变化一致性较强，而双管系统各层的室温与室外温度变化一致性较弱。单管系统的各楼层温度差异较大，而双管系统的各楼层温度差异较小（表 2-6）。

不同楼内系统垂直热力失调情况 **表 2-6**

	上供下回垂直单管跨越式					下供上回垂直双管并联式				
层数	2	3	4	5	6	1	2	4	5	6
平均温度℃（12 月—1 月）	16.58	20.56	22.36	23.00	20.61	20.36	20.43	20.54	20.82	20.51

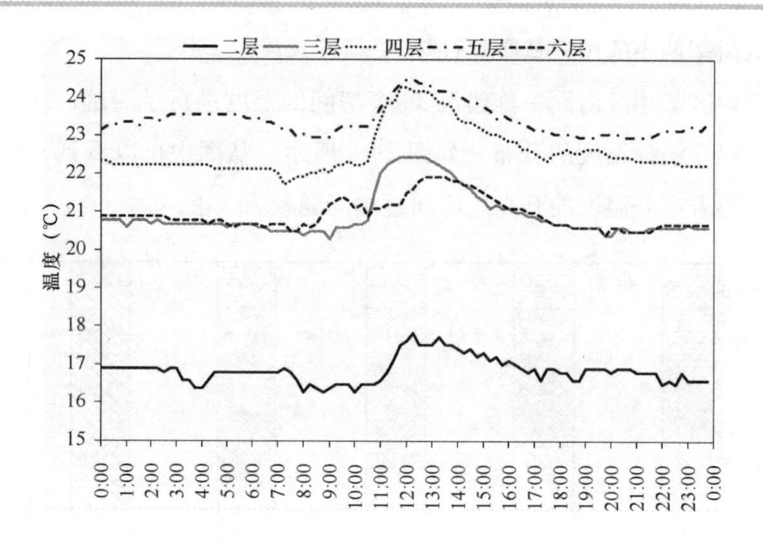

图 2-14 上供下回垂直单管跨越系统室温变化（1 月 20 日）

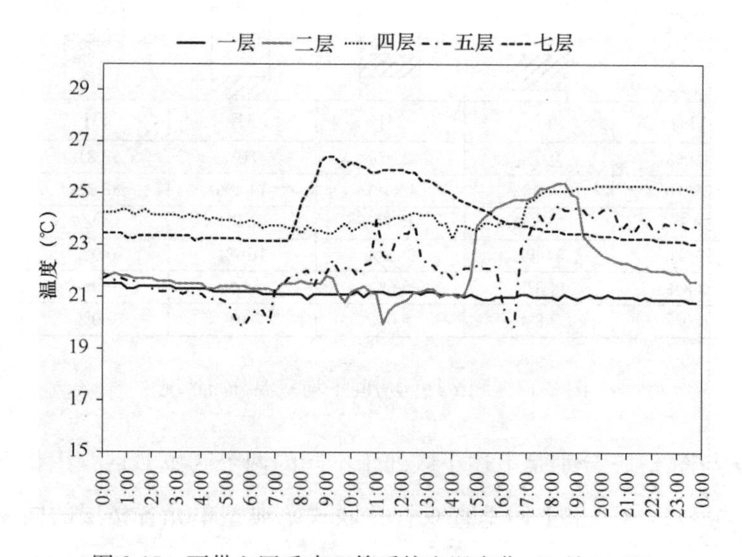

图 2-15 下供上回垂直双管系统室温变化（1 月 20 日）

由上述的测试结果，可以得到以下结论：

1）无论何种供热形式，垂直热力失调都存在。双管式各层的温度变化较为独立，而单管式各层的温度变化一致。其中，B 区由于底层车库未作外保温，导致紧邻的二层温度只有 17℃左右，未达到 18℃的要求。双管式最高层平均室温仅比最底层高 0.46℃，单管式达到 5.42℃。在垂直方向上，双管式比单管式室温的均匀性要好很多。

2）室温过热现象比较普遍，温度最高的住户一般是中间偏上，紧邻顶层的用户。顶层用户由于存在大面积的屋顶散热，温度不是最高的。在调查中还发现，由于用户存在私自加装散热器的现象，不仅导致自身室温过热，还可能导致下层用户供热量不足，室温偏低。

（2）楼栋之间不均造成的过量供热损失

集中供热管网的流量调节不均匀，导致部分建筑热水循环量过大，从而室温高于其他建筑。而为了保证流量偏小、室温偏低的建筑或房间的室温不低于18℃，就要提高供热参数，以满足这些流量偏小的建筑或房间的供热要求。这就造成流量高的建筑或房间室温偏高，这种流量调节的不均匀性不仅存在于建筑之间，也存在于城市集中热网的不同热力站之间以及同一栋楼的不同用户之间，特别是对于单管串联的散热器系统，流量偏小会使得上下游房间的垂直失调明显加重。

图2-16是严寒地区某小区楼栋入口耗热量测试结果，按照建筑是否完全相同，将该小区15栋建筑分成了五类。对于完全相同的建筑，当没有明显的投诉情况时，则可认为平均耗热量最低的楼栋完全满足供热要求，以此作为建筑的需热量，则高于此值的建筑即为楼栋之间冷热不匀造成的过量供热损失。从图中可以看到：楼栋之间的冷热不匀损失范围较大，最小仅0.3%，最大可以达到18.7%。这与各建筑间流量不同有关，更与各座建筑的实际使用状况不同有关（如人员多少、开窗状况，室内电器和其他发热装置情况等）。

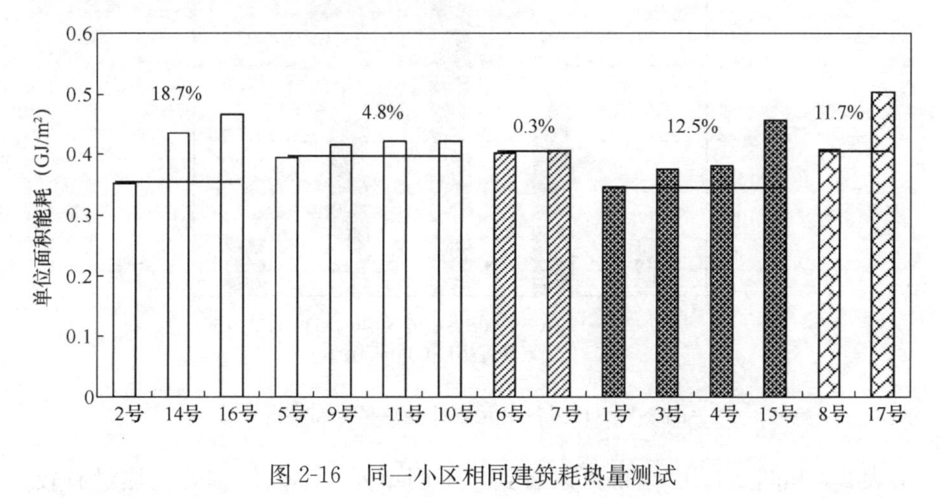

图2-16 同一小区相同建筑耗热量测试

统计严寒地区某一小区内采用双管并联系统的四栋楼各单元供暖季耗热量、平均供回水温差、单位面积流量如表 2-7 所示。

小区内各单元耗热量及流量 表 2-7

楼栋号	1号			2号			3号				4号		
单元号	1	2	3	1	2	3	1	2	3	4	1	2	3
面积（m^2）	1212	1582	1212	1212	1582	1212	1111	973	973	1111	1212	1582	1212
	4007.24			4007.24			4169.24				4007.24		
供回水平均温差（℃）	6.88	7.63	7.19	8.04	6.98	8.08	6.34	7.38	6.85	7.64	7.38	5.64	4.72
单位面积流量（kg/（h·m^2））	3.97	2.52	2.87	3.85	3.35	3.52	3.58	2.48	3.31	3.45	3.10	3.09	4.46
累计耗热量（GJ/（m^2·a））	0.50	0.36	0.38	0.57	0.43	0.52	0.42	0.34	0.42	0.49	0.40	0.32	0.39
	0.41			0.50			0.42				0.35		

各单元累计耗热量中，平均值为 0.43GJ/(m^2·a)，最大值为 0.57GJ/(m^2·a)，最小值为 0.32GJ/(m^2·a)，标准差为 0.08GJ/(m^2·a)。如果将各单元的累计耗热量依次从小到大排序，再按 0～0.32，0.32～0.39，0.39～0.46，0.46～0.53，0.53～0.60 五个区间进行分布概率统计，得到图 2-17。

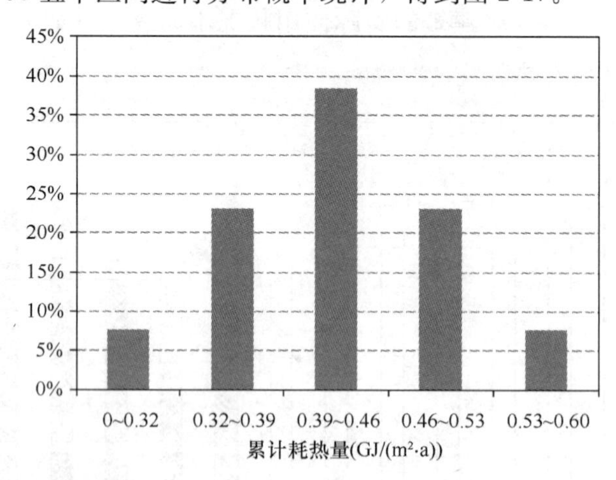

图 2-17 B区各单元累计耗热量分布情况

由表 2-7 和图 2-17 中结果可以看到，不同单元、不同楼栋的耗热量有较大差别。进一步分析可以得出以下两点结论：

1）楼栋耗热量的差别较大。在建筑形式、围护结构、采暖形式相同，室内温度一致的理想情况下，各楼的单位面积热耗热量应该是相同的。而实际中，由于各楼栋的散热器存在私装，流量存在差异，用户的习惯存在不同，而造成各楼栋的耗热量不同。假定耗热量最低的楼所需的热量能够满足要求，那么其他高于该楼的就是楼栋间不均匀导致的过量供热。这部分过量供热量约为 0.067GJ/（m^2·a），占到该区域总供热量的 14.00%左右。

2）单元位置不同耗热量的区别大。从表中还可以发现，单元在楼中所处的位置对于其耗热量有很大的影响。由于边户的围护面积大于中间用户，其耗热量也明显高于中间用户。各单元的累计耗热量最大的达到 0.52GJ/（m^2·a），最小的只 0.32GJ/（m^2·a），差别有 0.2 GJ/（m^2·a）之多。根据表中计算，边户比中间用户需热量平均要高 0.086 GJ/（m^2·a）左右，约为 23%。

（3）时间分布上供暖系统调节不当造成的过量供热损失

当集中供热系统规模过大以后，系统的热惯性也相应较大，在热源处对热量的调节需要一天以上的时间才能反映到末端建筑。在目前的供热条件下很难根据天气的突然变化实现及时有效的调整，这在规模很大的城市热网中更为突出。此外，目前的集中供热系统调节主要在热源处采取质调节的方式。由于末端建筑千差万别，这种调节方式除难以确定合适的控制策略、给定合适的供水温度外，对于一些只能依靠运行管理人员的经验“看天烧火”的供热系统，很难仅凭经验就能做到热量供需平衡，为了保险起见，减少投诉率，运行人员往往会加大供热量，从而造成系统整体过热。应注意的是这种现象在初末寒期更容易出现。

图 2-18 是某严寒地区集中供热系统热力站二次网采用质调节时，供回水温度随室外温度变化的理想控制曲线和实际运行曲线。可以看出，实际供回水温度曲线随室外温变化的关系并不明显，说明在室外温较高的时间段（初末寒期）存在严重的过量供热。

选取其中具有典型意义的 3 个热力站（所带建筑围护结构性能不同）进行具体分析，并根据上述运行参数可计算得到建筑实际耗热量，并与建筑需热量对比可以计算整个供暖季热力站过量供热量，如图 2-19～图 2-21 和表 2-8 所示，可以看出由于热力站未能随着天气变化及时有效地调整供热量，导致的过量供热量达到 22%～26%。

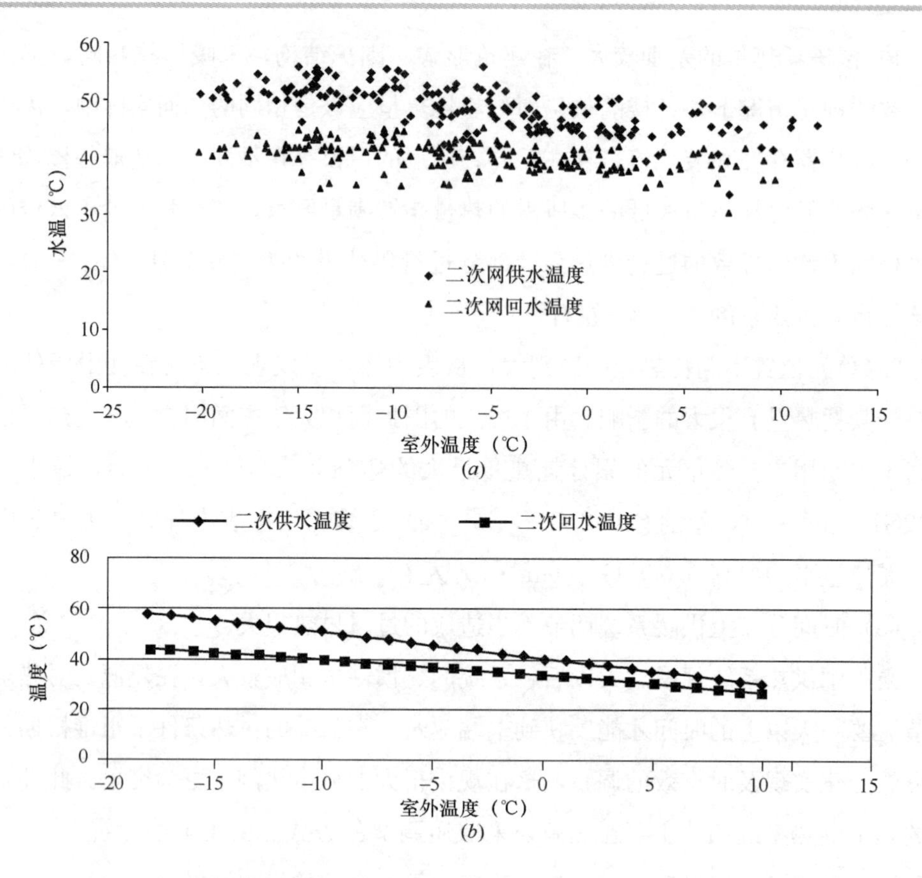

图 2-18 严寒地区某集中供暖系统二次网供回水温度与室外温度关系图

（a）实际运行曲线；（b）理想控制曲线

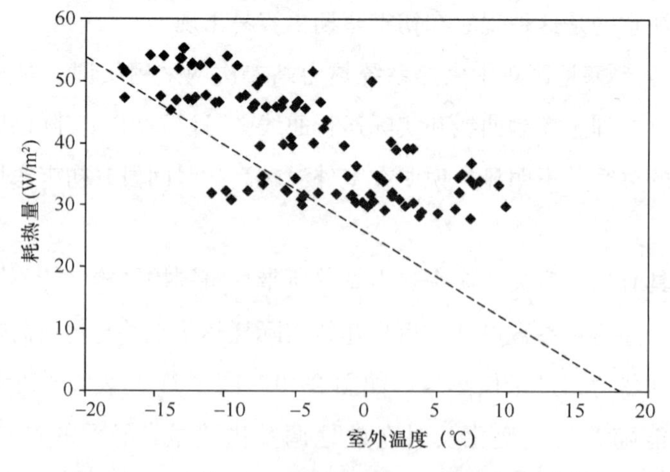

图 2-19 ZY 站（一步节能建筑）过量供热情况计算

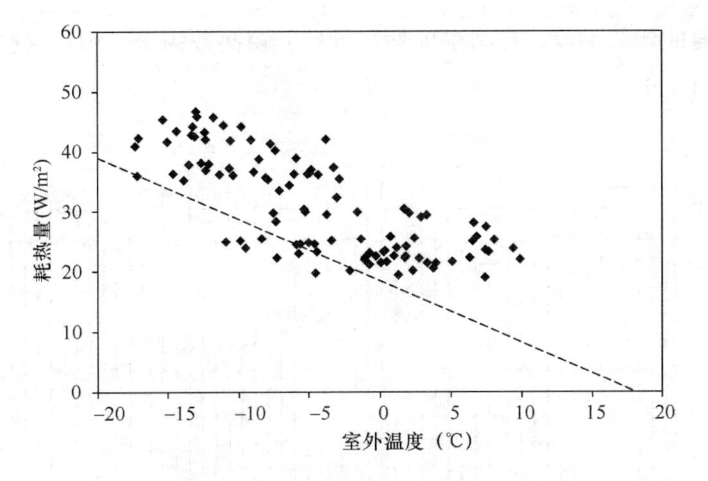

图 2-20 YHHY 站（二步节能建筑）过量供热情况计算

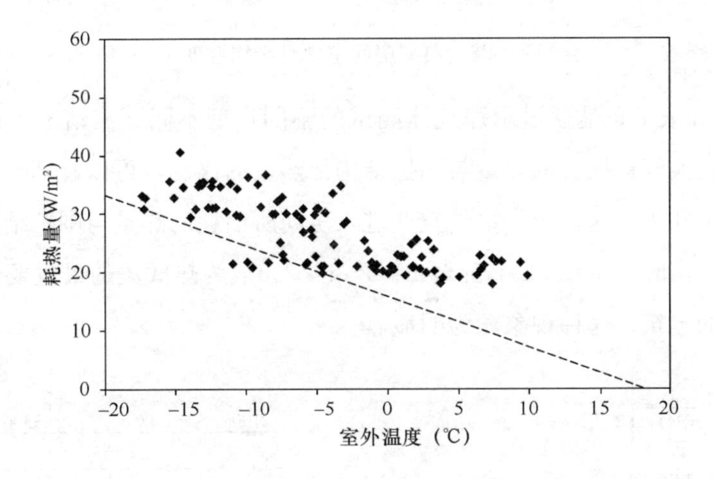

图 2-21 JYHF 站（三步节能建筑）过量供热情况计算

各热力站过量供热比例 **表 2-8**

热力站	ZY	YHHY	JYHF
实际全年耗热量（GJ/（m^2·a））	0.59	0.44	0.39
全年需热量（GJ/（m^2·a））	0.46	0.33	0.29
过量供热量（GJ/（m^2·a））	0.13	0.11	0.10
过量供热比例	22%	25%	26%

（4）室温偏高造成的过量供热损失

图 2-22 给出的是某严寒地区测试建筑内部典型房间的室内计算月平均温度，可以看出大部分房间室内温度超过 20℃，部分房间室内温度超过 25℃。由于室内

末端缺乏必要的调节手段，房间温度偏高导致开窗次数频繁，用户这些行为造成大量的过量供热损失。

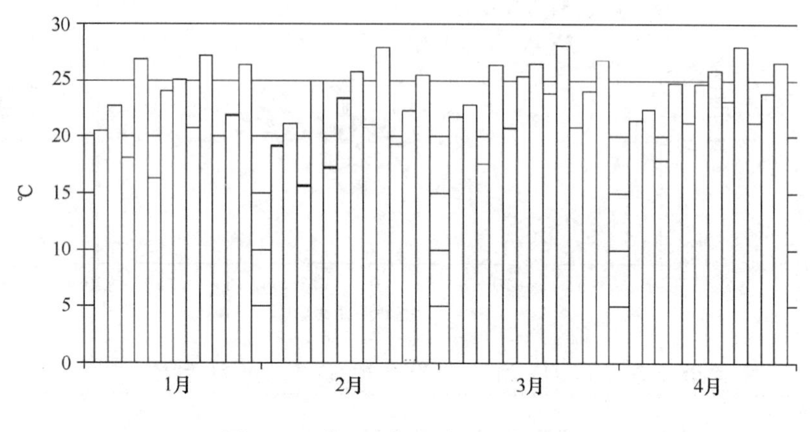

图 2-22 典型房间室内月平均温度

图 2-23 和表 2-9 是通过示踪气体测试的不同户型不同开窗情况下的通风换气量和计算按此换气量损失的热量与围护结构传热量的比例，可以看到开窗后换气次数可以增加十几倍，这样由于室外空气进入房间所消耗的热量与围护结构传热量的比例由关闭外窗时的 1∶0.2 上升至 1∶2～1∶3，成为热散失的最主要部分。对于保温性能好的建筑，这种现象尤为明显。

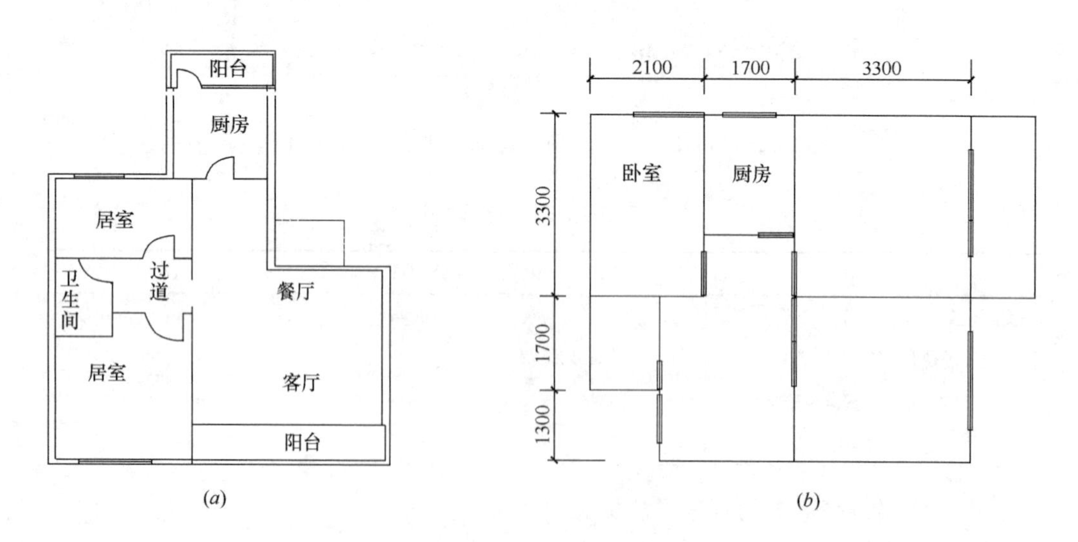

图 2-23 开窗通风量测试

(*a*) 用户 1 户型结构（50%节能建筑）；(*b*) 用户 2 户型结构（65%节能建筑）

典型户型的开窗通风测试结果 **表 2-9**

户型 1（50%节能建筑）			
	工况	换气次数（次/h）	开窗损失与围护结构传热比例
居室	房间门窗均关闭	0.68	18%
	房间门打开窗关闭	2.54	69%
	开窗 15cm	4.97	134%
	开窗 35cm	7.50	203%
	开窗 62cm	6.70	181%
	窗开 35，在对面房间开窗 40cm	12.66	342%
厨房	房间门窗关闭	1.49	40%
	开窗 3cm	3.25	88%

户型 2（65%节能建筑）			
	工况	换气次数（次/h）	开窗损失与围护结构传热比例
卧室	门窗全关	0.90	47%
	开窗，门关闭	5.34	281%
	开门，窗户关闭	2.93	154%
	开窗，对应房间开窗	15.88	837%
	窗户关闭，门有缝开	2.27	120%
厨房	开门，窗户关闭	3.78	199%
	开窗，门关闭	12.75	672%
	开窗，门开	13.30	701%
	开窗，对应房间开窗	22.12	1165%

从上述分析中可以看出，不管是哪种原因造成空间上的热不均匀损失还是时间上的过量供热损失，都是由于供热系统缺少末端调节，造成某时间段上局部或全部用户的室温偏高，如果在采暖房间安装有效的调节装置，使散热器的散热量能够根据房间温度及时调节，避免房间过热，能够消除或大幅度减少各种不均匀损失和过量供热损失，节约热量 30%以上。这就是目前“热改”工作的核心：通过安装有效的调节措施，使得室温可控，同时改革采暖收费方式，变按面积收费为按热量收费，促进各种末端调控措施能够被接受和实际使用，从而避免个房间的过量供热，降低采暖能耗。

根据《住房城乡建设部办公厅关于 2012 年北方采暖地区供热计量改革工作专项监督检查情况的通报》，供热计量收费面积进一步增长：2012 年北方采暖地区 15 个省（区、市）累计实现供热计量收费面积 8.05 亿 m^2，其中住宅供热计量收费面积 6.16 亿 m^2；公共建筑供热计量收费面积 1.9 亿 m^2。但从总体情况来看，目前具备室内温度调控的建筑占总供热面积的比例较少，一些装有室内调节末端的建筑由于设备性能，运行维护等方面的问题，导致实际调节阀并没有起到室温调控的作用，目前北方供暖地区大部分建筑室内温度仍然没有得到有效的调控，过量供热现象普遍存在。

2.3 集中供热热网现状

庭院管网，是我国集中供热系统的重要组成部分。无论是以大型热电联产、大型锅炉房为热源的城市集中供热，还是以小区锅炉房为热源的小区集中供热，都需要热力站与庭院管网承担将热量输配到楼栋入口的任务。由于我国目前末端用户安装自动调节手段的比例较低，热力站还起到直接调节末端供热参数的作用。

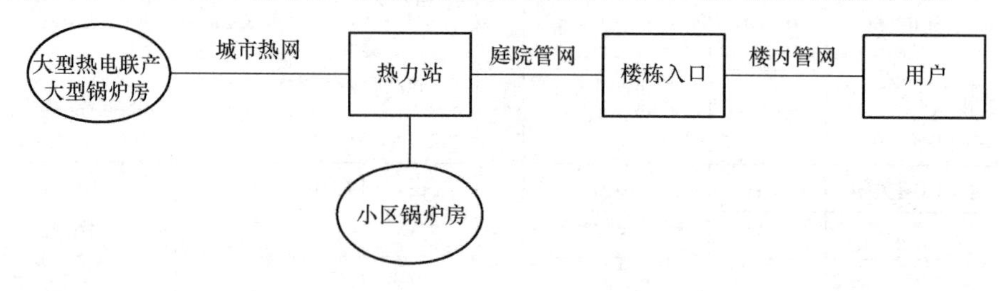

图 2-24 集中供热系统示意图

我国集中供热的发展在历史上受到苏联的影响较大，因此习惯上偏向于建设小区规模的热力站与庭院管网（图 2-24），这一点与纬度接近的大部分欧洲国家有很大不同。欧洲国家（不包括苏联地区和东欧地区）多以楼栋式小型热力站为主。

热力站与庭院管网规模较大有利也有弊。其优点是：初投资低，设备集中易于管理维护，对补水进行集中处理以保证水质；其缺点是：容易造成楼栋之间不平衡，设备选型容易偏大，难以满足末端不同的供热参数需求。由于一个热力站内承担的供热建筑建造年代不同，保温水平不同，室内散热设备不同，所以需要的供水温度也不相同，统一在一个热力站内由一个二次网供热，往往只能按照要求最高的供暖热参数调节，从而造成很多建筑过热，形成过量供热损失。尤其是采用地板辐射末端方式和传统暖气片方式共存的小区，这种过热和过量供热的现象非常普遍。同时二次网流量大，二次侧循环泵耗也远高于楼栋式热力站。

从换热站的规模看，可以分为大型换热站与小型换热站。大型换热站一般供热面积在 5 万～10 万 m^2 以上，为一个或几个小区提供热量。小型换热站为 5 万 m^2

以下，为一栋楼或者一个单位提供热量。目前，我国的换热站以大型为主，部分地区有小型换热站。图 2-25 为某严寒地区两个地级市供暖系统换热站的规模统计。

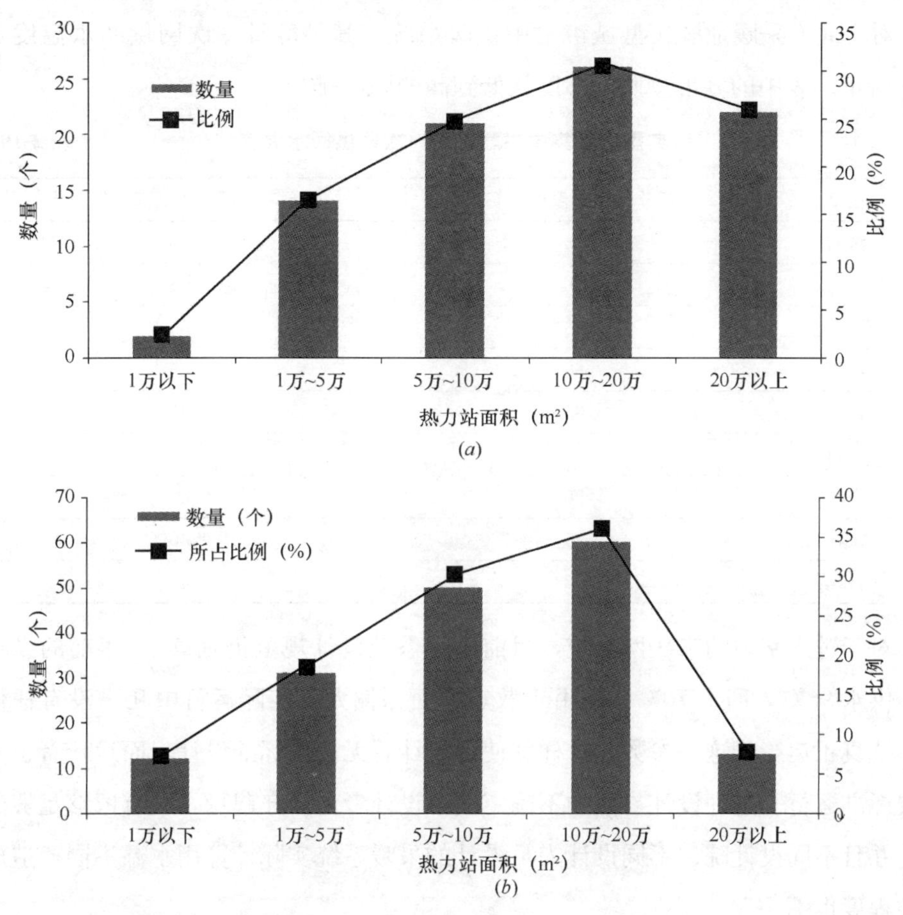

图 2-25 集中供暖系统热力站面积分布统计

(*a*) DQ 市集中供暖系统热力站面积分布统计；(*b*) CF 市集中供暖系统热力站面积分布统计

2.3.1 运行参数

我国集中供热系统大多数采用间接连接，一次网输送热量至热力站，经过换热器把热量传递到二次侧循环水。一次侧的供水参数由管网输送热量的需求决定。供水温度越高，可以实现更大的供回水温差，从而输送更多的热量。但供水温度受到管网承受温度和热源加热能力的限制。而回水温度则是由二次侧回水温度所决定。只有二次侧回水温度低才能使得一次网回水温度低，从而可以得到较大的供回水温差，保证管网较大的热量输送能力。同时较低的回水温度还有利于充分利用热源处的低品位热量。

对于北方采暖地区典型城市集中供暖系统，其最冷日一次网供回水温度如表2-10所示。表中的城市按照其纬度从低到高的顺序排列。

典型城市集中供暖系统一次网供回水温度　　表2-10

城市	一次网供水温度（℃）	一次网回水温度（℃）
济南	92	50
太原	107	48
石家庄	88	58
银川	85	65
包头	83	48
阜新	85	47
赤峰	96	52
吉林	95	40
哈尔滨	92	46

对于进入室内的二次网系统，目前供暖系统设计规范仍延续50年前的设计参数，供水95℃，回水70℃，但由于散热器面积偏大，实际运行中几乎没有任何采暖系统真正运行于这一参数，这样就使得设计者无法按标准设计，而运行者也不可能按标准运行。这种设计参数的不确定使得设计者为保守起见，只有留够足够的余量，并且不同设计院、不同设计人员设计的采暖系统实际计算用水温不同，造成的偏差程度也不一致。

北方采暖地区典型城市的集中供暖系统，其最冷日二次网的实际供回水温度如表2-11所示。表2-11中的城市按照其纬度从低到高的顺序排列。可见，总的规律是越是北方寒冷地区，二次侧的供回水温度越低。这一现象的主要原因是严寒地区安装的室内散热器容量大，从而实现向室内输送热量所需要的换热温差小。同时，由于气候带不同建筑保温水平不同，而室外越冷使用者开窗的概率就越低。这样，越是外温高的地区，用户开窗频率就越高，再加上围护结构保温效果相对较差，就出现冬季平均供暖负荷反而越高的现象。而仅仅只是由于这些地区供暖周期短，总的供暖热量才低于北方。这样，通过各种机制减少这些地区冬季供暖时外窗开启率，对这些地区的供暖节能尤为重要。而实际上通过改善室内散热器系统，改善运行管理，并加强建筑保温，无论什么地区的建筑，其二次网回水温度都有可能维持在40℃以下。这样就对全面“低温供热”，提高集中供热系统热源效率打下基础。

典型城市集中供暖系统二次网供回水温度　　表2-11

城市	二次网供水温度（℃）	二次网回水温度（℃）
济南	54	46
太原	54	42
石家庄	58	48
包头	50	42
阜新	47	41
赤峰	51	41
延吉	42	32
吉林	48	39
哈尔滨	50	40

2.3.2 管网热损失

表2-12给出严寒地区某城市集中供热系统几个相对独立运行的一次网，其热源出口水温到热力站进口水温之差，这几个热源中热源1距离最远，其距离市区最远端热力站距离约13km。热源2、3、4、5相对而言距离市区较近。可以看出整个供暖季，热源1出口水温到热力站进口水温温差一般都在1K以内，考虑到整个供暖季一次网供回水温差为55℃，该一次管网热损约为输送热量的1.8%。热源2、3的一次网管网热损与热源1相当。但是热源4、5所带的一次网其热源出口水温到热力站进口水温之差达到接近10K，估算其一次管网热损约为输送热量的25%，存在非常大的浪费。究其原因发现，热源4、5所带的一次管网为该市区最老的管网，建于20世纪80年代初，存在大量的保温脱落、渗水等问题。

某集中供热网热源到达不同距离的热力站时供水温度的温降实测值　　表2-12

热源 \ 温差绝对值 \ 热力站	热力站（距离由近及远）				
	1（最近端）	2	3	4	5（最远端）
热源1	0.1	0.1	0.4	0.4	0.9
热源2	0.1	0.3	0.3	0.6	0.8
热源3	0.3	0.3	0.4	0.5	0.6
热源4	10.6	10.6	10.7	11.6	11.9
热源5	8.3	8.7	9.2	11.9	13.3

庭院管网热损失实测结果 表 2-13

	管网保温损失率	管网漏水热损失率	管网总热损失率
小区1	5.3%	2.9%	8.2%
小区2	3.2%	0.1%	3.3%
小区3	6.6%	0.1%	6.7%
小区4	11.7%	1.5%	13.2%
小区5	6.2%	0.4%	6.6%
小区6	9.2%	0.9%	10.2%
小区7	5.6%	1.9%	7.5%

表2-13是实际测试某北方地区7个小区的庭院管网损失。可以看出，我国目前的集中供热系统管网损失参差不齐，差异非常大。对于城市集中大热网一次网来说，由于管理水平较高和采用直埋管技术，热损失在1%～3%，而对于有些年久失修的庭院管网和蒸汽外网，管网热损失可高达所输送热量的30%，这就导致供热热源需要多提供30%的热量才能满足采暖需要。由于管网热损失差别非常大，因此很难进行全面统计给出整体水平。

根据初步调查，管网损失偏大的主要是两类情况：①蒸汽管网，采用架空或地下管沟方式，由于保温脱落、渗水，再加上个别的蒸汽渗漏，造成10%～30%的管网热损失。②采用管沟方式的庭院管网，由于年久失修和漏水，有些管道长期泡在水中，造成巨大的热量损失。外网的热损失可以很容易在下雪时根据地面的融雪状况简单判断。如果存在这类管网损失，实行“蒸汽改水”和整修管网，可以大幅度减少采暖供热量。这可能是目前各种建筑节能措施中投资最小、见效最大的措施。

2.3.3 输配电耗

图2-26为北方某寒冷地区所有换热站的二次网循环泵单位面积电耗（采暖天数183天），其平均电耗为1.57kWh/（m^2·a）。可以看出，各站之间的差异较大，说明各站的水力工况有区别，存在节能潜力。

北京地区部分小区锅炉房的耗电量情况如图2-27所示。该电耗包括一次网循环泵耗、二次网循环泵耗和锅炉的辅助用电，例如鼓风机等用电。其中直供系统的

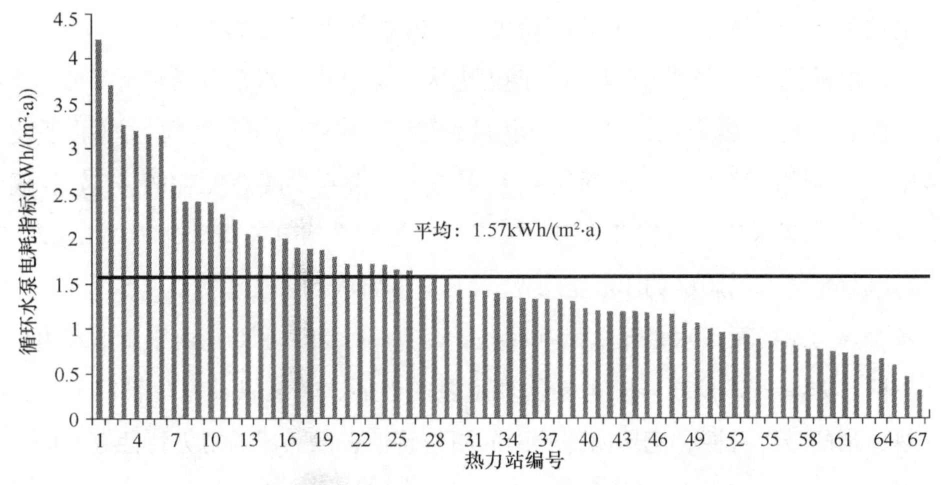

图 2-26 北方某地区各换热站 2011 年单位面积电耗统计

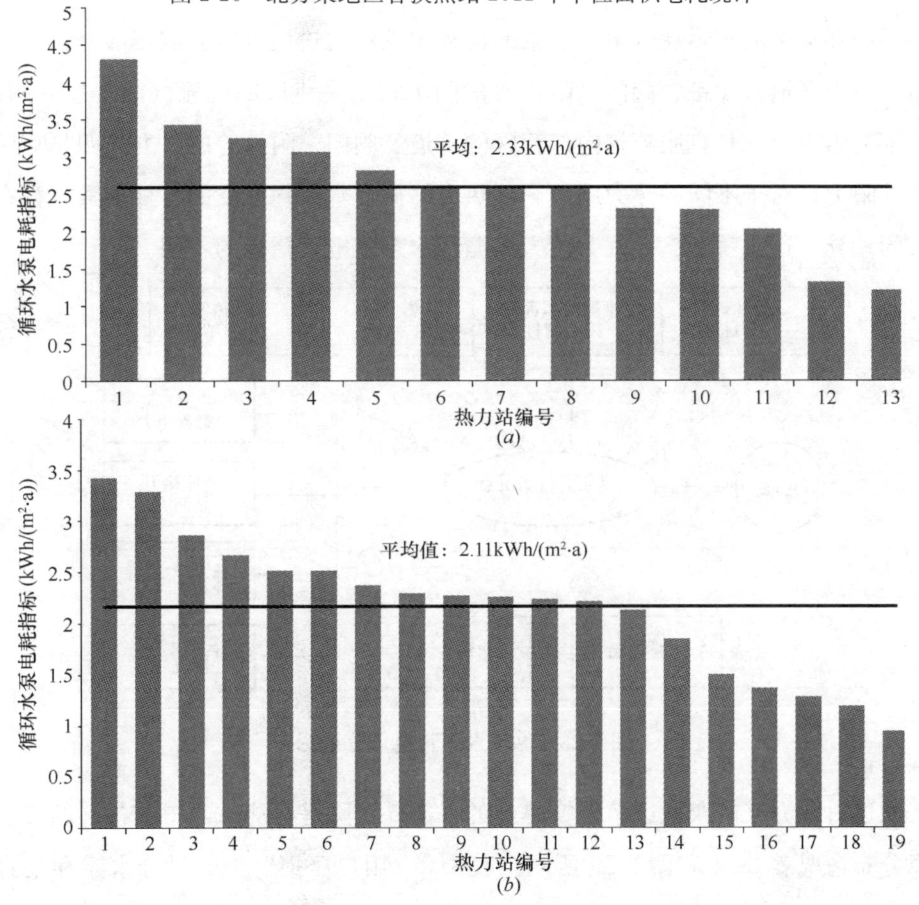

图 2-27 北京地区部分小区锅炉房的耗电量

(*a*) 北京市直供系统热力站循环水泵电耗指标；(*b*) 北京市间供系统热力站循环水泵电耗指标

平均电耗为2.33 kWh/（m^2·a），间供系统的平均电耗为2.11 kWh/（m^2·a）。间供系统电耗较低的原因在于其一次网温差大，流量小，水泵电耗有所降低。

目前北方地区热力站二次网耗电量约为1～4kWh/m^2之间，如果平均为2kWh/m^2，则相当于每平方米耗能约为650gce，占到供暖总能耗的4%，供暖成本的10%。如果采用各种技术管理手段将二次管网平均电耗降低为1kWh/m^2，则北方地区每年可节约用电约100亿kWh，具有非常大的节能潜力。

各个热力站的循环水泵耗电量存在差异，究其原因，主要是由于影响耗电量的因素不同。如图2-28所示，热力站循环水泵的性能、转速以及庭院管网的阻力特性、热力站的阻力特性、建筑内部管网的阻力特性、散热器的阻力特性等共同决定了循环水泵的运行工作点，即循环水泵运行时的流量、压头、效率、功率等，从而决定了循环水泵的实际耗电量。水泵的扬程被消耗的过程可以分成四部分：一是克服热力站内管道、设备、阀门、附件等的阻力；二是克服庭院管网的管道、阀门、附件等的阻力；三是克服建筑内部管网的管道、阀门、附件等的阻力；四是克服散热器的阻力。对于不同的热力站，影响热力站循环水泵耗电量的各种因素也存在着很大的差异，这也就必然导致了热力站循环水泵的电耗指标的不同。

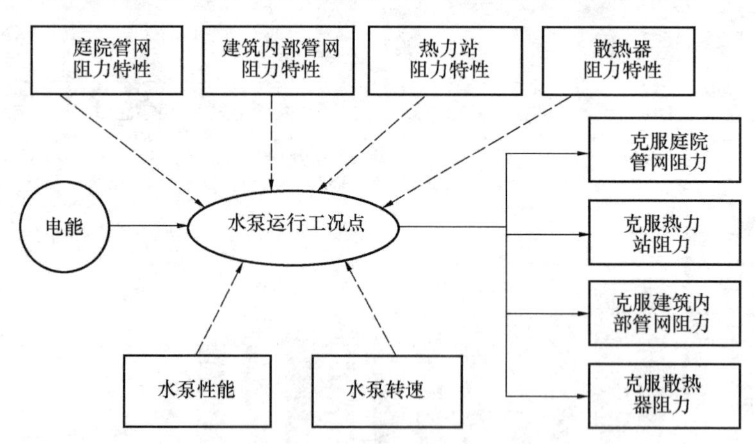

图2-28 循环水泵耗电量分析图

通过对北方某严寒地区7个换热站的各部件压降进行测试，得到各站的二次网压降分布情况表2-14和图2-29所示。其中，“用户压损”指的是分水器和集水器之间的整个庭院管网、建筑内部管网、散热器等的压力损失，“进出口管压损”是指水泵进出口管段的压力损失。

压力损失分布表 **表 2-14**

热力站名称	水泵扬程(mH_2O)	板换压损(mH_2O)	除污器压损(mH_2O)	用户压损(mH_2O)	进出口管压损(mH_2O)	其他(mH_2O)
BJC	24.0	3.6	2.0	4.1	9.7	4.6
LH	17.4	4.1	1.5	3.1	5.6	3.1
YHHY	20.9	5.6	2.0	3.1	10.2	/
TX	20.2	6.6	1.0	3.6	9.0	/
SZY	22.2	12.3	1.0	3.1	5.8	/
HG	24.3	4.1	2.0	6.1	12.1	/
BJL	22.0	11.2	3.1	2.0	5.7	/

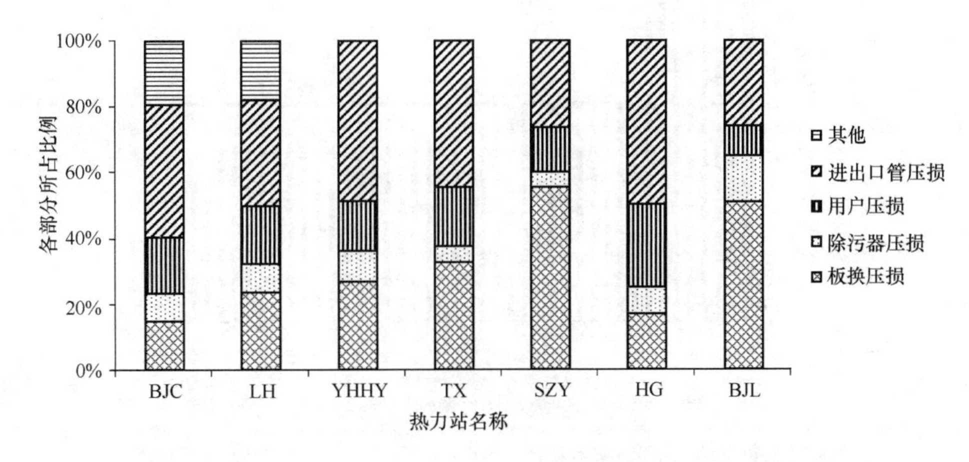

图 2-29 压力损失分布图

由压力损失分布图可以看到，用户的压力损失平均占总压力损失的范围在9.1%～25.1%，而消耗在热力站内的压力损失占到了总压力损失的绝对多数。其中，又以板换压力损失和进出口管的压力损失占了大多数。由此可见，热力站水泵电耗的节能潜力的重点应该放在降低热力站的压力损失上。

2011年时，该严寒地区换热站的水泵选型统计如图2-30（*a*）所示，混水泵的选型统计如图2-30（*b*）所示。由上一节内容可知，换热站水泵所需的扬程为8～15m，算上一些部件的不合理压降后，一般也在20～25m。因此，换热站水泵的选型普遍偏大。混水站的扬程只需考虑分集水器之后的管网以及除污器，一般也不应超过10m，因此混水泵的选型也偏大。

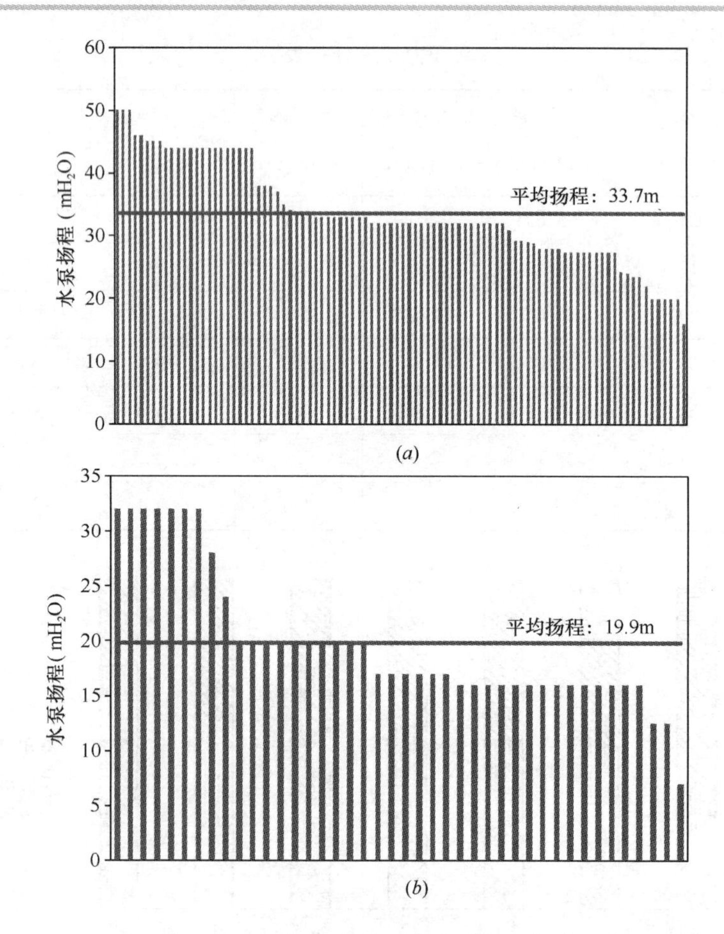

图 2-30 赤峰地区 2011 年水泵扬程统计

（a）赤峰地区 2011 年换热站水泵扬程统计；（b）赤峰地区 2011 年混水站水泵扬程统计

水泵选型偏大，主要是指水泵的扬程偏大，是目前工程实践中经常出现的问题。水泵选型过大可能造成的问题主要有三个：一是水泵工作点偏离，效率较低；二是流量过大造成电耗的浪费；三是依靠阀门调节，使大部分电耗都浪费在克服阀门阻力上。

图 2-31 是六个小区 17 台循环水泵实际运行效率的测试数据。这些水泵的额定效率均在 70%以上，而水泵的实际效率平均只在 50%左右，最低效率仅为 33.5%。因此，对于选型偏大的水泵加装变频或者更换，是提高输配系统能效最直接有效的方式。

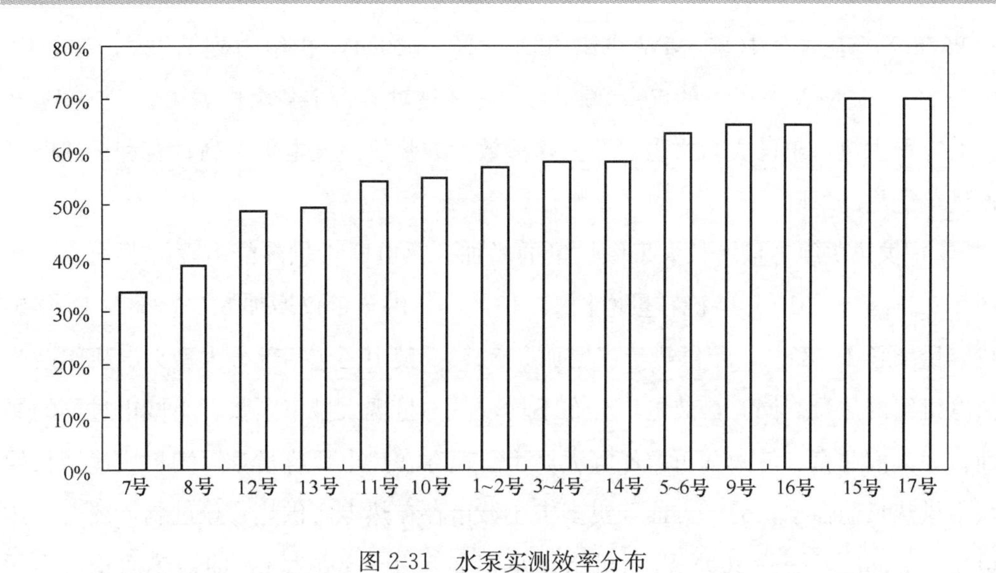

图 2-31 水泵实测效率分布

2.4 集中供热热源现状

我国集中供热系统的热源主要为燃煤热电联产热源、燃煤锅炉房。随着能源结构调整，节能减排，陆续出现了其他一些以燃气和电力驱动的热源。

2.4.1 热电联产

(1) 热电联产发展的几个特点

近年来，我国热电联产事业发展迅速，2012 年热电联产机组容量达到 22075 万 kW，占全国火力发电总容量的约 20%[16]。不仅总容量占到世界首位，而且增速排名第一，成为真正的世界热电大国。目前我国热电联产的发展主要体现出以下特点：

1) 热电联产装机容量呈大型化发展趋势。特别是北方地区，由于热电厂只在冬季供热，从兼顾其他季节纯凝发电考虑，大容量机组可以确保电厂在非供热期发电保持较高效率，因此近年来国家实施“上大压小”政策，强力促进了热电机组大型化发展。近年来北方地区新增热电联产项目，除了承担工业蒸汽的小型背压机组以外，基本上都是装机容量 300MW 的供热机组。以五大发电集团中供热机组最多的华电集团为例。到 2011 年底，华电集团拥有热电厂 59 个，热电机组总装机容量达2878万千瓦，其中300MW机组占50.6%，600MW机组占到7.1%，200MW占16%，100MW及以下的仅占26.3%。尤其是对于大多数大中城市，300MW及以上容量供热机组已成为主力热源。高参数大容量机组发电效率高，有利于热电联产供热能耗的下降。

2）供热机组容量增长大于供热量的增加，热电联产供热能力发挥不充分。如图2-32所示，2010年装机容量增长15.15%，年供热量仅增加8.53%，2012年装机容量增长10.83%，年供热量仅增加3.32%，其中还包括部分大型火电机组改为热电机组的热量。同时，热电厂分布不均，基本呈现大城市紧张、小城市过剩的局面。一方面北京、济南和石家庄等大城市普遍存在热电厂容量难以满足快速增长的城市供热负荷需求；另一方面，更多中小城市存在热电厂供热容量过剩，热电厂热电比小等问题，一些300MW大机组仅承担200万～300万 m^2 的供热面积，实际抽汽远未达到额定抽汽，没有充分发挥出热电联产的优点，致使供热煤耗与燃煤锅炉相比下降不大。另外，随着供热技术的发展，热网长距离输送开始得到应用，这会使很多城市周边的纯凝火力发电厂改造热电厂成为可能，目前我国符合改造条件的电厂超过6000万kW，可以释放出供热能力超过20亿 m^2。因此，总体上看我国目前在北方地区大规模新建承担采暖供热的热电厂必要性不大。

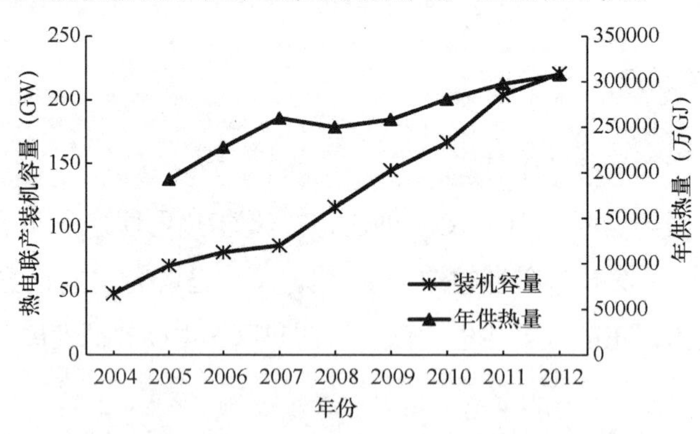

图2-32 我国热电联产容量和供热量状况[16]

3）燃煤热电厂正在由城市中心向城市以外发展。随着环保要求日益严格，应对北方地区大气污染问题，很多城市规划建设热电厂向城市中心以外发展，并通过改造城市中心以外的纯凝火力发电厂为热电厂，在一些大型城市逐渐形成周边热源向城市中心供热的格局（见3.3节）。例如太原市新发展的热电厂全部距离城市

20km 以外，北京早在 10 年前就开始启动河北的三河电厂向北京远距离供热。与之相适应，长距离输送热网也开始在一些城市得到应用。

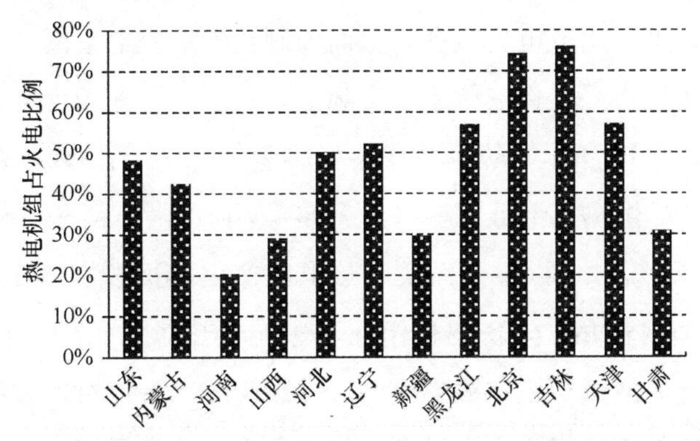

图 2-33 2012 年北方地区主要省份的热电机组占火力发电的比例[16]

4）热电厂参与电网调度的力度逐渐增大。北方地区热电联产在发电领域比例增长迅速，多数省份热电厂装机容量已经占到该地区火力发电总容量的 50%左右，如图 2-33 所示。因此，热电厂已成为影响电网运行调度的主要因素，尤其在冬季，热电厂受采暖热负荷限制，发电刚性上网，导致电网调度困难。目前北方地区冬季很多大容量高参数电厂被迫参与大幅度调峰，“弃风电”问题突出，热电厂由原来单纯的“以热定电”运行，变为目前普遍参与不同程度的电力调峰调度。图 2-34 为一个 30 万 kW 热电厂供热期间发电量记录，即使在供热期间根据电力负荷的需求发电量也在 20%的幅度内变化。因此，怎样才能使热电联产电厂在不影响供热的前提下充分发挥其对电力需求的作用，开始成为必须考虑的问题。

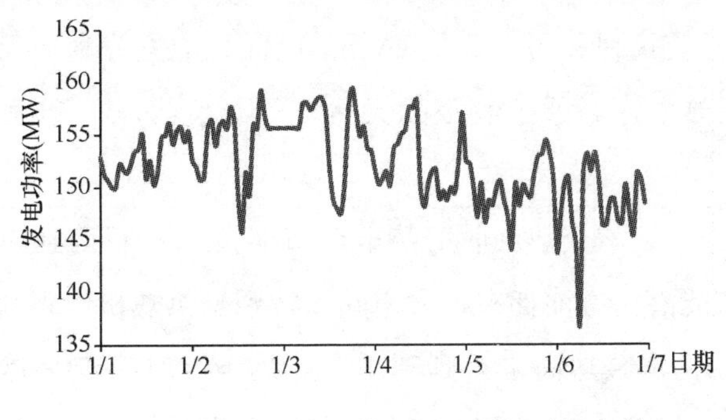

图 2-34 某 300MW 热电厂一周逐时发电量

5）东北地区电力过剩，导致部分地区热电联产供热短缺现象。由图 2-33 看出，东北三省火力发电装机容量的一半以上来自热电联产。近年来该地区电力装机容量增长较快，尤其风电发展迅速，而这一地区经济增长速度相对较慢，电力需求滞后于电源增长速度，出现电力过剩，从而限制热电厂发电上网，出现局部地区供热量短缺，影响了城市采暖供热效果。实际上，从总量平衡角度看，以问题最为严重的吉林省为例，2012年全省热电联产装机容量为1238万kW，合理配置供热能力的情况下300MW供热机组可以承担至少800万m^2供热面积，于是该省热电联产总供热能力在3.2亿m^2以上，而实际热电联产供热面积在2013年才只有2亿m^2。这说明从全省平衡角度，供热机组在不影响供热量的条件下也可以参与电力调峰的容量。因此，通过深入掌握各热电厂供热情况，有针对性地根据承担不同供热负荷的情况调度热电机组，可以做到供热和发电的综合平衡，使热电机组在参与电力调度的情况下不影响供热。

6）随着能源结构的调整，一些天然气热电厂和分布式热电联产开始出现。北京是发展大型燃气热电厂最多的城市，银川、太原等城市也都相继建成了燃气热电厂，但由于气源保障和天然气气价等问题，这些热电厂尽管得到各方面的大量财政补贴，大都仍然难以正常运行。由于当采用热电联产方式后，天然气电厂也只能"以热定电"，从而丧失了其启停灵活、便于调峰的特点，不再具备为电网调峰的功能。这样，一方面建成的天然气电厂由于缺少足够的气源，只能部分地按照最大产热的方式运行，弥补很少的供暖热量，另一方面北方却由于缺少性能优良的调峰电厂，导致大量的风电厂弃风。尤其是吉林和甘肃风电平均利用小时分别仅有1501和1596h，低于1900～2000h盈亏平衡点，2011～2013年弃风限电量均在100亿kWh以上，2012年弃风量超过200亿kWh。因此，应充分利用天然气发电的灵活性，发展天然气调峰电厂，通过有限的天然气资源缓解风电和太阳能发电上网的困难。

7）一系列热电厂乏汽余热回收等热电厂节能技术不断得到应用。热电联产在挖掘供热能力和节能潜力方面拥有很大空间。特别是供热机组目前仍然有超过其供热能力30%以上的乏汽余热尚未得到利用。近几年针对乏汽余热回收，相继出现了吸收式热泵技术、高背压改造等技术（详见4.1节），并已在几十个热电厂乏汽余热工程中得到应用，很多工程收到了很好的节能效果。吸收式热泵技术是利用汽轮机抽汽驱动吸收式热泵回收汽轮机的低温乏汽余热，使得一份抽汽通过热泵产生

1.7份左右的热量用以加热热网循环水，从而在不增加总的燃煤量、不减少发电量的条件下大幅度增加供热量。但由于吸收式热泵升温能力的限制，对于一般的200MW、300MW供热机组，热网通过热泵只能加热到80～90℃，并且对最低抽汽压力也有要求。为了保证乏气的回收效果，多数情况下又要抬高汽轮机排气压力，这又会影响发电。这种情况下如果乏气余热不能充分回收，导致部分高参数乏气白白排掉，有可能实际的节能效果很小，甚至整体效率还不如抽凝机组的常规运行模式。这些问题已经在一些电厂改造工程中暴露出来，影响了该技术的应用。出现这些现象背后的实质问题是热网回水温度太高，从而需要的加热参数过高。怎样尽可能降低热网回水温度已成为热电联产乏气余热回收的关键。通过供暖系统的精心调整，以及在热网热力站或建筑热入口设置吸收式换热设备，可以大幅度降低热网回水温度。这已经成为热电厂成功回收利用乏气余热的的关键。

汽轮机高背压改造是另一项最近得到较多应用的乏汽余热利用技术。改造汽轮机低压缸末级叶片，甚至在供热期更换低压缸叶轮，可以把汽轮机排汽压力提高到40～60kPa，从而用乏汽作为热源承担供热基本负荷。热网回水被乏汽加热到80℃左右后，可再通过汽轮机抽汽等其他热源加热到符合要求的温度供出。这一技术投资和占地相对较小，对于改造的汽轮机回收余热比较彻底，近两年在一些工程中得到应用。但是，由于这种技术大幅度提高汽轮机背压，从而使发电量减少。如果能降低热网回水温度，就可以同步地减少背压的提高程度，从而减少对发电量的影响，提高电厂的热经济性。改造后的汽轮机实际上成为背压机运行，这种方式的供热量和发电量之间同步一致，难以分别调节，因此只能对电厂内的部分机组进行改造，并需要其他的有效调峰热源配合。

(2) 燃煤热电联产电厂供热能耗评价

随着热电联产的飞速发展，如何评价热电联产的能源利用效率成为突出问题。因为不同的评价方法很可能得出不同的结论，进而有可能引导热电联产技术走向不同方向。

热电联产同时产生热和电两种能源产品，目前通常有两种评价方法，即“好处归热”法和“好处归电”法。电力行业通常都采用“好处归电”法，它将电厂总煤耗量减去供热折算耗煤量（按纯锅炉供热能耗折算，效率参照电厂锅炉）即为发电耗煤量，这种方法把供热量的能耗按照一般的锅炉产热能耗计算，这样尽管是发电使用了燃煤中的高品位能源，供热使用的是燃煤中的低品位能源，但不考虑能源品位，就得到很低的发电煤耗。所以当热电厂按照纯发电方式运行时，发电煤耗高达350～400gce/kWh，而热电联产模式运行时，发电煤耗就一下子降低到300gce/kWh甚至于200gce/kWh以下。这样分析方法的结果，得到的结论是热电联产可以大幅度降低发电煤耗，而对供热效率无影响。这样，就会在研究规划城市建筑供热的节能减排时严重影响对热电联产方式的客观评价，从而影响热电联产事业的发展。因此从供热热源节能减排的研究规划看，应该采用“好处归热”法，也就是认为发电量对应耗煤量应按照给定的发电煤耗指标计算，将热电联产期间的总发电量按照标准的单位发电煤耗指标计算出用煤量，将其从电厂总煤耗中扣除，剩下的即为供热煤耗，从而得到单位供热量的煤耗。这样就是把热电联产的好处完全归在供热上。这是因为所采用的发电煤耗指标是目前全国大多数纯发电电厂的目前水平。既然在这样的发电水平下运行的电厂都被认为是合理的，都在长期运行，所以可以以此为参照标准，得到采用热电联产后，所得到的热量这一产品所对应的能源消耗。反之，如果采用“好处归电法”，它所参照的不变量是燃煤锅炉。我们认为利用燃煤锅炉生产城市建筑供热用热量是“高能低用”，是极不合理的，用这样的不合理的模式作为分析评价的参考标准，显然不太合适。为此，本书采用“好处归热”法来分析评价热电联产能耗。

供热煤耗=（总煤耗—参考发电煤耗指标×发电量）/供热量（kgce/GJ）

（3）热电联产供热能耗状况分析

要获得热电联产电厂供热能耗，按照上式首先就要确定参考发电煤耗指标。它可以考虑选取全国平均水平的供电煤耗，但由于发电行业统计供电煤耗时对于热电厂供电煤耗已经采用了“好处归电”法将热电联产好处全部考虑进去，因而获得的全国平均水平的供电煤耗就不能反映纯供电工况煤耗的真实水平。从表2-15的几个热电厂实际运行数据看出，这些不同容量下热电机组纯凝工况的供电煤耗大都分布在350gce/kWh以上，考虑到一般纯凝电厂的供电煤耗略低于同容量下热电厂纯凝工况，本文取350gce/kWh作为供电煤耗折算系数。

表2-15给出了几个热电厂供热能耗情况。可以看出，这些热电厂供热煤耗在22～35kgce/kWh之间，与锅炉供热能耗40kgce/kWh（锅炉效率85%）相比，都有一定的优势，但是它们相互之间供热能耗水平相差比较大。同样是热电厂，为何

有这么大的供热能耗差别？热电联产是否还有很大的节能空间？

热电联产供热能耗主要受三个方面影响，一是纯凝工况下热电厂发电煤耗，反映热电厂发电水平。通过发展大容量高参数机组提高凝汽供电效率，有利于降低供热能耗；二是供热机组乏汽余热排放量。通过尽可能回收乏汽余热，提高热电厂总效率；三是为供热循环水加热的蒸汽参数。采用低参数蒸汽可以减少蒸汽加热热网循环水过程中的换热温差，同样起到降低供热能耗作用。以下就围绕这三个方面，就燃煤热电联产供热能耗展开进一步分析。

一些典型热电厂的供热煤耗 **表 2-15**

名　称	机组容量	供电量（万 kWh）	供热量（万 GJ）	耗标煤量（万 t）	供热煤耗（kg/GJ）（按 350gce/kWh 供电煤耗）	时　间
河北国电某电厂	330MW	89391.7	251.8	38.7	29.4	2011.1，2，12
山西大唐某电厂	300MW	171168.4	455.0	71.7	26.0	2011.11～2012.3
山西大唐某电厂	200MW	100525.2	325.9	46.5	34.7	2011.11～2012.3
北京中电某电厂	200MW	20455.6	175.9	11.1	22.7	2006.1
内蒙古京能某电厂	135MW	75066.7	277.4	34.6	30.1	2012.11～2013.3
内蒙古中电投某电厂	135MW	81259.0	527.6	43.5	28.6	2012.11～2013.3

1）发展高参数热电联产机组，提高凝汽发电效率

不同热电厂纯凝发电的供电煤耗 **表 2-16**

名　称	机组容量	供电量万（kWh）	耗标煤量（万 t）	供电煤耗（gce/kWh）	日　期	备　注
河北国电某电厂	330MW	231889.7	79.9	344.5	2011.4～10	湿冷
山西大唐某电厂	300MW	118563.2	44.1	372.0	2011.5～9	空冷
山西大唐某电厂	200MW	96111.7	37.2	386.9	2011.5～9	空冷
北京神华某电厂	200MW	18685.1	8.0	426.5	2006.8	闭式河水冷却
内蒙古京能某电厂	135MW	44813.6	17.1	380.6	2012.5～9	湿冷
内蒙古中电投某电厂	135MW	47636.0	17.8	372.9	2012.5～9	湿冷

注：北京中电某电厂采用闭式河水冷却，夏季水温约 50℃。

供热机组与同容量下的纯凝发电机组相比，在纯发电工况下供电煤耗存在劣势。仍然以300MW机组为例，山西大唐某热电厂和河北国电某热电厂机组凝气供电煤耗（见表2-16）分别为372g/kWhe和344g/kWhe，明显高于图2-35所示的纯凝发电机组。供热机组凝气供电煤耗高的原因主要是：

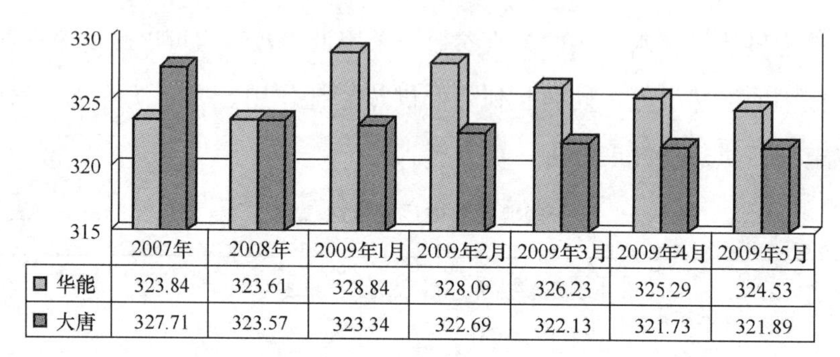

	2007年	2008年	2009年1月	2009年2月	2009年3月	2009年4月	2009年5月
华能	323.84	323.61	328.84	328.09	326.23	325.29	324.53
大唐	327.71	323.57	323.34	322.69	322.13	321.73	321.89

图2-35 300MW纯凝机组供电煤耗情况[1]

① 热电厂机组往往都是按照供热机组设计的，供热机组的设计要同时兼顾供热与纯凝工况，同时考虑节流损失以及低压缸流动损失大等因素，纯凝发电效率就会低于相同条件下的纯凝火力发电厂，仅纯凝电厂改造为热电厂在中、低压缸联通管安装的节流阀就可造成非供热期1%～2%的发电效率损失。

② 机组容量较小，从锅炉出来的蒸汽初参数低，纯凝供电煤耗自然就会高。承担北方城镇供热的热电厂单机容量基本上集中在300MW级及以下，而我国主力火力发电机组的单机容量是300MW及以上，其中单机容量600MW的火力发电厂容量已超过我国火力发电总容量的40%，这是我国供电煤耗近年来不断下降的一个主要原因，与这些大容量机组相比，目前热电机组纯凝发电的能耗处于明显劣势。

③ 其他一些因素影响，比如云冈电厂虽然是200MW和300MW的较大容量的热电厂，但由于是空冷机组，冷却能力不如湿冷塔，造成其纯凝供电煤耗的增加。

目前小型供热机组凝气供电煤耗明显高于大型机组。特别是小型抽凝机组，由

---

[1] 华能集团公司350MW纯凝机组运行情况分析报告，百度文库，http://wenku.baidu.com/link?url=GgUVGS9lnU4CymCFuUAgCw6j-1n1kMdjUR9-atLwWJcGAjTdhHSpNMSBSg9ADpM8E4iOg3XOLErA58kmjmZyPUgYhOsHAvRRWWtXiRFvkFS，引文日期：2009-6-17.

于纯凝发电工况的存在，与我国目前新建单机容量 600MW 乃至 1000MW 火力发电机组为主的发电效率相比，这些小机组发电煤耗远高于这些大机组。由表 2-16 可以看出，机组容量越大，纯凝工况供电煤耗越小，由此也就导致供热能耗就会越小。因此应积极推动发展大型供热机组，或者将大型纯凝电厂改造为供热电厂。限制发展小型供热机组，尤其对于小型抽凝机组，更要尽可能避免这些小容量电厂非采暖季的纯凝发电。

2）减少乏汽余热排放，或充分回收乏气余热

由于是抽凝机，为了保证机组的正常运行，要求有一部分蒸汽必须通过低压缸，以避免"风车效应"造成机组的毁坏。但是这部分蒸汽在低压缸做功发电后，其冷凝热一般就通过冷却塔或空冷岛排掉。当这部分乏汽的余热不能回收时，尽可能减少这部分蒸汽的份额，最大程度的增加抽气量，是降低供热能耗的关键。

① 目前多数热电厂抽汽量严重不足。

图 2-36 给出了 2012 年北方地区有关省市供热机组的装机容量分布，在图 2-36 的基础上得到了相应省市的供热机组的供热能力，北方地区有关省市供热机组供热能力（2012 年）及热电联产实际供热面积（2013 年）比较如图 2-37 所示。可以看到，热电联产普遍供热能力远没有得到发挥，与自身抽汽供热能力相比，除了北京、辽宁等地外，多数地区供热机组供热能力存在过剩问题，很多省份实际供热面积仅占机组供热能力的 50%～60%。表 2-17 给出调研的若干热电厂在严寒期运行工况，以典型 300MW 抽凝机组为例，汽轮机设计抽汽流量一般达到 400t/h 以上，

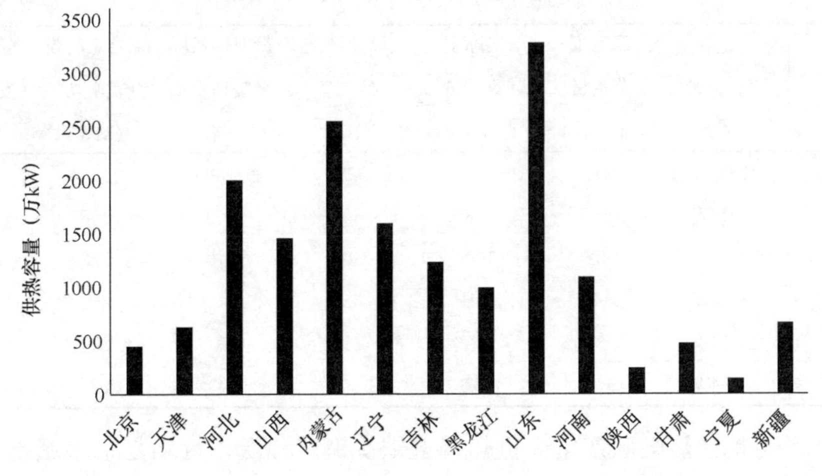

图 2-36 北方地区有关省市供热机组装机容量分布（2012）[16]

而实际运行中很多情况下即便严寒期供热抽汽量也仍低于 300t/h。导致抽汽供热少的部分原因是因为机组自身性能限制，例如纯凝机组改造为抽凝机组，抽气孔面积有限，从而导致抽气量有限；还有涉及热电厂与热力公司利益分配或实际供热需求低于最大抽汽负荷等。对热电厂而言，保证发电往往优先于保证供热，热电厂的供热积极性不如发电。

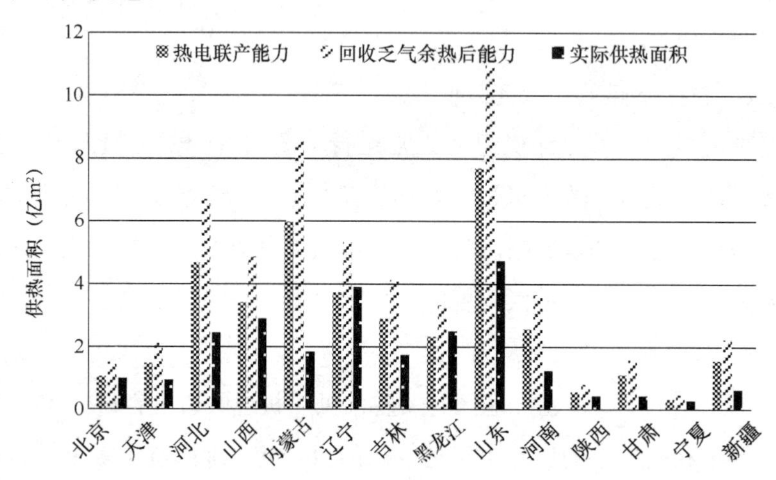

图 2-37 北方地区有关省市供热机组供热能力（2012 年）及热电联产实际供热面积（2013 年）比较

因此，在这种汽轮机乏汽余热没有利用的情况下，应通过增加抽汽量尽量增加机组供热，以降低热电联产供热能耗。

若干热电厂实际运行状况 **表 2-17**

地点	机组容量	额定主蒸汽量(t/h)	实际主蒸汽量(t/h)	设计采暖抽汽量(t/h)	严寒期实际采暖抽汽量(t/h)	额定工况设计发电功率(MW)	严寒期实际发电功率(MW)
山西	200MW	660	640	390	160	164	162
山西	300MW	1045	900	500	300	258	250
山西	300MW	952	1006	500	310	227	260
河北	330MW	1114	991	550	442	264	250
河北	330MW	983	1026	410	284	289	233
河北	300MW	979	975	550	441	218	222

我国北方地区热电联产集中供热普遍缺少调峰热源，特别是中小城市更是如此。热电厂承担所有供热负荷，根据延时负荷曲线，在初末寒期热负荷仅有严寒期

的 50%～70%，而发电量的波动主要受发电公司调度，见 6.1 节，因此初末寒期的抽汽份额要显著低于严寒期。图 2-38 为大同 300MW 机组严寒期和末寒期的逐日供热功率、抽汽供热与发电量之比（热电比）和乏（凝）汽余热排放率（汽轮机乏汽与进汽流量之比），由于没有调峰热源，要靠机组自行调峰，导致在初末寒期抽汽份额过低；而且严寒期实际抽汽量也只有 300t/h，仅有设计抽汽量的 60%。这样整个冬季供热期总热效率不到 53%，冷凝器排热份额高，造成供暖煤耗高。

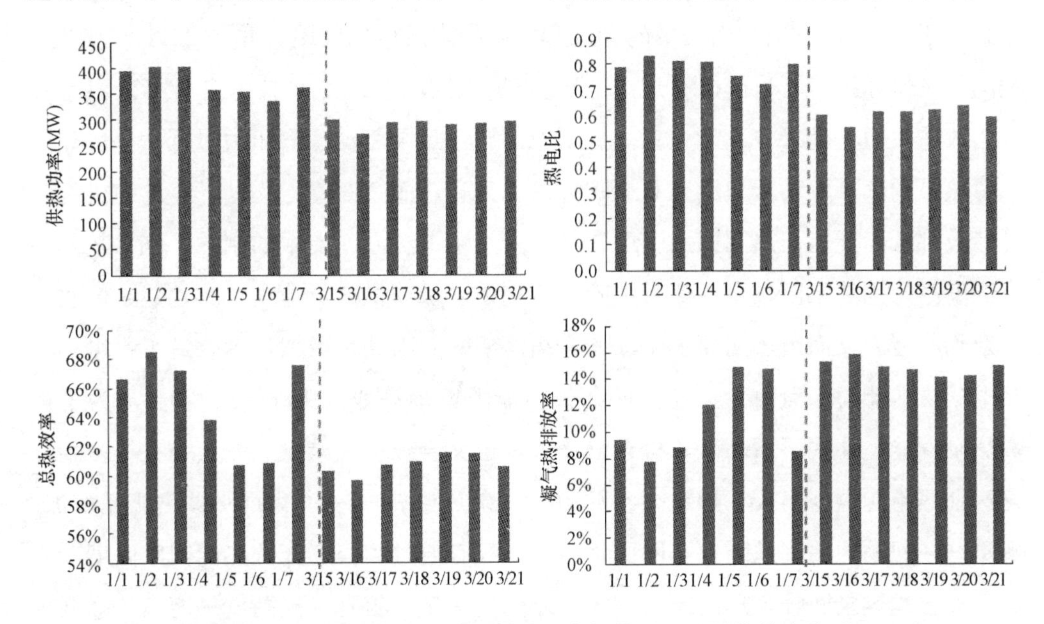

图 2-38 严寒期和末寒期的供热功率与热电比及总热效率关系

处于经济性考虑，电厂希望增加全年发电量，包括在非采暖季纯凝发电，对于单机容量 300MW 以上的大型热电机组是可以适当这样考虑，而对于小容量热电机组，应严格控制非采暖季的纯凝发电。

总之，在没有乏汽余热回收的情况下，热电厂减少凝汽热排放，降低供热能耗的途径包括：尽量增加汽轮机抽汽供热量；严格控制小型热电厂非采暖季纯凝发电运行；增设供热调峰热源，使热电厂承担基础负荷，减少初末寒期乏汽排放量。

② 直接回收乏汽余热，实现供热能耗的大幅降低与热电厂供热能力的大幅提高。

反之，如果能够充分回收利用汽轮机乏气余热，则就不需要追求加大抽气量。此时减少抽汽量不会降低供热量反而还可以增加发电量，从而使供热能耗得到大幅降低。背压式供热机组汽轮机排汽全部得到利用，因而供热能耗很低。50MW以下小型供热机组低真空供热早已在我国山东等地得到应用，而近几年来多家大中型热电厂也开始实施乏汽余热回收项目，主要采用吸收式热泵技术和直接对汽轮机进行提高背压改造。

利用高参数抽汽驱动吸收式热泵，可以回收汽轮机乏汽余热（参见4.1节），起到降低供热能耗和增加供热能力的双重作用，为城市承担更多供热面积。这一技术最早于2008年分别在内蒙古的赤峰和山西的阳泉得到应用，并在2011～2013年期间得到迅速推广，目前已有近20家热电厂采用吸收式热泵技术进行了乏汽余热利用改造，但是结果并不如人意。主要原因有：热泵驱动蒸汽压力过低，一般热网加热热泵的蒸汽驱动压力应在0.3MPa以上为宜，而200MW及以下容量的机组驱动参数都低于此值；热网回水温度较高，受热泵加热温度上限的制约，如果热网回水温度高，则热泵回收余热能力下降。特别是严寒期供热负荷增大时，热泵回收乏汽余热的能力反而因热网回水温度的升高而下降。因此，虽然这种改造工程增加了热电厂供热能力，但由于上述限制条件，能力增幅一般仅为10%～20%。为了提高热泵性能，往往要抬高汽轮机乏汽压力，这又会减小发电量。尤其是在很多场合乏汽余热不能全部回收，导致高参数的乏气余热排放，这就反而使供热能耗增加。解决这一问题的关键是降低热网回水温度。只有通过大幅度降低热网回水温度，使电厂吸收式热泵回收余热的能力增大，才能使余热回收真正提高供热能力和降低供热能耗。

乏汽余热的回收还可以通过汽轮机改造实施，例如目前很多电厂正在实施的汽轮机换轴等技术，使汽轮机在采暖期背压运行，可以实现热泵技术同样的降低供热能耗和增加供热能力的效果。首个汽轮机换轴供热技术示范工程于2012年在山东枣庄十里泉电厂得到应用，目前在全国有近十个热电厂采用换轴技术对汽轮机进行了改造，这一技术核心是使供热机组由原来的抽凝机组在冬天变为背压机，投资成本相对较低，乏汽余热回收效果明显。但是，由于背压方式运行，随热负荷调整机组变工况运行受限制，只能承担供热基础负荷，需要电厂全厂工艺流程合理优化。同时，每年过渡季换轴两次，给电厂运行维护带来一定负担。随着技术的发展，未来通过汽轮机改造回收乏汽余热的技术路线将会有更加完善，以取代汽轮机单纯换轴方法。

3）降低热源蒸汽参数，减少传热温差的不可逆损失

热电联产机组为城镇建筑供热提供热源是通过蒸汽对循环水进行加热得到。为了加热热水，要抽出高于冷凝器温度的蒸汽加热热水。图 2-39 为加热过程的 *T-Q* 图。可以看出图中抽气温度与凝气温度之差围合的面积是为了加热循环热水所少发的电所对应的㶲，而被加热的热网循环水与冷凝温度围合的面积则是热水获得的㶲。这二者的差，也就是抽气温度与热网循环热水温度之间的围合面积，就是加热过程耗散掉的㶲。如果能够使抽气温度尽可能接近被加热的热网循环水温度，这部分㶲耗散就能减少，从而发电量就有可能增加。因此在满足加热热网循环水要求的前提下，尽可能降低抽气压力就可以有效降低供热煤耗。

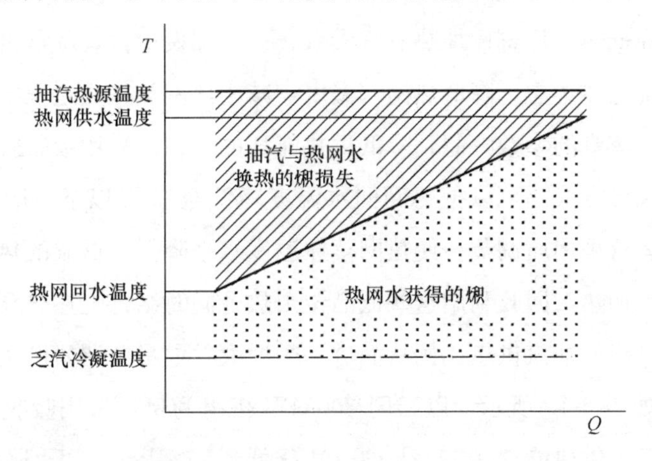

图 2-39 供热机组抽汽与热网水换热过程的温差损失示意图

由于机组设计的原因，不同容量的热电机组抽汽供热参数差别很大，特别是 300MW 及以上的大型机组，一般都是根据纯凝发电机组设计，供热抽汽压力普遍偏高，见表 2-18。可以看出，随着装机容量的增大，热电机组供热抽汽压力呈上升趋势，使热电联产的供热能耗也随之明显增加。不同的抽汽参数，供热能耗可相差一倍。如果要把供热循环水温度加热到 120℃，只要 0.2MPa（饱和温度 134℃）蒸汽加热就可以满足要求，这种情况下对应的供热能耗只有 13kgce/GJ，但对于单机容量 300MW 以上大型供热机组抽汽一般均在 0.3MPa 以上，而单机容量 600MW 的大型机组改造为供热机组后抽汽压力能达到 0.6MPa 以上，这时由于加热过程巨大的不可逆损失，供热能耗高达 24kgce/GJ。在热网温度一定的情况下，供热抽汽压力提高对于热网并无意义，却增加了热电联产的供热能耗。

不同抽汽压力的抽汽供热煤耗 表 2-18

机组容量	660MW	300MW	200MW	135MW
抽汽压力（MPa）	1.0	0.4	0.29	0.245
供热煤耗（kgce/GJ）	24.8	19.2	16.9	15.6

为减小这一损失，未来对于热电机组特别是大容量机组的设计，应充分考虑供热工况对抽汽参数的要求。而对于现有机组，特别是抽汽参数明显偏高的单机600MW机组，可以通过设置小型背压式或者抽背式汽轮机组，抽汽通过进一步在小汽机做功发电使压力降低后加热热网水，可以明显降低供热能耗。对于拥有不同抽汽参数的多种供热机组的热电厂，可以通过采用不同压力的抽汽多级串联梯级加热热网方法，降低热电厂整体加热蒸汽参数，以增加发电量，降低供热能耗。

从供热系统整体考虑，降低热网水温度，减小热网被加热过程中获得的㶲，同样可以减小加热蒸汽的参数，起到降低供热能耗的作用。采用吸收式换热技术、建筑低温采暖末端等方式，可以把热网回水温度降低至20℃以下，同时优化热网供水温度，热网运行采用质调节，使热网整体温度水平降低。低温的热网回水可以直接被汽轮机乏汽加热，回收利用这些低品位余热，同时结合上述热泵及汽轮机高背压技术，还可以降低抽汽供热比例从而进一步增大发电量。调研已实施的余热回收项目供热能耗如表2-19所示，以云冈300MW机组为例，采用吸收式换热及电厂余热回收技术后，供热能耗从17.7kgce/GJ降低到12.4kgce/GJ，降幅42%。供热能耗的降低显著受乏汽回收比例和乏汽热量在总供热量比例影响，如表2-20所示。相比于滦河电厂只采用吸收式热泵回收余热，云冈电厂采用凝汽器和吸收式热泵组合的方式进行余热回收，供热量组成中乏汽比例高，改造后供热能耗下降幅度更大。再例如，古交电厂示范工程中，通过降低热网回水温度以及抬高汽轮机背压，抽汽在整个采暖季仅占供热量30%，其余70%都是低参数的汽轮机背压排汽提供，供热能耗只有8kgce/GJ（见4.1节）。

余热回收改造前后供热能耗 表 2-19

名　称	机组容量	改造前（kgce/GJ）	改造后（kgce/GJ）
河北国电某电厂	330MW	31.4	29.6
山西大唐某电厂	300MW	17.7	12.4
山西大唐某电厂	200MW	23.3	15.3

余热回收改造后乏汽供热比例 表 2-20

名称	机组容量	回收乏汽热量占总供热量比例	回收乏汽热量占总乏汽热量比例
大同云冈电厂	200MW	0.59	0.48
大同云冈电厂	300MW	0.49	0.52
承德滦河电厂	330MW	0.07	0.12

2.4.2 燃煤锅炉

燃煤锅炉供热是目前我国普遍采用的一种采暖方式，按照燃煤锅炉的大小主要分为区域燃煤锅炉集中供暖和分散燃煤锅炉供暖。根据清华大学建筑节能研究中心的调研统计与分析结果，目前，我国北方城镇采暖地区大约有 57.6 亿 m^2 的建筑采用不同规模的燃煤锅炉房供暖，包括集中锅炉房和分散的小锅炉房，甚至小煤炉灶。

我们对大庆市、廊坊市等城市的实际运行的 37 台不同容量的燃煤采暖锅炉进行了调研统计，这些锅炉的额定容量从 2t/h 到 80t/h 不等，经实测，其实际供热煤耗如图 2-40 所示。由图 2-40 可以看出，这些燃煤锅炉的供热煤耗随着锅炉容量的增加而减少，当单台锅炉的容量在 20t/h 以下时，所测试锅炉的供热煤耗都在 48kgce/GJ 以上，2t/h 锅炉的供热煤耗甚至达到了 56.84kgce/GJ；单台锅炉容量在 40t/h 以上时，实测供热煤耗一般在 42kgce/GJ 左右。可见锅炉的容量是影响其实际供热煤耗的一个主要因素。调研发现，大型集中燃煤供暖锅炉供热煤耗比较

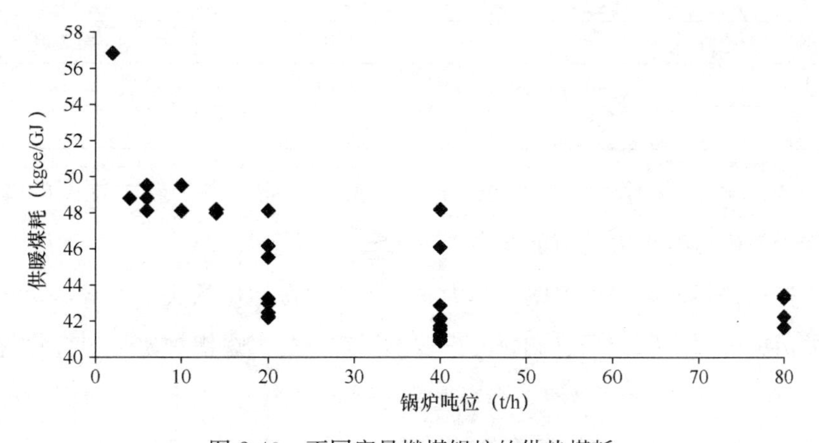

图 2-40 不同容量燃煤锅炉的供热煤耗

低，可以在40kgce/GJ以下甚至更低，同时，供热煤耗高于57kgce/GJ的小型燃煤锅炉在我国北方采暖地区也仍然大量存在。因此，当使用燃煤锅炉进行供暖时，应鼓励使用大容量锅炉或其更清洁高效的热源替代小容量锅炉。

此外，调研发现，当前许多锅炉的实际供热煤耗偏高，排烟热损失、机械不完全燃烧热损失等损失较大，原因有设计、制造方面的缺陷，也有运行人员的操作水平不高等因素。表2-21所示为我们调研的13台燃煤锅炉在节能改造前和改造后的实际供热煤耗的比较，其节能改造措施主要包括三个方面：1）采用新型的炉膛内拱材料，增强炉内的燃烧效果；2）炉膛内采用二次进风，增大炉膛内的含氧量，强化炉膛内烟气的扰动；3）回收烟气的热量，减少排烟热损失。另外对运行人员也进行了专业培训。

燃煤锅炉节能改造前后的供热煤耗比较　　表2-21

锅炉编号	锅炉吨位（t/h）	改造前供热煤耗（kgce/GJ）	改造后供热煤耗（kgce/GJ）
A	2	56.84	42.18
B	4	48.8	41.87
C	6	48.67	41.16
D	6	49.51	42.7
E	10	48.12	41.97
F	10	49.51	44.95
G	10	62.23	46.1
H	20	45.55	41.11
I	20	48.12	39.27
J	20	46.17	41.11
K	40	46.17	42.18
L	40	48.19	41.16
M	65	44.95	41.16

从表2-21可以看出，所改造锅炉的实际供热煤耗均得到较大幅度的降低，说明燃煤锅炉的确还有很大的节能潜力。

污染排放是目前影响燃煤锅炉作为集中供热热源地位的决定因素，为此下面讨论锅炉的污染排放问题。通过调研，选取不同容量的燃煤锅炉实际运行的监测数据如图2-41所示进行对比。显然，小容量燃煤锅炉（20t/h以下）容量污染排放明显严重。脱硫、脱硝和除尘等设备性能差，管理措施不健全，运行水平低下，这是导致小型燃煤锅炉排放严重的主要原因。对于大型燃煤锅炉，目前涌现出的系列技术有可能大幅度降低各种污染物的排放，获得较高的清洁排放水平。但如何监管好这些锅炉，使这些减排设备总处在良好的运行状态，是当前需要解决的大问题。

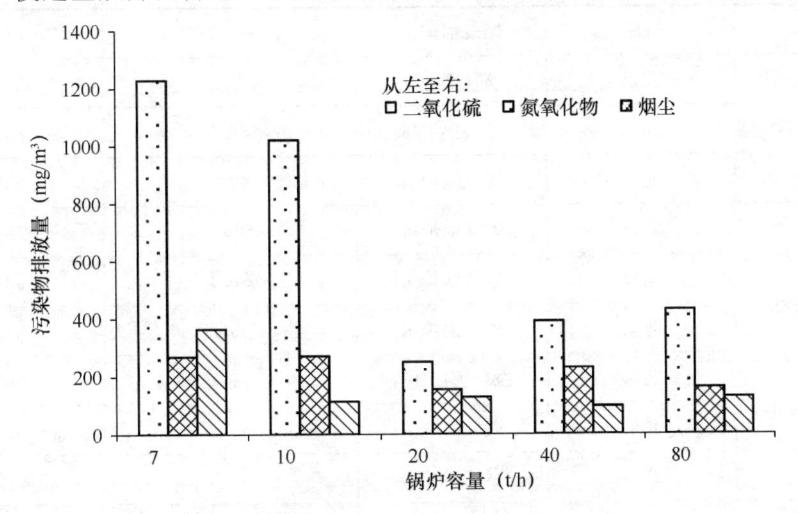

图 2-41 不同容量燃煤锅炉的污染物排放量

虽然随着技术的进步，燃煤锅炉污染排放在不断下降，诸如煤粉炉等相对清洁高效的燃煤热源开始在集中供热领域应用，但从基本道理上看，燃煤毕竟不如燃气清洁。因此未来随着热电联产和工业余热在集中供热全面推广，应逐步替代燃煤锅炉房独立供热方式，让那些符合排放标准的燃煤锅炉承担集中供热调峰作用，以及作为供热的备用热源。

2.4.3 燃气锅炉供暖

表 2-22 为实测的 17 台区域大燃气锅炉（20t 以上）的热源效率指标，可以看出锅炉效率变化范围很大，约 69%～93%，单位热量耗气量大约在 30～40Nm³/GJ 范围。

北京市实测的燃气锅炉的热源效率 **表 2-22**

热源名称	地点	热源类型	单位热量的耗气量（Nm³/GJ）	热效率
A	北京	燃气锅炉房	32.5	86%
B	北京	燃气锅炉房	30.7	91%

续表

热源名称	地点	热源类型	单位热量的耗气量 (Nm^3/GJ)	热效率
C	北京	燃气锅炉房	31.7	88%
D	北京	燃气锅炉房	32.8	85%
E	北京	燃气锅炉房	33.6	83%
F	北京	燃气锅炉房	40.8	69%
G	北京	燃气锅炉房	35.7	78%
H	北京	燃气锅炉房	30.1	93%
I	北京	燃气锅炉房	33.2	84%
J	北京	燃气锅炉房	31.7	88%
K	北京	燃气锅炉房	32.8	85%
L	北京	燃气锅炉房	33.6	83%
M	北京	燃气锅炉房	33.2	84%
N	北京	燃气锅炉房	34.0	82%
O	北京	燃气锅炉房	30.7	91%
P	北京	燃气锅炉房	32.8	85%
Q	北京	燃气锅炉房	35.5	79%

数据来源：《中央国家机关锅炉采暖系统节能分析报告》，清华大学建筑节能研究中心，2006年6月。

仔细分析，上述锅炉效率之所以出现这样大的变化范围，主要是因为运行调节与控制不同（如鼓风量不同、启停次数等）而造成的过量空气系数、排烟温度等因素的不同。

锅炉过量空气系数，即锅炉空气进气量和天然气进气量的体积比，其合理取值应介于1.1～1.2之间。空气过量系数过低，会导致氧气量不足，可燃气体不能完全燃烧，锅炉效率降低；空气过量系数过高，会增加排烟量，从而增加了排烟热损失，也会导致锅炉效率降低。表2-23中小区1相同型号的1号炉和4号炉在排烟温度相同的情况下，空气过量系数只有1.04的1号炉效率比空气过量系数较为合理的4号炉（其值为1.12）低1.5%左右；小区2相同型号的1号炉和2号炉运行状态和排烟温度相近的情况下，锅炉效率随着空气过量系数的增大而降低。

实测燃气锅炉空气过量系数对热效率的影响 表 2-23

		状态	排烟温度（℃）	过量空气系数	锅炉效率（%）
小区 1	1 号	大火	155.2	1.04	90.5
	4 号	大火	155.2	1.12	92.0
小区 2	1 号	大火	151.1	1.48	90.4
	2 号	大火	147.5	1.29	91.8
	1 号	小火	122.0	3.05	84.0
	2 号	小火	123.8	1.83	90.5

排烟温度是影响燃气锅炉效率的另一个重要因素，理论上可以计算出排烟温度每升高 10℃，锅炉效率值将减小 0.5%左右，表 2-24 是在过量空气系数相近情况下，实测的排烟温度对锅炉效率的影响，与理论得出的结论基本一致。

部分单位排烟温度对锅炉效率影响的比较 表 2-24

单位	锅炉编号	状态	排烟温度（℃）	过量空气系数	锅炉效率（%）
小区 1	3 号	比例	125.9	1.28	93.2
	4 号	比例	120.5	1.29	93.4
小区 2	3 号	大火	193.6	1.37	88.3
		小火	159.9	1.46	89.7
小区 3	2 号	大火	157.4	1.17	91.7
		小火	136.6	1.28	92.5

从上述实测案例中也可以看出，目前国内大部分燃气锅炉的运行控制还比较粗糙，主要靠大小火来控制锅炉容量，而很多时候小火运行时，锅炉鼓风机并没有按照实际供燃气量进行有效调节，导致很多情况下小火运行时过量空气系数过大，锅炉效率降低。

表 2-25 中为实测各种不同类型燃气锅炉的效率，可以看出与燃煤锅炉不同，燃气锅炉热效率与锅炉容量大小并无直接的关系。大量实测结果表明，家用小型燃气炉容量小，回水水温较低，燃烧温度低，因而排烟温度可以很低，故大多数合格产品的实际能源转换效率可达 90%以上。而大燃气锅炉为了避免锅炉水冷壁腐蚀，排烟温度很难降低，这就导致小型壁挂炉效率反而高于大型锅炉，排放的 NO_x 浓度也低于一般的中型和大型燃气锅炉。

燃气气锅炉的热效率 **表 2-25**

	锅炉类型			
	分户壁挂炉	家用容积式	0.7MW 以下	0.7MW 以上
排烟温度（℃）	45～110	50～130	85～150	90～180
过量空气系数	1.5～2.5	1.4～3.6	1.2～2.1	1.1～1.3
热效率（%）	90～96	86～93	87～94	87～95

图 2-42 为在北京某小区实际调查得到的采用燃气壁挂炉冬季燃气用量和室温的分布。当维持室温平均在 18℃以上时，整个冬季用气量不超过 $8.5m^3/(m^2 \cdot a)$，也就是 $0.31GJ/(m^2 \cdot a)$。考虑燃气锅炉的平均效率为 93%，实际供热量低于 $0.29GJ/(m^2 \cdot a)$，这与前面讨论的北京市采暖需热量完全一致。这主要是因为这种分散供热方式不存在过量供热问题。因此当需要用燃气采暖的场合，这种方式无疑应是最适宜的方式。

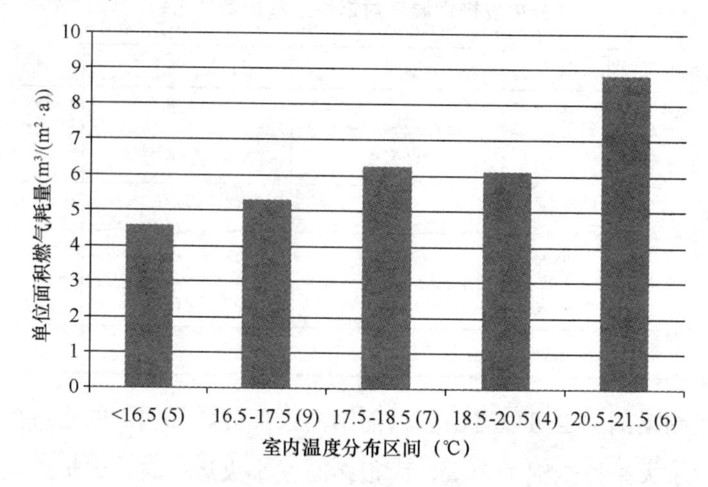

图 2-42 北京某小区实测燃气壁挂炉不同室温下的冬季燃气用量

随着对大气环境治理要求的提高，以及天然气供应量的增加，燃气锅炉供暖方式得到越来越广泛的应用。针对北京市大气环境治理，市政府印发了《北京市2012—2020 年大气污染防治措施》、《北京市 2013—2017 年清洁空气行动计划》和《北京市 2013—2017 年加快压减燃煤和清洁能源建设工作方案》等多个文件，对天然气等清洁能源的发展均提出了明确的目标。截至 2012 年年底，全市供暖面积约为 7.3 亿 m^2，其中天然气供暖面积约 5 亿 m^2（约 3.6 亿 m^2 由燃气锅炉房负责），天然气采暖锅炉用气量约 39 亿 m^2/年。截止到 2014 年 11 月 15 日，34 座居民燃煤供热锅炉已完成煤改气改造，共计118台锅炉、2740蒸吨，超额完成2500蒸吨改造任务[1]。随着四大燃气热电中心等燃气电厂的建设、城六区63座燃煤锅炉房“煤改气”工程的推进，天然气的消费量还将继续增长。

天然气按照其热量核算，其价格是燃煤的3～5倍，“煤改气”后能够获得较好的经济性，不造成过大亏损的唯一途径是提高燃气锅炉效率。除控制合适的鼓风量，保证燃气充分燃烧，同时不使过量空气系数过高外，回收烟气余热是提高锅炉效率的重点。目前，有部分燃气锅炉在烟气排烟出口增加了与热网水换热的余热回收装置，将排烟温度降低到约60～70℃左右，使得锅炉效率提高约3%左右，但如果采用了烟气余热深度利用技术（技术介绍见4.3节），可将锅炉排烟温度降低至30℃以下，则锅炉效率提高约10%以上。在北京市燃气锅炉供暖结构中，即使仅考虑承担基本负荷的燃气供暖锅炉，经计算，深度回收的话可回收烟气余热量约1000MW，余热供热量相当于年节省天然气消耗量约3亿Nm^3/年，可满足3000万m^2用户一个冬季的采暖需求，具有巨大的节能和经济效益。同时每年可以回收烟气冷凝水约200万t，既减少烟气中水蒸气向大气的排放，又达到非常可观的节水效果。

目前，相关部门已经关注到烟气余热回收的重要性，各地政府也出台了相关政策要求烟气温度不能超过30～40℃，燃气锅炉烟囱排烟不允许出现“冒白烟”现象。但是现有的一些解决“冒白烟”的方法，例如通过向排烟管道鼓入大量的室外低温新风，与烟气混合，然后再排放出去，从表面上看是避免了燃气锅炉烟囱“冒白烟”的现象，但是烟气中的冷凝热和凝水并没有得到回收，锅炉效率非但没有提高，反而还增加了新风机的电耗。上述解决方法极不科学，应该避免使用。

从污染排放和管理水平方面来看，煤改气之后，污染排放情况得到了改善、燃气锅炉的运行管理水平得到了很大的提高，运行维护工作人员劳动强度大幅降低、工作环境得到了良好的改善。因此，未来燃气供暖方面，建议重点在推进燃气供暖热源效率的提高方面给予更多的政策支持，加快推进热源效率的大幅提高。

集中还是分散是由燃料的特性决定的，对于天然气锅炉而言，无论是大锅炉还是小锅炉，乃至于分户燃气炉，天然气的燃烧效率都很高，差别很小，集中还是分

[1] http://www.bjmac.gov.cn/pub/guanwei/G/G6/G6_1/201412/t20141205_36102.html.

散对燃烧效率影响很小。同时天然气是清洁能源，污染排放很小。在运输管理方面，天然气是气体燃料，管道输送方便，不需要集中使用。同时天然气锅炉的自动化水平高，没有必要一定要集中管理，目前广泛使用的户用生活热水燃气炉完全可以证明这一点。因此，采用分散燃气锅炉可以避免集中供热带来的各种管网损失和过量供热损失，降低供暖能耗。所以，在保证安全和加强管理的前提下，天然气锅炉"适宜于分散，宜小不宜大"。

2.4.4　热泵供暖

热泵供暖是使用电供暖的最好方式。热泵系统有多种方式，包括空气源热泵和水源、地源热泵等，通过对室外空气制冷从中提取热量；以地下埋管形式从土壤中用热泵取热；通过打井提取地下水通过热泵从水中取量；采用海水、湖水、河水利用热泵提取其热量；利用热泵从污水提取热量等。这部分热量再通过空气或水的循环送到室内，满足供暖要求。目前这些方式作为节能的供暖措施在我国北方地区得到广泛推广。

我国地源热泵系统发展经过了20世纪80年代到21世纪初的起步阶段以及21世纪初到2004年的初步推广阶段，目前已经进入了快速发展阶段。根据住房城乡建设部2007、2008年于国务院新闻办公室发布会公布的信息：至2007年底，地源热泵应用面积近8000万m^2；在财政部、住房城乡建设部组织实施"可再生能源建筑应用城市示范"和"农村地区可再生能源建筑应用示范"项目推动下，截至2008年底，全国浅层地能应用面积1.02亿m^2；至2009年底，全国浅层地能应用面积已经达到1.39亿m^2（图2-43）。

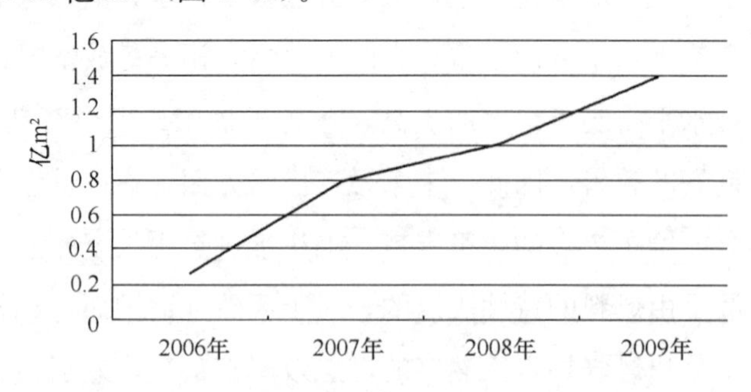

图2-43　中国地源热泵系统应用面积增长曲线图

由于地区经济发展不平衡，热泵系统在华北、华东、华中、东北应用的较多，在华南、西北、西南应用相对较少。近期由于节能减排的需求和国家政策的倾斜，西北和西南地区的项目也在逐步增多（图 2-44）。东北和华北等北方地区热泵供暖面积约占总热泵使用面积 35%，约 5000 万 m^2，不到整个北方供暖面积的 1%。

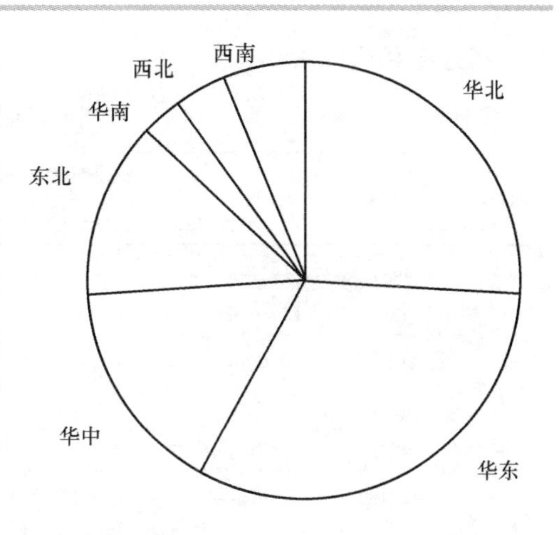

图 2-44 地源热泵系统地区分布百分比图

根据中国热泵委对其组成单位相关工程信息的统计，2007 年，我国土壤源热泵系统、地下水源热泵系统、地表水源热泵系统的使用比例分别为 32%、42%、26%；2009 年，这一比例分别为 34%、38%、28%。可以看出，由于地方政府加强了对地下水资源的监管，地下水源热泵系统的使用比例逐渐降低，土壤源热泵技术的逐渐普及带来的造价降低使其市场份额稳步提高，地表水源热泵系统的应用范围逐渐扩大，其市场份额也稳步提高。

在地源热泵系统实测数据搜集过程中发现，虽然前几年地源热泵系统的推广应用如火如荼，关于地源热泵系统的节能宣传也频见纸端，但目前能够获得地源热泵系统实际运行数据的途径却极少，个别公开数据的工程也普遍存在测试数据完整性较差的问题。一些测试数据仅测试了热泵机组在冬季最冷时期时的运行性能，而没有对初末寒期，部分负荷工况下的性能进行具体分析，特别是缺乏对于末寒期，当地下低温热源侧温度降低时机组的性能的变化，输配系统的能耗等的测试分析。一些文献中仅测试了热泵机组的性能参数，未涉及输配能耗的数据，有些文献测试了考虑所有环节能耗的综合能效系数，但未分别给出各子系统或设备的能耗数据。

表 2-26 为实测的全国几个地区采用空气源和水源（地源）热泵供暖的系统供暖季运行能耗。表中系统综合 *COP* 包括热泵压缩机电耗和蒸发冷凝侧风机和水泵的输配电耗。可以看出实际系统 *COP* 差异较大，其中大部分机组其能源转换效率优于燃煤锅炉房，但低于燃煤热电联产方式；只有一个精心设计精心管理的系统，其性能较好，系统 *COP* 达到 3.82，单位供热量能耗只有 24.1kgce/GJ，达到与热

电联产效率相当的水平。

实测热泵系统性能[1] **表 2-26**

编号	地区	建筑面积	单位供热量的能耗（kgce/GJ）	综合 *COP*	系统形式
A	北京	167m^2	29.7	3.10	空气源热泵＋地板辐射
C	沈阳 1	19万 m^2	30.7	3.00	水源热泵
D	沈阳 2	10万 m^2	34.1	2.70	水源热泵
E	沈阳 3	14万 m^2	26.3	3.50	水源热泵
F	沈阳 4	5.8万 m^2	24.1	3.82	水源热泵
G	沈阳 5	/	35.9	2.48	水源热泵
H	沈阳 6	/	31.4	2.83	水源热泵
I	沈阳 7	/	29.2	3.05	水源热泵

从实际运行测试中可以看出，热泵系统整体效率与热泵本身制热效率和热泵两侧输配效率有关。其中热泵效率主要与提供热量所需要提升的温差以及系统的容量调节（负荷率）有关，对于空气源热泵还要考虑蒸发器表面结霜和除霜，将导致机组制热性能的恶化。而热泵两侧的输配效率则主要受循环水或空气的供回温差，以及水泵风机的自身效率决定。

北京的案例是采用空气源热泵＋地板辐射供暖的系统方案，系统供暖季 *COP* 达到 3.1，运行效果良好。对其具体运行情况进行分析可以看出其具有以下特点：

（1）采用末端地板辐射方式，用户需求供水温度较低，降低了系统冷凝温度，系统能效提升；

（2）采用每户独立机组运行，没有大的输配管网，末端输配系统水泵能耗很低；

（3）该系统采用电加热补热的方式，在室外温度－16℃以下时，为电加热运行。但实际系统运行时，电加热运行时间占系统总运行时间比例非常小，基本不影响系统整体性能。

沈阳几个水源热泵项目都是采用直接提取地下水，经过热泵提升温度，制备供暖用热水；被提取了热量、温度降低了的地下水再重新回灌到地下的方式运行。具

[1] 引自建设部组织的水源热泵调查专家小组，沈阳水源热泵测试报告，2010年4月。日本环境技研株式会社，增田康广：中国东北地区集中供热的现状及节能建议，沈阳供热节能技术研讨会，2010年12月。

体分析其能耗性能差异，以及在实际中遇到的问题，可以发现：

1）地下水温度降低导致的系统性能降低。

这一现象在上述四个案例中都有所体现，其中在供热规模较大的C/D案例中更为明显。该案例中在运行初期，第一个供暖季地下水水温一般约为11～12℃，运行一个供暖季之后地下水水温即加到9℃左右，以后每年均以2～3℃的速度逐渐降低，导致热泵系统实际运行蒸发温度逐年降低，系统性能恶化。这主要是由于该案例地区无足够的地下水径流流量，地下水源实质上是一种季节性储能方式，再加上冬夏负荷差异太大，冷热不均衡，且无补热系统，最终导致地下水温度下降，影响系统性能。

2）潜水泵和热水循环泵的电耗占总的电耗的比例较高，可达30%～40%。

由于实际运行水源热泵冷端和热端的供回水温差都比较小（设计5～10℃，实际运行温差更低），导致两侧水流量都较大。且目前几个案例中都存在水泵扬程选型偏大的问题，水泵严重偏离高效运行工作点，导致系统水泵电耗

图2-45是水—水热泵的原理图。循环泵P1从地下提水，同时还要使经过换热的冷水返回地下或地表。中间循环泵P2实现热源换热器与热泵机组换热器之间的循环，从而实现热泵与地下水热源之间的间接换热。供热侧循环泵P3则实现热水在热泵热端换热器与建筑内散热器间的循环，把采暖需要的热量送到建筑内。

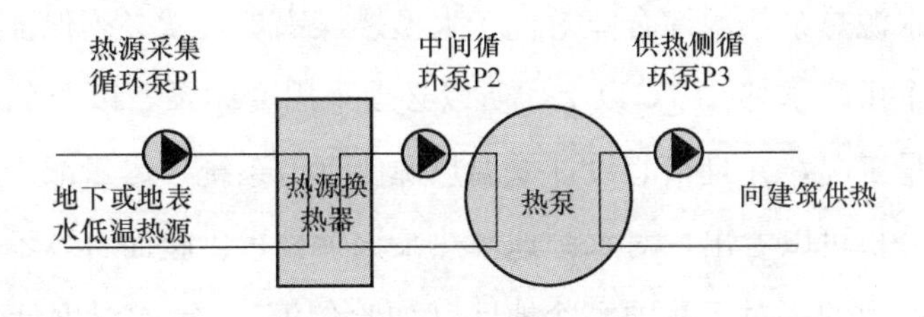

图2-45 各类水-水热泵原理

热泵系统的实际能源消耗是热泵压缩机的电耗与上图中P1、P2、P3这三组水泵的电耗之和。表2-27列出热源采集循环泵P1和中间循环泵P2以及供热侧循环泵P3在不同的供回水温差下输送1kWh热量所消耗的水泵电耗的参考值。实际系统当采用变频调速泵，使供回水温差恒定时，整个采暖季的水泵电耗可以根据运行的供回水温差计算；而当水泵采用定速泵时，采暖负荷减少，则供回水温差相应降低，采暖季的平均供回水温差大约仅是最大供回水温差的60%，水泵电耗的比例

也就相应增加。

不同供回水温差下的水泵电耗参考值　　表2-27

供回水温差	P1	P2	P3
2℃	0.2	0.08	0.1
4℃	0.1	0.04	0.05
6℃	0.07	0.027	0.035
8℃	0.05	0.02	0.025

当热泵压缩机制热性能系数为4，三个泵的供回水温差都是2℃时，每kWh的供热量需要耗电为1/4+0.2+0.08+0.1=0.54kWh电力，相当于系统综合效率性能系数*COP*=1.85。折合热源能耗为48kgce/GJ，远高于大型燃煤锅炉耗能，更高于热电联产热源。尽管燃煤或热电联产的集中供热系统也要消耗一部分电力来运行循环水泵以输送热量，但集中供热系统的供回水温差在建筑侧一般为15～20℃，在一次侧可高达50～70℃，水泵电耗为10～15gce/kWh，2℃温差时的水源热泵能耗仍高于大型燃煤锅炉和热电联产。当低温热源侧温差达到6℃以上，热泵制热性能系数达到5以上时，每kWh的供热量需要的耗电量为1/5+0.07+0.027+0.035=0.332kWh，相当于系统制热性能系数*COP*=3，折合热源能耗29.7kgce/GJ热量，这时优于大型燃煤锅炉的能耗，但仍然不如热电联产的能源利用率。

因此要使水源热泵热源综合能效优于大型燃煤锅炉，就必须保证低温热源侧供回水温差在整个供暖季都在5℃以上，所以必须采用变频泵，以避免部分负荷时出现小温差大流量工况，并且精心设计低温热源侧管道系统，尽量减少管道阻力。

从上面的分析可以看出，对水源地源热泵该项技术供暖而言，不同地区遇到的关键问题是不一致的。对于我国寒冷地区（如哈尔滨），年均温度低，冬季地下水温或地下土壤温度低，水源地源热泵本身的性能是关键技术瓶颈。而对于符合水源、地源热泵使用的地域（山东、河南、陕西和长江流域），热泵机组本身的高性能比较容易保障（根据实测数据，热泵*COP*一般能够达到4以上），但由于负荷需求变化较大，运行调节尤为重要，因此系统运行调节成为该项技术是否适用的前提。不管在什么地区，如果系统设计运行不合理，其水泵电耗往往占有非常大的比例，有时能占总电耗一半以上，因此热泵两端输配系统性能尤其重要。而小型空气源热泵由于其运行灵活，输配能耗低，在北方很多气候合适的地区具有非常好的应用前景。

2.4.5 工业余热供暖利用

从已有的文献看，我国低品位工业余热应用于集中供暖的工程案例中，最早有迹可循的可能始于20个世纪90年代末期的黑色金属冶炼行业：1997年，济钢利用部分炼铁高炉的冲渣水为厂区自辖小区进行供暖[3]。进入21世纪以来，全社会对于工业领域节能减排的呼声日益强烈，相关技术的完善与工程实践的深入使得更多的高能耗工业部门陆续参与到低品位工业余热供暖的实践中来。

由于工业余热供热系统的热源基本不需要消耗任何化石能源，能耗主要是输配电耗，所以在合理的系统设计情况下，其能源利用率远远高于其他类型的热源供暖系统。表2-28所示为部分文献可查到的及经过调研核实的部分低品位工业余热供暖工程改造案例的基本情况，包括了工业类型、利用余热资源类型、余热回收量、供暖对象、供暖面积等信息。可以推断出，低品位工业余热利用整体仍处于起步阶段，已经得到利用的余热量占可利用的低品位工业余热总量的比例还很小，工业余热仍存在很大的可利用空间。

低品位工业余热供暖工程案例 **表2-28**

编号	实施省市（县）	工厂类型	余热资源	余热功率（kW）	供暖对象	供暖面积（m^2）（年份）	信息来源
1	山东济南	钢铁厂	高炉冲渣水	25000	企业自建小区	50万（2009）	[4]
2	河北张家口	钢铁厂	高炉冲渣水	/	职工宿舍	30万（2003）	[5]
3	黑龙江大庆	采油厂	含油污水	3500	厂区信息中心	0.8万（2009）	[6]
4	河北唐山	钢铁厂	低温循环水	/	城市居民	100万（2011）	[7]
5	河北石家庄	石化厂	低温循环水	/	城市居民	8万（2012）	[8]
6	内蒙古赤峰	铜厂	浓硫酸、冶炼炉冲渣水、SO_3烟气、蒸汽	40000	城市居民	100万（2014）	[9]及现场调研
7	河北迁西	钢厂	高炉冲渣水	180000	城市居民	360（2014）	现场调研

总的来看，工业余热利用的大部分工程案例都实现了工业余热供暖的目的。但多数案例在设计和运行过程中普遍存在如下不足：1）取热过程相对单一，仅仅回收单个热源，或是简单的并联回收多个热源后混合，取热流程或方法有待完善，以进一步提高余热回收率和提高供水温度；2）基本不涉及热网远距离输送，涉及长距离输送时供回水温差较小，输配过程耗能较多，经济性有待提高；3）系统运行调节方式粗放，或是没有调节。

中国是世界最大的制造业国家，工业能耗占社会总能耗的 2/3，但能源利用的热效率低下，平均不足 50%。特别是石油炼焦、无机化工、非金属制造、黑色金属冶炼与有色金属冶炼五大高耗能工业部门，其能耗约占工业总能耗的 2/3，生产过程中的余热通过风冷或水冷的方式散失在环境中，余热量巨大。

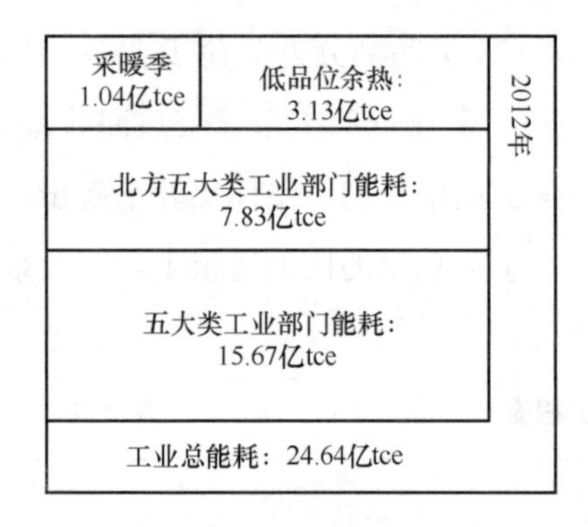

图 2-46 工业能耗角度估算低品位工业余热量

如图 2-46 所示，2012 年我国工业部门能源消费量约 24.6 亿 t[1]，其中上述五大类高耗能工业部门每年能耗约 15.6 亿 tce[2]。按照工业产品产量分布情况推算，北方地区五大类高耗能工业部门的能源消费量约占全国总消费的一半，即 7.8 亿 tce 左右。这些工业部门实际产生的余热量还应考虑生产过程中化学反应放热所产生的大量热量，因此保守地认为低品位余热占能源消费量的 40%，则全年低品位工业余热量约为 3.1 亿 tce。再按照北方地区供暖季平均 4 个月计算，在供暖季内，我国北方地区低品位工业余热资源量约为 1 亿 tce。再从工业冷却用水量进行估算，我国北方供暖地区供暖季工业用水总量约为 100 亿 m^3[1]，上述五大类高耗能工业部门用于冷却的水量粗略估计约为 15 亿 m^3，由此可以估算出低品位工业余热资源量约为 1.2 亿 tce。从煤耗和水耗的角度综合分析，可以保守推断我国北方地区冬季可以得到的工业低品位余热量约为 1 亿 tce。2012 年我国北方地区的供暖总能耗约为 1.71 亿 tce，低品位工业余热量占供暖能耗的 50%以上。由此可见低品位工业余热资源是解决我国北方地区供暖热源紧缺问题的重要战略资源。

从余热利用的"温度对口"原则来看，将低品位工业余热应用于城镇集中供暖是十分适合的。利用低品位工业余热为城市集中供暖，既可以节省原本在冬季用于供暖的燃煤消耗，缓解乃至解决北方地区缺少集中供暖热源的问题，又可以提高工业生产的能源利用热效率。

工业余热供暖涉及到的关键问题包括：余热的采集、余热整合与输配、系统运行调节等，对应的解决方法与技术可参考4.5节工业余热利用技术章节。只有解决好这些关键问题，工业余热才能高效、安全地服务于集中供暖系统，同时也保证工业生产过程的安全可靠。表2-14中最后一个案例为赤峰市实施的铜厂低品位工业余热集中供暖示范案例，该案例在处理这些关键问题中所采用的方法和技术可作为借鉴（案例详见6.4节）。

2.5 供热对环境的影响

2012～2014年，我国多地遭遇了严重的雾霾天气，空气重度污染，部分城市空气污染指数突破可吸入颗粒物浓度上限，尤其是京津冀地区。由国家及各地的环境监测站数据[10]可知，冬季是严重雾霾天气的频发时期，而为满足供暖需求而消耗的大量化石燃料是冬季污染物的主要来源之一，相较其他污染排放源（如交通、工业等）全年稳定排放，供暖的污染排放有“两个集中”的特点，即时间上集中在冬季，空间上集中在北方地区，因此，冬季供暖对冬季的环境质量有着重要的影响。

供热对大气环境的影响是由于热源向大气排放污染物，主要的污染物包括二氧化硫、氮氧化物、烟尘等。下面首先来看不同供暖方式的实测污染物排放因子。

图2-47～图2-49分别表示了燃煤锅炉SO_2、NO_x和烟尘的实测排放因子。可以看出，对于20t以下的小型燃煤锅炉，由于很难上脱硫脱硝装置，因此其排放浓度普遍较高；对于20t以上的大型燃煤锅炉，采用脱硫脱硝装置后，污染物排放浓度基本相当，与锅炉大小基本无关。此外，由于小型锅炉效率较低，单位供热量排放的烟气量大，因此其整体污染物排放要远高于大型燃煤锅炉。从实测结果中还可以看出，实测的锅炉即使容量相同，排放效果也相差很大，这主要是由于除尘、脱硫装置运行管理的不同和煤种不同所致。对SO_2和烟尘排放而言，目前仍有许多大型锅炉的排放超过2001年国家标准[11]限定的最高值，所以若要降低燃煤锅炉污染物排放，仍需要加强烟气脱硫、除尘。对NO_x而言，2001年国标没有对燃煤锅

炉的 NO_x 排放进行限制。由于燃煤锅炉的燃烧温度较低，NO_x 排放浓度不是很高，实测锅炉排放基本上达到2014年国标[12]一般地区的要求，但大部分燃煤锅炉 NO_x 排放浓度仍高于2014年国标重点地区的要求。

图2-50～图2-52分别表示了燃煤电厂 SO_2、NO_x 和烟尘的实测排放因子。可以看出，燃煤电厂的 SO_2 和烟尘排放与锅炉容量大小有较强的相关性，大电厂的污染物排放浓度较低，而小电厂的污染物排放浓度普遍较高，需要进一步加强烟气脱硫除尘。对 NO_x 而言，在原来的2003年《火电厂大气污染物排放标准》[13]中，没有对 NO_x 的排放标准进行限制，新出的2011年国家标准[14]才对 NO_x 的排放标准进行了限制，从实测结果可以看出，大部分电厂存在 NO_x 排放偏高的现象，电厂普遍需要加强烟气脱硝处理。

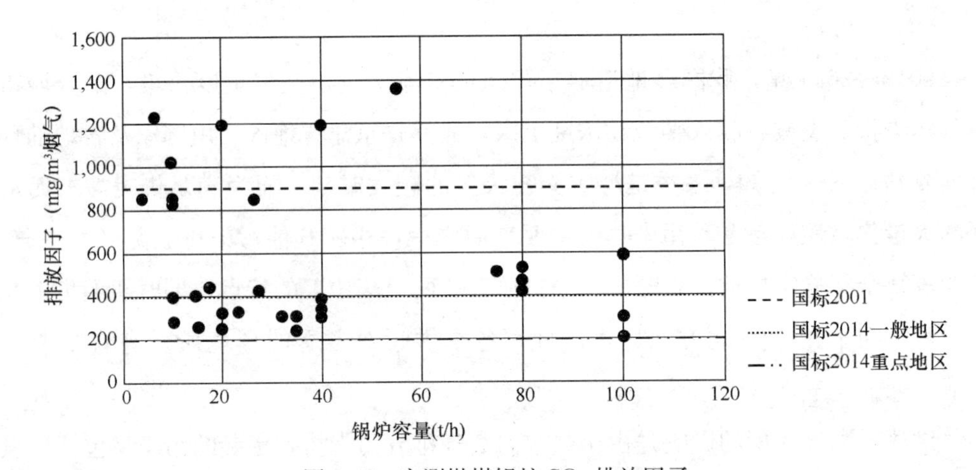

图2-47　实测燃煤锅炉 SO_2 排放因子

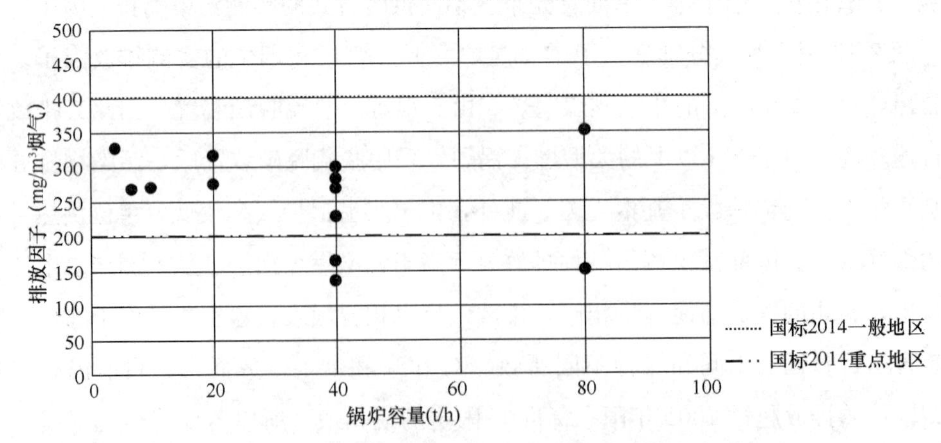

图2-48　实测燃煤锅炉 NO_x 排放因子

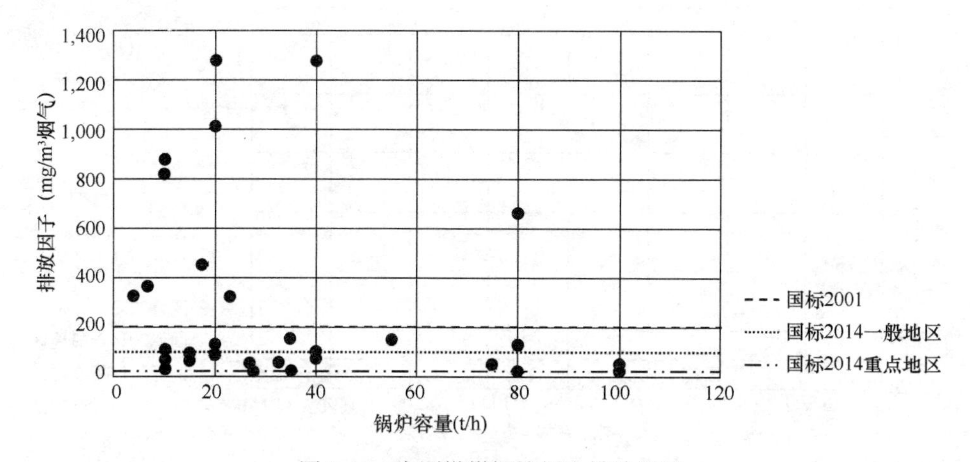

图 2-49 实测燃煤锅炉烟尘排放因子

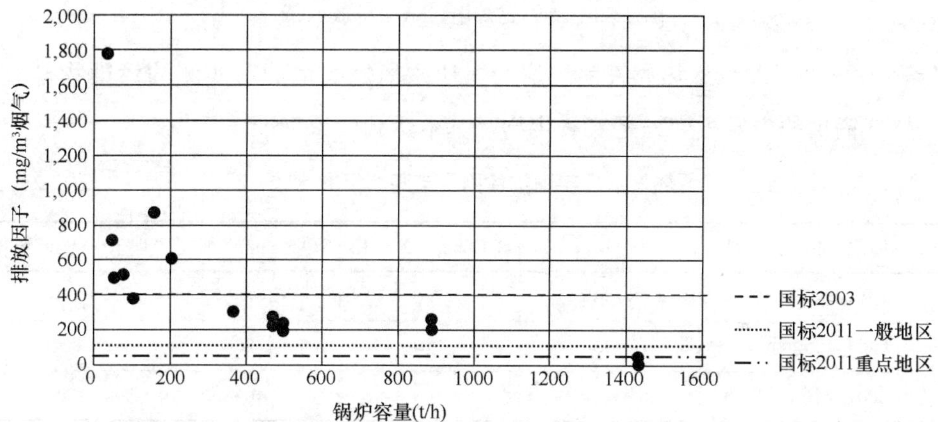

图 2-50 实测燃煤电厂 SO_2 排放因子

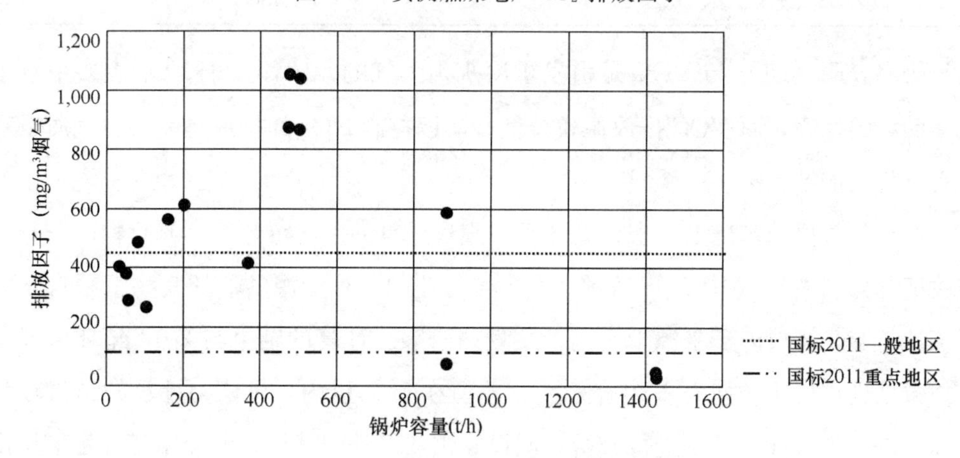

图 2-51 实测燃煤电厂 NO_x 排放因子

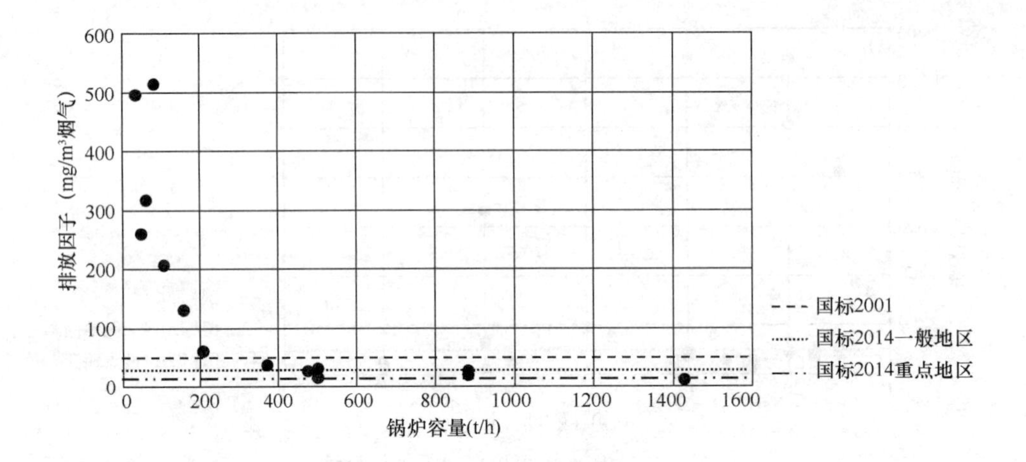

图 2-52　实测燃煤电厂烟尘排放因子

表 2-29 列了北京双热燃气锅炉房与大庆乘风燃气锅炉房实测的污染物排放因子，燃气锅炉的主要污染物是氮氧化物，基本达到国家标准。

燃气锅炉实测排放因子与国家标准比较　　**表 2-29**

名　称	锅炉容量（t/h）	SO_2（mg/m³烟气）	NO_x（mg/m³烟气）	烟尘（mg/m³烟气）
北京双热实测	160	3.0	157.0	4.0
大庆乘风实测	100	5.0	172.0	35.9
2001 年国标	—	100	400	50
2014 年国标一般地区	—	100	400	30
2014 年国标重点地区	—	50	150	20

研究表明，NO_x 与 VOC 是引发重度灰霾天气的元凶，鉴于 NO_x 主要来自于化学燃料的燃烧，而 VOC 排放源较分散，所以控制 NO_x 的排放是改善空气质量最切实可行的措施。

在实测数据的基础上，来计算冬季雾霾最严重的京津冀地区氮氧化物的分行业排放情况如图 2-53 至图 2-55 所示。其中各行业的各种能源的消耗实物量来自于能源统计年鉴，排放因子来源于实测、文献调研等。计算的结果与 2014 年环保部发布的数据进行检验，如表 2-30 所示，相差值在 15%以内，可认为计算的结果较为准确。进一步对计算结果进行分析，假设除供热以外的其他行业全年各月是平均排放，供热的氮氧化物排放量按室外气温变化摊分到各月份。

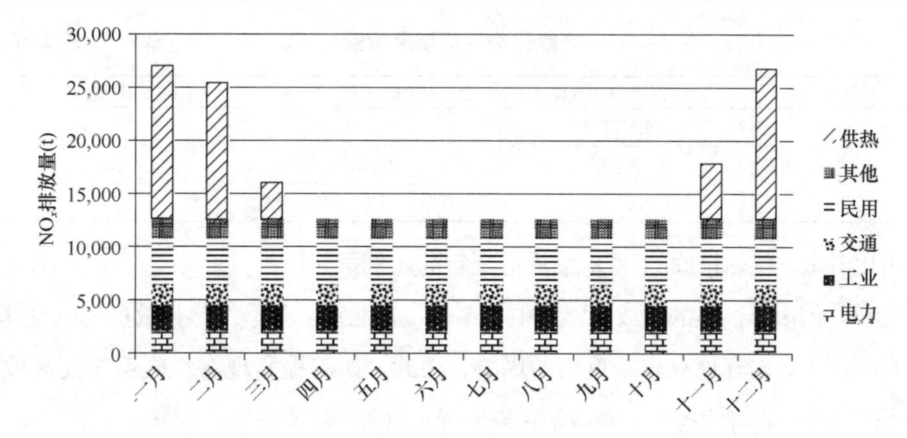

图 2-53　2012 年北京市分行业、分月份 NO_x 排放量

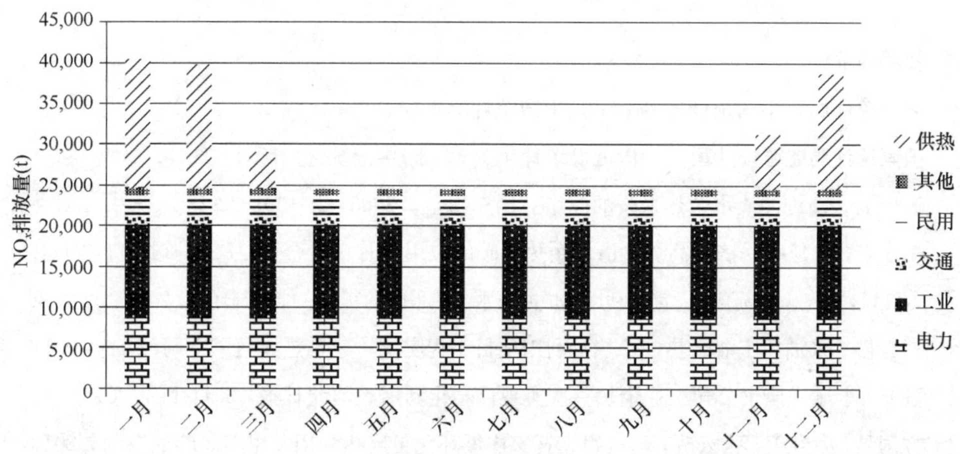

图 2-54　2012 年天津市分行业、分月份 NO_x 排放量

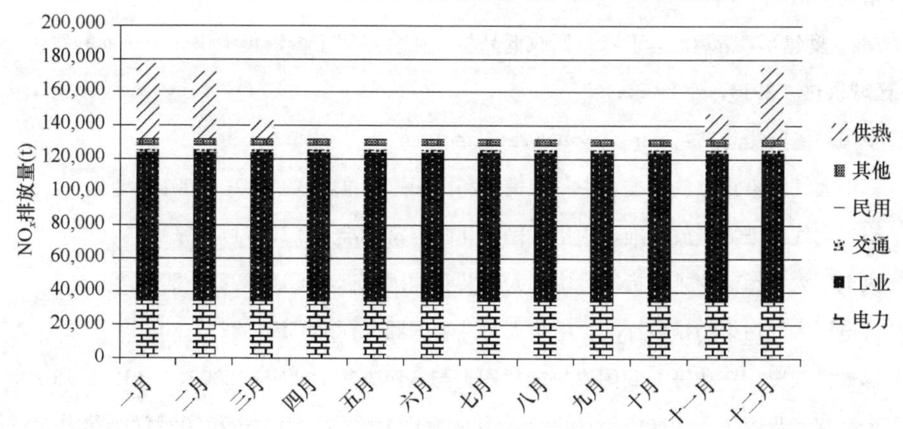

图 2-55　2012 年河北省分行业、分月份 NO_x 排放量

氮氧化物计算结果检验 表2-30

	环保部（万t）	计算（万t）	相差值
北京	17.75	20.12	13.4%
天津	33.42	35.05	4.9%
河北	176.11	173.8	−1.3%

可以看出，供热排放的 NO_x 总量占全年的比例虽然不大（北京25%，天津16%，河北9%），但由于供热的排放主要集中在冬季，在北京，冬季供热排放的 NO_x 总量占到了60%以上，对环境有非常重要的影响。因此，如何提高现有供暖系统能源效率，减少供热导致的污染物排放，对缓解雾霾天气、改善环境有重要的意义。

本章参考文献

[1] 国家统计局．中国统计年鉴2014．中国统计出版社．
[2] 国家统计局能源统计司．中国能源统计年鉴2013．中国统计出版社，2013．
[3] 臧传宝．高炉冲渣水余热采暖的应用．山东冶金．2003，25（1）：22-23．
[4] 柳江春，朱延群．济钢高炉冲渣水余热采暖的应用．甘肃冶金，2012，34(1)：118-121．
[5] 刘红斌，杨冬云，杨卫东．宣钢利用高炉冲渣水余热采暖的实践．能源与环境，2010(3)：45,46,55．
[6] 刘岩松．采油厂工业余热(冷)热泵利用项目工程实例．建筑热能通风空调，2011：301-303．
[7] 董斯，李斌．唐钢公司工业余热首次实现社会化利用．河北日报，2011-11-21（9）．
[8] 方国昌，尹红卫，张云改，赵庆娟．石家庄循环化工废热利用及思考．暖通空调．2013，43(增刊1)：5-9．
[9] 方豪，夏建军，宿颖波，于峰．回收低品位工业余热用于城镇集中供热——赤峰案例介绍．区域供热．2013，3：28-35．
[10] 中国环境监测总站：http：//www. cnemc. cn/
[11] 锅炉大气污染物排放标准，中华人民共和国国家标准GB 13271—2001．
[12] 锅炉大气污染物排放标准，中华人民共和国国家标准GB 13271—2014．
[13] 火电厂大气污染物排放标准，中华人民共和国国家标准GB 13223—2003．
[14] 火电厂大气污染物排放标准，中华人民共和国国家标准GB 13223—2011．
[15] 郝斌，刘珊，任和等．我国供热能耗调查与定额方法的研究．2009，25(12)：18-23．
[16] 王振铭．我国热电联产应由热电大国发展为热电强国．中国电机工程学会热电专业委员会，2013年10月．
[17] 2010—2011制冷及低温工程学科发展报告．中国科学技术出版社，2011．

第3章　北方城镇供暖节能理念与发展模式思辨

3.1　供热与环境

3.1.1　环境污染严重，供热面临挑战

随着雾霾天气的加重，北方地区城镇供热的环保压力陡然增大。从我国北方典型城市的大气污染状况全年分布（图3-1）可以看出，污染最严重的天数大都集中于冬季采暖期，因此冬季供热如何减排极其重要。

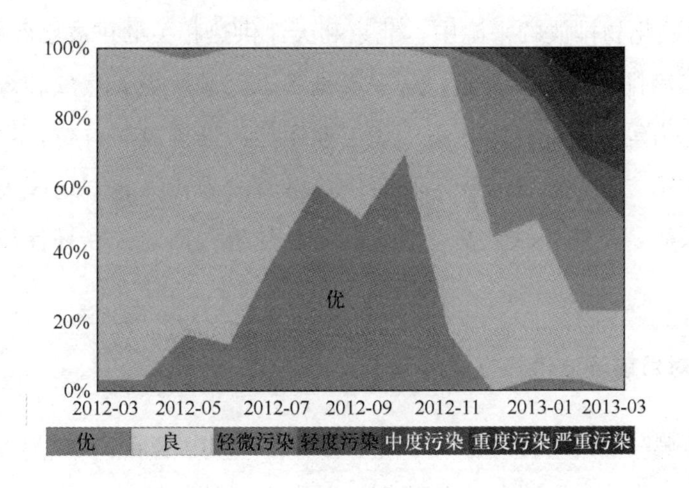

图3-1　全年大气污染状况

研究表明，燃煤是我国雾霾产生的重要根源（2.5节）。而供热在冬季燃煤中贡献很大，图3-2为我国北方某省会城市全年燃煤消耗量，燃煤热电厂和燃煤锅炉房等因供热而消耗的燃煤占到全年耗煤量的一半以上。我国每年与供热相关的燃煤有2亿tce之多。燃煤中相当部分是通过污染严重的锅炉房烧掉，其单位燃煤污染

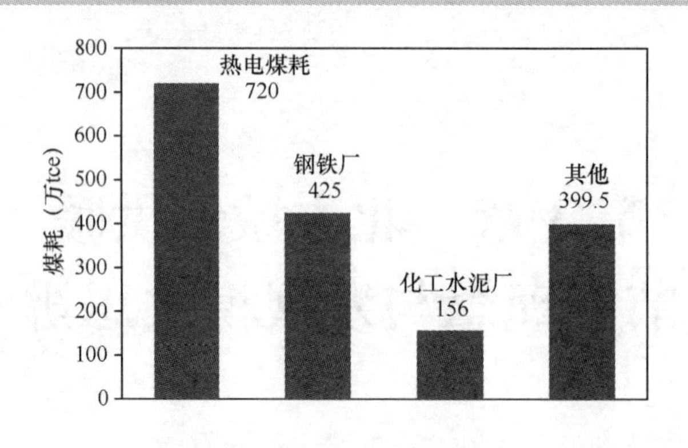

图 3-2 某城市全年燃煤消耗量构成

排放量是燃煤电厂的数倍，而且排放时间上集中于冬季，空间上集中于北方地区。因此，如果与燃煤发电厂相比，考虑单位燃煤排放大，以及时间和空间的相对集中，则在冬季采暖期，供热系统的排放量足以与发电行业大气污染排放相比。

京津冀地区是全国大气污染最为严重的地区，尤其是冬季，其中能源消耗是排放的主要来源。根据初步统计的全年京津冀地区能源消耗，可以计算出作为二次污染主要来源的氮氧化物的排放来源，见图 3-3。可以看出，采暖期的 12 月、1 月和 2 月氮氧化物排放的来源中，北京和天津供热相关的排放已经排在第一位，超过了交通车辆排放和工业排放，这主要是冬季大量燃烧天然气和煤造成的。河北省钢铁、电力等工业能耗大户集中，工业用能污染排放居首位，供热排放仅次于工业排放在第二位。由此可见，采暖供热已经成为我国北方地区大气污染排放的一个主要来源，供热领域大幅度减少污染已经迫在眉睫。在环保压力下，供热出路在哪里？

3.1.2 对目前清洁供热方式的认识

作者正值撰写此文之际，读到一则重磅消息，称山东某市为了减小供热对大气污染排放，对“煤改气”进行大幅度财政补贴。天然气锅炉供热每立方用气补贴 2.72 元，天然气分布式能源供热项目每立方用气补贴 1.32 元，并对发电容量给予高达 2000 元/kW 的补贴，对于热泵等供热方式也有相应的补贴激励政策。且不说这样的补贴政策是否合理，仅从其补贴力度之大是全国空前的角度看，反映了该市政府对环保的重视程度和对清洁供热的渴求。目前北方地区很多城市同样面临如何选择清洁供热方式问题，有些城市“煤改煤”，希望建设大型燃煤热电厂或者清洁

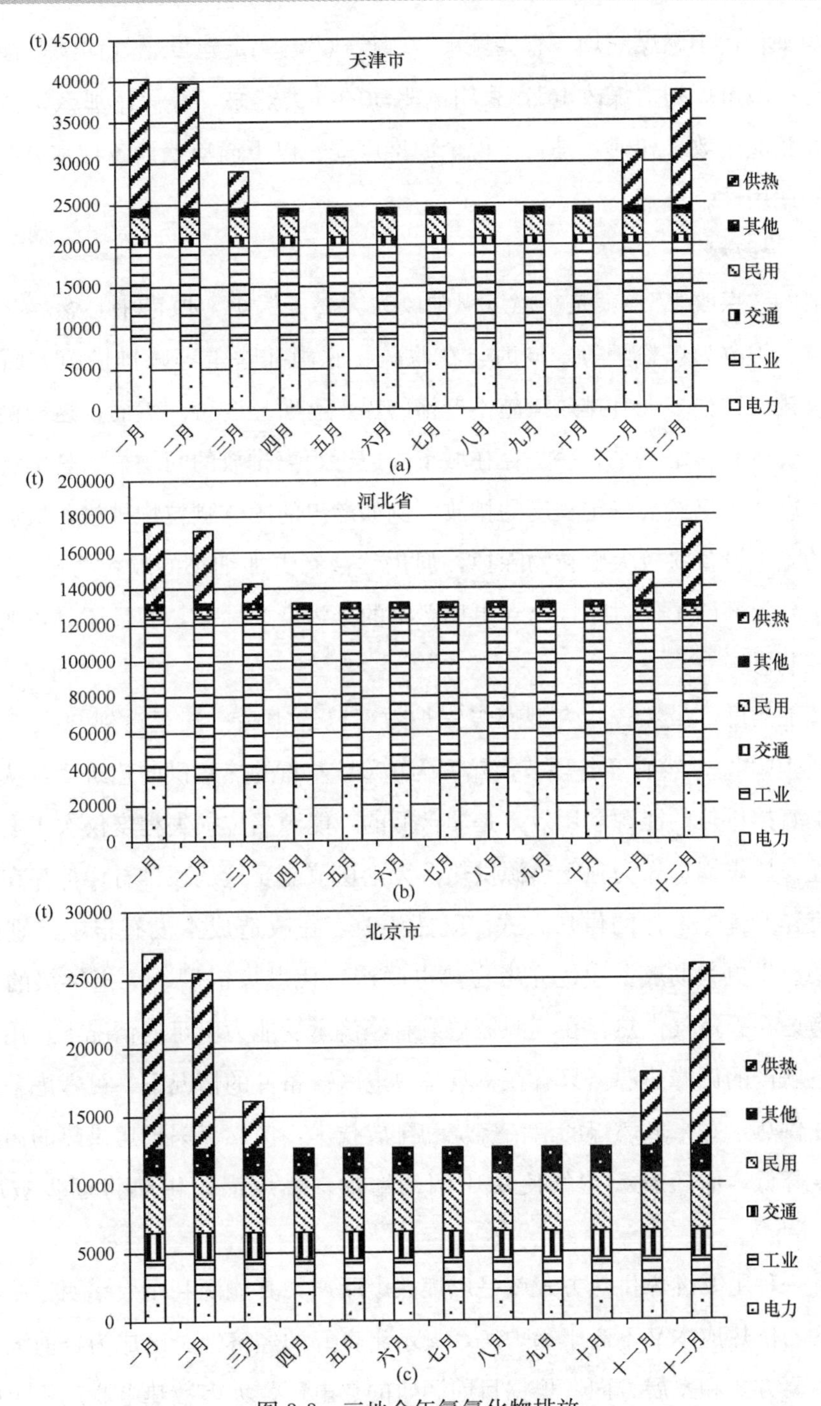

图 3-3 三地全年氮氧化物排放

(*a*) 天津市分月份氮氧化物排放；(*b*) 河北省分月份氮氧化物排放；(*c*) 北京市分月份氮氧化物排放

燃煤锅炉来替代小燃煤锅炉，有些城市“煤改气”，大量建设燃气锅炉，甚至燃气电厂，有些城市规划“煤改电”，采用电驱动的各类热泵，等等。那么这些清洁供热方式究竟应用效果如何，是否值得全面推广呢？以下简单谈谈各种常见的清洁供热方式的适用性。

（1）“煤改煤”

所谓的“煤改煤”，就是小燃煤锅炉改为大燃煤锅炉，城市中心燃煤改为郊区燃煤，链条炉改为煤粉炉等。同时，在脱硫、脱硝和除尘等减排措施方面更加严格，污染排放比很多现有排放措施不严格的锅炉有明显改善。然而，这种供热方式在环保上仍然有一定不足，一是存在城市周边近距离排放的问题，二是毕竟还要燃煤，燃煤燃烧后仍然会一定程度的排放。例如燃煤的固体颗粒物排放，虽然可以通过严格的除尘设备将较大颗粒物除掉，但仍然会有更加细小的颗粒物排放。因此，目前国家环保部门不仅对燃煤出台更加严格的排污染放标准，而且还对各地燃煤总量实行控制。

从节能角度，虽然一些大型燃煤锅炉效率已经很高，甚至达到90%，但锅炉燃烧高过1000℃，然后经各环节换热变为100℃左右的热水供向建筑物，从热力学看，锅炉直接供热的能源利用效率是非常低的，能源品位损失程度仅次于电采暖。

因此，燃煤锅炉作为独立热源供热，无论从节能还是从减排看，都存在很大问题，不宜作为优先选择的供热方式。既然要改，在改造成本没有根本差别的条件下，就要改得更为彻底。应优先考虑热电联产替代燃煤锅炉，承担供热的基本负荷，并考虑在天然气供热存在气源短缺或者经济承受能力不足的情况下，用煤锅炉作为热电联产的调峰热源。只有在不具备热电联产条件的情况下，可考虑采用燃煤锅炉独立供热，并采取燃煤的清洁燃烧和排放技术，使燃煤锅炉房供热的污染排放量大幅度降低。而随着天然气使用比例的增加，燃煤锅炉供热将逐步被燃气所替代。

另外一种主要燃煤供热方式就是燃煤热电联产，其能源利用效率明显高于其他供热方式。供热成本又不高于锅炉房，显示出良好的经济性，已成为目前大型集中供热的主要方式和发展方向。根据目前调研的热电厂，大多数热电联产机组的供热煤耗在20～30kgce/GJ，远低于燃煤锅炉的40kgce/GJ。然而，现有热电厂供热容量是有限的，不足以满足城市大量燃煤锅炉替代，以及不断新增建筑采暖的需求。

那么，是否应该继续大量建设燃煤热电厂呢?

首先讨论一下是否有必要大量新建燃煤热电厂。热电联产供热机组全年耗煤量是供热锅炉房的三倍之多，即便电厂大气污染控制较好，也会增加城市就地排放的负担，对大气环境产生不利影响。从另外一个角度看，我国发电装机容量已经基本满足现有电力需求，并出现电力过剩现象。2013 年，全国发电设备累计平均利用小时只有 4511h，与 2012 年相比减少 68h。2014 年比 2013 年该发电设备利用小时数又有所下降。在这一形势下，再大量建设新热电厂，必然会导致发电容量更加过剩，造成国家重复投资浪费。目前，城镇以燃煤锅炉作为主热源的建筑以及目前缺乏采暖热源的建筑总面积超过 50 亿 m^2，如果全部由新建热电厂承担，则需要新建发电机组超过 2 亿 kW，相当于使全国火力发电容量增加超过 20%，这将导致巨大的发电资源的浪费，显然是不现实的。

实际上，我国火力发电厂发电装机容量约 10 亿 kW，大部分集中于北方采暖地区，如果其中的 4 亿 kW 装机容量可以用于供热的话，加上 30%的供热调峰容量，可以承担 150 亿 m^2 的供热需求，完全可以满足上述 50 亿 m^2 的新增建筑供热面积需求。问题是这些电厂往往距离供热负荷中心比较远，而根据 4.12 节的技术介绍可知，只要供热距离在 300km 内，这种发电厂改为供热电厂就会比天然气供热成本低，具有经济上的可行性。而在这个供热半径辐射的范围内，绝大多数燃煤热电厂都具有改造为热电联产电厂的条件，也就是说这种纯凝火力发电厂改为热电联产电厂的方式应该成为解决城市燃煤锅炉房替代和热源短缺的主要途径。

这样，再回过头来探讨一下新建电厂的条件。如果不具备纯凝发电厂改为热电厂的条件，在当地有新上电厂指标或者当地缺电等情况下，当然考虑建设新的热电厂。然而在目前我国电力状况下，这种情况很少见。从未来发展看，随着经济的增长，电力以及供热负荷需求也将会不断加大，将来新建电厂是不可避免的。从环境保护的角度，建设热电厂的选址也应该远离城市负荷中心。因此，由于供热半径的技术突破，未来北方地区新建电厂项目的建设与审批，应充分考虑供热因素。

(2) 煤改电

电能对当地零排放，因此电能往往被视为清洁能源，电能驱动的供热方式也成为很多城市降低供热大气污染的手段，并成为政府供热财政补贴的一个主要对象。尤其是近年来天然气不断涨价，使得电能供热的经济成本凸显出一定优势，呼声越来越高，并得到较快发展。电能供热的方式主要有两种，即电直热采暖和电动热泵。

1）电直热采暖是能源转化效率最低的供热方式

电直热采暖是一种将电能通过电阻直接转化为热能的供热方式，目前常用的电暖气、电热膜等，都属于这种方式，具有投资小、运行简单方便等优点，然而它却是能源转换效率最低的一种方式。众所周知，我们国家电能70%来自于火力发电，一份化石能源转为电能并再送到用户就只剩下三分之一。从这一点看，电直热方式采暖效率只相当于热效率40%的燃煤锅炉。因此，当追溯到电的来源，电驱动的供热方式也不是那么清洁了，当地排放是没有了，只是转移到电厂排放了。

目前很多电采暖与蓄热相结合，这样可以采用低谷电，通过优惠的低谷电价降低供热成本，往往会使得电直热采暖方式比天然气锅炉供热成本还要低。低谷电用于供热与目前我国弃风电等可再生能源利用相结合，使得电采暖似乎充分符合节能减排理念。然而，从能源利用的角度，电是品位最高的能源，相对于电直热采暖，电能可以采用提高数倍效率的供热方式利用，即电动热泵。因此，电直热采暖方式，包括电锅炉与蓄热相结合利用低谷电的供热方式，不应鼓励大面积推广使用，只有在一些特殊场合，例如环境保护要求严格而热网和燃气网辐射不到的地方，才可以考虑电直热采暖方式。

2）电动热泵受到应用条件的制约，应因地制宜

热泵利用电能作为驱动力，通过提取低温热源的热量而产生数倍于所消耗电能的热量，以满足不同温度水平的供热需求。低温热源可以是室外环境的空气、地下水、地下土壤、江河湖海水、甚至是城市污水处理厂中水乃至原生污水等。另外，还有一个更加巨大的低温热源，就是目前正在排放掉的工业低温废热。热泵可以使一份电能产生出多于一份符合温度要求的热量，亦即热泵的性能系数*COP*大于1。因此，相对于上述电直热采暖方式，热泵供热具有明显能效优势。借助于政府各种财政补贴和鼓励政策，近年来这种供热方式得到很大程度地推广。然而，在考虑到全国发电效率水平情况，一般热泵综合*COP*大于3才能与锅炉供热相比有节能优势，才具有一定的推广价值。

热泵性能系数和经济性首先取决于热泵低温热源取热和输出热量的温度，图3-4反映了螺杆压缩式热泵性能受蒸发温度（低温热源）与冷凝温度（输出热量）

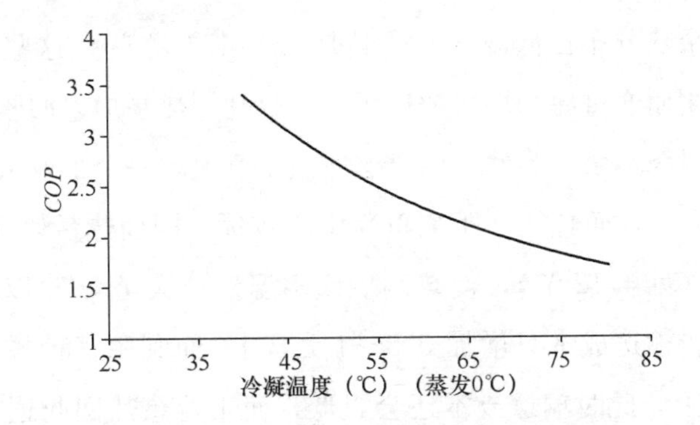

图 3-4 冷凝温度对热泵 COP 的影响

影响情况。空气、土壤以及江河湖海在冬季特别是严寒期的温度很低，接近零度，甚至零度以下（空气源），造成热泵性能系数较低，使热泵系统能效和经济性恶化，在严寒期甚至不能满足要求，这使得热泵应用受到一定程度的制约。对地下水源热泵而言，除非地下水流动性较好，否则需要夏季制冷工况向地下蓄热，才会避免出现地下取热温度衰减而导致热泵性能和出力的下降。对于目前应用较为普遍的土壤源热泵，同样存在土壤冬季取热和夏季蓄热之间的平衡问题。

对于湖水源、海水源、污水处理厂中水源而言，由于这些低温热源的热量相对集中，适合大型集中热泵系统，而这种供热系统能效和经济性受到另一个关键因素影响，即热量输送。热网供回水温差是决定热量输送能力的主导因素，然而无论低温热源的热量输送还是热泵产出的热量输送，热网供回水温差都难以拉大。对于低温热源侧的热量输送，温差拉大意味着回水温度的降低，这就导致热泵蒸发温度下降，使这些低温热源取热的温度更加降低，从而使热泵电耗进一步增加。而对于高温热源侧的热量输送，温差拉大就需要提高供水温度，将导致热泵冷凝温度升高，进而使热泵冷凝与蒸发温差拉大，最终使热泵性能系数下降。热泵供热的供回水温差范围一般在 5～15℃之间，这与区域供冷系统中输送冷量的温差相近。众所周知，区域供冷因冷量输送困难而存在供冷半径瓶颈，热泵集中供热也同样存在输送泵耗和管网投资大的瓶颈，使供热规模和供热半径受到严重限制。

3）优先考虑利用工业余热的热泵供热方式

上述低温热源取热温度低是影响电动热泵供热系统性能和经济性的主要原因。而有一种低温热源具有较高的温度条件，而且资源丰富，那就是工业余热。更高温度的工业余热资源大多目前已经得到利用，比如利用有机朗肯循环发电等，但实际上绝大多数工业余热分布在低温区，尤其是25～45℃之间。这些低温余热目前在工业中因难以利用而通过冷却塔排放掉了。如果利用热泵加以回收，其热泵电耗会大大低于上述低温源热泵。当然，由于这些热量巨大，一个工业余热源点供热能力可能超过1000万m^2，而且往往距离负荷中心较远，因而热量输送是难点。但是，采用针对性技术（见4.12节），使热网供回水温差拉大至40K以上，则供热半径每增加1km，热量输送成本只增加0.5～1元/GJ。而利用某种技术把供回水温差可拉大到80K以上，此时输送成本还会更低，而工业余热回收通过直接换热或利用热泵，其回收利用余热的电耗比上述热泵系统降低一倍以上，相应的综合供热成本降低30%以上，具有突出的经济和节能优势。

4）电热泵是热电联产集中供热的补充

以上电动热泵供热方式与热电联产相比，无论是能源利用效率，还是经济性，在绝大多数情况下都处于劣势。热电联产利用有一定发电能力的余热直接供热，而热泵供热的过程相当于：热电联产的余热先发电并产生低温废热（20～40℃），然后再利用电能驱动热泵从低温热源提取热量。热泵与热电联产相比，一方面多出了热泵由电变热过程这一能源转换环节，另一方面，热泵从低温热源（空气、土壤、海水等等）提取热量比电厂通过冷却塔排掉的废热温度更低，使热泵处于高耗电的状态。只有利用工业余热的热泵供热方式，因余热温度较高，其能效才会与热电联产具有可比性。当然，工业余热利用与热电联产相比，会更加受热网输送距离的限制。

总之，"煤改电"的定位应该是优先发展热电联产集中供热和利用工业余热供热，在这两种方式难以涉及的区域，因地制宜地发展各种电动热泵供热。而电直热采暖因能效转换效率低下应慎重使用。

（3）"煤改气"

天然气供热的主要方式有燃气锅炉、天然气分布式能源的热电（冷）联供和大型燃气蒸汽联合循环热电厂等三种。目前我国具有较大规模的天然气供热的城市有北京、天津、乌鲁木齐、兰州、银川等，而规划大力发展天然气供热的城市更多。目前的天然气供热方式是否合理，需要理性地认识。

1）天然气供热存在的问题

实际上，北方地区一些城市在推广天然气供热过程中遇到了很大难题，主要体现在：

①冬季天然气资源保障问题。我国天然气资源极其有限，例如2013年天然气消费约1700亿m^3，仅占一次能源消费量的5.9%，大约天然气总量的40%用于采暖供热以及供热相关的热电联产，导致天然气消费的季节性峰谷差不断拉大，整个北方地区冬季缺气现象严重，天然气供热安全得不到保障。

②供热成本昂贵。近年来随着天然气价格不断攀升，其燃料成本已经高出燃煤的3～5倍，多数城市难以承受天然气供热的沉重经济负担。

③天然气仍然存在污染排放问题，燃烧后仍然会产生氮氧化物，它是雾霾二次污染的一个主要根源，其单位热值的排放量和燃煤是同一量级的。因此，虽然天然气与燃煤比相对清洁，但氮氧化合物排放的问题不容忽视。并且当产生同样多的热量时，由于天然气热电联产的热电比小，就导致大型热电厂对当地排放的烟气中氮氧化物含量比燃煤锅炉还要多。

2）天然气锅炉与热电联产

鉴于以上天然气供热中的突出问题，对北方地区"煤改气"应该理性分析。天然气供热有两种方式，一是燃气锅炉，另一个是燃气热电联产。燃气锅炉是目前最为普遍的天然气供暖方式，大到承担数百万平方米的区域燃气锅炉房，小到壁挂炉。从节能角度，锅炉的能源利用效率很低（通过近1000℃的烟气直接产生几十摄氏度热水供热，造成能源品位的很大浪费），因此无论是从供热成本还是用能角度，北方地区城市还是应优先考虑发展以燃煤或工业余热为热源的大型集中供热，即便是热量从300km以外的热源输送过来，也比天然气锅炉供热合理。只有在热网难以覆盖的区域，根据环保要求，才可考虑燃气锅炉供热的可能性。需要指出的是，只要是集中供热，就要有过量供热损失、管网输送能耗、管网热损失等。所以如果是燃气锅炉，就应该尽可能发展壁挂炉，分户分楼供热，从而充分发挥其分散可调的特点，尽管是高品位能源低品位应用，但可以大大降低过量供热等集中供热存在的损失。

燃气热电联产从规模上有大型的燃气蒸汽联合循环热电厂，也有小型的分布式热电冷联供系统。由于同时供热和发电，相同供热量下，天然气资源消耗量和当地污染排放量与天然气锅炉相比显著增加，而经济成本因发电也会成倍增加。虽然天然气热电联产能源利用效率比燃气锅炉高，但是从远离市中心的燃煤电厂以热电联产形式引入余热，同样具有高的能源利用效率，且能减少大气排放对城市的污染，因而经济性更具优势。因此，发展远距离输送燃煤电厂余热的集中供热系统比在城市内建设天然气热电联产更为合理。只有从电力角度需要在城市中心建设支撑电源的情况下，才有研究建设燃气热电联产的可能性，同时需兼顾供热和电网调峰支撑两种功能。

3）天然气合理供热方式分析

从全局角度看，如前所述，我国天然气资源短缺，天然气利用应该结合我国国情，优先保障诸如作为炊事等民用气、作为工业原料等基本需求，代替污染严重的燃煤，优化发电上网的电源结构等。

如图 3-5 所示，目前供热已经成为我国北方地区天然气消费的主要用户，近年来冬季天然气保障问题一直是国家高度重视的大事。2014 年 12 月中石油在新闻发布会上宣布这个冬天这个采暖季期间筹措 607 亿 m^3 天然气，全国天然气消费采暖季和非采暖季之间相差两倍之多，冬季供热气源保证近年来一直是供需双方都头痛的难题，目前天然气供热的发展思路值得深思。然而，通过以上分析，供热领域或许远不需要这么多天然气，应该有更加环保、安全和经济的供热解决方案。

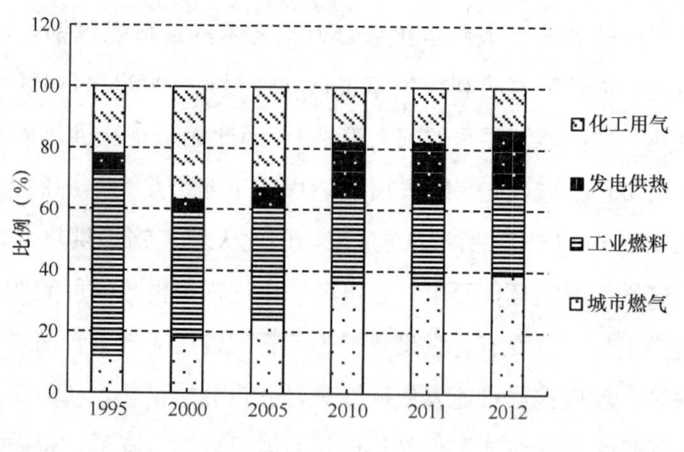

图 3-5 能源结构趋势图

从能源结构看，未来逐年增加天然气消费量已成为趋势，但这并不意味着供热领域“煤改气”就可以盲目地大规模推广。对于天然气应用，还有一个更大领域尚待开发，即发电领域。世界天然气消费的 1/3 用于发电，而我国天然气用于发电比例还非常低，且以热电厂居多。相对于燃煤发电，天然气不仅高效清洁，而且运行调节灵活，更加适宜为电力调峰。在我国电源结构中，热电联产的比例逐年增高，同时风能、太阳能等可再生能源发电上网容量迅速增加，导致我国电网的刚性越来越强，电力调度越来越困难，甚至出现严重的“弃风”电现象。因此，随着天然气消费增加，未来我国天然气应该大幅度用于发电，增加电网电源装机容量中天然气发电机组的比例，通过燃气电厂为燃煤发电和可再生能源发电调峰，增加电网的柔性，为接受更多比例的可再生能源创造条件，减少诸如弃风电现象的发生。在这一电力调峰模式下，有条件时兼顾供热，即发展以电力调峰为主要目的的燃气热电联产，而不是传统意义上以“以热定电”思路建设和运行天然气发电。

在供热领域，对于集中供热网难以覆盖的地区，可以考虑以燃气锅炉替代污染严重的小型燃煤锅炉。天然气锅炉供热，应该坚持“宜小不宜大”的原则，锅炉房尽量靠近用户。目前很多城市单个天然气锅炉房承担几十万 m^2 供热面积，甚至上百万 m^2 面积，规模过大。由于天然气管网输送能力远远大于热网输送能力，小规模燃气锅炉房可减小热网输送成本，并减少热网的热损失以及热力水平失调现象，更加有利于供热节能。对于热网能够覆盖的地区，可以使用燃气锅炉替代燃煤锅炉为城市热网调峰，即作为调峰热源。天然气锅炉的效率和排放量与规模无关，考虑到燃气相对于热量在输送方面的优势，应坚持天然气锅炉“宜小不宜大”原则，调峰热源小型化。最好的方式是调峰热源建在热力站，直接加热二次侧循环水，这样一次热网承担基础热负荷，最大程度发挥热网和热电联产热源的作用，增加城市热网供热规模，实现供热系统的结构优化。对于天然气热电联产项目应慎重考虑，从经济成本和当地环境保护角度，除非当地需要支接电源，否则长途输送燃煤热电联产热量或工业余热，应是更经济更环保的方案。

3.2 我国北方城市供热的模式创新

我国北方城镇采暖面积目前约为 120 亿 m^2，冬季采暖能耗约 1.67 亿 tce，是我国建筑能耗的重要组成部分，也是我国建筑节能潜力最大的领域，北方城镇供热节能应是实现我国建筑节能目标的最重要和最主要的任务。到 2030 年，我国北方地区城镇建筑面积规模可能会增加到 150 亿 m^2，如果维持在目前采暖能耗强度水平，仅采暖一项每年将消耗 2.5 亿 tce。根据我国实际情况，通过全方位努力，有可能把这150亿m^2的建筑采暖能耗控制在1亿tce，也就是采暖能耗与当前总量相比还降低50%以上，平均每平方米建筑采暖用能每年不超过8kgce，这将大大缓解城市建设发展和人民生活水平提高给能源和环境带来的巨大压力，为我国城市和社会的持续发展发挥重大作用，同时在世界上也将是实现大面积低能耗采暖的先进典范，引领世界供热节能发展方向。

为实现这一目标，需要从节能思路上有重大转变，全面从热的“质”和“量”视角审视目前供热系统的节能潜力，狠抓技术和体制创新。从技术上必须“开源节流”，深入挖掘以热电联产和工业余热为主的各种低品位热源，进一步降低建筑耗热量，减小输配系统和用户的过热损失；对供热方案进行全面的科学规划，从供热机制改革入手，依靠市场力量，形成节能技术能迅速推广、科学规划能顺利落实的机制，全面实现最佳的技术方案、最优的体系结构和最好的运行模式，从而在我国整个北方地区实现平均采暖能耗不超过8kgce/（m^2·a）的目标。下面就如何实现这一目标进行分析。

3.2.1 重新审视供热节能思路—节能应“量”和“质”兼顾

以往我们做供热节能工作，都集中在节约多少热量，例如现在所做的围护结构保温、热计量等，都是着眼于热量。然而，任何东西的评价都是有质和量两方面，供热也应不例外。同样数量而不同品位热量的产生，所需要的一次能源消耗量相差很大，因此，如果不仅仅从热的量上分析研究供热系统节能，而是同时兼顾热量的质与量，则会在节能路线上展现出不一样的思路。

因此，降低供热能耗应从两个途径着手：

（1）解决“热量”的问题：加强保温，避免过量供热

通过改善围护结构保温和气密性进一步降低建筑采暖的需热量。围护结构改善的重点是气密性差的钢窗、外门。通过全面更换这些门窗，使换气次数降低到0.5次/h以下，不仅可以大幅度降低采暖需热量，而且还可以显著改善室内的舒适性，是投资少、见效快的民生工程。此外，对于20世纪外墙传热系数高的老旧建筑，全面进行增加外保温的改造，也将产生显著节能效果。这两项工作在供热领域正在实施，全面落实后可以使我国北方地区约20亿m^2的老旧建筑平均全年需热量（不同气候地区平均）降低到0.25GJ/(m^2·a)以下。同时，进一步贯彻国家各项建筑节能标准

中对新建建筑围护结构保温的要求，使新建建筑平均需热量(不同气候地区平均)不超过0.2GJ/(m^2·a)。良好的建筑保温和气密性是全面实现采暖节能的基础。

通过强化室温调节方式彻底解决不均匀供热和过量供热导致的热量浪费。大力推进室温调节的目标是把当前由于室温不均匀和过量供热造成的高达30%的热量浪费省下来。如果使冬季所有采暖建筑的室内温度都控制在19±0.5℃，我国采暖能耗可以在目前的水平上降低30%。目前采用的各类“流量平衡阀”、“气候补偿器”等措施，都是为了解决这类不均匀供热问题，但实践证明这些方式很难使局部过热的问题得到全面彻底的解决。问题在于采暖末端的控制，解决的措施也一定落实在采暖末端上。设置在用户末端的室温调节手段是局部过量供热的有效解决方法。实践表明，“通断式调节”是实现室温调控的有效方法。近年来，由于政府的大力推动，室内调控装置已经在很多地区安装，但解决过量供热的应用效果并不明显，问题是如何能够制定出合理的热费机制，有效调动用户主动进行室温调控的积极性。在这一问题没有彻底解决之前，可以考虑由供热管理单位通过末端调控装置，统一控制室内温度。全面推广采暖末端的“通断式调节”，并真正使用起来，实施调控功能，将使我国北方地区采用集中供热方式的采暖能耗降低30%。

除了上述建筑物围护结构保温以及室内末端调控等措施外，热网方面也需要进一步加强节能工作，包括采取楼前混水、热力站小型化等措施，实现楼前热网温度和流量分别调节，有效缓解楼栋之间供热不均匀导致的过量供热问题。同时，一些早期建成的小区庭院供热管网因年久失修而保温层损坏甚至脱落，可造成这些管网的散热损失超过30%。对这些管网重新铺设，进行全面保温改造，可以使这些供热小区产生显著的节能效果。近年来我国已经发展出完善的热水管网直埋技术，保温性能很好，北方城市主干网基本上全部采用这种技术，可使一次网散热损失控制在5%以下，保温改造重点在上述一些二次庭院管网，采用直埋技术后这些庭院管网的热损失可控制在2%以下。

(2) 解决“质”的问题：降低供热温度水平，采用低品位热源

对于锅炉而言，将燃料烧到1000℃左右再通过各种换热环节降低到20℃室内温度来满足采暖需求，是能源品位的极度浪费。燃料直接燃烧供热其单位供热煤耗可以由锅炉效率简单计算得出，如果以为锅炉效率85%，则供热消耗标煤为40kgce/GJ。

对于热电联产而言，供热汽源来自汽轮机低压抽汽的余热，该余热品位远低于

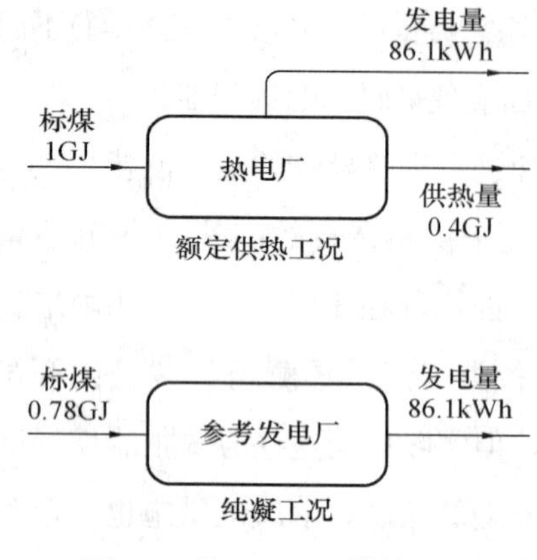

图 3-6 某 300MW 供热机组设计工况下能源平衡

锅炉直接产生的高温高压蒸汽，怎么评价其能耗呢？可认为该抽汽供热的能耗等效于抽汽导致发电量的减少所折算成的煤耗。对某典型的 300MW 机组而言，抽汽压力 0.4PMPa，如图 3-6 所示，热电厂输入 1GJ 的燃料发电 86.1kWh 和供热 0.4GJ，对于发电煤耗 350gce/kWh 的参考电厂，产生相同的电量需要消耗标煤热量为 0.78GJ，因此与这一发电煤耗水平的电厂相比，按照参考纯凝电厂发电水平，由“好处归热”法可得该热电联产机组的供热煤耗为(1－0.78)/0.4×34.2＝19.2kgce/GJ，只有燃煤锅炉供热煤耗（锅炉效率取 85%）的 48%。

合理热电联产工艺下的供热能耗取决于供热温度水平，见图 3-7。供热温度越低，意味着抽汽参数可以越低，也就是影响发电越少，或者更有条件通过技术手段，例如通过热泵甚至汽轮机低真空运行等减少抽汽量，最终减小供热对发电量的影响。因此，通过降低热网温度水平，合理优化热电厂供热工艺流程，热电联产供热能耗可以进一步大幅度降低，甚至仅为传统热电联产供热能耗的一半，单位供热煤耗降低至 10kgce/GJ 以下。

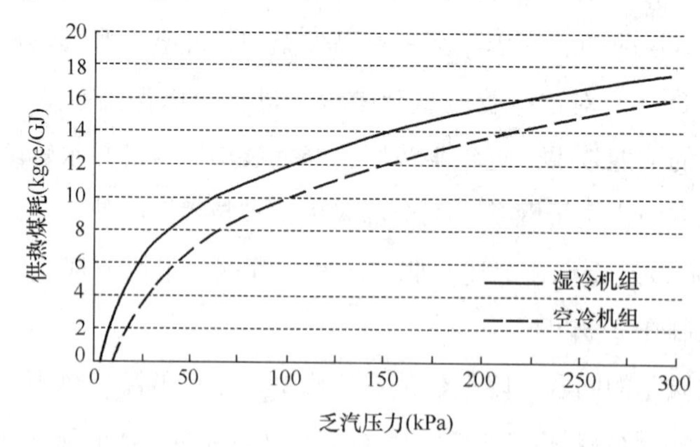

图 3-7 乏汽压力对供热煤耗影响（300MW 机组）

对于热泵供热而言，利用土壤、空气、江河湖海等自然环境的低温热源，通过电能驱动热泵产生适于供热温度的热量供热，如果热泵的综合 *COP* 为 3.5，即其供热耗电量约 80kWh/GJ，相当于消耗标煤 26kgce/GJ，是锅炉供热能耗的 65%左右。

对于工业余热利用而言，这些低温（100℃以下）余热原本因无利用价值而排放到环境中，一些温度在 50℃以上的工业余热可以直接换热后输送至用户，供热能耗仅为热网输送所消耗的水泵电耗，是上述所有供热方式最低的。当然，还有更多的工业余热温度在 40℃以下，这些热量的回收利用需要热泵，其供热能耗将会有所升高，但这些低温热源还是高于上述自然环境温度，因此供热能耗仍然低于常规地源和水源热泵。工业余热的供热一次能耗一般可在 5～25kgce/GJ，应该作为优先选择的供热热源。

通过以上分析结果可以看出，热电联产和工业余热利用的供热能耗最低，是最应该全面推广应用的供热方式。应该以其为主，辅助以各种热泵供热，形成北方城镇的新的采暖热源模式，实现大幅度节能减排。

以上从能源品位角度分析得到应优先采用低品位热源供热。对于低品位热源，供热温度水平对供热能耗起到决定作用。如果供暖房间要求维持在 20℃，理论上讲任何高于 20℃的热源都可以供热，如果是这样，问题是怎样把热量从热源处输送到末端，并通过末端换热设备传递到房间中。由于热量输送和换热都需要消耗温差，从而要求热源提高供热温度。要求的热源温度越高，对应的实际能耗就越高。怎样降低各个环节的温差消耗就成了最主要的问题。目前集中供热系统包括三个消耗温差的传热环节：热网首站的热源与热网换热温差，热力站的一次网与二次网之间的换热温差以及建筑物内采暖末端与室内环境的换热温差，如图 3-8 所示。如何通过减小这几个环节的换热温差损失（或者称“烟耗散”）而降低供热温度水平，成为从供热品位上降低供热能耗的关键。

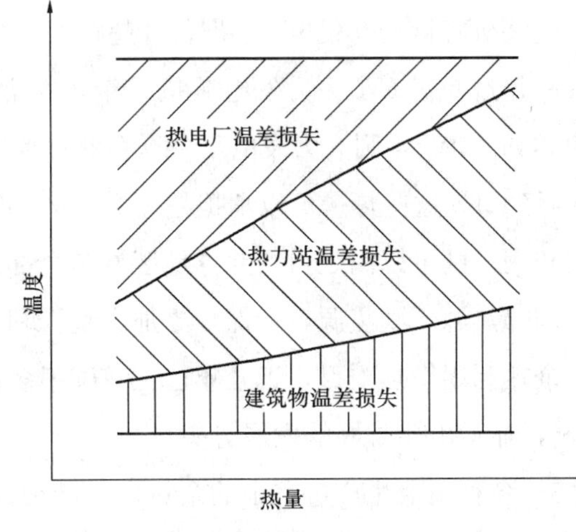

图 3-8 供热过程中的温差损失

因此，从“质”上节能，充分利用各种低品位热源，尽可能减少各个环节的传热温差，应该是实现低能耗供热系统的重点。

3.2.2 热源结构调整是供热节能首要任务

前面已讲，我国未来城镇供暖节能减排的出路应是充分开发各种热电联产与工业余热的低品位热源，替代目前的各类供暖锅炉。利用低品位能源最大程度地满足城镇建筑供暖需求。下面具体讨论实现这一目标的可能性。

(1) 各类可利用的低品位热源

我国包括发电、钢铁、化工等领域工业余热潜力巨大，为低品位热源替代锅炉和满足新增建筑采暖提供保障，完全能够满足北方城镇供热需求。这些热源主要包括：

1) 燃煤、燃气燃烧排放的烟气，其排烟温度一般在60～180℃之间，锅炉燃烧的烟气热量约占其总产热量的10%，燃气轮机的排烟气量则更大，其可提取的热量可高达燃料总量的20%。相比燃煤烟气而言，天然气烟气含有水蒸气汽化潜热量大，清洁易回收，更有利于作为建筑采暖热源。回收天然气烟气余热供热的技术目前已经成熟，并已经在一些城市得到应用（见4.2和4.3）。燃煤燃烧烟气的余热深度利用则尚有待于开展。

2) 电厂汽轮机乏气余热，这些热量通过冷却塔、空冷岛等各种冷却装置排放到环境中去，排热温度一般在20～40℃。对于纯凝电厂，该余热占电厂燃料总热量的约50%，对于热电厂抽凝机组，该余热占抽汽供热量的30%～50%。我国火力发电装机容量约9亿kW，据估计超过2/3分布在北方供热地区，即我国供热地区拥有超过6亿kW火力发电装机容量，考虑冬季运行小时数为2000，发电煤耗取为300g/kWh，则火力发电厂冬季在北方地区排放的余热（含热电厂供热量）约为80亿GJ。这些热量可以承担超过200亿m^2的供热面积，如果其中的50%能够得到利用，则可以满足目前北方地区城镇全部100亿平方米建筑的供热，再考虑一定的调峰热源，则热源容量保障更加充足。利用吸收式热泵、高背压等技术的电厂乏气余热利用供热项目，近几年已在我国很多供热系统得到应用，应用面积超过1亿m^2，显示出非常好的发展势头。

3) 各种工业生产过程中的余热，包括钢铁厂、工业窑炉、化工厂等，这些企业的高温余热基本都得以利用，包括发电和生产蒸汽等。从能量品位分析，由于冬季供热室温要求为 20℃，因此温度高于 20℃的余热都可以回收用来供热。利用余热供暖，应该遵循“能级匹配，阶梯利用”的原则。另外，由于不同的工艺流程，各个过程产生的余热废热往往难以被自身的其他工艺流程利用，如果能把这些工业余热用于供热，将为各种工艺流程提供较为稳定的冷源。据估算，北方地区采暖季（4 个月）内低品位工业余热排放量约 30 亿 GJ，也可以为城镇约 60 亿 m^2 的建筑提供供暖热源。

目前已有大规模成功利用工业余热供热的案例，已凸显出显著的经济和节能效益。

4）通过江河湖海提取热量，冬季温度一般在 10℃上下，通过热泵集中提取热量并输送至建筑物。

5）城市污水，包括分布在城市各处的原生污水以及经污水处理厂处理之后的中水，温度在 15～20℃，通过温度降至 5～10℃通过热泵提取出热量供热。目前也已有大量工程应用。

6）浅层地热，利用分布在城市各处的地下水或直接土壤埋管，提取地下热量，温度由 15℃降至 5℃。这种地源热泵供热方式已经在我国应用较为普遍。

除上述最后两项可以在建筑就地取热外，其余的各类低品位余热热源都远离供热负荷中心，需要通过热网长输至各用户。因此实现发电余热和工业低品位余热供城镇建筑供暖，关键问题就成为怎样经济、高效地实现长距离的热量输送，把这些热量从几十甚至上百千米远的热源处输送到城市。幸运的是，我国北方城市基本上都已建成覆盖全城区的城市集中供热网，这是输送这类低品位热量的最好条件。世界上除了北欧、东欧国家，很少有建成像我国北方城市这样完善的大型热网，所以也很难解决这种热量输送问题。城市大型热网是我国宝贵的基础设施资源，应该充分利用，把各类热源产生的热量输送至需要供热的建筑物中，实现热量互通互联。

（2）多种热源结构互补，为低品位热源调峰

仅仅依靠这些低品位热源承担城市供热负荷是不够的，因为要实现这种方式为城市建筑供暖还必须解决一个问题，即各类低品位热源产热恒定与建筑物热需求随时间变化的供需矛盾。建筑物供热的负荷随气候变化，初末寒期的热负荷大约只是最大热负荷的一半。而低品位热源产生的热量大都是生产过程的副产品，该热量随生产过程变化而很少随天气变化。为了保证这些低品位热源对应的生产过程能够正

常进行，并且充分利用这些低品位热源，最好的方式是配置调峰热源。调峰热源主要有季节性调峰和日调峰两类。

通过城市热网输送的低品位热源提供建筑采暖的基础负荷，由调峰热源补充严寒期热量的不足，即季节性调峰热源。为了保证城市建筑供热的安全性，这种调峰热源还可以作为备用系统和城市热网临时出现故障时的备用热源。采用小型天然气锅炉分布在各个热力站作为调峰和备用热源，还可以作为降低一次管网回水温度的驱动热源，应该是最合适的调峰方式。这样既可以充分利用各种生产过程中的余热，使投资高的余热收集、变换和输送设备能够长时间满负荷运行，又可以通过天然气备用和调峰，提高了供热系统的安全可靠性。尽管调峰设备的容量可能达到总供热容量的一半，但提供的热量仅为冬季总的采暖热量的25%。高投资且复杂的余热利用和输配系统应该在整个采暖期长时间稳定运行，以保证投资的有效回报。低投资易调节的燃气调峰系统承担随负荷变化的调节任务，满足天气变化下建筑供热的不同需求。并且两种热源互为备用，使得其中任何一种热源出现问题都能使供热能够维持在基础供热水平以上，供热系统的安全性能够得到充分保障。当然，天然气对城市热网的调峰，会造成天然气消费的冬夏不平衡，这对于天然气的生产和输配是不利的。因此，城市应配套天然气季节性储气设施以应对这一问题，例如建设地下储气库或LNG装置，非采暖期储气，在严寒期将这些天然气释放出来为热网调峰。

低品位热源产热会随生产过程在一日内的变化而波动，会造成热量采集、变换和输送各环节一日内工况频繁变化，从而影响整个供热系统的安全以及供热能力和供热质量，解决这一问题的方法就是设置蓄热调峰装置，典型装置是蓄热罐。该调峰装置设置在热源处，保证在生产过程波动时不影响供热。以作为我国北方地区城市供热主热源的热电厂为例，传统“以热定电”的运行方式导致热电厂发电负荷在一天内难以调度，近年来随着热电厂在发电领域比例的不断增高，这一运行模式已经严重影响北方电网正常运行，许多大型高参数电厂成为热电厂的调峰电源，造成大量主力发电厂的低效运行。因此，应通过设置蓄热调峰装置（见4.4），使热电解耦，改“以热定电”为“热电协同”模式，从而也使得城市热网和区域电网由相互矛盾转变为相互协同。

3.2.3 低温回水是实现上述方案的重中之重

要实现上述供热模式，关键问题是：怎样才能经济高效地提取这些低品位余热，并把它们长途输送至城市建筑物中？答案是降低供回水温度。低温供热是实现低品位热源高效利用的保障，热电厂供热能耗受供热温度影响很大。为此，北欧一些国家研究低温供热问题，其技术路线是同时降低热网供回水温度，目标是热网供水 50～60℃，回水 30℃左右。在北欧城市供热规模较小、热量输送距离较近的情况下，这一技术路线是发展方向。而对于中国热网规模大、供热输送距离长这一特点，热网输送能力是瓶颈，因此应该因地制宜，保持适当的供水温度，大幅度降低热网回水温度，则可以既增加了热网输送能力，又降低了热网整体温度水平，为低品位热源高效利用创造条件。现有热网供水温度为 120～130℃，这是为了尽可能加大热网的供回水温差，以最大限度地提高管网的热量输送能力。而高温热水到了热力站已经完成其“输送”的使命，直接换热就是损耗其热量品位。因此用达到热力站完成了输送热量使命的高温热水驱动吸收式换热，物尽其用（见 4.9、4.10 节），可以把一次热网回水温度降低到 15～30℃，并使热力站大温差换热造成的不可逆损失大幅减小。

进一步，考虑减小建筑物末端环节的不可逆损失，采用低温末端采暖，使二次网温度水平由目前的 60/45℃逐步降低至 40/30℃，这可使一次网温度降低至 10℃左右，并还可以在热力站利用高温热水通过吸收式热泵进一步提取当地浅层地热或其他低品位热源的热量供热，从而从大热网中得到的一份热量可以产生 1.2～1.3 份热量输送至采暖建筑物中。当然也可以在确保热网输送能力的条件下，适当降低热网供水温度，使供热温度水平整体降低，为热源高效取热创造更加有利条件。

由以上分析看出，立足于低温供热的视角，热网和热用户会发生很大变化。下面再进一步讨论这些相关的变化。

（1）室内散热器该装多少，装少了就节能吗

很多用户认为暖气片装多了就会向房屋传热量大，浪费能源。实际上，只要房间温度不变，除非开窗，供暖需热量并不会改变。如果散热器装少了，为了保证足够的供热量，就必须提高供水温度。因此，全面增加建筑物末端散热器面积，尤其是采用地板辐射末端，使热网温度降低，会产生大幅度节能效果，应作为今后供热

节能的重大举措。

（2）热网的直供还是间供

目前我国北方城市热网绝大多数是间供热网，若干年前曾经是直供网的一些城市热网近年来随着热网规模的扩大也都纷纷改为间供网。间供网对于热网失水，特别是二次网失水的管理方便，有利于减少管网失水，同时对于水力工况的控制有利。但是间供网相对于直供网存在一二次网换热的温差，又会导致一次网回水温度的升高，从而造成热电厂能耗的增加，不符合低温供热理念。因此，热网是直供还是间供，应根据具体热网加以分析，而不应该盲目推广间供技术，未来一些热网很可能要间供变直供。

（3）关于热力站规模

目前我国北方地区集中供热的热力站多数供热规模在5万～10万m^2，由于一个热力站所带的各座建筑物保温状况、散热器状况各不相同，往往需要的供水温度也不相同。而这些建筑物统一按照相同的供水温度供暖，就必然造成冷热不均，形成过量供热现象。可以通过末端混水以及各住户的末端控制等措施来解决冷热不匀失调问题，但这仍然不是最终解决方法。各座建筑不同的回水温度汇在一起，造成回水的冷热掺混，也影响了最终低回水温度的获得。采用小型化热力站甚至楼宇式换热站，并采用楼宇式大温差换热机组（见4.10），会更加有利于系统合理配置，使一次网回水温度实现最大程度地降低。同时，由于实现了不同建筑提供不同的供水温度，可有效缓解过量供热现象。

（4）关于热网运行方式，质调节还是量调节

为了节约热网主循环泵电耗，目前一次网调节均采用变流量调节即量调节为主，或者质、量并调。如果整个采暖季采用质调节，则初末寒期可以最大程度地降低热网供水温度，实现整个采暖器供热温度水平最低化，这虽然牺牲了一定的热网主循环水泵电耗，但毕竟热网输送能耗在供热中占的比例很小，热电厂等低品位热源效率和经济性会因此获益更大。因此，合理的热网运行模式应该是定流量的质调节。

3.2.4 集中供热新模式展望

在节能减排的大环境下，北方城市供热系统正在迎接一场革命，一个崭新的城

市供热模式已经呼之欲出，如图 3-9 所示。在以上分析讨论基础上，将其技术特征归纳为：

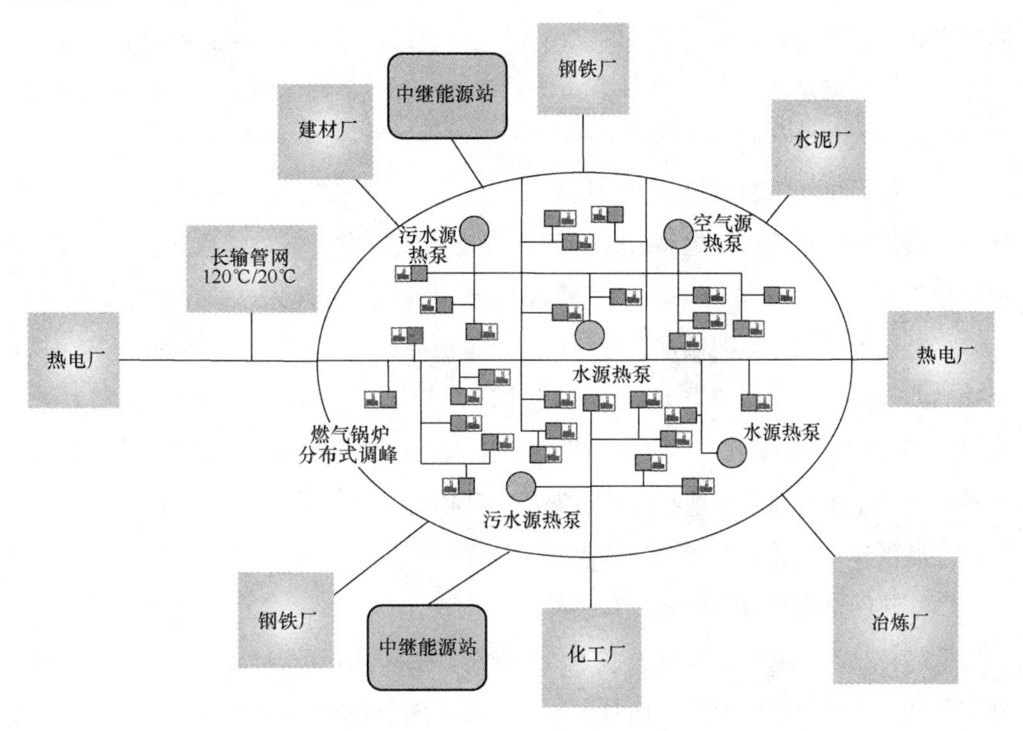

图 3-9 供热系统新模式

(1) 低品位余热、电和天然气的城市热源结构

低品位余热包括热电联产、电厂乏气余热以及冶金、化工等其他工业低品位余热等，承担供热的基础负荷。除了中、低温热能以外，电力可以作为驱动能源配合利用低品位热源或者用以降低热网回水温度，而天然气作为以低品位热源为基础的城市集中热网调峰热源。从降低大气污染看，对于燃煤热电联产，应选择远离城市中心的燃煤热电厂作为热源，其余全部都是工业余热、电和天然气等清洁能源供应。从城市电力支撑需要一定比例的城市电源考虑，可以在城市中控制建设合理规模的天然气热电联产系统，同时兼顾电力调峰。这样形成以低品位热源为主的供热能源结构，取代独立锅炉房供热，将使北方城市单位面积供热能耗降低一半。

(2) 热、电、气协同的运行模式

以城市热网为纽带，在北方城市形成热电气协同的运行模式。在热网系统中建设蓄热装置，实现热网与电网的协同，乃至让城市供热系统起到为电网调峰的作用，并从中得到经济上的实惠。由于天然气的蓄存要比电和热的蓄存更加容易，天然气在城市能源中除了承担必要的民用和工业燃气需求外，将起到为热网、电网调峰作用，需要建设储气库、LNG厂站等必要的天然气调峰设施，并在调峰运行过程中确保天然气运行的经济性。

(3) 低品位热源利用的关键—低温供热

低温供热的主要特征是城市热网回水温度的大幅度降低，由现在的50～70℃降低至10～20℃，建筑物采取低温采暖末端，使二次热网供回水温度降低至40/30℃，甚至更低。而热网供水温度需要综合考虑低品位热源高效经济利用和热网输送能力两个因素，对于远离城市中心的热源，尤其是热电联产，供水温度120～130℃，城市中心及附近，供水温度可合理降低。在低温供热实施过程中，需要针对城市供热系统现状，采取相应的过渡技术和措施，实现供热温度的逐步降低，比如在老城区集中设置中继能源站等。

(4) 热网呈现长输距离超大管网趋势

低品位热源一般具有容量大、远离负荷中心的特征，单一热源的供热能力动辄数千万甚至上亿建筑平方米，而且一般分布在远离中心城市的地区，需要超大规模供热管网长距离输送至供热负荷中心。对于热网而言，超低温回水温度所形成的热网大温差供热，可使热网输送能力提高80%，为大规模远距离输送热量奠定基础，从经济合理角度可以将数百千米以外的热源送至城市（见4.12）。当然，对于这种原本闭式循环且温度较高的热网系统，在长距离输送过程中应该考虑诸如如何防止水击所带来的管网承压以及汽化等问题，这些热网运行的安全问题都可以通过相应技术手段加以解决。因此，未来的热网将打破过去热网局限于一个城市的格局，实现城际供热。就像燃气管网由过去每个城市孤立的煤气网变为西气东输的区域天然气管网一样，热网可以将远离城市的低品位热源的热量送往临近的多个城市，从而构筑多城市联网的区域热网体系。

按照以上供热模式，通过进一步大力发展各城市热网，我国北方城镇80%以上的民用建筑都完全有条件依靠城市热网实现高效可靠供热。对于其余20%无条件接入城市热网的建筑，可以通过土壤源热泵、空气源热泵以及分散的燃气采暖等方式解决采暖问题。我国北方城镇采暖建筑面积达到150亿m^2时，采用集中热网供热的建筑应达到120亿m^2，如果充分达到了建筑保温标准，并有效抑制了过量供热现象，则平均年需热量可降低到0.25GJ/m^2，120亿m^2建筑年供热需热量为30亿GJ，其中调峰系统供热量为7.5亿GJ，折合标煤2800万t；基础热量中热电联产供热量40%，耗煤量按照23kgce/GJ计算，共需要约2000万tce，工业余热（含电厂乏汽余热）提供基础热量的50%，属于工业废热回收利用，为提升这些热源需要消耗的驱动源折合热量10%，按照燃煤锅炉1GJ折合标煤40kg，需要1200万tce，这样120亿m^2建筑采暖每年只需要6000万tce，剩下30亿m^2建筑采用分散供热方式需要3800万tce。因此，每年用不到1亿tce能耗解决未来的150亿m^2的北方城镇采暖，按照目前16kgce/m^2能耗计算，150亿m^2供热需要2.4亿tce。因此全面实施后每年供热将节能1.4亿tce。实现这样的目标需要增加的投资大约在7000亿～9000亿元，增加的投资将在6～8年内全部回收。而这节省的1.4亿tce将占未来全国总能耗的3%以上，基本消灭所有燃煤锅炉房独立供热，这对于处于经济较高发展而节能减排压力巨大的大国而言，具有重大意义！

3.2.5 “按温计价”机制是集中供热新模式的保障

长期以来，集中供热的热价并不随热网温度等参数而改变。然而，热网的供回水温度对热电厂供热成本和能耗起到了关键作用，原有“按热计价”的热价体系已经不利于推动供热领域的节能减排，亟待推出“按温计价”的热价体制。

降低热网温度可以大幅度降低供热能耗和成本。一般降低热网温度主要通过降低热网回水温度实现，这就需要热网增加相应设备和进行改造，需要增加投资。如果热网回水温度降低造成的电厂供热成本的降低没有给热网公司一定的经济回报，则会导致热网公司因缺少积极性而不努力降低回水温度，从而导致整个供热系统无法推进合理的节能减排方案。而这一问题如果不能够得到全面解决，将会对整个供热行业进步与发展产生重大负面影响。

以某城市集中供热系统为例，实施大温差技术使热网回水由60℃降至20℃，热网公司需要在末端增加20元/m^2投资，如果通过直接加大管径提高热网输送能力，则仅需要10元/m^2。因此将低温回水给电厂带来的收益通过适当降低热价从而把收益的一部分分给热网公司，才会使热网公司产生积极性。通过回水温度降低，两家共同受益，最终实现通过增大电厂供热能力和提高供热效率，替代能效低、污染严重的燃煤锅炉的高能效低排放目标，实现双赢。

采取按温计价的热价体系（见5.4），将强有力推动热网公司改造热网降低回水温度，而回水温度的降低，又大幅度降低了热电厂成本和能耗，并促进更多远距离电厂改造为热电厂替代燃煤锅炉，最终对我国集中供热节能减排起到重大推动作用。为此，建议国家发改委联合住建部，尽快制定按温计价的集中供热热价体制，并落实北方地区城镇尽快执行。

3.2.6 对热网系统节能的讨论

以上主要论述了供热系统的“开源”，而供热系统在节能方面的“节流”工作也不容忽视。“节流”工作主要体现在热网系统，主要指供热管网和建筑物末端两个环节，以下分别讨论。

（1）管网节能—重点在于运行管理

热网节能主要涉及输送泵耗、管网散热损失以及水力失调等三方面。

管网输送能耗占总供热系统能耗的2%～5%，其中一次热网输送能耗约为1%～2%，其余为二次管网能耗。一次网通过加大供回水温差和热力站分布式变频水泵实现输送能耗的降低，二次网输送能耗甚至比一次网要大，除了合理选取水泵型号避免容量过大外，通过减小热力站规模，采用楼宇式热力站以实现输送泵耗的大幅度降低。

热网散热损失方面，目前一次网基本上都实现预制保温管直埋方式，保温效果很好，一般热损失不超过5%。二次网过去以岩棉保温的方式居多，保温层脱落等造成热损失比较大，往往超过10%，近年来逐步实现预制保温直埋管对管网岩棉保温管的替代，热损失问题逐步得到改善。因此，目前国家正在推行的老旧管网改造工程的目标不应是减小一次网热损失，而是重点着眼于供热管网的安全寿命问题，以及改造岩棉保温的二次管网以减小热损失。

实际上，热网在节能方面的主要问题体现在热网水力失调而导致的不均匀供热，建筑物内供热量不均匀，包括各建筑物之间供热的水平失调以及同一建筑物供热的垂直失调问题，会导致建筑物过量供热损失超过20%。目前这一问题的解决主要通过两个途径，一是目前正在推广的热计量改革，通过用户主动调节来避免过热，但由于末端用户主动调节供热量的积极性不够，热计量改革的节能效果尚没有得到完全体现，热力失调问题也因此没有得到解决；二是通过热网调节，实现均匀供热，由于过去没有用户末端用户供热效果的直接反馈信息，以及热力公司缺乏精细管理，通过热网调节控制手段目前也没有很好的解决这一问题。供热失调是多年来集中热网一直没有很好解决的难题，在管理方面，可以通过将各个热力站到末端的供热管理独立于一次管网的运行管理以外，热力站管理者的管理水平通过在保障末端用户采暖质量的条件下减小一次热网供热量得以体现，例如实施科学合理的热力站承包制或合同能源管理机制等。而随着供热计量的推广，现有末端热计量与调节技术的应用也为这一管理机制提供了支持，这一技术就是目前广为应用的通断面积时间热计量方法，即末端通断控制技术。通过该技术，可以实现管理者通过末端反馈的房间温度判断热力失调情况，并通过末端的通断控制阀加以调节。管理机制的改革又会充分调动管理者的积极性，这种管理与技术的双管齐下，会对热网失调问题有根本的解决，使供热系统的供热量降低约20%。

(2) 供热末端节能—关于热计量问题的再认识

供热末端节能是我国正在实施的供热领域节能的重中之重，包括围护结构保温、热计量改革等。其中热计量改革近年来一直是政府供热节能工作的重点，政策和补贴力度之大是空前的。然而，热计量改革推进的真正效果却不尽人意，硬件设备安装了不少，真正按照热量给末端用户计量的很少，即便计量，用户主动节能的效果也差强人意，热计量改革的方向和路线值得反思。

热量性质与水、电不同，水、电按照需求使用，多消耗对于用户没有更多好处，因而能节约的就节约了。而热量需求则有很大弹性，原本按照18℃供热，实施热计量后，即便20℃以上，多数用户仍然不认为需要减少供热量，宁愿因舒适度提高了而多交些费用。因而热计量后，并没有实现设想的节能效果。反而，供热公司为满足可调节供热量的需求，往往加大供热能力使用户可在较大范围内通过控制热量调节房间温度，反而因用户调节主动性不够造成过量供热，增加了供热量。

热计量的热价由基础热价和热量热价构成，基础热价越高，热量热价就会越低。由于存在基础热价，使得热量的价格不高，更加挫伤用户通过调节过量供热而节能的积极性。而降低基础热价、提高热量价格也不尽合理，又会伤及供热公司的利益，刺激供热公司的抵触情绪。

综上，供热计量与电、水等计量特点不同，不能简单采取热量表就能解决供热节能问题。合理方式应该通过由供热公司等管理和统一调控，使建筑室内温度达到18～20℃，并通过技术手段使供热均匀，减小供热失调问题，由供热公司控制用户室温，实现均匀供热，避免过量供热，最终实现供热系统的节能。这些问题本书第5章中有深入讨论

3.3 供热模式创新的应用与实践

3.3.1 供热新模式应用案例

低品位热源替代燃煤锅炉，实现城市供热大幅度节能减排，已不在理论研讨阶段，近几年已有成功实施的案例，而且一些北方地区城市也已纷纷采用这一新模式作为核内容列入供热专项规划，用以指导今后供热发展。

（1）太原市清洁能源供热案例

太原市集中供热面临热源严重短缺和采暖燃煤造成严重的大气污染这两大难题。截至2012年底，太原市各类需供暖建筑面积1.46亿m^2，其中分散燃煤锅炉房供热4100万m^2热源分布如图3-11所示。另外城市中心区总供热面积以每年约800万m^2的速度增加。为根治冬季供热带来大气污染问题，太原市政府指定由城管委牵头，组织编制太原市清洁供热规划。其规划方案内容为：形成一张大网，大温差运行（供回水温度125/20℃），多热源联网。热源包括分布在城市以外四个方向的四个电厂余热（热电联产）和市区现有的三个热电厂以及太原钢铁厂余热，这样形成八个热源以工业余热和热电联产承担基础负荷，而天然气锅炉在热力站调峰，原有大型燃煤锅炉房作为安全备用热源，见表3-1，规划成独树一帜的“太原模式”：一张大温差热网，多个热电联产和工业余热承担基本负荷，天然气调峰，满足未来2.5亿m^2的供热需求，并留有一定热源备用容量。供热方案如图3-10、图3-11所示。全市余热占全部供热量的52.6%。每采暖季可节约214万tce。由于大部分主热源均远离主城区，主城区受污染物排放影响很小，对改善太原市冬季大气环境效果将极为显著。

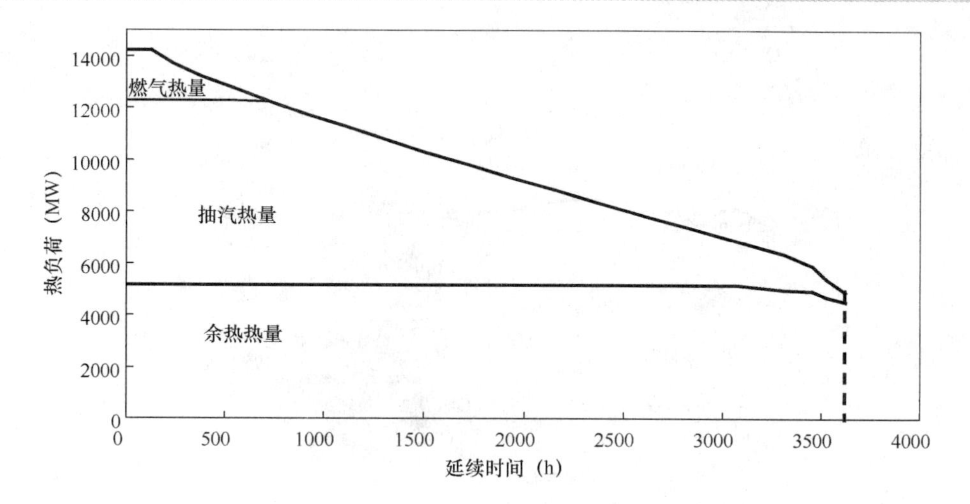

图 3-10 太原市供热延时负荷曲线

远期 2020 年太原市供热热源配置 **表 3-1**

热源		装机容量（MW）	供热能力（MW）	采暖抽汽（MW）	余热（MW）	供热面积（万 m^2）
基础热源	新太一电厂	4×350MW	1868	1400	468	3336
	太二电厂	4×300MW	1703	1062	641	3041
	古交电厂	2×300MW+4×600MW	4055	1811	2244	7241
	太钢		1339	375	964	2391
	嘉节燃气电厂	2×9F	729	530	199	1302
	瑞光电厂	2×300MW	934	735	199	1668
	阳曲热电厂	2×350MW	934	700	234	1668
	东山燃气电厂	2×9F	729	530	199	1302
燃气调峰热源		—	1908	—	—	3407
备用供热热源	城西热源厂	4×116MW	464	—	—	—
	东山热源厂	3×64MW	192	—	—	—
	城南热源厂	7×64MW	448	—	—	—
	小店热源厂	2×14+1×28+2×70MW	196	—	—	—
	晋源锅炉房	3×35MW	105	—	—	—
	民营区锅炉房	2×35MW	70	—	—	—
	经济开发区锅炉房	70MW	70	—	—	—
	合计		15744	7143	5148	25355

注：燃气电厂除乏汽热量外还包括排烟余热回收热量。

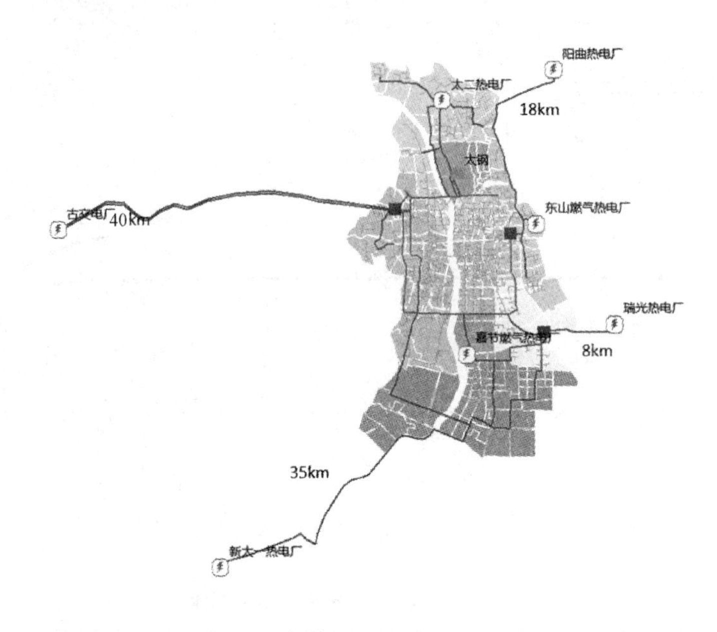

图 3-11　太原市供热方案示意图

以正在实施的古交电厂长输管网供热项目为例，该项目利用距离太原市城区40km以外的古交电厂排放的乏汽余热，承担市区8000万m^{2}建筑供热。4根*DN*1400长输管线，采用大温差供热技术比常规热网输送能力提高70%，可输送热量3488MW。同时，古交电厂高效利用乏汽余热降低了近一半的电厂供热成本，电厂出口供热热价仅为15元/GJ。从古交兴能电厂购热长途输送至太原中继能源站，综合供热总成本为40元/GJ，低于区域燃煤锅炉的供热成本，在经济上是可行的。该电厂利用余热供热没有增加热源大气污染物排放，同时热源相距太原主城区40余千米，不给城区造成污染。

这一供热模式对太原市而言是一项改善大气环境和保障百姓采暖的浩大民生工程，投资总计约140亿元。由于该项目是涉及多家单位的复杂工程，由太原市城管委代表市政府主导牵头组织实施，由太原市热力公司具体执行。政府先期对该项目制定出太原市清洁供热实施方案和太原市供热专项规划等，并按照该方案和规划逐年实施。2013年启动，历经5年至2018年将全部完成改造项目。政府首先投入一定启动资金，并开通多种融资渠道，包括国内外金融机构贷款等，由于供热属于民生工程而热网又具有垄断属性，市政府将一次热网的建设和运行划分给其下属的太原热力公司。热网的上下游，即热源和小区供热给市场配置留有空间，分属不同性质的单位所有，包括央企、省企乃至民企的改造，与热网之间按照热量结算。同时为促进大温差方案落实，鼓励降低热网回水温度，采取“按温计价”的机制创新。

（2）其他城市应用情况

2010年在大同市建成工业化大规模示范工程，标志着该技术在大型集中供热系统领域的成功推广。从2011年开始，除了上述太原以外，石家庄、济南、银川等城市也已经将工业废（余）热作为供热主热源入城市供热规划中，并开始陆续实施。

1）大同

大同市城区集中供热率在90%以上，供热面积近7000万m^2，全市基本上全部实现了以热电联产为热源的集中供热。由于主城区燃煤供热锅炉房全部拆除，再加上城市建筑物的快速发展，热源短缺问题非常突出。2010年大同第一热电厂2×135MW机组的余热利用改造工程启动，使热电厂供热能力由400万m^2增加至640万m^2，利用余热增加电厂供热能力50%。目前，大同市拥有四个热电厂，都实施了余热利用改造工程，如表3-2所示，通过回收乏气余热供热面积达到1900万m^2。尽管如此，大同第二热电厂仍然有2800余万m^2的余热潜力，在没有调峰热源的情况下可以满足未来10年的新增供热需求。

大同市热电厂余热改造情况 **表3-2**

	大同第一热电厂	大同第二热电厂	大唐云岗电厂	同煤大唐热电厂	汇总
机组配置	2×135MW	6×200MW；4×600MW	2×200MW；2×300MW	4×50MW；2×350MW	—
原供热能力（万m^2）	400	2600	1600	1400	6000
改造新增能力（万m^2）	240	260	800	600	1900
尚待开发能力（万m^2）	0	2800	0	0	2800
合计	640	56600	2400	2000	10700

2）石家庄

该市目前供热面积1.5亿m^2，承担供热的热源全部都在城市区域，且绝大多数为燃煤热源，对于市区大气污染有很大影响，热源分布如图3-12所示。为此，一些燃煤热源已被政府列入关停计划，但却由于没有替代热源还在勉强维持运行。2014年石家庄市政府主持完成了余热废热利用为主的供热规划，仅开发利用城市以外的上安、西柏坡电厂乏汽余热，就可以增加1.5亿m^2以上的供热面积，如图

3-12 所示。另外还有循环化工基地等多个低品位热源可以利用以增加更多供热能力，供热成本只有 45 元/GJ，远远低于天然气供热。通过利用现有低品位余热资源，不仅能够替代现有城区内污染严重的燃煤热源，而且可以满足未来 10 年内的新增供热负荷发展需求。

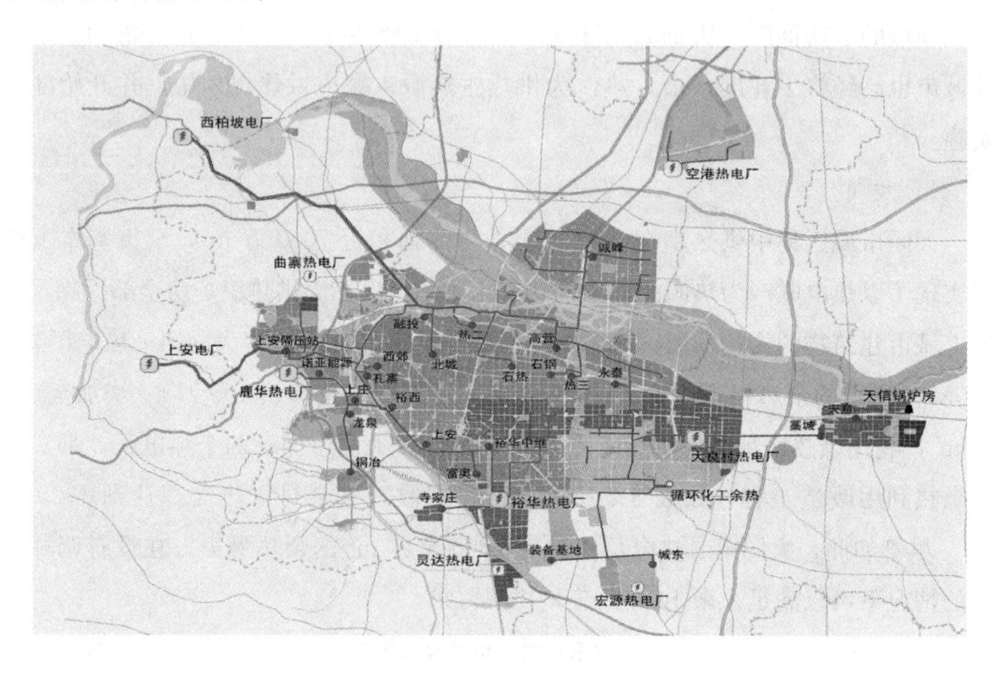

图 3-12　石家庄市供热方案示意图

3）银川

该市目前供热面积约 5000 万 m^2，冬季大气为煤烟型污染，燃煤锅炉供热占全市供热面积的 50%。为改善大气环境，市政府曾经于 2009 年在供热规划中采用天然气作为供热主要能源，并相继建成两个燃气热电厂和多个燃气锅炉房。然而，由于供热成本高，气源保障差，燃气热电厂至今仍无法正常供热，政府承受不起天然气供热带来的经济压力，一直寻找更好的供热办法。实际上，银川市东部 30km 以外的宁东能源基地拥有众多大型火力发电厂，其排放的乏气余热足以替代银川市区效率低下、污染重的燃煤锅炉，并满足长期供热的发展需求。同时，城市西部的一个大型石化企业拥有大量余热可以利用。余热资源分布如图 3-13 所示。2014 年银川市政府修订了供热规划，制定了利用这些工业余热为主的供热发展方案，不仅找到了比天然气节能减排效果更好的供热办法，而且可以大幅度降低供热成本。

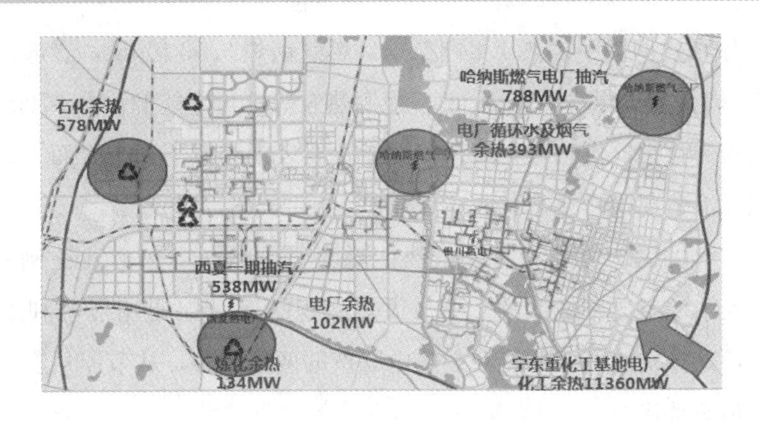

图 3-13 银川市区主要热源及余热资源分布

4）济南

该市经常被列入我国大气污染最严重的十个城市之一，环保压力很大。市政府决定于 2015 年底前关停 35t/h 及以下燃煤锅炉。在天然气源得不到保证的情况下，市政府决定挖掘城区内的黄台电厂余热可增加供热面积至少 1000 万 m^2，同时改造东部城区 20km 以外的章丘电厂两台 300MW 纯凝机组，并回收乏气余热，可以增加供热能力 2000 余万 m^2。这样就可以基本解决济南中心市大部分区域的锅炉房替代和近三年的新增负荷需求，如图 3-14 所示。

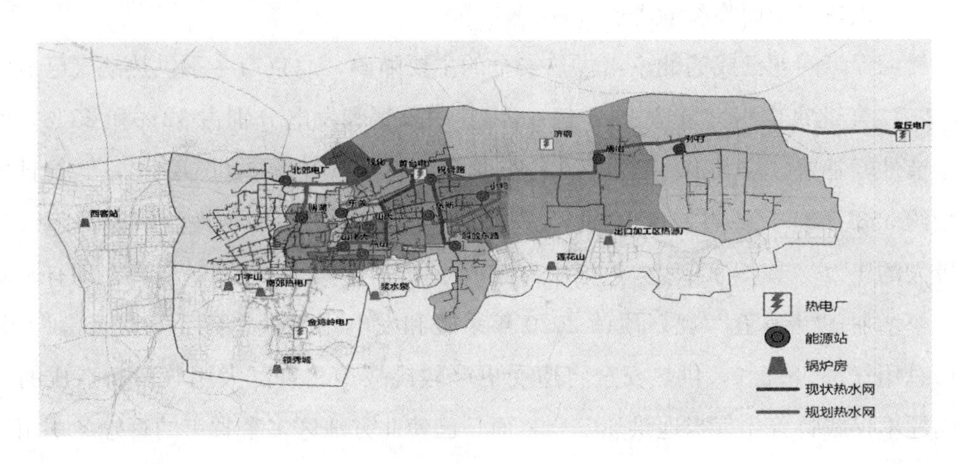

图 3-14 济南市电厂余热利用集中供热管网图

3.3.2 北京供热发展中存在的问题分析

北京市供热发展现状为：截止到 2012 年底，北京市总供热面积达到 7.68 亿

m^2，其中，城市热网集中供热1.84亿m^2，燃气锅炉3.63亿m^2，燃煤锅炉房供热1.76亿m^2，燃油和电供热901万m^2，地源热泵等可再生能源供热3700万m^2。

北京市作为首都，供热存在严重问题，主要表现为以下几个方面。

（1）能源浪费现象严重

目前北京市以锅炉供热为主，供热能耗大，热电联产热方式比例只占15%，是全国北方大中城市比例最低的，全市供热面积的近80%是由能源利用效率低下的锅炉承担，这种供热方式的能耗是热电联产的两倍之多，从节能角度看，应该首先被低品位热源替代。

（2）供热的大气污染排放仍然很大

天然气燃烧仍然会产生大量氮氧化物，它是雾霾产生过程中二次污染的主要污染源。北京市因供热而大量使用天然气，并没有从根本上解决供热的大气污染排放，计算表明，天然气氮氧化物排放在冬季已经超过汽车，成为北京市该污染物第一大排放源。同时，由于北京占用了过多天然气资源，造成河北等周边地区由于缺少天然气供应而无法实现清洁能源对污染严重的燃煤替代，同样影响了北京大气环境的改善。

（3）供热安全面临严峻考验

气源保障问题已成为北京市供热安全的主要障碍，北京市冬季供热缺气已成常态。2013年北京市用气量达99.4亿m^3，其中采暖和发电分别占42%和23%，而且季节性峰谷差已拉大10倍以上，2013年高峰日用气量约6465万m^3，低谷日用气量约553万m^3，峰谷差比值约11.7∶1，用气结构的不均匀性给气源保障带来了极大的压力。未来随着四大热电中心建成投入使用，天然气用量将会在现有基础上大幅增加，“十三五”规划预计2020年采暖和发电用气量达到175亿m^3，占北京市总用气量78.5%，供热安全将遭受更严峻挑战。北京巨大用气量所造成的气荒问题不仅威胁着北京当地供热安全，而且已使北方地区多个省市的百姓冬季用气采暖因此而受到影响。

（4）政府背上沉重的经济包袱

近年来天然气价格不断攀升，使天然气供热成本上涨。目前采暖燃气价格为3.09元/m^3，对于天然气锅炉供热而言，仅燃料成本就达到约90元/GJ，是燃煤锅炉供热燃料成本的3～4倍。而对于燃气热电联产，由于因发电还需要消耗更多的天然气，热源的运行成本就更加昂贵了，全年天然气电厂需要补贴量是同样供暖面积的天然气锅炉的3倍之多。据了解，目前北京市政府为天然气供热和由供热而建设的燃气发电每年财政补贴近100亿元，这给政府造成沉重的经济负担。更严重的问题是政府如此买单是否值得？巨额的财政补贴换回来的是供热能源的浪费、氮氧化物等大气污染物大量排放和供热安全受到严重威胁。北京供热存在如此严重的问题，发人深思。北京市供热的出路在哪里？

北京的供热模式需要研究新的发展模式，以走出上述困境。城镇目前总供热面积已达8亿m^2，其中中心城供热面积6.5亿m^2，每年新增供热面积2500万m^2。到2020年，新增供热面积约2亿m^2，加上现在有1.7亿m^2供热面积的燃煤锅炉房需要代替，十三五末刚性缺口就达3.7亿m^2。除此之外，还有目前约4亿m^2的天然气锅炉供热方式需要改变。目前北京四大热电中心以及一些燃气锅炉房等热源的烟气余热挖潜可新增供热面积5000万m^2，利用燕山石化等工业余热可以承担3000万m^2建筑供热，利用地热、城市污水的热泵供热等可以满足5000万m^2供热。这样，利用北京市现有余热等资源可以承担2020年共计约1.3亿m^2供热负荷，尚不能满足新增建筑供热需求。最终北京市供热解决方案应该是实现京津冀供热资源一体化：引入北京周边地区的大型电厂余热及工业余热热源，加上市内燃气热电联产热源，基于一张城市热网，通过大温差提高热网输送能力（130/10℃），实现热量远距离输送，充分发挥分散在城区各处的天然气锅炉对热网进行末端调峰，并全面回收燃气排烟余热，就可能使城市供热热网承担80%以上的城市采暖建筑，高效的热电联产热源提供城市热网80%的热量，燃气的末端调峰热源补充剩余的约20%热源，再配合有效的末端调控手段，使得建筑耗热量进一步降低，从而大幅度降低冬季采暖燃气的需求量，彻底摆脱供热对天然气的依赖。新供热模式将充分回收北京市周边地区和市内的余热资源，实现热量远距离输送，大幅提升供热系统的节能、环保、经济和安全性。

3.3.3 京津冀供热资源一体化的构想

京津冀地区电厂和工业余热的回收利用应本着就近供热的原则。从该地区整体供需平衡看，北京工业余热资源最为短缺，而天然气消耗量巨大。因此，京津冀地区利用余热供热的核心是供热资源一体化，统一优化，将河北天津的过剩余热资源引入北京，从而使北京腾出大量的天然气资源来解决河北供热调峰热源问题，并替代在集中供热达不到的地区的那些污染严重的燃煤锅炉房。以下首先探讨解决北京供热问题的方案，然后分析京津冀地区供热一体化的思路和大致效果。其中一些数据及举例方案可能会与实际有所偏差，但能够起到支持整体方案思路的效果。

（1）探讨“大联网”供热解决方案

北京市2020年供热面积按照10亿m^2计算，则供热需求约50GW，根据表3-3所示的北京市内和周边余热资料，北京市内的燃气电厂供热能力7GW，燕山石化工业余热供热能力1GW，天津市和河北省燃煤电厂余热供热能力19.5GW，考虑40%燃气调峰，总供热能力约9.2亿m^2。周边热源考虑廊坊、三河市、保定市、涿州市等长输管网沿程预留供热面积1.2亿m^2，最终对北京市8亿m^2的建筑供热。如图3-15所示，北京市利用电厂余热的长输管线分为西南线路、东南线路、东向线路和西北线路。

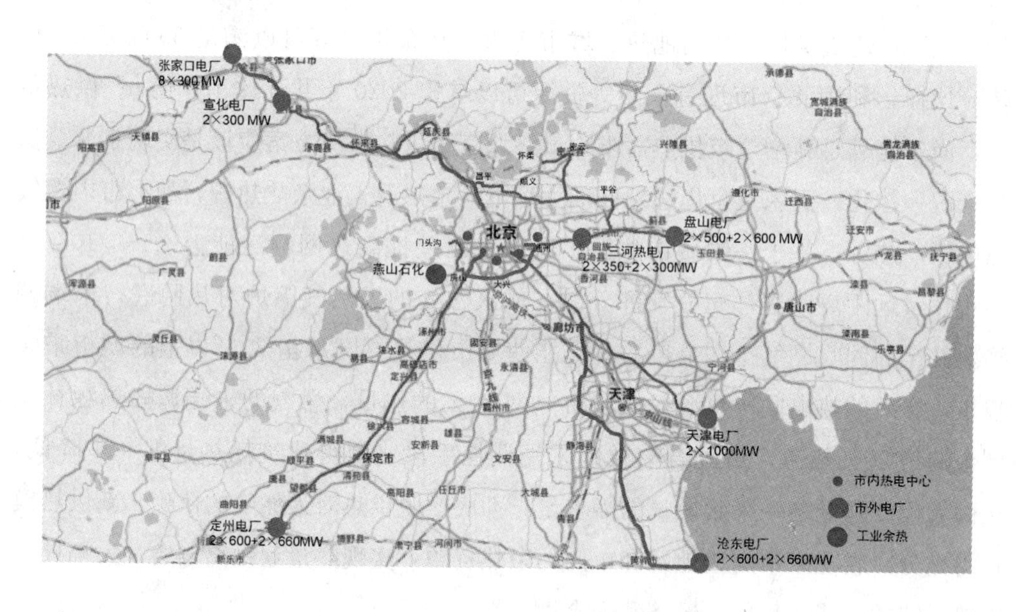

图3-15 北京市电厂余热供热总体方案

1）西南线路

河北定州电厂为2×600MW+2×660MW的发电机组，将其余热通过西南线路输送至北京，便可满足房山、门头沟和西城等地区的供热需求，该长输管线经过保定和涿州等地，亦可承担沿线周边的供热负荷。

向北京市供热的热源平衡 表 3-3

区域	名称	装机容量（MW）		供热能力（MW）	供热面积（万 m^2）
北京燃气电厂	华能北京热电厂（东南热电中心）	1600	4×9F	1400	2800
	高安屯热电厂（东北热电中心）	1600	4×9F	1400	2800
	京能草桥热电厂（西南热电中心）	800	2×9F	700	1400
	高井热电厂（西北热电中心）	2400	6×9F	2100	4200
	太阳宫热电厂	800	2×9F	700	1400
	郑常庄热电厂	800	2×9F	700	1400
北京	燕山石化工业余热	—	—	1000	2000
廊坊	三河发电有限责任公司	1300	2×350+2×300	1988	3976
天津	天津国华盘山发电有限责任公司	1000	2×500	1423	2847
	天津大唐国际盘山发电有限责任公司	1200	2×600	1708	3416
	天津国投津能发电有限公司	2000	2×1000	2600	5200
张家口	大唐国际发电股份有限公司张家口发电厂	2400	8×300	3976	7952
	河北建设宣化热电有限责任公司	600	2×300	994	1988
保定	河北国华定州发电有责任公司	2520	2×600+2×660	3416	6832
沧州	黄骅港沧东电厂	2520	2×600+2×660	3416	6832
合计		—	—	27521	55043
燃气调峰		—	—	18348	36695
总计		—	—	45869	91738

注：热负荷指标按照 50W/m^2估算。

2）东南线路

天津电厂为 2×1000MW 发电机组，以及黄骅港沧东电厂为 2×600MW+2×660MW 的发电机组，通过长输管线将其引入北京后，可满足大兴、丰台和东城等地区的供热需求，沿途经过廊坊、天津等地亦可承担沿线区县的供热需求。

3）东向线路

三河热电厂为 2×350MW+2×300MW 发电机组，距离通州距离为 30km，位于北京东边 60 余千米的盘山电厂余热资源也较为丰富，其配有 2×500MW+2×600MW，将这两个电厂的余热进行回收利用后可满足通州、顺义、昌平、密云和东城等地的供热需求。

4）西北线路

西北线路引入北京的热源为宣化电厂和张家口电厂余热资源，宣化电厂配置为2×300MW机组，张家口电厂为8×300MW机组，其余热资源可满足延庆和昌平等地区的供热需求，此外可满足沿线区县的供热需求。

四个方向的长输管网将电厂余热送入北京后，再通过北京市现有热网输送至各用户。虽然现有热网只承担2亿m^2供热，但热网采用大温差技术后，可以使输送能力大幅度增加。同时，通过增设末端燃气热源调峰、热网与现有燃气锅炉房整合等措施，就会在目前北京市热网主干道不改造的情况下，承担8亿m^2供热面积。

这8亿m^2供热面积每个采暖季总热量3.01亿GJ，热电联产电厂及余热承担基本供热量的82%，天然气调峰热源承担供热总量的18%，天然气耗量为15.5亿m^3。而全市其余2亿m^2面积可由以地源、水源、空气源热泵以及燃气锅炉等其他方式承担，其中天然气锅炉承担1亿m^2建筑供暖的话，每年需要天然气8亿m^3，1亿m^2建筑用各类热泵承担，每年需要电力20亿kWh，再加上驱动各类余热输送的各种设备电耗约10亿kWh。全市燃气热电厂采用电力调峰运行模式，全年运行小时数为2400h，其中采暖期减少至1200h，全年天然气耗量38亿m^3，发电量199亿kWh。综上所述，10亿m^2建筑每年消耗天然气62亿m^3，消耗电力51亿kWh，各电厂及工业余热供热能耗折合标煤150万t。把燃气按照热值转换为标煤，电力按照发电煤耗转换为标煤，北京10亿m^2建筑冬季的供暖煤耗可以控制在670万tce，折合每m^2建筑供热能耗6.7kgce。

按照目前北京市供热发展思路，可以大致给出北京目前“煤改气”供热方案，即除了北京市现有以天然气热电厂（9F机组）为主热源的大热网供热2亿m^2外，各类热泵承担1亿m^2供热，天然气区域能源系统（9E及以下容量机组）承担0.5亿m^2，其余6.5亿m^2全部采用燃气锅炉供热，则相应的天然气消耗147亿m^3，电耗30亿kWh。于是，供热能耗折合1035万tce，折合每平方米建筑供热能耗10.4kgce。燃气热电厂全年发电小时数为3600h，上述天然气消耗量中的84亿m^3用于燃气热电厂，发电量416亿kWh（9F和9E机组）。

北京市电厂余热供热负荷延时曲线如图3-16所示。

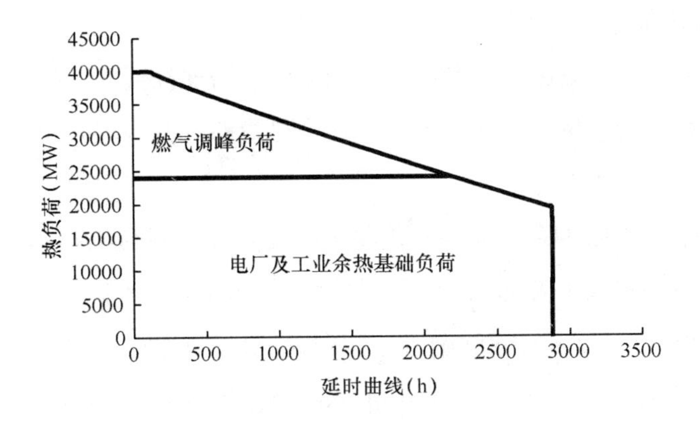

图 3-16 北京市电厂余热供热负荷延时曲线图

① 节能评价

大联网方案相对于煤改气方案，北京可以实现供热节能 365 万 tce，节能率为 35%，见表 3-4。

不同方案的能耗情况 **表 3-4**

供热方案	供热煤耗（万 tce/采暖季）	供热气耗（亿 m^3/采暖季）	供热电耗（亿 kWh/采暖季）	供热能耗（万 tce/采暖季）
煤改气	0	70	30	1035
大联网	150	25	51	670

② 天然气耗量

大联网方案相对于煤改气方案每年节约天然气消耗 85 亿 m^3，见表 3-5。这些天然气可以满足天津、河北全部集中供热调峰热源用气以及用天然气锅炉替代供热管网难以达到的建筑采暖。

不同方案的经济性比较 **表 3-5**

供热方案	总气耗（亿 m^3/年）	发电量（亿 kWh/年）	耗电量（亿 kWh）	长输管网外购热量（亿 GJ）	总运行费用（亿元）
煤改气	147	416	30	0	286
大联网	62	199	51	1.4	156

注：总运行费用按照外购气价 3.09 元/m^3，电价 0.45 元/kWh，外购热量 15 元/GJ 计算。

③ 经济性评价

经初步估算，本方案因管网和大温差改造建设增加投资679亿元，每年减少天然气消耗量和市内发电量，需从市外引入热网热量和电网购电，每年能源成本节省134亿元，约5.1年回收成本。

④ 环境减排“大联网”方案替代现状燃煤锅炉耗煤量使得当地污染排放减少，其中NO_x排放减少2.34万t，SO_2排放减少2.18万t，烟尘排放减少1.35万t。NO_x，SO_2和烟尘的总减排量相当于北京全市排放总量的14%，33%和26%（根据2014北京市统计年鉴，2013年北京市NO_x排放16.6万t，SO_2排放8.7万t，烟尘排放5.9万t），为减少雾霾做出重大贡献。

（2）京津冀供热一体化设想

根据表3-6所示的京津冀地区电厂及工业余热资料，该地区电厂及其他工业余热资源量95GW，其中，电厂排放的余热充分利用，可以实现供热能力达65GW，其他工业包括钢铁、水泥、陶瓷及焦化厂等，各种工艺过程包含了大量的余热废热。经过初步调研，唐山、邯郸和天津的工业余热量均较为丰富，京津冀的可回收工业余热总量为30GW。如果建筑热指标取50W/m^2，其中32W/m^{2}的基础热负荷，而余下的18W/m^{2}可由燃气锅炉调峰，则上述电厂及工业余热可满足30亿m^{2}的热负荷。通过初步统计，京津冀地区目前城镇供热总面积22.5亿m^2，如果京津冀地区每年建筑增长0.8亿m^2，则上述电厂与工业余热可满足这一地区未来10年的建筑供热需求。

京津冀地区电厂及工业余热资源估计 **表3-6**

城市	电厂余热资源（MW）	工业余热资源（MW）	总余热资源（MW）
北京	7000	1951	8951
天津	12680	4835	17515
石家庄市	10374	2355	12729
承德市	1491	944	2435
张家口市	6958	598	7556
秦皇岛市	1988	0	1988
唐山市	5684	10636	16320
廊坊市	1988	40	2028
保定市	4410	374	4784
沧州市	4410	1526	5936
衡水市	1988	39	2027

续表

城市	电厂余热资源（MW）	工业余热资源（MW）	总余热资源（MW）
邢台市	994	1411	2405
邯郸市	5404	5646	11050
总计	65369	30355	95724

京津冀地区供热资源一体化初步方案（简称“一体化”）构想：

北京市的热负荷可以通过从天津、廊坊、张家口输送热量来满足，而天津可从本市、沧州及唐山取热，热量富裕的石家庄可以为附近的衡水、保定提供热量，邢台则可从附近的邯郸取热。从而构建区域供热管网（图 3-17），以就近供热并区域平衡，实现 70％的集中供热普及率，供热面积达 21 亿 m^2，由电厂和工业余热承担基础负荷，天然气调峰，消耗余热每年 8.2 亿 GJ，天然气 24 亿 m^3。其余 30％的建筑采暖方式选取为：15％的供热面积即 4.5 亿 m^2 采取燃气锅炉，消耗天然气

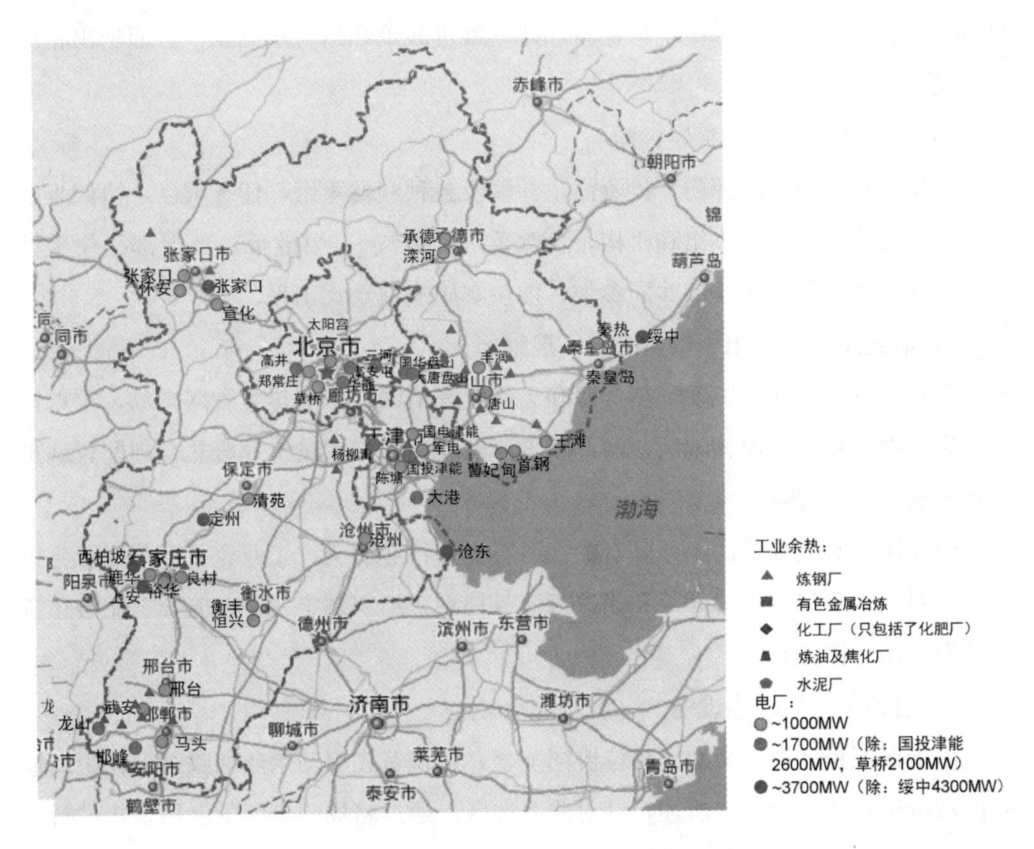

图 3-17　京津冀地区电厂及工业余热资源分布

37亿m^3，10%的面积即3亿m^2采取分别在天然气管道难以到达的偏远乡镇可采用清洁燃烧技术的燃煤锅炉，并严格控制污染排放，消耗燃煤约386万tce，其余5%的面积即1.5亿m^2采用各类热泵等技术，消耗电力45亿kWh。综上所述，供热能耗2082万tce，折合每平方米供热能耗6.94kgce，全年天然气消耗总量101亿m^3，其中，天津和河北消耗的天然气资源消耗约40亿m^3，可以全部由北京市“大联网”方案节省下来的天然气提供。

与现状供热相比（假设现状供热面积的30%为大型燃煤锅炉供热，锅炉效率取85%，30%为小型燃煤锅炉，锅炉效率取60%），则减少燃煤量约1960万t，则可实现NOx排放减少8.1万t，SO_2排放减少18.09万t，烟尘排放减少12.65万t。

（3）京津冀余热供热一体化的政策机制及建议

为了全面推进京津冀地区余热供热一体化方案，从建立领导机构、启动京津冀供热一体化规划、启动示范工程建设和建立推进政策和运行机制四个方面给出相应的政策建议：

1）建立相应的专门领导机构

本项目跨省市、跨部门、投资高，并涉及各种利益重组，任务艰巨，协调难度大，建议设置专门领导小组和机构，发改委（能源局）、财政部、环保部、住房城乡建设部、工信部和科技部共同参加，加快实施这项重大工程。

2）制定工业废热用于供热的统一规划

合理配置北方地区工业废热资源和天然气等清洁能源和热力管网布局，重点针对雾霾相对严重的京津冀地区，河北、天津及周边地区大量工业废热合理配置满足当地需求。

建议国家有关部门协调地区有关部门、工业行业协会、工业企业和节能研究机构等，对工业余热资源的开发利用进行统筹规划，组织制定“十三五”工业余热资源开发利用总体方案。

3）启动示范工程建设

由于该工程涉及多个地区单位协同配合，建议首先启动余热回收进行长距离输送的示范工程建设。如前所述，针对北京地区，通过将周边丰富的电厂余热进行长距离输送以满足北京地区的供热需求，全面替代燃煤锅炉，进而解决以燃气供热为主所带来的供热安全隐患和高昂供热成本等难题。同时，通过示范工程建设，将余热回收技术和长输管线技术进行展示和推广，为京津冀地区全面推动余热回收技术打下坚实基础。

4）建立推进政策和运行机制

由于该项目需要多部门和多单位协同配合实施，建议出台针对该技术方案相应的政策，以便积极的协调和促进各个部门单位具体实施，通过推进政策的建立促使京津冀余热供热一体化的有序稳定发展。

第4章　北方城镇供暖节能技术讨论

4.1　燃煤热电联产乏汽余热利用技术

燃煤热电联产电厂根据其供热汽轮机组的形式、供热系统热媒种类及参数的不同，主要有以下几种供热系统：

（1）背压式汽轮机供热系统

排汽压力高于大气压的汽轮机称为背压式汽轮机。装设背压式汽轮机的热电联产系统称为背压式汽轮机供热系统。

蒸汽从锅炉经热力管道进入汽轮机中，在汽轮机中膨胀到一定压力（例如10bar或5bar）就全部排出，经蒸汽供热管道输送给热用户或进入热水供热系统的换热器中，放出其汽化潜热后变为凝结水，由凝结水泵送到除氧器水箱中去，再由锅炉给水泵打入锅炉中。

背压式汽轮机供热系统没有凝汽器，在锅炉中加给蒸汽的热量完全被利用，没有冷端损失，因而大大提高了热电厂的燃料热能利用率。

背压式汽轮机的发电功率是由通过汽轮机的蒸汽量来决定的，而通过背压式汽轮机的蒸汽量取决于热用户热负荷的大小，所以背压式汽轮机的发电功率完全受用户热负荷的制约，不能分别地独立进行调节，即背压式汽轮机的运行完全是“以热定电”，因而背压式汽轮机供热系统只适用于用户热负荷比较稳定的供热系统。

（2）抽汽式汽轮机供热系统

从汽轮机中间抽出部分蒸汽进行供热的汽轮机称为抽汽式供热汽轮机。抽汽式供热汽轮机的汽缸分为高压和低压两部分。由中间抽出一部分蒸汽进入供热系统的换热器中，抽出来的蒸汽在换热器中放出其汽化潜热变为凝结水，由凝结水泵送入除氧器水箱后，再由锅炉给水泵打入锅炉中去。

抽汽式汽轮机供热系统与背压式汽轮机供热系统不同，它仍然设有凝汽器，有部分蒸汽在凝汽器中将其汽化潜热放给冷却水而损失掉，但抽汽式供热汽轮机在发电功率范围内，通过改变经过汽轮机到凝汽器中的蒸汽量，可以改变它的供热量而不影响发电量，所以在为城镇建筑集中供热的热电联产系统中，这种抽汽式供热汽轮机得到广泛应用。

抽汽式供热汽轮机又可分为可调节式和非调节式两种。

1）可调节抽汽式供热汽轮机根据抽汽的需要，在某一级后装有可调节的回转隔板，当电负荷降低时，调整回转隔板减少通向后面的蒸汽流量而保证抽出的蒸汽流量及参数（温度、压力），反之当电负荷增高时，开大隔板的通汽量，仍保持抽汽参数。这种形式的汽轮机的特点是汽轮机不管在最大抽汽量或无抽汽的情况下都能发出额定的电功率，在较低的发电出力情况下仍能满足最大抽汽量及其要求的蒸汽参数。这种机组的通流部分是按在一定量的抽汽情况下选择较好的内效率来设计的，其抽汽级前的高压缸与同容量等级的凝汽机组相比要大一些，而低压缸要小一些，因而在有一定量的抽汽时内效率较好，而在凝汽方式运行时，其内效率比纯凝汽机组低。

2）非调节抽汽式供热汽轮机又分为抽汽冷凝两用机组和凝汽式机组打孔抽汽两种。

① 抽汽冷凝两用机组。这种机组是容量在 100MW 以上的高参数机组，以发电为主，在采暖期间以较低参数抽汽供热，在非采暖期则为凝汽方式发电。这种机组是按额定出力凝汽情况下设计通汽流量及进汽的，因此当抽汽供热时将减少通向低压缸的蒸汽，而不能再增大进汽量，从而导致发电出力的减少，一般情况下当抽汽量达到设计额定值时，发电出力将减少 25%左右，但优点是在非采暖期运行有较高的热效率。

② 凝汽式机组打孔抽汽。这是在凝汽式机组汽缸上选择适当的部位打孔，将蒸汽引出来供热。打孔抽汽技术比较简单，投资也较少，但其最大的缺点是抽汽压力不稳定也不能调节，而是随电负荷而变动，而且抽汽量也不能太大，热电比较小，如 50MW 凝汽式机组打孔抽汽，最大抽汽量仅为 50t/h。

无论哪种抽汽式汽轮机，即使在最大抽汽工况下都仍然而且必须有一部分蒸汽排入凝汽器，这是因为为了保证低压缸的冷却必须要有一定的蒸汽量通过低压缸，以便带走因低压缸中汽轮鼓风摩擦损失所产生的热量，一般低压缸的最小流量为低压缸设计流量的5%~10%。除了凝汽器中的蒸汽凝结潜热以外，排入循环冷却水中的热量还包括：低压加热器的疏水冷却释放的热量，凝结水过冷热，机组的疏水系统及轴封系统排到凝汽器的热量，冷油器、空冷器等释放的热量等等。因此，采用抽汽式汽轮机供热系统的热电厂，即使在冬季最大供热工况下，也必须有相当一部分热量由循环水（一般通过冷却塔）排放到环境。

抽汽冷凝两用机组由于其低压缸与可调节抽汽式汽轮机相比要大，为了保证低压缸的冷却而必须的蒸汽量也大，所以这种机组的凝汽器热负荷较大，热电比相对较小。

近几年，一方面城市集中供热规模不断扩大和环保压力不断增加，另一方面燃料价格的提高使热电企业对能源利用效率和运行经济性越来越重视，因此大容量、高参数、具有再过热循环的大中型两用机组得到了越来越多的应用。专家预测，中国今后在热电建设中较大容量的供热机组、高参数供热机组将有较大的需求，每年需要新增供热机组200万~250万kW。热电联产机组之所以呈现出大型化趋势，是因为大容量热电联产机组更节省能源，更容易应用先进的环保技术。但正如前面所述，这种机组热电比相对较小，凝汽器热负荷较大，因此大量余热通过冷却塔排放到环境中。图4-1所示为哈尔滨汽轮机厂生产的大型两用机组热平衡分析，额定供热工况下，汽轮机的单位时间输入总能量为731.9MW，发电功率为251MW，供热负荷330MW，凝汽器热负荷151MW，也就是说，通过凝汽器由循环冷却水带走的热量大约占输入总能量的21%，占供热量的46%。

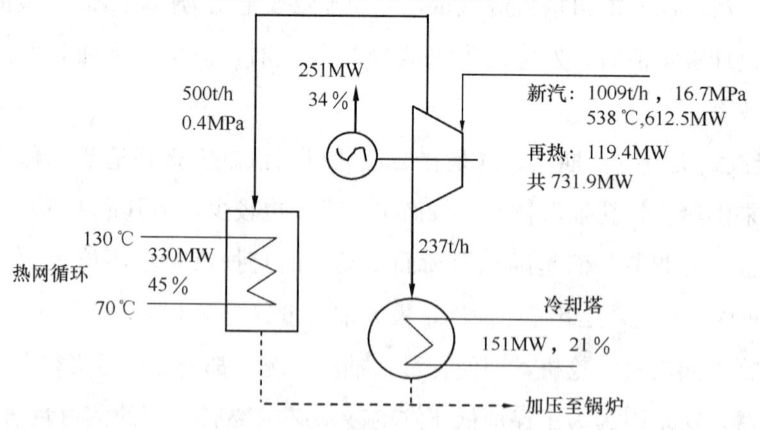

图4-1 哈尔滨汽轮机厂生产的300MW热电联产机组额定供热工况热平衡图

由上述分析可以看出，热电厂存在大量的凝汽器排热，一般通过冷却塔直接排放到环境。如果能将这些热量回收利用，无疑将会使电厂的热效率得到显著提高，同时可以减少冷却水蒸发量，节省宝贵的水资源，并减少向环境的热量和水汽排放。与此同时，随着城市规模的迅速扩张，很多北方城市出现了热源供应不足的问题。城市的快速建设导致供热面积剧增，而现有热电厂的供热能力已经饱和，无法承担新增的供热面积。因此，在我国北方地区充分回收利用热电联产乏汽余热向城市供热，弥补热源不足，替代污染严重的燃煤锅炉房，将会有重大的节能减排意义。

目前乏汽余热回收供热技术主要分为三种，分别是高背压供热技术、吸收式热泵技术、压缩式热泵技术。

4.1.1 高背压（低真空）供热技术

为回收凝汽式或抽凝式汽轮机的乏汽余热，传统的方式是将汽轮机改造为高背压供热，即通常所说的低真空运行供热方式，如图 4-2 所示：凝汽器成为热水供热系统的基本加热器，原来的循环冷却水被热网循环水替代，循环水在凝汽器中获得热量，在热用户处释放热量，有效地利用了汽轮机排汽所释放的汽化潜热。循环水被加热温度升高，采用冷凝器加热后水温不可能高于冷凝温度，因此除非循环水量非常大，热网工作在“大流量、小温差”的工况，否则冷凝器只能承担部分加热量，循环水温度的进一步提升还需要在热网加热器中利用来自抽凝式汽轮机的抽气

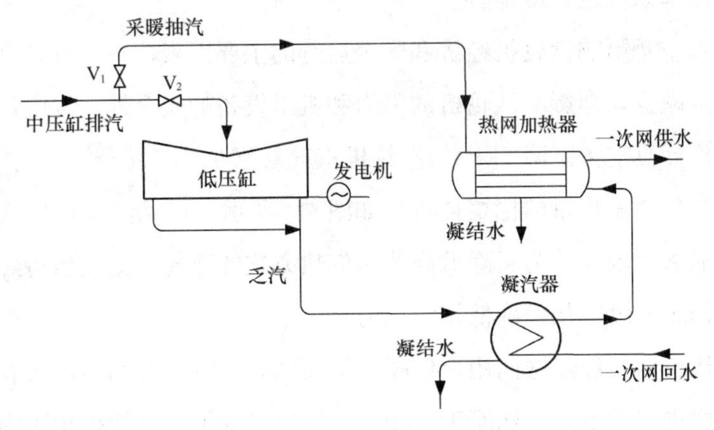

图 4-2 汽轮机高背压供热流程图

继续加热到所需要的温度。抽汽加热一网水的过程如图4-3所示，加热过程中由于抽汽与一网水之间存在显著的不可逆损失，以环境温度作为参考，热网水的㶲如下部分阴影所示，而抽汽的㶲与热网水的㶲之差即为换热过程的㶲损失，即上部分阴影。如果抽汽温度越高，则该换热过程的㶲损失也就越大。

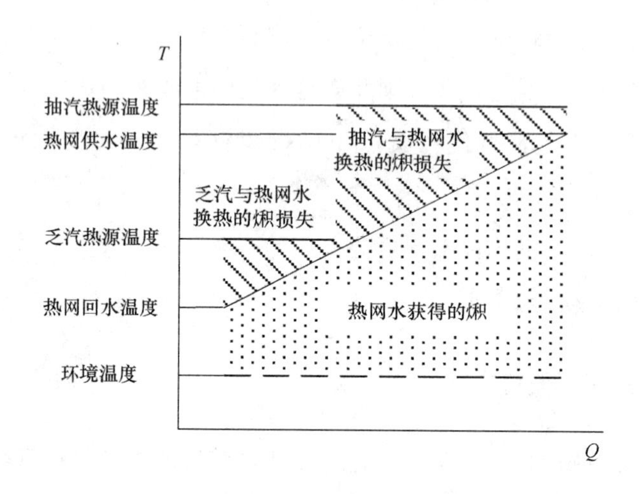

图4-3 提高背压，乏汽与抽汽联合加热热网循环水的过程

如果在采暖季汽轮机排汽所释放的汽化潜热全部用于供热，则此时汽轮机相当于背压机组，其通过的蒸汽量决定于用户热负荷的大小，所以发电功率受用户热负荷的制约，不能分别地独立进行调节，即其运行也是“以热定电”，因而只适用于用户热负荷比较稳定的供热系统。只有在非采暖季节没有热负荷时，汽轮机的凝汽器才仍由原冷却系统进行冷却。

凝汽器真空是影响汽轮机经济和安全运行的主要因素之一。真空度降低使汽轮机的有效焓降减少，会影响汽轮机的出力和机组设备的安全性。发电厂一般运行经验表明：凝汽器真空每下降1kPa，汽轮机汽耗会增加1.5%～2.5%。高背压供热的供热煤耗（单位供热量的标煤耗量）如图4-4所示，可见汽轮机排汽背压对于供热能耗影响显著。因此，为了降低高背压供热方式的能耗，提高运行经济性，应尽量降低热网回水温度，从而降低排汽压力。

低真空运行后，经热网向用户供暖，从而回收了排汽凝结热，尽管由于背压提高后，在同样进汽量下，与纯凝工况相比，发电量少了，汽轮机相对内效率也有些降低，但由于减少了热力循环中的冷源损失，装置的热效率仍会有很大程度的

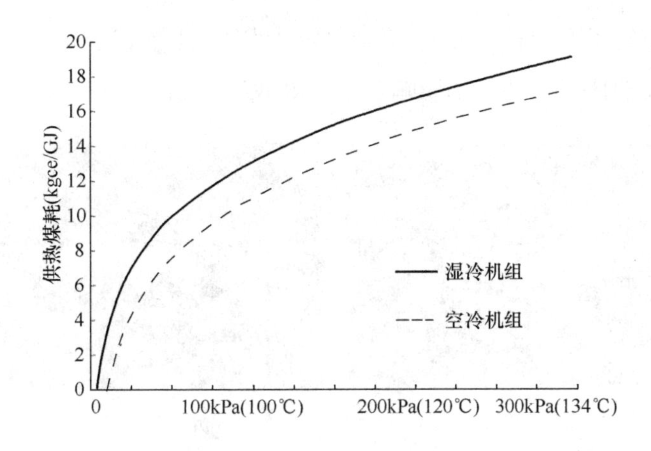

图 4-4 高背压供热方式的供热煤耗与汽轮机排汽背压的关系

提高。

凝汽式或抽凝式汽轮机改造为低真空运行循环水供热时，如果凝汽压力超过厂家规定值，需要对小型机组和少数中型机组（额定发电量在 50MW 以下）进行严格的变工况运行计算，对排汽缸结构、轴向推力的改变、轴封漏汽、末级叶轮的改造等等方面做严格校核和一定改动后，可以实行。早在 20 世纪 80 年代，我国东北、山东等北方地区就有很多 50MW 以下小型热电机组采用低真空供热，汽轮机基本上不做改动，恶化真空运行，通过凝汽器将热网回水加热到接近 70℃，再用抽汽进一步加热后供热。但这种情况对现代大型机组则是不允许的。在具有中间再热式汽轮机组的大型热电联产系统中，凝汽压力过高会使机组的末级出口蒸汽温度过高，且蒸汽的容积流量过小，从而引起机组的强烈振动，危及运行安全。湿冷机组乏汽在凝汽器的冷凝温度一般最高到 50℃左右，而空冷机组也只能在 60℃左右，对于大型间接供热系统，一般回水温度都相对较高，因此难以通过直接换热利用汽轮机乏汽余热。

然而，近两年由于城市热源紧张，为了增加供热能力，有些电厂开始将大型热电机组进行改造，提高排汽压力，使乏汽直接加热热网回水，即所谓的高背压技术，其运行原理与小型机组低真空运行完全相同，但汽轮机及辅机的改动较大。

高背压供热主要有两种改造方式：一为双转子改造；二为低压缸叶片改造。

双转子方式供热即汽轮机低压缸采暖季、非采暖季各利用一套转子运行，更换转子时停机切换。采暖季使用动静叶片级数相对较少的高压转子、非采暖季使用原设计配备的低压转子。双转子方式一年需停机两次，更换转子。这种改造适用于背压抬高幅度较大的情况，并且不影响夏季发电效率，如图 4-5 所示。

(*a*)　　(*b*)

图 4-5　双转子方式供热

(*a*) 低压转子（非采暖季应用）；(*b*) 高压转子（采暖季应用）

低压缸叶片改造技术即对低压缸的后几级叶片进行改造，使其同时满足供热与非采暖季发电的背压要求。这种供热方式对低压缸叶片的改造一次完成，全年均利用改造后的叶片运行，无需切换。但是背压抬高幅度相对于双转子改造受限，而且纯凝工况下的发电效率受影响。

对于大型抽凝供热机组而言，提高背压受到低压缸最小容积流量的限制，背压越高，采暖抽汽流量应越小。空冷机组低压缸末级叶片比湿冷机组短，强度更高，因此空冷机组可达到更高的背压。

山东某厂采用双转子互换技术对 145MW 机组进行了高背压改造。其中低压缸的主要改造内容为：

1) 低压转子更换为新整锻转子；

2) 去掉 2 级动叶片，改为 2×4 级动叶片；

3) 增加低压末级导流环，更换低压分流环；

4) 更换低压 2×4 级隔板及汽封，更换低压前、后轴端汽封体及汽封圈；

5) 中低、低发连轴器螺栓更换为液压螺栓。

凝汽器的主要改造内容有：

1) 更换凝汽器铜管及管束布置形式，管束布置形式由巨蟒形改为双山峰形；

2) 在凝汽器后水室管板内侧加装膨胀节；

3) 凝汽器进排水管更换具有更大补偿能力的膨胀节。

4.1.2 吸收式热泵技术

吸收式热泵是一种利用高品位热能（高温高压蒸汽或高温热水等）驱动，使热量从低温热源提升为中温热源的装置。近几年，利用吸收式热泵回收电厂乏汽余热的供热方式在国内得到了一定程度的应用。如图 4-6 所示，在电厂设置吸收式热泵，利用汽轮机抽汽驱动回收乏汽余热，一次网回水先进热泵加热，再进热网加热器被汽轮机抽汽加热，可在一定程度上降低热电厂加热过程的不可逆损失。对于湿冷机组而言，汽轮机冷凝器的冷却循环水进入热泵蒸发器释放其热量；对于空冷机组，汽轮机乏汽可直接进入吸收式热泵蒸发器，在其中凝结放热以减小换热环节，提高余热回收效率。在吸收式热泵中，热网循环水被吸收器和冷凝器两级加热。这种方式由于采用了原来通过直接换热加热一次网循环水的汽轮机抽汽驱动，而这些热量通过吸收式热泵后仍然被释放到一次网热水中，因此与常规热电联产集中供热系统相比，可以认为没有额外的能源消耗就回收了汽轮机乏汽余热，无论是从能源转换效率还是经济性方面都得到了改善。吸收式热泵有单效、双效、两级等形式，目前用于回收电厂凝汽余热的主要是单效吸收式热泵。

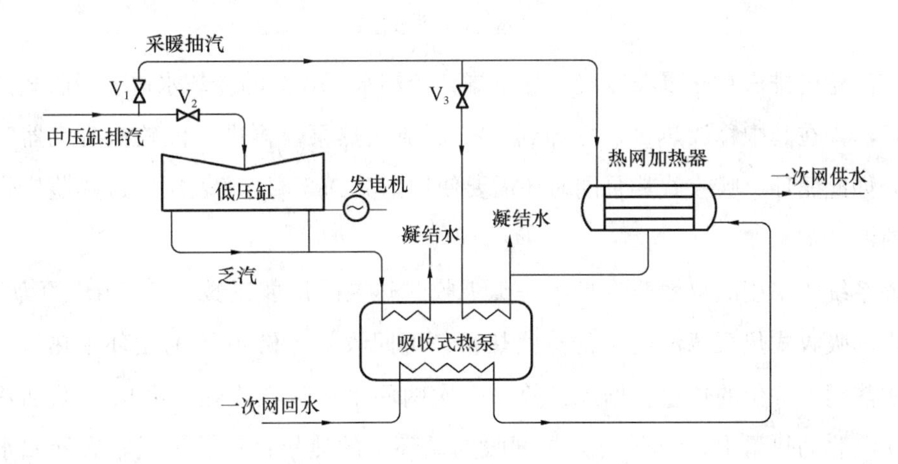

图 4-6 吸收式热泵供热流程图

山西某湿冷热电厂利用吸收式热泵回收乏汽余热项目系统流程如图 4-7 所示，与改造前相比，仅采用吸收式热泵替代汽水换热器低温加热部分，未改变系统供暖方式和参数，系统改造简单。具体方案为：采用吸收式热泵回收汽轮机排汽冷凝热，将一次网热水从 60℃加热到 90℃，热水 90℃到 120℃仍然使用汽轮机抽汽来

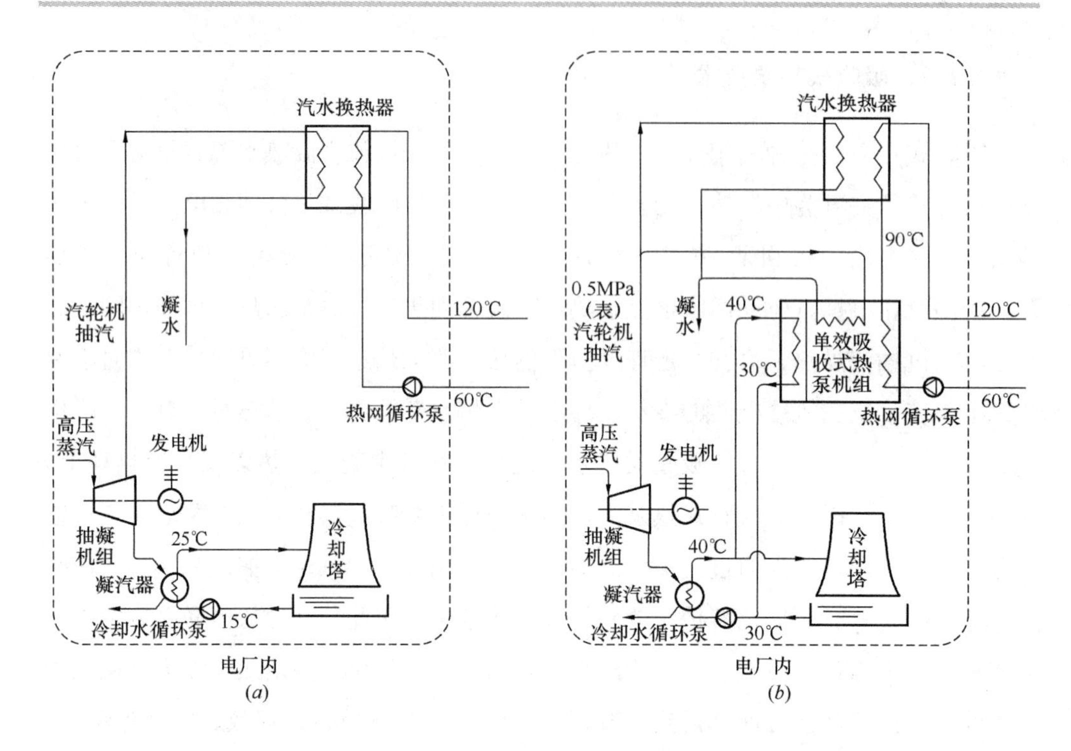

图 4-7 山西某湿冷热电厂利用吸收式热泵回收乏汽余热项目流程示意图

(*a*) 改造前；(*b*) 改造后

加热；汽轮机排汽在冷凝器冷凝，热量排到冷却水。40℃的冷却水进入吸收式热泵的蒸发器，在其中释放热量，冷却到 30℃后流出热泵，再进入汽轮机凝汽器吸热升温，如此循环。吸收式热泵同时还需要使用部分 0.5MPa（表压）过热蒸汽作为驱动热源。

该系统所采用的单效蒸汽型第一类吸收式热泵的性能系数（*COP*h）约为 1.7 左右，即吸收式热泵每消耗 1 份蒸汽热量，可回收 0.7 份 40℃的循环水热量，供给一次热网 1.7 份的热量。据此计算，一次网回水在吸收式热泵中从 60℃加热到 90℃所吸收的热量中，约有 41%是回收的循环水的热量；额定工况一次网回水从 60℃加热到 120℃所吸收的热量（系统总供热量）中，约有 20%是回收的循环水的热量。在分析该系统的节能效益时，需要注意两点：①正常情况下电厂循环水在冬季的实际运行温度一般在 20℃左右，最低时仅有 10℃左右，而该系统需要将电厂循环水温度提高到 40℃才能使用，循环水温度的提高将引起汽轮机排汽背压的提高，从而影响汽轮机发电量。经计算，将循环水温度由 25/15℃提高到 40/30℃，损失的发电量约为汽轮机排热量的 3.6%左右（按汽轮机内效率 0.7 计算）。因此该系统严格的节能量计算应考虑汽轮机排汽背压提高对发电量的影响，特别是当循环水的余热量不能全部由热泵回收，仍然有一部分循环水需要通过冷却塔冷却时（比如初末寒期采暖负荷较小时），没有被充分用来发电的热量被通过冷却塔排掉，造成很大的浪费。如果排放部分远大于被吸收式热泵提升的低温热量，那么这种方式的供暖煤耗很可能还高于一般的抽凝机组。②为了输出 90℃热水，该系统需要的蒸汽压力要达到 0.6MPa（对应的饱和温度为 159℃）以上，这也是由单效溴化锂吸收式热泵特性决定的。

一般情况下，大型供热机组抽汽压力比较低（一般 0.2～0.4MPa），循环冷却水温度在冬季也比较低（严寒期在 20℃左右），而严寒期的热网回水温度一般在 60℃左右，这种工况下传统的单效吸收式热泵无法运行，一般需要将电厂循环水温度提升至 40℃左右，即使如此，吸收式热泵回收的乏汽余热占总余热量的比例仍然很小，乏汽余热回收率一般低于 50%，绝大多数余热得不到回收，而采用抬高循环水温度（提高汽轮机背压）来寻求回收更多余热将会导致大量高温余热通过冷却塔排走而损失汽轮机发电效率，综合考虑节能量很小，甚至不节能。

针对上述问题，清华大学提出了基于吸收式换热的集中供热新技术，系统流程如图 4-8 所示。①在热力站中安装“吸收式换热机组”，用于替代常规的水-水换热器，在不改变二次网供、回水温度的前提下，利用一、二次热网之间较大的传热温差所形成的有用能作为驱动力，驱动吸收式换热机组大幅度降低一次网回水温度至

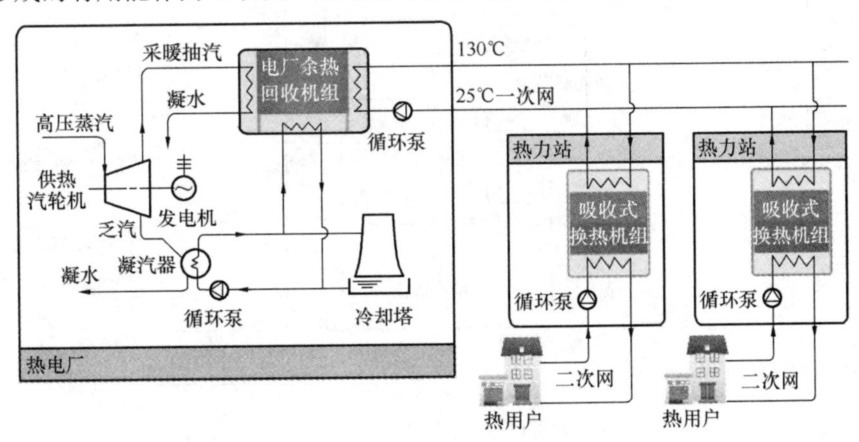

图 4-8 基于吸收式换热的集中供热系统

25℃左右。②依靠一次网的低温回水，使热网回水依次通过凝汽器、抽汽驱动的多级吸收式热泵和汽/水换热器的梯级加热流程，大量回收乏汽余热。在实际应用中，可采用上述一级或几级加热环节，通过这些吸收式热泵、换热设备及其组合，即“余热回收机组”，可使热电厂基本回收全部余热，从而提高供热能力30%以上。通过乏汽余热承担基本负荷，汽轮机抽汽承担严寒期调峰负荷，使整个采暖季乏气余热量占总供热量的比例达40%以上，从而减少抽气量，提高了发电量。

该技术可以通过提高汽轮机的背压，实现乏汽余热的全部或大部分回收；也可以不改变背压，吸收式热泵回收不了的乏汽余热完全可以通过冷却塔散掉，而不会影响系统整体能效；另外，该技术中的吸收式热泵仅利用0.3MPa的汽轮机抽汽就可以把一次网加热到90℃，这不仅提高了汽轮机发电效率，而且为大容量热电联产机组应用该技术创造了条件。该技术之所以能够实现不提高背压和利用低压采暖抽汽驱动回收冷凝热余热，其主要原因是一次网25℃的低温回水大大改善了吸收式热泵的运行条件。

现举例说明，以一空冷热电厂余热回收为例，空冷电厂背压较高，因此可以先通过凝汽器用乏汽直接加热一网水，如果要加热一网水到高于乏汽的温度，则需要增加吸收式热泵，流程图如图4-9所示。以背压23kPa，凝汽器出口端差3℃，抽汽压力0.2MPa，电厂余热回收机组出口温度90℃为计算条件，不同一次网回水温

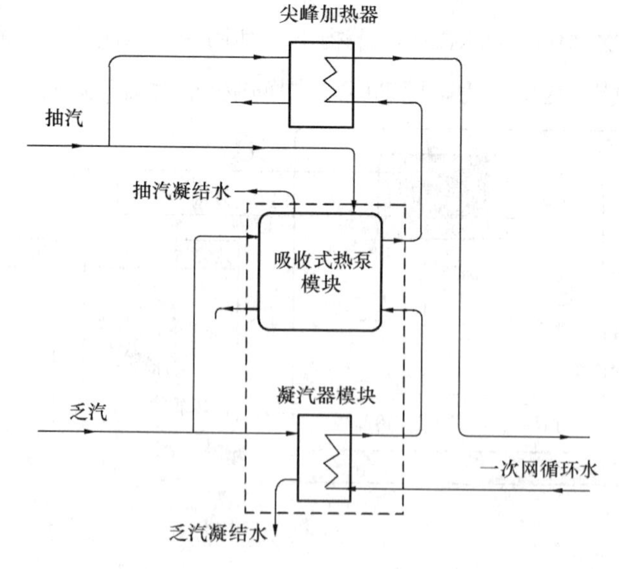

图4-9 空冷电厂余热回收流程图

度下，电厂余热回收机组（含吸收式热泵模块和凝汽器模块）的 *COP*（两者供热量之和与抽汽热量比值）变化情况如图 4-10 所示。

基于吸收式换热的集中供热技术已经在大同、太原等多个地方获得了成功应用，节能与经济效益非常显著。

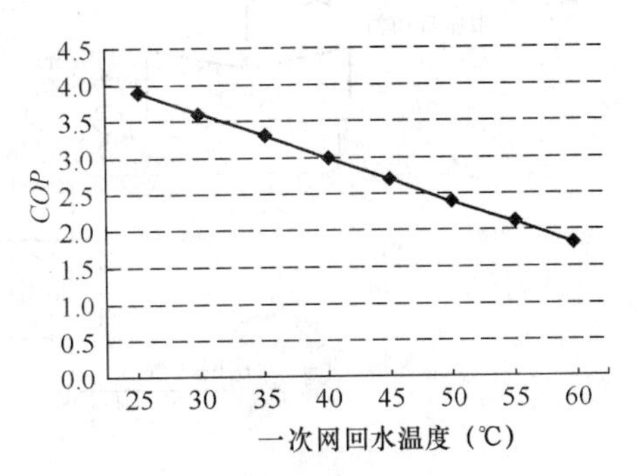

图 4-10　吸收式热泵不同出口温度下的 *COP* 变化情况

4.1.3　压缩式热泵技术

压缩式热泵根据驱动力不同分为电驱动压缩式热泵和蒸汽驱动压缩式热泵。电驱动压缩式热泵以电直接驱动压缩机做功，蒸汽驱动压缩式热泵以蒸汽驱动背压汽轮机，再通过连轴器驱动压缩式热泵。针对空冷汽轮机组，汽轮机乏汽可直接进入热泵蒸发器，对于湿冷汽轮机组，则乏汽余热冷却循环水被热泵蒸发器提取。热泵冷凝器放出热量加热热网水，抽汽驱动的热泵系统，背压机排汽通过汽-水换热器进一步加热冷凝器出来的热网水，热网水最终通过尖峰抽汽加热后供出，供热系统流程如图 4-11 所示。

蒸汽驱动的压缩式热泵没有电的转换环节，应该比电驱动热泵更为合理些，但受到抽汽量的制约，当抽汽量不足以回收足够量的乏汽余热时，可考虑使用电驱动压缩式热泵。

蒸汽压缩式热泵的能耗主要受抽汽压力影响。在供回水温度 120/50℃，背压 10kPa 下，吸收式热泵和蒸汽压缩式热泵的 *COP* 和供热能耗对比如图 4-12 所示。

对于吸收式热泵而言，随着抽汽压力的升高，吸收式热泵出口温度逐渐升高，当抽汽压力达到 0.7MPa 时，热泵出口温度达到 92℃，若再升高抽汽压力吸收式热泵有结晶的危险，因此，当采暖抽汽压力高于 0.7MPa 时，需要节流后再驱动吸收式热泵，从而产生节流损失。当供水温度要求达到 120℃时，吸收式热泵的供热系统需要采用尖峰加热器补充加热，而压缩式热泵的供热系统可以选择临界温度高的制冷工质如 R245fa，直接升温到 120℃。两者比较时应将吸收式热泵和尖峰加热器作为整体供热系统与压缩式热泵比较，因此，图中 *COP* 的定义为供热系统的总供热量与消耗的总抽汽热量之比。

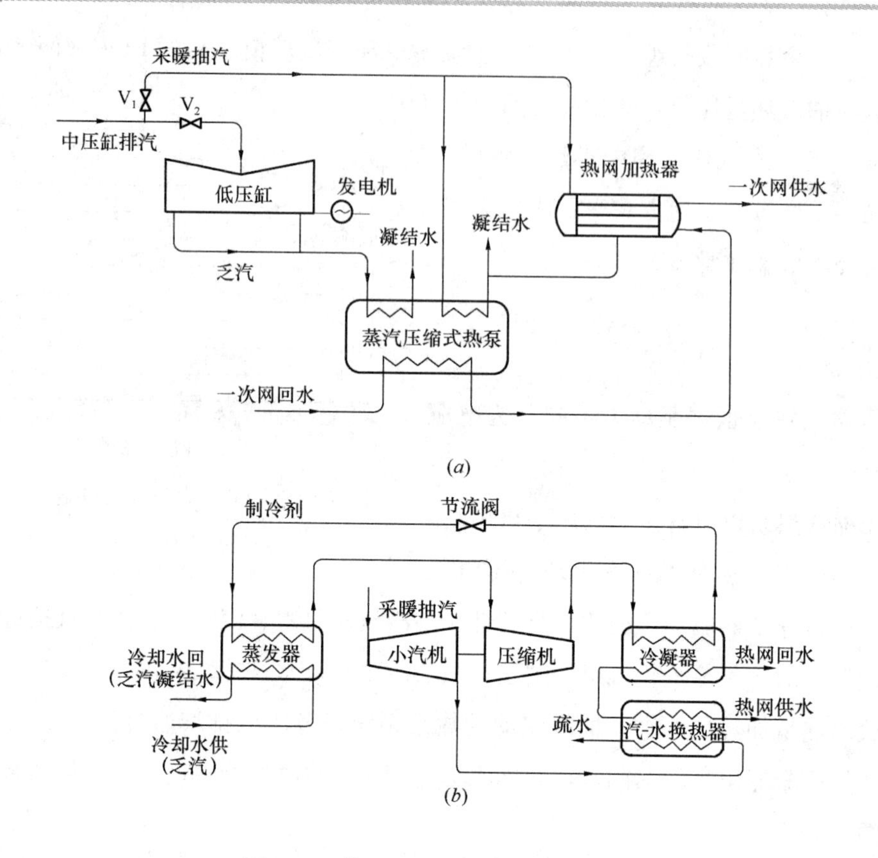

图 4-11 蒸汽驱动压缩式热泵流程图

(*a*) 供热流程图；(*b*) 内部流程图

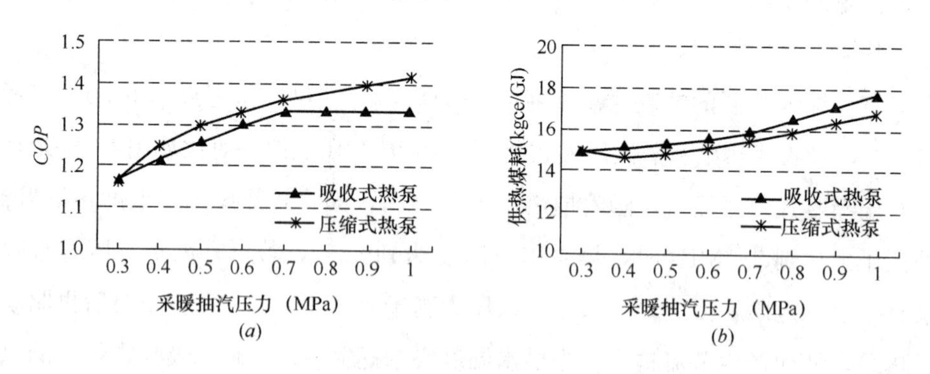

图 4-12 吸收式热泵和蒸汽压缩式热泵对比

(*a*) 供热系统 *COP* 的比较；(*b*) 供热煤耗的比较

从图 4-12 可以看出，吸收式热泵和压缩式热泵在抽汽压力小于 0.7MPa 时，两者能效基本相当，但是当抽汽压力进一步升高时，由于吸收式热泵存在节流损失，能效不如压缩式热泵，且抽汽压力越高，压缩式热泵的优势越明显。

由此可见，当吸收式热泵没有节流损失时，其能效和压缩式热泵基本相当。但是当抽汽压力高，抽汽压力和吸收式热泵驱动蒸汽压力不匹配时，压缩式热泵能效将高于吸收式热泵，且抽汽压力越高，压缩式热泵优势越明显。

4.1.4 各种余热回收供热技术的比较

就单台机组而言，采用单项技术在不同余热回收率前提下有各自合适的使用范围，如果能全部回收乏汽热量，可优先采用高背压技术，因此高背压适合承担稳定的供热基础负荷。如果由于用户负荷降低，高背压机组不能完全回收乏汽热量，则需要将高参数的乏汽热量排放到大气环境中，显著增加了供热成本，所以不能完全回收乏汽热量时，可采用吸收式热泵或者蒸汽驱动的压缩式热泵，两者的选择取决于汽轮机抽汽压力：如果抽汽压力较高，比如600MW机组抽汽压力可达1MPa，如果采用吸收式热泵则需要节流减压，因而存在显著的节流损失，供热成本增加，因此采用蒸汽驱动的压缩热泵更为合适；如果抽汽压力较低，比如200MW机组抽汽压力0.2MPa，用于驱动压缩式热泵时，其供热能耗与蒸汽驱动的压缩式热泵相差不大，但是吸收式热泵系统更为简单。在热网水高温段，受吸收式热泵或者压缩式热泵自身限制（吸收式热泵：冷凝温度上限；蒸汽压缩式热泵：供水温度升高抽汽直接加热比例升高），采用抽汽直接加热反而成本最低。

如果多台汽轮机组同时回收乏汽余热，则需要多项技术合理组合，首先高背压技术供热成本最低，适合承担基本负荷，由其加热热网水的低温段；其次根据具体的抽汽参数，如果能全部回收乏汽热量，可继续选择高背压方式，如果只能部分回收乏汽热量则选择吸收式热泵或者蒸汽驱动压缩式热泵机组加热热网水的中温段，最后由抽汽进行调峰，加热热网水的高温段。指导流程搭配的基本原则就是热网水的“梯级加热”，尽可能的减小各个加热环节的不可逆损失，最终降低供热成本。比如当有多台汽轮机组同时回收余热时，可将部分机组改造为不同排汽压力的高背压机组，减少加热过程的不可逆损失，共同承担供热基本负荷，然后由其他机组采用吸收式热泵或者蒸汽驱动压缩式热泵回收余热，最后由抽汽直接加热进行调峰。

以山西太原古交电厂余热回收方案为例进行分析，根据《太原市清洁能源供热方案（2013年—2020年）》，古交电厂为太原集中供热主要热源点之一，热负荷分近期、远期两个阶段实现。近期（2016～2017年），古交电厂为太原市供热5000万m^2；远期（2020年），古交电厂为太原市供热8000万m^2。一期工程建设2×300MW亚临界燃洗中煤空冷发电机组（1号机、2号机），二期扩建工程建设2×600MW超临界燃洗中煤空冷发电机组（3号机、4号机），三期扩建工程拟建设2×600MW超临界直接空冷发电机组（5号机、6号机）。1号～4号机现为纯凝汽式发电机组，5号、6号机为抽凝式热电联产机组。针对古交电厂的实际情况，分别设计吸收式热泵方案、压缩式热泵方案、高背压方案。

（1）吸收式热泵方案

3号、4号机抽汽改造，改为抽凝式机组，1号机、2号机高背压改造。3号～6号机常规背压抽汽凝汽运行，2号机高背压凝汽运行，1号机超高背压凝汽运行。热网回水梯次经过6号、5号机、4号机、3号机、2号机、1号机凝汽器以及吸收式热泵和二期、三期加热器。系统原理如图4-13所示。

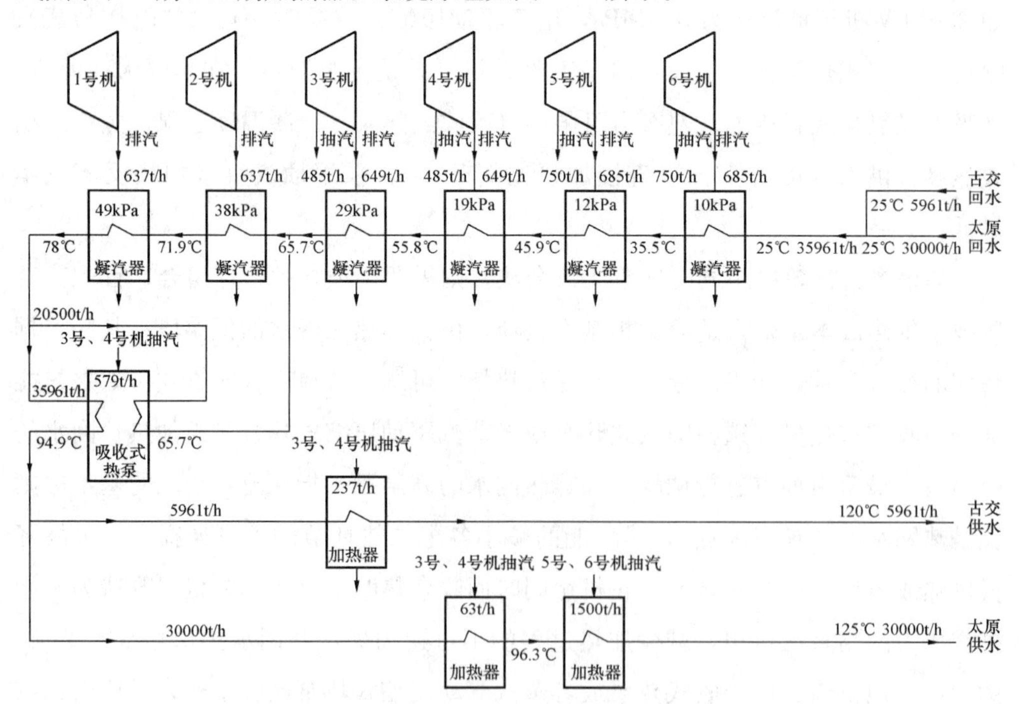

图4-13 吸收式供热系统原理图

该方案电厂供热能力 4109MW，其中，抽汽供热能力 1889MW、余热供热能力 2220MW。

（2）压缩式热泵方案

3 号、4 号机抽汽改造，改为抽凝式机组，1 号机、2 号机高背压改造；3 号～6 号机常规背压抽汽凝汽运行，2 号机高背压凝汽运行，1 号机超高背压凝汽运行。热网回水梯次经过 6 号、5 号机、4 号机、3 号机、2 号机、1 号机凝汽器以及压缩式热泵和三期加热器后供出。系统原理如图 4-14 所示。该方案电厂供热能力 4072MW，其中，抽汽供热能力 1710MW、余热供热能力 2362MW。

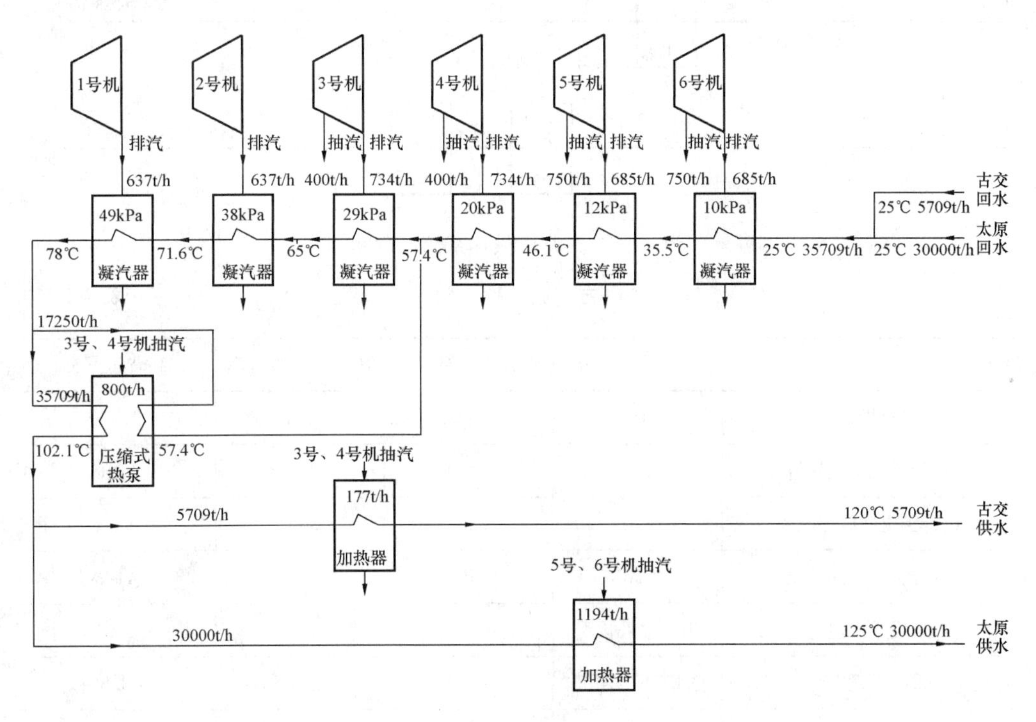

图 4-14 压缩式供热系统原理图

（3）高背压方案

3 号、4 号机抽汽改造，改为抽凝式机组，1 号机、2 号机高背压改造；3 号～6 号机常规背压抽汽凝汽运行，2 号机高背压凝汽运行，1 号机超高背压凝汽运行。采用机组高背压运行的方式，热网回水梯次经过 6 号机、5 号机、4 号机、3 号机、2 号机、1 号机凝汽器以及二期、三期加热器。系统原理如图 4-15 所示。

表 4-1 为上述三个方案的蒸汽耗量、回收乏汽量、供热功率、年供热量情况。

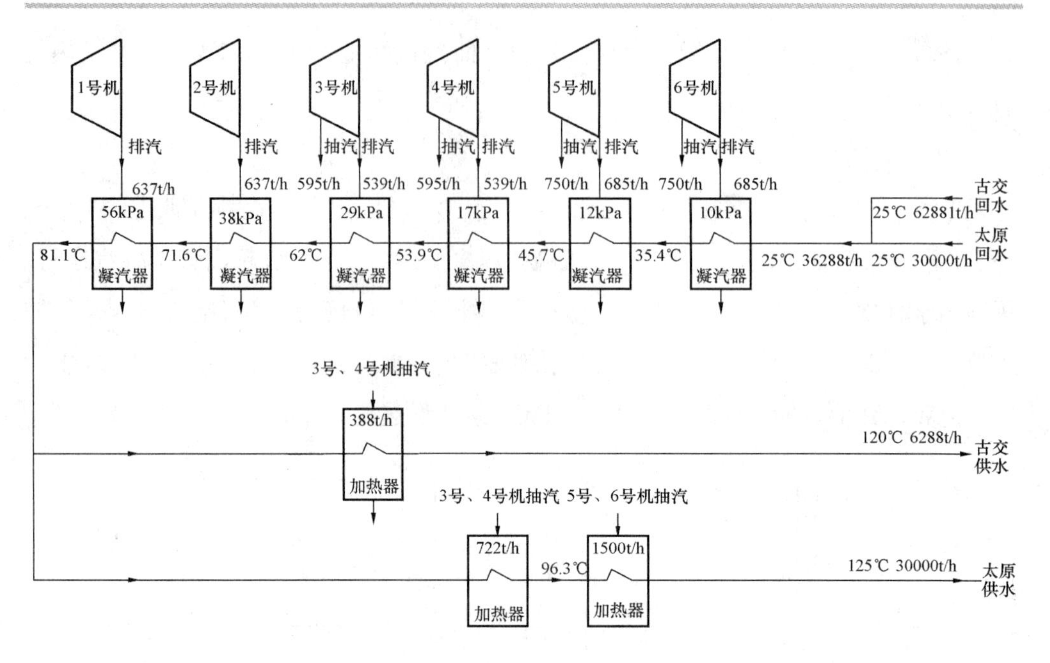

图4-15　高背压供热系统原理图

方　案　比　较　　　　**表4-1**

		吸收式热泵方案	压缩式热泵方案	高背压方案
总投资	万元	71453	96613	34570
设计工况蒸汽耗量	t/h	2430	2210	2510
设计工况回收乏汽量	t/h	3384	3604	3304
设计工况供热功率	MW	4109	4072	4123
采暖季供热量	万GJ/采暖季	4182	4149	4194
采暖季发电量	亿kWh/采暖季	84.59	85.56	83.89
供热煤耗	kgce/GJ	7.4	8.1	8.8

可以看出，三个方案的上述各项指标都基本相当。从供热能耗看，由于采用热泵代替了一部分抽汽直接加热热网，因此吸收式热泵和压缩式热泵两个方案的供热能耗相对于高背压方案有所降低。同时，由于作为驱动热源的抽汽压力较高(0.8MPa)，使得压缩式热泵方案的能耗最低。但三个方案之间供热能耗相差不大，而高背压方案的投资显著小于其他两个方案，最终推荐高背压方案为古交电厂供热改造工程的实施方案。

4.2 燃气热电联产烟气余热利用技术

对于区域供热而言，天然气应用的一种典型方式是燃气蒸汽联合循环热电联产供热。其系统的主要形式是由燃气轮机和蒸汽轮机（朗肯循环）联合构成的循环系统。燃气轮机排出的高温烟气通过余热锅炉回收转换为蒸汽，再将蒸汽注入蒸汽轮机发电。近年来，燃气-蒸汽联合循环热电联产技术得到了较大发展，但是热源效率仍有很大的提升空间。要提高效率就要从系统中可能挖掘的余热量入手：一方面是烟气中的潜热，这部分余热量可占机组额定供热量的33%～65%左右；另一方面是蒸汽轮机排出的冷凝热，为保证机组安全运行，需通过冷却塔排放大量低温余热，可占到机组额定供热量的23%～50%，由于城市热网回水温度较高，用热网循环水直接换热不可能将两部分余热量回收。针对这一问题，可能的提高热源效率的系统模式有以下两种典型方式。

4.2.1 在热电厂利用吸收式热泵技术实现部分的烟气余热回收

常规的热电联产集中供热系统是在热电厂汽轮机抽汽通过汽/水换热器加热一次网热水，将热量输送到城市各小区热力站；再通过热力站水/水换热器加热二次网水，最终将热量输送到各个建筑物。

以一套9E级燃气蒸汽联合循环机组为例，如图4-16所示，该机组共计发电量

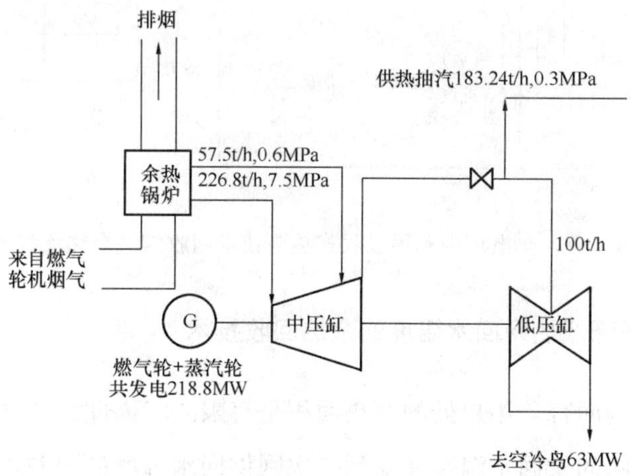

图4-16 燃气蒸汽联合循环热电联产系统

为218.8MW，中压缸排汽为283.24t/h，最大供热抽汽183.24 t/h，约127MW；乏汽为100 t/h，约为63MW；当烟气排烟从89℃降低到30℃时，烟气余热量为82MW。系统的抽汽热量∶烟气余热∶乏汽余热量=2∶1.3∶1。

采用在热电厂内利用吸收式热泵来实现部分的烟气余热回收，其系统如图4-17所示，只在电厂内设置吸收式热泵，利用汽轮机抽汽驱动回收余热，可增加供热能力，并在一定程度上降低热电厂汽水换热的不可逆损失，降低供热能耗，但由于热网回水温度较高，热泵制热温度上限有制约，这种技术增加供热能力受限。同样以9E级燃气蒸汽联合循环机组为例，在热网回水温度60℃的条件下，可用约52MW的蒸汽驱动吸收式热泵回收烟气余热36MW（热泵*COP*为1.7），热泵供热量为88MW，尖峰汽水换热器热负荷约为75MW，系统总供热量为163MW，系统供热能力提高28%。此时，系统的排烟温度可降低到38℃，回收了少部分的烟气冷凝热，但能实现烟气余热的全部回收，乏汽余热更无法回收。

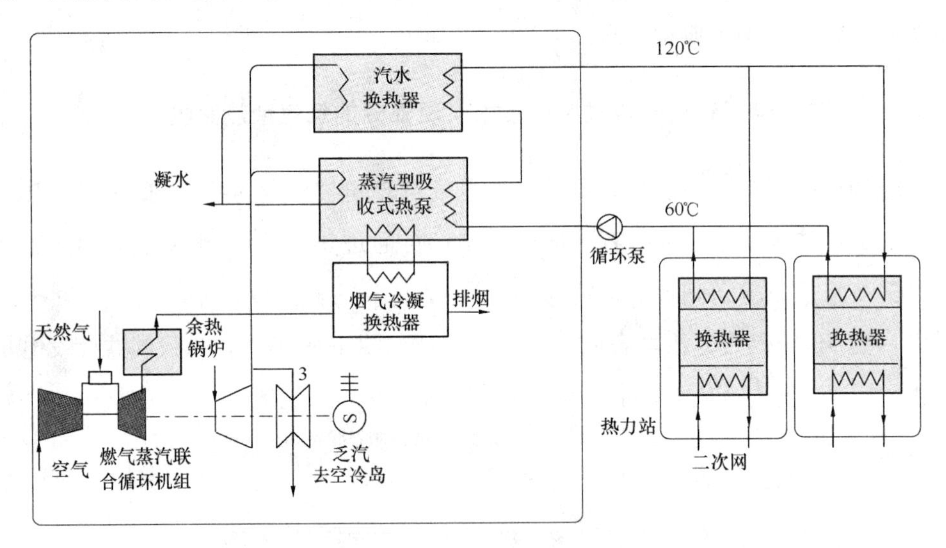

图4-17 热电厂内利用吸收式热泵技术回收烟气余热流程图

4.2.2 基于降低热网回水温度的余热回收技术

一般对于热网而言，用户处的散热面积是有限的，因此二次网的供回水温度不能太低，而一次网的供回水温度又受到二次网供回水温度的限制，因此一次网的回水温度也不能降低，因此采用传统的换热思想不能实现回水温度的降低，导致了烟气冷凝热量不能得到有效的利用。近年来，基于 Co-ah 循环的热电联产集中供热新方法[1]得到了广泛应用，该方法在一次网与二次网换热的热力站处，采用新型吸收式换热机组实现了热网回水温度的降低，可将热网回水温度降低到 20℃，使热电厂回收余热成为可能，该项技术近年来已被成功应用[2,3]。

该技术在热力站设置吸收式换热机组取代常规的水/水换热器，在不改变二次网供回水参数的前提下，使一次网回水温度由常规热网的 60℃左右大幅度降低至约 20℃，20℃的热网回水回到热电厂后可被乏汽加热、被烟气加热、再通过热泵和尖峰汽水换热器加热，最后升至热网供水温度。针对热电厂机组型号的不同，热电厂的抽汽、排烟等参数也不同，末端用户供热参数不同时，烟气余热回收系统的流程和形式不是唯一的，系统的流程形式需要根据不同的各案进行优化分析来确定。

以一套 9E 级燃气蒸汽联合循环机组为例，系统的抽汽热量：烟气余热：乏汽余热量＝2：1.3：1。当热网的回水温度为 20℃时，最佳的系统流程如图 4-18 所示，热网回水先通过凝汽器和烟气水换热器直接被加热，然后通过吸收式热泵被加热，最后进入尖峰汽水换热器被加热升温至供热温度。在该系统中，烟气余热回收分两段来进行，一部分与热网水直接换热，另一段与吸收式热泵的冷冻水直接换热。该系统各个状态点的参数如表 4-2 所示，一次网回水温度在凝汽器中由 20℃加热到 46.3℃，然后进入烟气-水换热器加热到 55.4℃。之后进入吸收式热泵加热到 89.8℃，最后进入汽-水换热器加热到 120.0℃。余热锅炉排烟温度为 89.0℃，烟气在烟气-水换热器中被冷却至 49.3℃，然后作为低位热源进入吸收式热泵后被冷

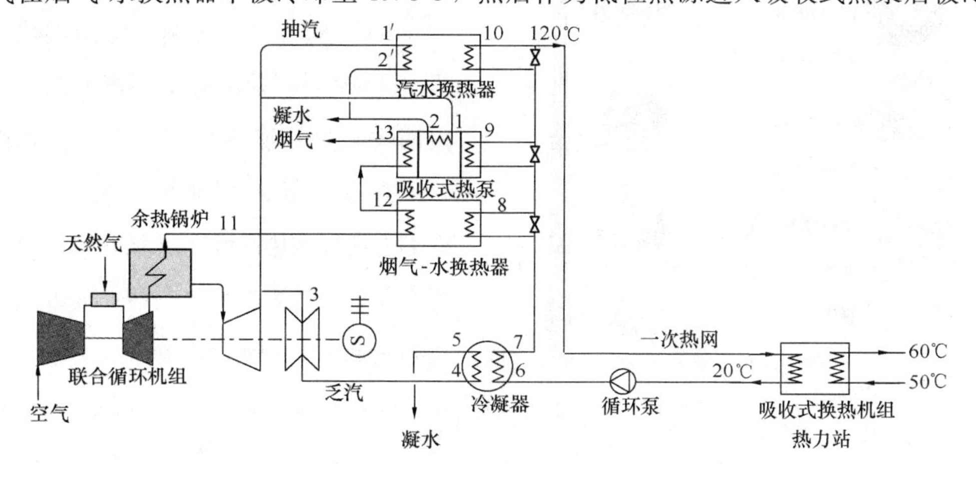

图 4-18 基于 Co-ah 循环的燃气蒸汽联合循环热电联产余热回收系统

却至31.0℃。抽汽一部分进入吸收式热泵，流量为73.5 t/h，另一部分进入汽-水换热器，流量为109.9 t/h，该系统供热量为251.0MW，发电量为215MW，其中燃气轮机发电量为170MW，蒸汽轮机发电量约为45 MW，同参照系统相比减少发电量约3MW。

新型系统参数表　　表4-2

序号	参数	流量 (t/h)	温度 (℃)	压力 (kPa)	焓值 (kJ/kg)
1	进入吸收式热泵的抽汽	73.45	168.80	300.00	2801.10
2	进入吸收式热泵的抽汽凝结水	73.45	75.00	200.00	314.00
1’	进入汽-水换热器的抽汽	109.85	168.80	300.00	2801.10
2’	进入汽-水换热器的抽汽凝结水	109.85	75.00	200.00	314.00
3	低压缸进汽	100.00	168.80	300.00	2801.10
4	低压缸乏汽	100.00	52.55	14.00	2595.80
5	乏汽凝结水	100.00	52.55	14.00	220.00
6	热网回水	2152.45	20.00	—	84.86
7	凝汽器中热网水出口	2152.45	46.28	—	193.79
8	烟气-水换热器中热网水出口	2152.45	55.43	—	232.04
9	吸收式热泵中热网水出口	2152.45	89.78	—	376.04
10	热网供水	2152.45	120.00	—	504.07
11	余热锅炉的烟气出口	152[1]	89.00	—	7424[2]
12	烟气-水换热器的烟气出口	152[1]	49.28	—	5913[2]
13	系统排烟	152[1]	31.00	—	3576[2]

注：1. 烟气流量单位按照标况 Nm^3/h；2. 烟气焓值按照 kJ/Nm^3。

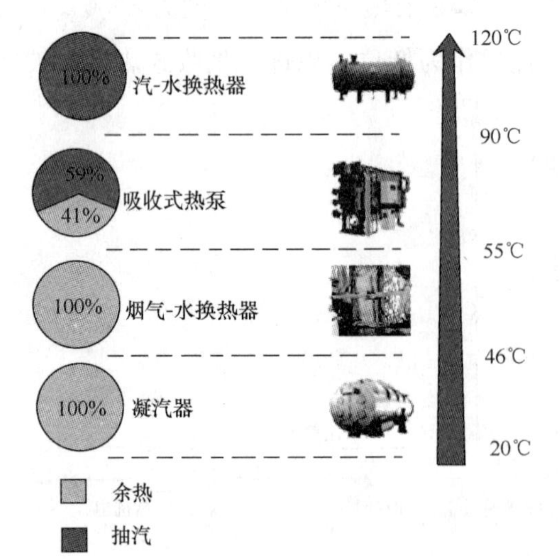

图4-19　分段加热热网水的热量分配结构图

该新型系统的供热能力为251MW，同常规系统相比增加供热能力124MW，供热能力提高近1倍。分段回收余热和加热热网水的过程如图4-19所示。凝汽器加热量为66MW，全部为乏汽余热；烟气-水换热器加热量为23MW，全部为烟气余热；吸收式热泵加热量为86MW，其中59%为抽汽热量，41%为烟气余热；汽-水换热器加热量为76MW，全部为抽汽供热。在新型系统的加热过程中，抽汽供热占总供热量比例为50.4%，余热供热占49.6%。

在余热中，烟气余热为58.5MW，占总余热量的47%；乏汽余热为66MW，占53%。

由于低压缸排汽压力升高，因此电厂发电量降低，同参照系统相比，发电量减少了约3MW。

该案例表明，要想充分回收凝汽及烟气余热，热网回水温度不能高于20℃。与传统热电联产（抽凝机组）相比，供热能力可增大近一倍，热电厂供热节能40%以上，同时也可达到彻底消除烟囱白烟的效果。这种技术增量投资回收年限一般在4年以内可回收。目前，这种技术已经在北京未来科技城等区域热电中心分阶段开展工程应用。

4.3 燃气锅炉烟气余热深度利用技术

随着清洁能源天然气的大量应用，天然气热电联产和燃气锅炉供热成为一种重要的热源方式。由于天然气的主要成分为甲烷（CH_4），含氢量很高，燃烧后排出的烟气中含有大量的水蒸气，当烟气中的水蒸气冷凝析出时，可释放出冷凝热，若能将此冷凝热全部回收利用，可使天然气的利用效率在现有基础上大幅提高，如图4-20所示。以排烟温度100℃左右的燃气锅炉为例，如果可将排烟温度降低至30℃，则可使燃气锅炉的效率提高约13%，因此，天然气排烟余热中可回收的热

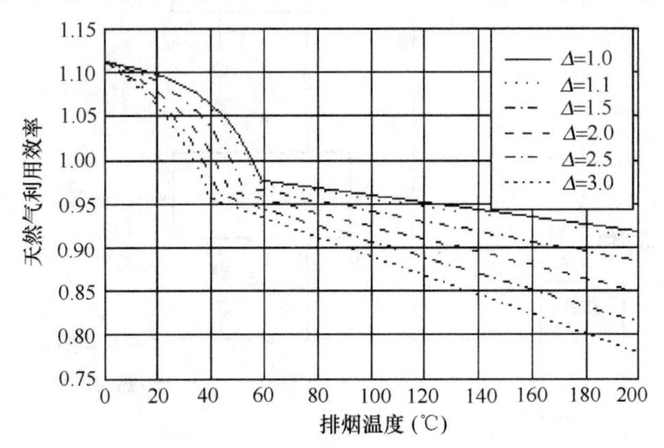

注：Δ为过量空气系数。

图4-20 烟气温度与天然气利用效率的关系

量潜力巨大。

传统烟气余热回收技术包括“节能器”和“空气预热器”，分别以热网回水或者空气为冷源，回收烟气余热。节能器采用热网回水与烟气换热的方式回收余热，由于受制于冷源温度的限制，北方地区城市热网的回水温度在50～60℃，排烟温度不能低于热网的回水温度。当采用空气预热器回收烟气余热时，虽然空气的温度较低，换热不受冷媒温度的限制，但是因为空气侧的热容量远小于烟气侧的热容量（含冷凝潜热），进入潜热段后，空气温升约50℃，烟气温降仅为5℃，排烟温度仍然难以进一步降低，因此，采用这两种方式均难以将排烟温度降低到露点温度55℃（过量空气系数在1.15时）以下，天然气的能源利用效率仅可以提高3%～5%。而烟气中大量的冷凝热集中在20～55℃的区间内，通过传统方式是无法回收的。

将吸收式热泵应用到燃气锅炉的烟气余热回收中，如图4-21所示。在燃气锅

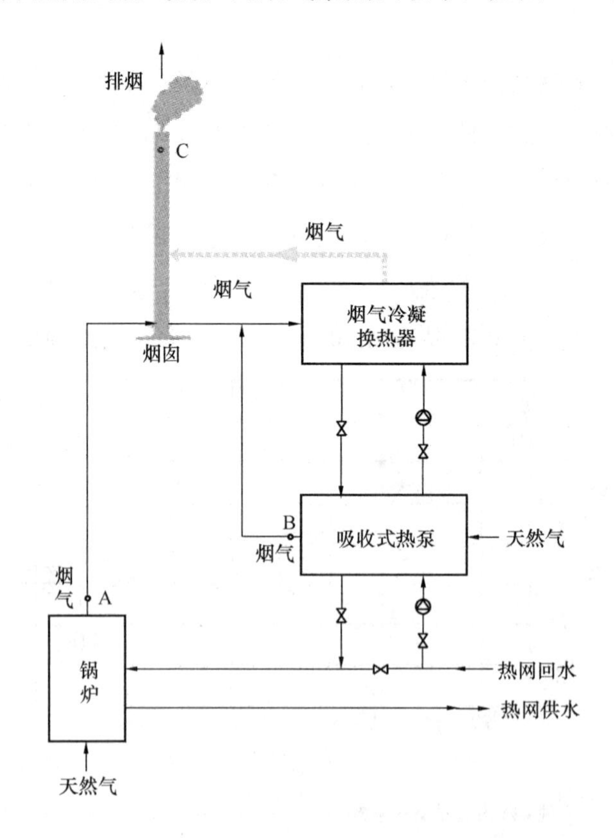

图4-21 燃气锅炉房烟气深度利用系统流程

炉房增设吸收式热泵与烟气冷凝换热器，吸收式热泵以天然气为驱动能源，驱动吸收式热泵产生冷介质，该冷介质与烟气在烟气冷凝换热器中换热，换热过程采用喷淋式直接接触式换热装置，使系统排烟降温至露点温度以下，烟气中的水蒸汽凝结放热，达到回收烟气余热及水分的目的。热网回水首先进入吸收式热泵中被加热，然后进入燃气锅炉加热至设计温度后送出，完成热网水的加热过程。燃气锅炉的排烟从烟囱中被置于烟气冷凝换热器顶部的引风机抽出，与吸收式热泵的排烟混合后进入烟气冷凝换热器中，系统排烟温度降低到 20℃以下后送回烟囱中排放至大气，在烟囱抽出烟气与送回烟气口之间增设隔板。

该技术有两个层面的关键点，一个是设备层面，烟气冷凝换热器和吸收式热泵两个关键设备；另一个是系统集成配置与优化运行。

在该系统中，烟气冷凝换热器是系统的一个关键设备。烟气冷凝换热器包括表面式冷凝换热器与直接接触式冷凝式换热器。表面式冷凝换热器在过去几年得到了较多的应用，但在实际应用中发现主要存在以下问题：①烟气与热水的传热温差小，要保证换热效果就必须增加传热面积，导致金属消耗量和设备的初投资增多；②烟气中的酸性物质与水蒸汽一起凝结，易引起换热器腐蚀，影响使用寿命；③传热面积增大后导致换热器的占地面积大幅度增加。直接接触冷凝式换热是使高温流体与低温流体直接混合的一种强化换热方式，通过将中间介质水在烟气中雾化喷淋，中间介质水直接与烟气接触换热，使烟气降温至露点以下，烟气中的水蒸汽凝结放热，达到回收烟气余热及水分的目的。其优势在于：极大地增加了气-液两相接触面积，瞬间完成传热和传质，达到强化换热，提高换热效率的目的。采用接触换热技术后，烟气和水在很小温差下即可实现稳定接触换热，无需金属换热面，降低了烟气侧阻力，减小了换热器的体积，大幅度降低了换热器成本。烟气中的酸性蒸汽直接在水中溶解，只要对溶液进行加药中和，同时对关键部位的换热器制造材料进行防腐蚀处理，即可避免上述表面式换热器中降低排烟温度后遇到的材料腐蚀问题。烟气余热与其他的低温热源相比，温度高，换热温差大，但同时换热过程复杂，涉及潜热和显热的同时热质交换，属于典型的有相变的传热传质问题，针对直接接触式换热器，合理的喷嘴的雾化的形式、设计喷水量、烟气流速、换热器的结构形式等是设计的关键点。

在烟气深度利用系统中，天然气驱动的吸收式热泵需要根据烟气余热回收段的设计参数进行匹配设计，因此，开发适合于燃气锅炉房烟气工况的新型吸收式热泵成为系统的另一个关键设备，包括喷淋水侧最佳参数的确定，新型吸收式热泵机组内部流程的优化设计等。

目前，针对该项技术已经研发完成了喷淋式燃气锅炉烟气余热回收利用一体化设备，针对4t/h以上的燃气锅炉，均可配套该烟气深度利用系统。以热网回水温度55℃、供水温度65℃的燃气锅炉为例，针对不同吨位的燃气锅炉，其可回收烟气余热量、系统供热量、设备尺寸等关键参数如表4-3所示，针对60t/h以上的较大的燃气锅炉，可以针对现场条件单独设计定制。根据具体锅炉房现场的条件，也可以采用烟气余热回收换热器与热泵分体的系统形式。

喷淋式烟气余热回收一体化设备关键参数表　　表4-3

配套要回收余热的锅炉的吨位（t/h）	4	10	20	40
回收烟气热量（kW）	300	1000	2000	4000
供热量（kW）	744	2480	4960	9920
热水流量（t/h）	66.6	222	444	888
消耗燃气量（Nm^3/h）	46.5	155	310	620
燃气入口压力（kPa）	10	10	10	15
燃气入口管径	*DN*40	*DN*40	*DN*50	*DN*65
烟气入口流量（m^3/h）	3108	10360	20720	41440
烟气入口温度（℃）	80	80	80	80
烟气出口温度（℃）	25	25	25	25
最大件运输重量（t）	16	30	40	50
运行重量（t）	40	65	80	100
配电功率（kW）	50	80	100	150
尺寸（长×宽×高）	5×2×6	7×2.7×6.5	8.1×3×6.7	10.7×4.2×7

除了两个关键设备外，该项技术能否取得良好的运行效果，系统的配置及运行也是关键。

首先，针对既有改造项目，锅炉房现状供热情况的调研至关重要，包括锅炉台数是否超规模配置、实际的供热参数、锅炉房的运行模式等。例如，我们通过对大量燃气锅炉房的调研发现，很多锅炉台数都超规模配置，如果全部盲目增加烟气余热回收设备往往会造成有的烟气余热回收设备利用小时数少、长期处于部分负荷工况情况下，达不到最佳的余热回收效果，因此在配置设备时，应该针对承担基本采暖负荷的锅炉配置烟气余热回收设备；锅炉实际供热参数一个采暖季在逐渐地变化，因此供热参数是影响烟气余热回收设备的另一个关键参数，影响着余热回收量，需要优化余热回收机组的参数；锅炉房的运行模式如既有锅炉台数投入的情况、是逐台投入还是多台投入、多台锅炉同时部分负荷运行等情况均会影响对哪几台锅炉增加余热回收设备。因此，如何配置设备，最大化系统的余热回收效果是系统配置的关键问题。

其次，余热回收系统的运行是个关键点。当燃气锅炉负荷发生变化时，掌握烟气余热回收系统的变工况特性，分析各种扰动对系统运行可靠性与稳定性的影响，研究烟气余热回收机组容量调节方式、策略，保证其可靠性和经济性，并在此基础上如何实现智能运行和调控是系统成功运行的关键。

从节能及环保角度，利用该技术可使供热系统热源效率提高 10%～15%，同时，因为烟气余热回收会有大量的凝结水冷凝出来，这部分凝结水相对比较干净，经过对凝结水水质的采样分析可知，经过简单的加碱处理方式就可以达到排放标准，如果余热回收规模较大，凝结水量成规模，可以增加水处理设备处理后中水回用。利用该项技术，针对相同的供热面积，可以少烧天然气，整体上就降低了污染物排放总量。另外从环保角度，因为烟气中的水蒸气被冷凝回收，因此，燃气锅炉的烟囱不再冒白烟，极大程度的改善了市政市容面貌，“消白”效果明显。图 4-22 为烟气余热回收设备开启前后燃气锅炉烟囱白烟情况对比效果。

从经济性的角度，这种设备及系统的增量投资（包括吸收式热泵、烟气冷凝换

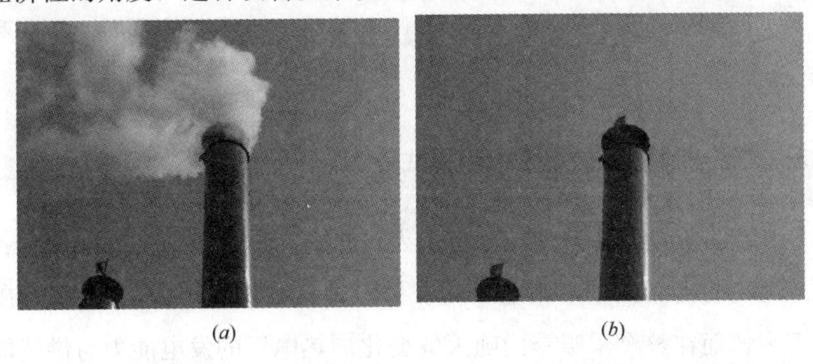

(a)　　(b)

图 4-22　烟气深度利用前后烟囱排放情况对比

(a) 烟气余热回收系统关闭；(b) 烟气余热回收系统开启

热器及配套辅助水泵阀门等设备的投资）一般在3～4年以内可以回收。

从技术推广应用情况上看，目前该项技术已经在北京总后锅炉房余热回收工程、北京竹木厂锅炉房、沙河镇政府锅炉房余热回收工程中应用，取得了较好的节能效果。

针对该技术实际运行情况、节能环保经济效果参见最佳实践案例章节。

4.4 热电协同供热技术

4.4.1 “以热定电”热电联产运行方式存在问题

我国热电联产有巨大发展潜力。然而，热电联产在发展过程中热电之间的矛盾逐渐突显。热电联产机组分为抽凝机组和背压机组。抽凝机组发电出力调节范围受抽汽供热量，热负荷越大，抽汽量越高的时候，机组发电出力调节范围越低。背压机组发电出力与供热出力直接相关，调节发电出力必然会改变供热出力，当机组维持供热出力不变时，机组发电负荷无法进行调节[22,23]。而我国热电联产均按照“以热定电”的方式运行，即在满足供热负荷需求的前提下调节机组发电负荷。这使得供热机组对电力负荷的调节能力大大降低，冬季采暖期电网负荷调峰难度增加[24]。

可见，热电联产传统的“以热定电”运行模式已经造成了热电之间的矛盾，发展研究一种新型的热电联产集中供热模式以解决热电矛盾将有利于热电联产的发展，有利于电网调峰能力的增加，有利于风电等可再生能源的发展，从而利及国家的节能环保事业[25,26]。

4.4.2 “热电协同”的集中供热模式

热电厂承担了发电与供热双重任务，发电负荷与供热负荷的波动有着各自的特征。电厂发电出力需满足城市用电负荷在每日范围内波动[27]；供热出力在每日范围内波动不大，而在整个采暖季内随天气变化。热电厂的发电能力与供热能力互相制约，导致供电与供热之间的冲突，如图4-23所示。

“热电协同”的集中供热模式分为热源侧与用户侧两个部分（图4-24）：热源

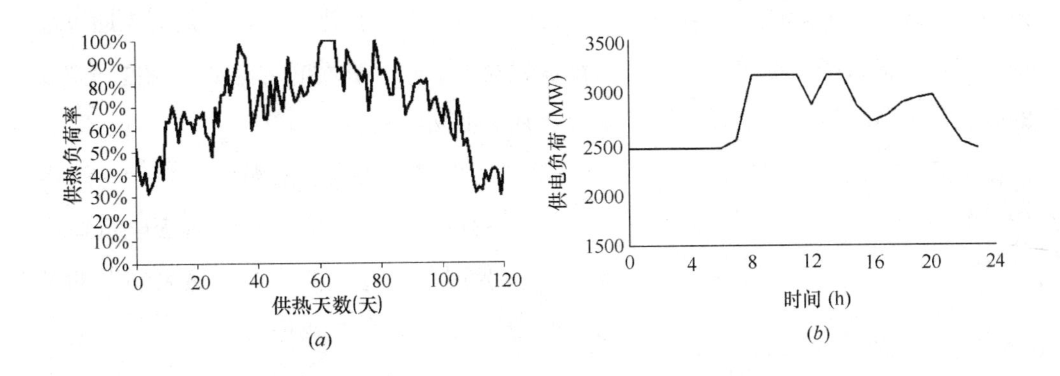

图 4-23 供热负荷与用电负荷的波动

（a）供热负荷采暖季波动；（b）电负荷日波动

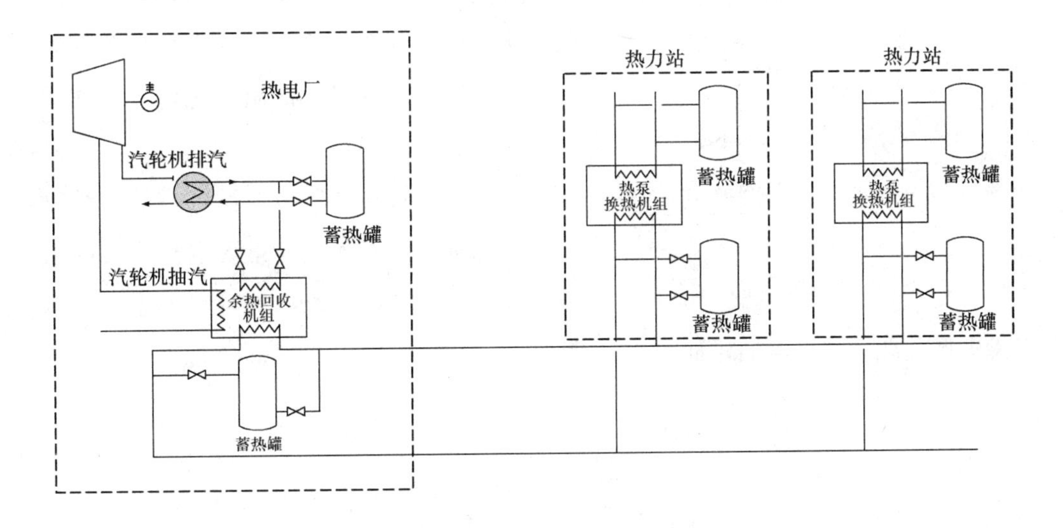

图 4-24 “热电协同”的集中供热系统图

系统采用蓄热手段解除热电厂供热与发电出力的相互耦合，从而解决供热与供电之间的冲突，实现热电相互协同；用户侧换热站采用热泵结合蓄热手段，系统利用谷电供热，实现电负荷“削峰填谷”减少电负荷峰谷差。

（1）“热电协同”的电厂供热系统

常规热电厂在降低发电出力时，需减少汽轮机进汽量，此时低压缸排汽量也随之减少，乏汽余热量降低。同时，为了保证低压缸安全运行，当汽轮机进汽量减少到一定值后，抽汽量也需随之减少，从而导致供热出力降低。

热电厂利用抽汽供热实际上是减少发电、增加供热的电变热的过程。按“热电协同”方式运行的热电厂在降低发电出力时不减少汽轮机进汽量，而是首先通过增加抽汽量降低机组发电出力。当抽汽量达到最大值时，进而通过电动热泵这种高效的电变热设备，进一步消耗过剩的电力，减少上网电量。

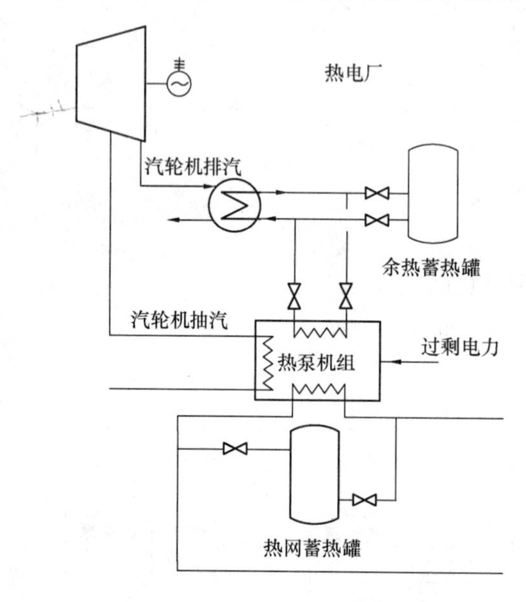

图4-25 热电协同电厂运行模式

电热泵的低温热源为余热蓄热罐中储存的余热，这些余热来自于电负荷高峰期时的汽轮机排汽；电热泵制取的过剩热量则储存在热网蓄热罐中。当电厂准备提高发电出力时，储存在热网蓄热罐中的热量可替代汽轮机抽汽，使机组抽汽量降低，提高发电出力；减少抽汽所增加的乏汽余热则储存在余热蓄热罐中，作为电热泵的低温热源储备，如图4-25所示。

以针对某电厂余热回收供热系统改造为例。蓄能系统容量可以根据实际情况进行选择，随着蓄能容量的增加，电厂发电调节能力随之增加，如图4-26所示。

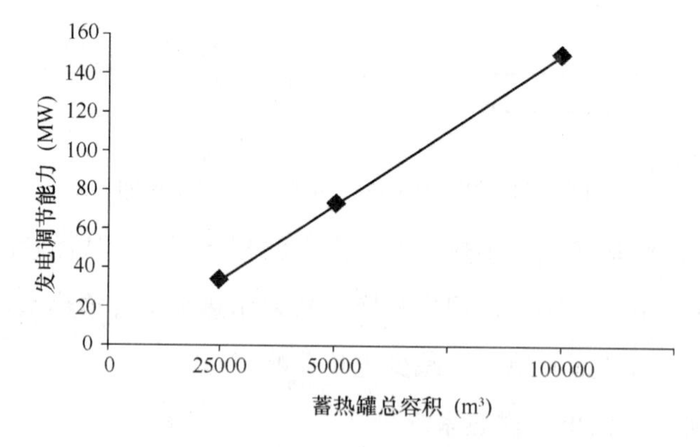

图4-26 不同蓄能容量增加发电调节能力

电厂发电调节能力的增加使得夜间电负荷低谷期时，电厂可利用更多的过剩电量制取热量并储存，并在电负荷高峰期替代更多的抽汽，从而进一步提高电负荷高峰期电厂的发电出力。随着蓄热容量的增加，电负荷高峰期电厂采暖季增加发电量随之增加。不同蓄热容量系统经济性结果如表 4-4 所示。

不同蓄能容量系统经济性 **表 4-4**

蓄热容量（MW）	蓄热罐总容积（m^3）	总投资（万元）	增加收益（万元）	静态回收期（年）
50	25000	9200	1922	4.8
100	50000	14271	3034	4.7
200	100000	22205	4972	4.5

在“热电协同”运行模式下，热电厂发电上网出力随电网调度变化时，仍能保证供热出力稳定，满足热用户的供热负荷需求；保证机组乏汽余热全回收，满足机组冷却需求。“热电协同”运行模式解除了热电厂供热出力与供电出力之间的耦合，实现了热电的相互协同。

(2)“热电协同”的热力站系统

在热力站利用吸收式换热机组的基础上利用压缩式热泵进一步降低热网回水温度。电负荷低谷期，电动热泵制取低温回水，并储存在一次网蓄热罐中；电动热泵制取高温供水，并储存在二次网蓄热罐中。电负荷高峰期时，电动热泵停止工作，储存在一次网蓄热罐中的低温水释放至城市热网，以维持较低的一次网回水温度；储存在二次网蓄热罐中的高温水用以供给热用户，满足供热需求，如图 4-27 所示。

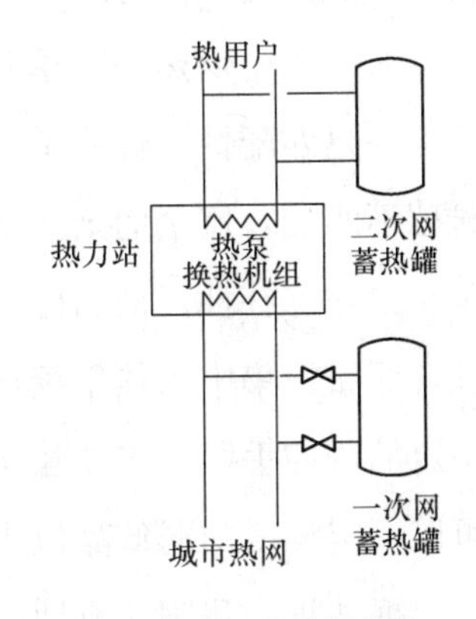

图 4-27 “热电协同”热力站运行模式

热力站系统利用蓄热罐，使得系统在电热泵“削峰填谷”间歇运行时，仍能保证一次网回水温度稳定，进而保证电厂余热回收系统的稳定运行；仍能保证二次网供热能力稳定，满足用户供热需求。

目前已建立一个利用蓄能系统实现削峰填谷的示范热力站，该站承担供热负荷 4MW，安装在热力站内的电动热泵根据电力负荷高峰低谷时段间歇运行，其中高峰时段电动热泵停止运行；低谷时段电动热泵耗电功率为 170kW。系统利用容积为 100m^3 蓄热罐保证了电热泵在间歇运行的情况下，一次网回水温度总是维持 15℃设计回水温度。

热电协同的供热系统利用蓄能罐与热泵相结合在电厂侧增加热电厂采暖季发电

处理调节范围，在热力站侧实现用电负荷“削峰填谷”，降低了用电负荷峰谷差，提高了电网调峰能力，为热电厂及风力发电的发展提供了有利条件。

4.5 低品位工业余热利用技术

4.5.1 低品位工业余热应用的最佳场合

低品位工业余热主要是指工业生产过程中排放的低于200℃的烟气、100℃以下的液体所包含的热量。低品位工业余热由于自身品位低下，往往难以用于生产工艺本身或是动力回收，目前利用率普遍较低：大多数工业企业仅回收了占排放总量很小比例的余热，主要应用于生活热水、厂区供暖或生产伴热等。

低品位工业余热的价值冬夏有别：夏天利用价值较低，而冬天则由较大的利用价值。例如循环水余热温度在50℃以下，取环境温度为参考点计算1kW余热在冬夏的㶲值，夏季仅为约60W，而冬季则有约180W，为夏季的3倍。

城镇集中供热是冬季利用低品位工业余热的最佳场合，原因有两点：

一是匹配性。低品位工业余热量往往大于工厂内部对低品位热量的需求，两者显著不匹配，富余的余热需要通过工厂外部的热需求进行“消化”和应用。

二是互补性。低品位工业余热具有随机的间断性、不可避免的波动性及不稳定性，而城镇集中供热系统往往拥有多个热源（如锅炉、热电联产等），热网也具备一定的调控手段，末端建筑群的热惯性较大。城镇集中供热系统的调控与缓冲能力可以一定程度削弱低品位工业余热间断、不稳定的弱点所带来的不利影响。

据估算，我国北方地区采暖季（平均按4个月计算）内低品位工业余热排放量约为1亿tce。2012年城镇集中供热能耗为1.71亿tce，二者大致相当。因此，如果将低品位工业余热作为重要补充，和热电厂以及锅炉房一起用于城镇集中供热，对于解决北方城市冬季供热热源紧缺、降低北方集中供热能源消耗和工业节能减排、进一步提高工业能源利用率具有非常重要的意义。

4.5.2 低品位工业余热集中供热的关键问题与解决的技术方法

原本工业生产企业与集中供热系统属于互不关联的两个系统，而将两者结合起来形成低品位工业余热集中供热系统后，需要解决多个关键问题，如图 4-28 所示，包括单个余热热源的采集方法、多个余热热源之间的整合与热量的输配以及工业余热系统的运行调节。

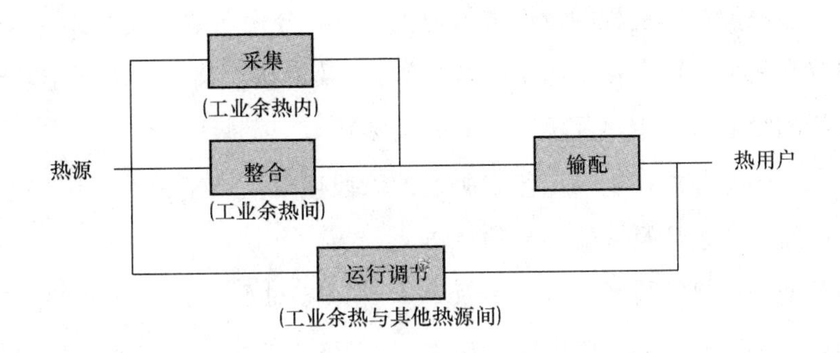

图 4-28 低品位工业余热供热系统的关键问题

（1）余热采集

工业生产过程中排放的低品位余热不尽相同，需要对常见的余热进行科学的分类，对每一类余热的特点及采集过程中需要注意的事项进行归纳总结。

针对每一个具体的热源，按照其所处的对应分类，可以判断出采集该热源需要注意的方面以及合适的余热采集设备及流程。余热的分类方式可以参考图 4-29。

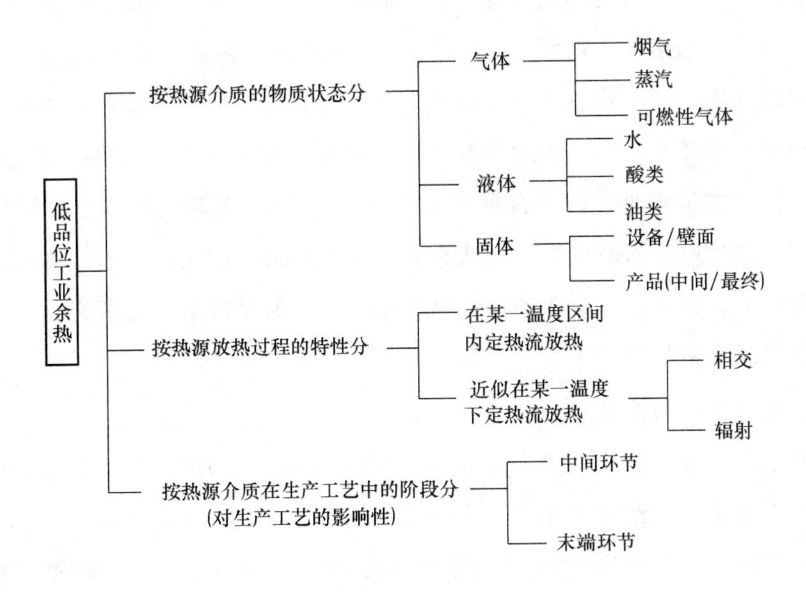

图 4-29 低品位工业余热的分类

基于余热热源介质的物质状态进行分类，可以分为气体余热、液体余热与固体余热。气体余热包括烟气余热、蒸汽余热等，液体余热包括水、酸类、油类余热，固体余热可以分为设备及壁面余热以及固体产品的余热。

基于余热热源放热过程的特性进行分类，可以分为在某一温度区间内定热流放热的余热（常见大多数余热均属于此情形），以及近似在某一温度下定热流放热的余热（包括相变类型的余热及辐射类型的余热）。

基于余热热源介质在生产工艺中所处的阶段或对生产工艺有无影响进行分类，可以分为中间环节余热及末端环节的余热。

不同类型的余热其特性不同，从而在余热采集过程中必须注意的关键点也不同。例如烟气类型的余热介质中往往含尘、含有酸性气体、体积流量大，因此在余热采集过程中必须解决堵塞、磨损、腐蚀及设备体量庞大等问题。蒸汽类型的余热品位较高但通常情况下热量不稳定，且难以采集、输送，因此利用蒸汽余热时宜就近采集、梯级利用（例如对于高压力参数的蒸汽优先用于发电，对于中低压力参数的蒸汽优先驱动蒸汽型吸收式热泵回收低温余热或在取热流程最末环节用于加热热网水）。对于循环水类型的余热，余热品位很低，且水中可能含油含杂质，呈现非中性，因此采集过程中必须注意防腐蚀、防结垢，同时尽量提升余热的品位。

对于某一个特定的具体余热热源，可以将其划分至多个分类区间。例如冶炼行业常见的冲渣水余热，一般包括冲渣口的闪蒸蒸汽余热及冲渣池的渣水余热两部分。从热源介质的物质状态来看，闪蒸蒸汽的余热属于低压力参数的蒸汽余热，渣水的余热属于循环水余热，因此在冲渣水余热采集过程中一是要解决堵塞、磨损、腐蚀的问题，二是要通过设计合理的流程将渣水及闪蒸蒸汽的余热梯级回收。此外，从对工艺生产的影响性看，渣水余热属于末端环节的余热，其温度高低对生产工艺没有影响，只需要注意渣池滤料性能即可，一般情况下可以适当提高渣水的温度，提升其利用价值。

（2）余热整合与输配

工业余热热源多样而散布，不同的余热采集网络拓扑结构，可实现不同的供水温度，例如表4-5给出了最简单的双热源的例子，换热最小端差为5℃。不同的余热采集网络拓扑结构对应的供水温度如图4-30所示。不难发现供水温度差别巨大。

示例：双热源的温度与热流量 表 4-5

余热热源	放热终温（℃）	放热初温（℃）	热流量（kW）
A	45	65	1000
B	55	85	900

工业余热的整体品位低下，供水温度一般难以提升至很高的温度，既影响了工业余热在供热系统中的适用性，又使得输配温差不高而难以降低输配电耗。因此在设计过程中务必注意在余热热源允许的范围内提高供水温度。

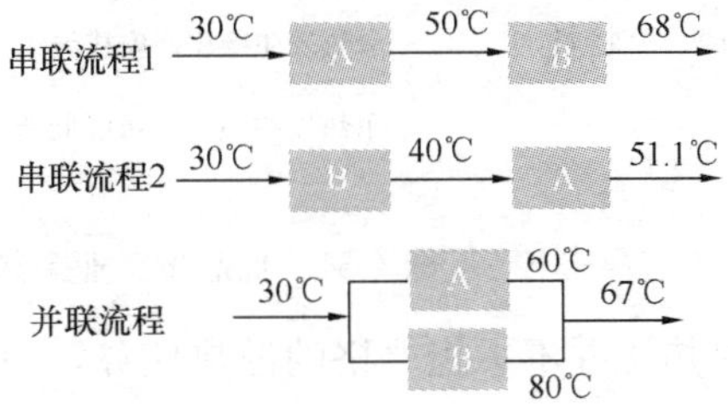

图 4-30 不同余热采集网络拓扑结构对应的供水温度

化工领域的夹点分析法可以被参考并用于余热整合过程的优化[4]。

值得注意的是，供热过程中热量与品位同等重要，一些情况下适当舍弃部分低温余热可以显著提高供水温度。因此余热整合与输配的最优目标应为热量与品位的乘积最大化，即 $\max\Delta t \cdot Q$，其中 Q 为回收的余热热流量，Δt 为供回水温差。

除了提高供水温度以外，还可以通过降低回水温度的方式减小输配电耗，并且降低回水温度还可以回收更低品位的余热，从而显著提升余热回收率。降低回水温度的技术包括：1）梯级供热末端，直连的辐射散热器、间连的辐射散热器末端以及地板辐射末端依次相连，回水温度逐级降低，最终可低至 30～40℃；2）热力站或楼宇式的吸收式热泵，一次网供水驱动吸收式热泵拉低回水温度，回水温度可以降低至 20～30℃；3）热力站的电驱动热泵，回水温度可以降得更低。

（3）系统运行调节

工业生产过程与集中供热过程之间存在诸多矛盾，这些矛盾是低品位工业余热供热系统运行调节问题产生的根源，如图 4-31 所示。

首先，工业企业以生产的安全为首要目标，工艺过程产生的余热不是可排可不排，而是必须根据产热速率且在工艺所要求的热源温度下“保质保量”排走。集中供热系统则围绕用户的舒适安全目标，根据用户的热负荷需求，维持室内较舒适的温度环境，“保质保量”地进行供热。以往热电联产或热水锅炉的供热系统中，用

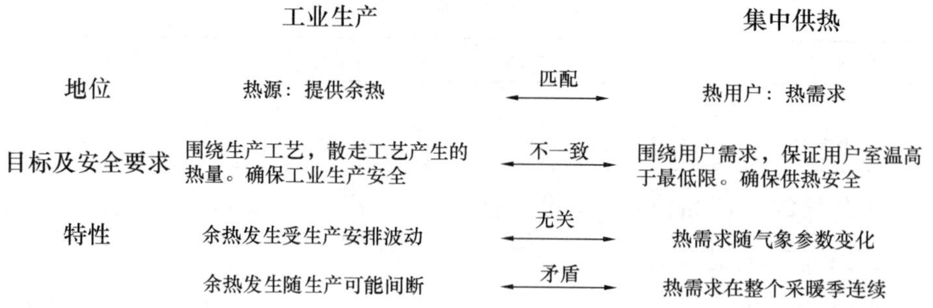

	工业生产		集中供热
地位	热源：提供余热	匹配 ↔	热用户：热需求
目标及安全要求	围绕生产工艺，散走工艺产生的热量。确保工业生产安全	不一致 ↔	围绕用户需求，保证用户室温高于最低限。确保供热安全
特性	余热发生受生产安排波动	无关 ↔	热需求随气象参数变化
	余热发生随生产可能间断	矛盾 ↔	热需求在整个采暖季连续

图 4-31 低品位工业余热供热系统运行调节问题的由来

户对热源并不承担严格的散热任务，即用户不能完全消耗供出的热量导致回水温度升高，对热源的影响并不显著；而在工业余热供热系统中，用户必须对热源担负起严格的散热任务，即倘若用户不能完全消耗供出的热量导致回水温度过高时，对工业生产会产生重大的不利影响，使得工业企业无法继续向用户提供热量，甚至威胁到工业生产本身。

其次，工业生产过程中余热的产生速率受到生产安排的约束，随生产周期发生波动，此外，由于工业生产受到的内部和外部的不确定因素多，间断的可能性较大。而集中供热过程中热需求的变化随气象参数而变化，在整个采暖季内是连续变化的，这就要求集中供热的热源具备较强的调节能力与稳定性。相比于热电联产、热水锅炉等常规供热热源方式，低品位工业余热系统基本不具备调节性，稳定性也较差。

总而言之，低品位工业余热热源不能单独进行集中供热，必须配合其他的常规供热方式，才可以保证供热安全与稳定。并且，低品位工业余热在所有热源中所占的比例不应太高，应承担基础负荷（30%～50%）所对应的热量为宜。

4.6 渣水取热技术

4.6.1 热渣余热利用现状

在黑色金属冶炼（以钢铁冶炼为代表）、有色金属冶炼（例如铜冶炼）等行业中，热渣作为冶炼过程的副产物普遍存在。以钢铁企业排放的高炉铁渣为例，其主要成分包括 CaO、MgO、Al_2O_3、SiO_2。

热渣具有很高的品位，排出温度一般在 1500℃以上，是一种非常优质的热源。为了在较高品位下回收热渣的热量，主流的余热回收技术包括风碎余热回收技术和转杯粒化余热回收技术等。目前在中国、日本、澳大利亚等国有较多研究者针对上述两项余热回收技术进行优化研究。有学者对此进行了文献综述[5]。

风碎法和转杯法的本质都是对高温炉渣渣粒进行破碎，以增加余热回收时的换热面积。区别在于风碎法利用高速空气将炉渣冲击破碎，而转杯法利用高速旋转的转杯将倾倒在上面的炉渣粒化。图 4-32 展示了风碎法余热回收流程。炉渣经风碎后余热在多段流化床内被回收，产生的蒸汽用于余热发电。图 4-33 展示了转杯法余热回收流程。炉渣经转杯离心破碎后，在粒化器、振动床、流化床内逐级回收余热，最终炉渣温度可降低至 150℃，热能同样转化为电能得到利用。

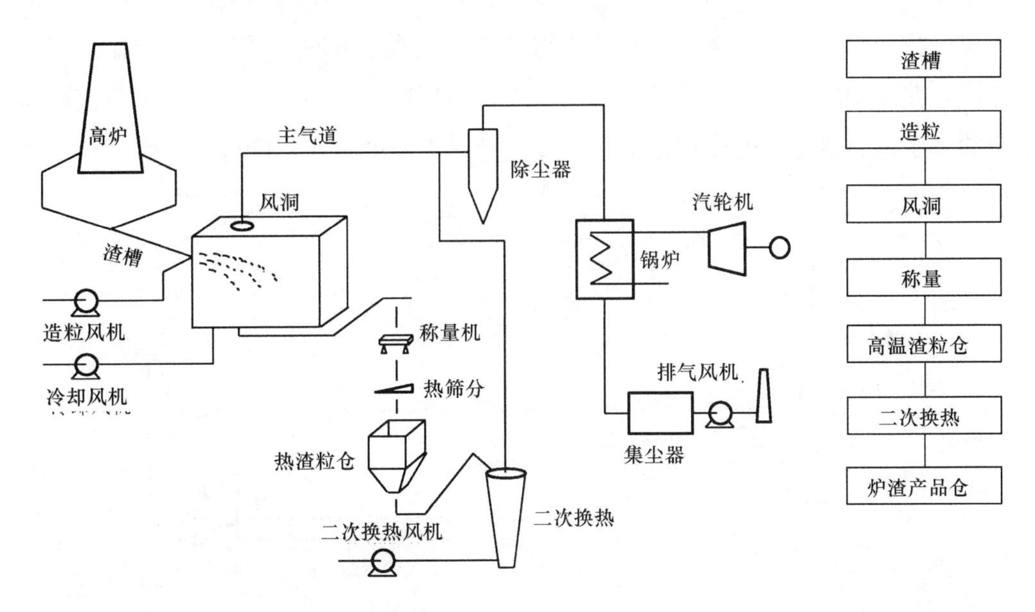

图 4-32 高炉炉渣风碎法余热回收流程示意图

风碎法、转杯法等工艺难以保证炉渣产品的高附加值化。因此，目前绝大多数冶炼企业仍然通过水淬法处理高温炉渣，仅在事故工况中才采用干渣处理的方式。由水淬法处理得到的产物是一种性能良好的硅酸盐材料，可作为水泥熟料替代物，由此获得较高的附加值和环境效益，但缺点是水淬过程中炉渣的高温余热退化为冲渣水的低温余热，余热品位损失严重。

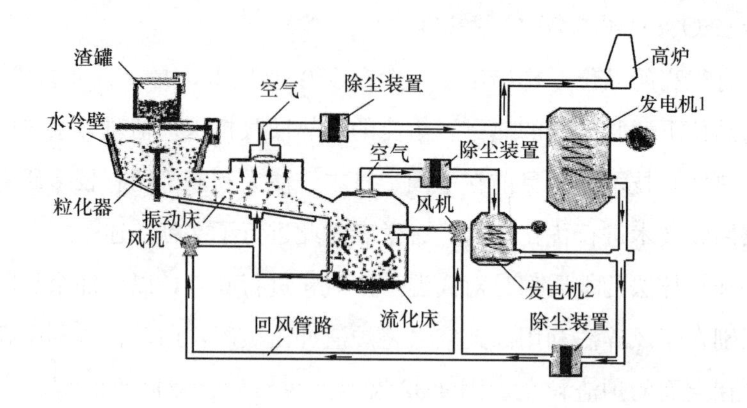

图 4-33 高炉炉渣转杯法余热回收流程示意图

图 4-34 所示为常见的底滤池冲渣水系统。在出渣口，具有一定速度和压力的冲渣水冲击从冶炼炉出渣口排出的热渣，渣、水沿渣槽流至渣池。渣池底部的滤料层将渣水中含有的颗粒物和絮状物过滤后，渣水由冲渣泵提升压力输送至冷却塔，在冷却塔内进一步降温后返回出渣口循环冲渣。冲渣过程由补水泵保证需要的补水量。冷却塔的作用是尽可能降低冲渣水温度，在实际应用中，冷却塔也可以取消。

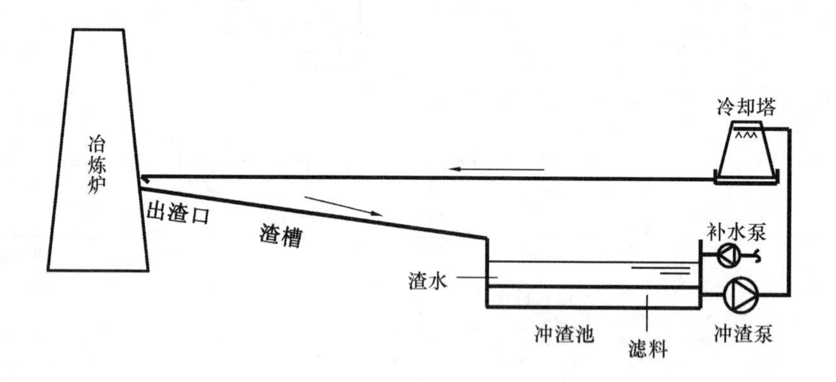

图 4-34 底滤池冲渣水系统简图

4.6.2 渣水余热的特点及应用过程中的难点

广义的渣水余热主要包括两部分，一是冲渣口的闪蒸蒸汽余热，二是冲渣池的渣水余热。

渣水余热具有以下特点及应用难点：

（1）余热热量呈现周期性的间断，渣池内渣水的平均温度则随之呈现周期性波动。作为一种副产品，炉渣的产生与排放源于冶炼过程主要产品（例如铁水、铜水等）的产生与排出。冶炼过程的特性决定了产品从冶炼炉内排出往往并非连续，而呈现周期性的间断，即便在产品排出的过程中，也并非均匀排出而是呈现先增后减的排放规律。

（2）冲渣口闪蒸蒸汽余热在渣水总余热中比例高，并且这一比例随着出渣口处渣水温度的提高而增加，一般可以占到20%～40%。由于闪蒸蒸汽在放散的环境下难以收集，现有工艺往往直接排放而未予以利用。

（3）渣水中含有Cl^-，且含有絮状物，碱度高。因此在余热采集过程中，余热回收设备、阀门、管道容易发生堵塞、磨损、腐蚀等现象，一方面降低了传热系数，使得余热回收能力随时间显著衰减；另一方面威胁到供热系统的安全，水质极差的冲渣水经由磨损、腐蚀产生的漏点进入热网，对沿线管网及末端散热器均产生较大的安全隐患。

（4）渣水作为一种末端环节的产品，其温度高低对冶炼炉的生产不产生任何影响。因此渣水温度不受生产工艺所限，而只受到渣池滤料寿命的限制，一般较低的渣水温度对滤料寿命有利。但较高的渣水温度对改善供热效果有利，因此需要综合权衡其中的利弊。总的来说，提高渣水温度利大于弊。

4.6.3 渣水余热取热技术的发展现状

目前对于渣水余热取热技术的研究与应用主要集中在接触式换热技术与设备的研发、改进。通过优化系统取热管路布置结构、优化换热设备流道的结构设计、改进换热表面的加工处理等方式，解决堵塞、磨损、腐蚀等难题。在此方面，已有多项研究成果。

例如，通过合理设计系统的管路与阀门，定期改变冲渣水的流向，可以有效解决渣水换热过程中的堵塞问题[6]。再例如，宽流道板式换热器[7]的热流体侧在板组间形成无触点的介质通道，可以保证含有颗粒、絮状物的渣水顺利通过。相比于其他板式换热器，宽流道板式换热器具有传热系数高、压力损失小、不易堵塞等优点。再例如，一类冲渣水专用换热器[8]由螺旋状扁管换热元件组成，螺旋扁管截面为椭圆形，管内外流道均为螺旋状，如图4-35所示。该设备具有压降小、传热效

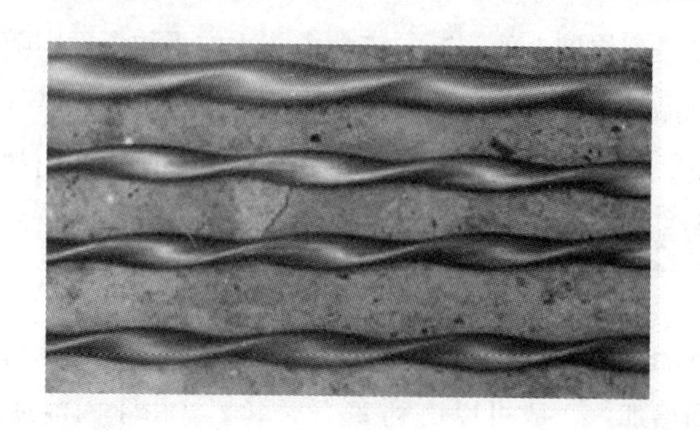

图4-35　螺旋扁管

率高、不易结垢、不易堵塞等特点。

在逐步解决渣水取热难点的过程中，国内多家冶炼企业已开展工程实践的探索。例如自1997年起，济钢开始利用部分高炉冲渣水为厂区内部的小区进行供热[9]；而从2009年起，济钢进一步对未利用的高炉冲渣水进行余热回收设计，供热面积也随之扩大[10]。宣钢自1999年期也开始利用冲渣水为职工宿舍楼供暖，历经多次改造力图解决防腐防垢的难题[11]。

4.6.4　非接触式换热技术与设备

接触式换热技术的发展已经很大程度上克服了渣水取热过程中的突出难题，显著改善了渣水利用的条件。但由于本质上渣水仍需要通过接触换热的方式将热量传递给热网水，因而不能完全避免堵塞、结垢、腐蚀的问题。此外，目前接触式换热的技术均无法有效利用闪蒸蒸汽的余热，余热利用整体效率偏低，余热利用的品位偏低。为了根本解决渣水换热堵塞、结垢、腐蚀的问题，为了能够提高渣水余热利用率，近年来有研究指出采取非接触式换热的方法进行取热[12]。非接触式换热技术的基本原理及设备的基本形式如图4-36所示。

两个罐体由管道及安装在管道上的增压设备连接在一起。其中一个罐体（蒸发器）由真空泵保证一定的负压。高温渣水进入蒸发器后，在负压环境下汽化，高温蒸汽带走渣水中的大量热量经增压设备增压后进入冷凝器；渣水冷却后进入蒸发器底部，返回冲渣。高温蒸汽进入冷凝器后，将热量传递给从冷凝器顶部流入的热网水，热网水在冷凝器排管内升温后从冷凝器底部流出供热。由于汽化与冷凝的过程均近似为等温过程，为了减少等温过程换热的品位损失，实际应用中可以考虑将上

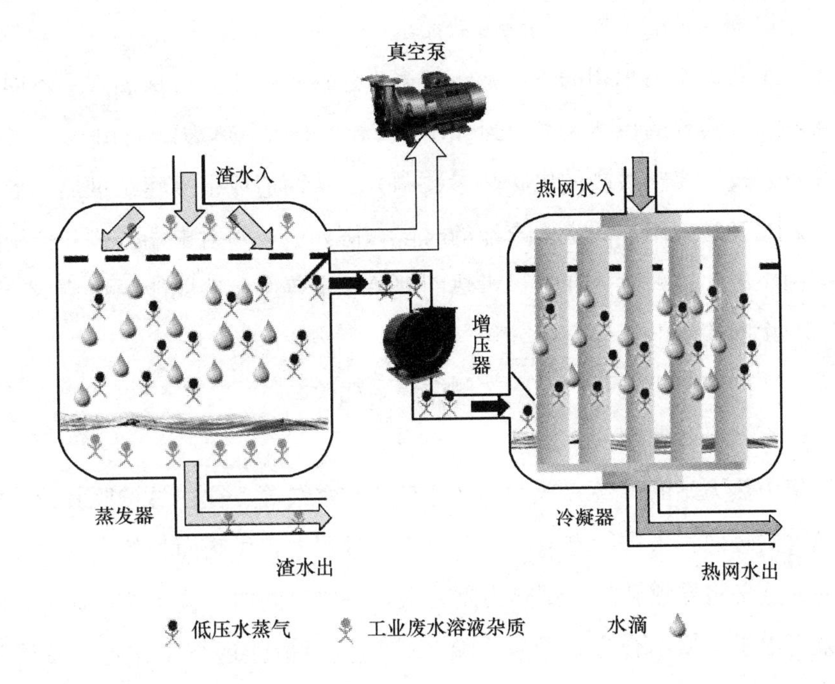

图 4-36 非接触式换热技术基本原理

述换热单元逐级串联，减小换热温差。

4.7 楼宇式换热站应用技术

4.7.1 大型换热站应用中出现的问题

我国现有的集中供热系统热力站多为大型热力站，一个热力站为多个建筑供热，供热面积为几万到几十万平方米不等。大型热力站由于其换热设备初投资低，设备集中便于管理维护，补水水源便于处理等优点，得到了广泛的应用。但是随着供暖节能工作的深入，其在实际应用过程中存在的弊端也逐一显现，目前该系统存在的主要问题有如下几个方面：

(1) 楼栋之间供热不平衡问题

由于大型二次网输送距离远，供热规模大，在末端缺少调控的情况下，各个楼栋之间水力失调现象较为明显，且难以进行有效的调节，导致用户冷热不均，为满足最低室温建筑的供暖要求必将导致其他建筑过量供热。

（2）难以满足末端不同的供热参数需求

由于一个热力站内承担的供暖建筑较多，建造年代不同，保温水平不同，室内散热设备不同，需要的供水温度也不相同。统一在一个热力站内由一个二次网供热，往往只能按照要求最高的供暖热参数调节，从而造成很多建筑过热，形成过量供热损失。尤其是采用不同室内末端的时候，例如地板辐射末端方式和传统暖气片方式共存的小区，这种过热和过量供热的现象非常普遍，造成能源浪费。

（3）二次网输配电耗偏高

由于二次网温差小流量大，二次侧循环泵耗较高

（4）热力站设备选型偏大

大型集中热力站的设备容量大小（换热器和水泵等）往往是按照其设计之初所能带的最大供暖面积来进行选取的。但是实际过程中，供暖面积的发展往往是分阶段进行的。这必将导致新建大型热力站在很长一段时间内，设备选型偏大，特别是循环水泵，由于选型不合适，导致水泵工作点偏离最佳运行工作点，整体效率偏低，造成输配电耗浪费。

而随着自动控制与远程监测水平的提高，目前热力站的运行管理方式较以前相比已经有了很大的改进，例如很多热力站都可以实现无人值守的管理方式，这也为热力站小型化奠定了基础。因此改变现有的热力站设计管理思路，发展小型楼宇规模的换热站是解决上述问题的一个重要途径。

4.7.2 小型楼宇式换热站技术介绍

小型楼宇式换热站在北欧很多国家得到了广泛的应用。对比集中式换热站和楼宇式集中供热系统，如图4-37所示，可以看出，楼宇式热力站设置在建筑内，每一栋建筑设置一个楼宇式热力站，或者位置相近的同类型建筑共用一个楼宇式热力站。

由于楼宇式换热站设置在建筑内，整个供热管网只有一次网和建筑内的管网，没有庭院管网。如图4-38所示，原来由二次网输送的部分改为由一次网输送，增加了供回水温差，减小了管网流量，节省了输配电耗。

楼宇式热力站占地空间小，只需要几平方米的空间，可以放置在地下室。实际的楼宇式热力站如4-39所示。

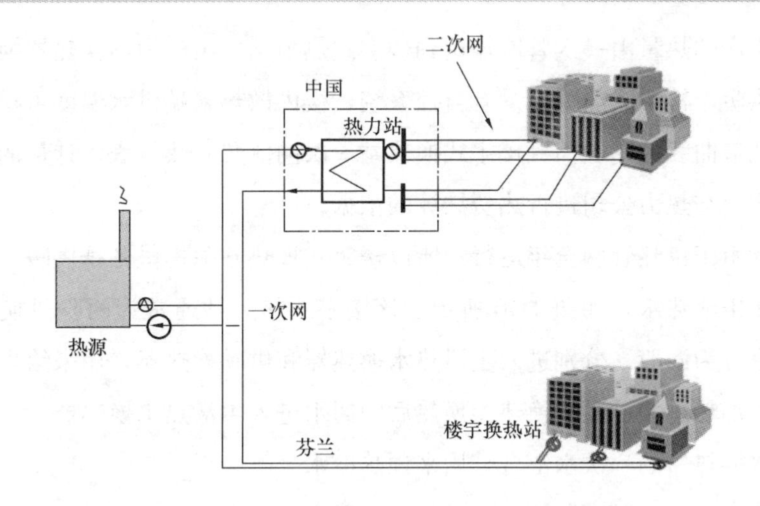

图 4-37 小型换热站和大型换热站的应用

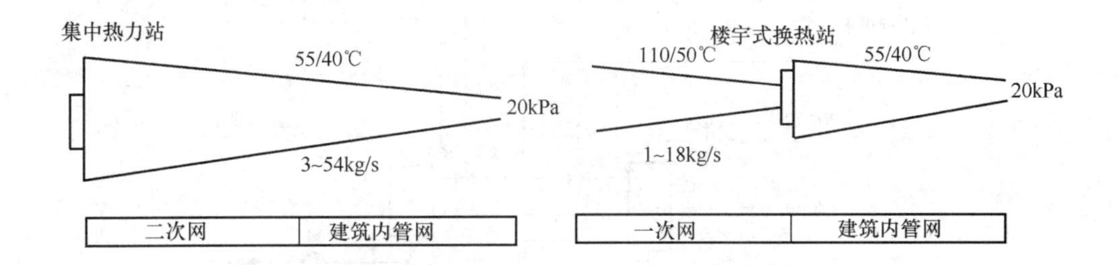

图 4-38 集中热力站与楼宇热力站系统水压图对比

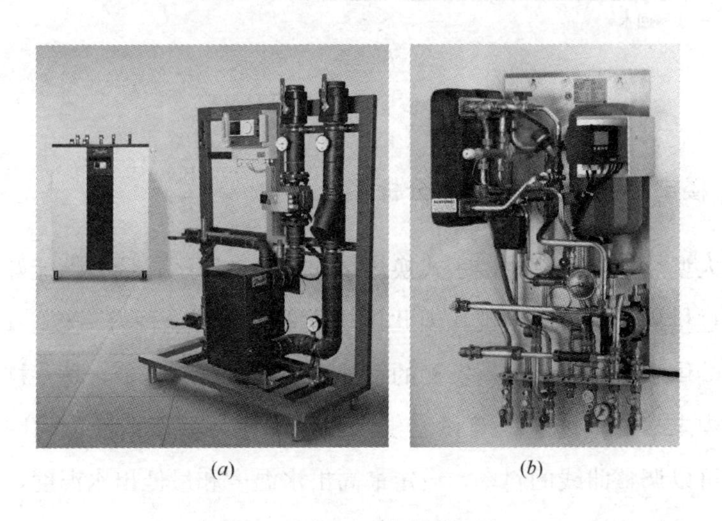

(*a*) (*b*)

图 4-39 实际的楼宇热力站

(*a*) 楼宇式换热站；(*b*) 户式换热机组

热源生产的热量由一次管网输送到楼宇式热力站，由热力站换热器换热为用户提供房间供暖。楼宇式热力站设有自控系统，楼内散热末端供水温度可根据设定的供水温度调节曲线控制。而且楼宇式换热站一次网侧装有热量表，计量的热量可以作为供暖用户与热力公司进行热费结算的依据。

在北欧由于供热管网全年运行，所以楼宇式换热站除提供冬季供暖之外，还可以提供全年生活热水，如图4-40所示。该楼宇式热力站通常为两阶段换热器，如热网一次水分为两股，分别进入生活热水换热器和供暖换热器，用来给生活热水和暖气循环水加热，经过供暖换热器换热后的回水进入生活热水换热器，与另一股经过生活热水换热器的一次水汇合，用来预热冷水。

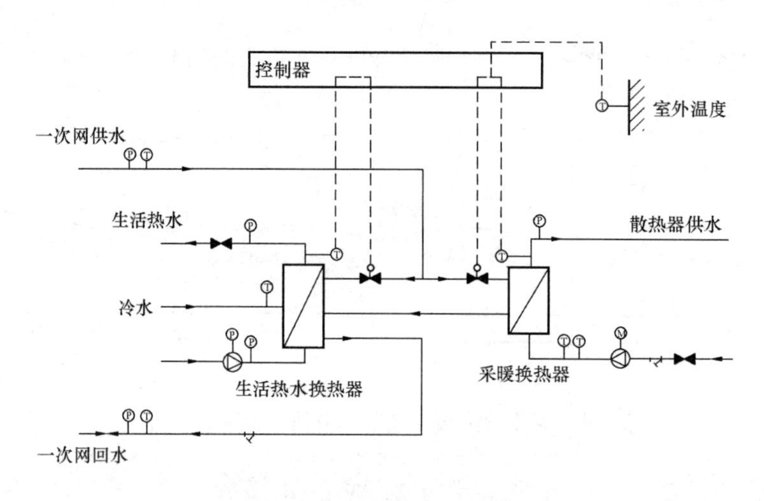

图4-40　楼宇式换热站原理图

4.7.3　楼宇式换热站运行效果分析

与集中大型热力站相比，楼宇式换热站的优势在于运行调节性能好，几乎没有冷热不均、过量供热的情况出现，因此供热质量高、节能性好。楼宇式换热站中，楼内散热末端供水温度可以根据实测的室外温度曲线逐时调节，每一栋楼根据其围护结构、室内末端的性能特征等设定供水温度和室外温度曲线，如图4-41所示，不同的用户可以调整曲线的斜率，设定最高出水温度和最低出水温度，设定夜晚供水温度调节的延迟等控制方式来满足用户要求同时实现节能。

图4-42为按照上述方法控制后，在某楼宇式热力站测试得到楼内散热器供回水

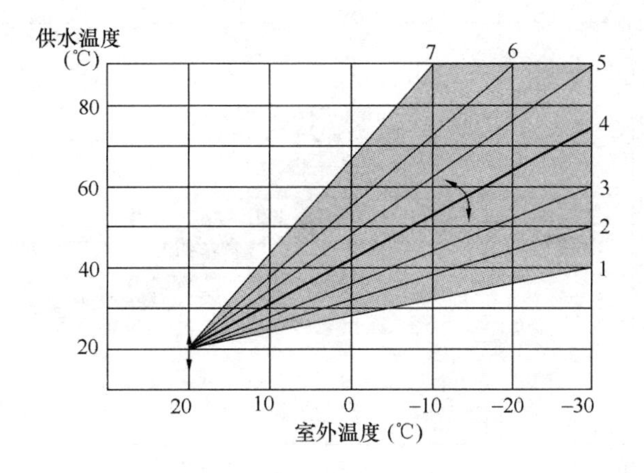

图 4-41 热力站供热调节曲线

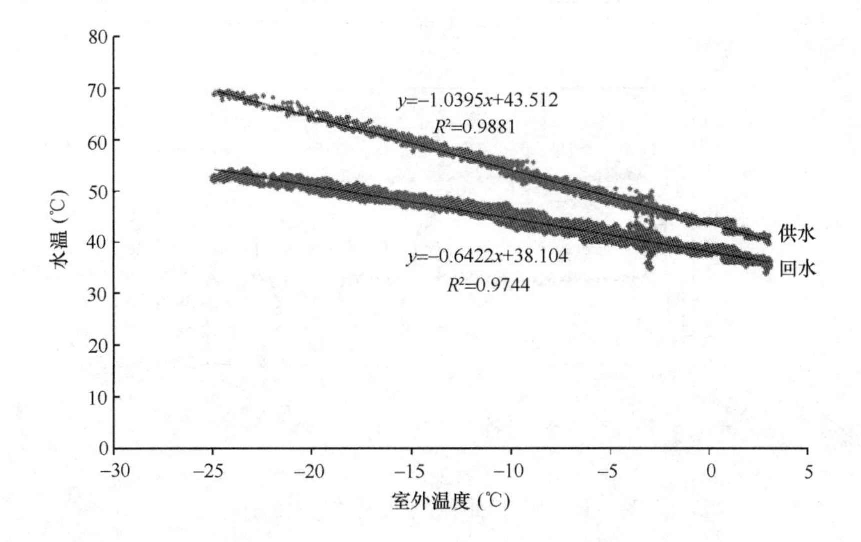

图 4-42 楼内供回水温度与室外温曲线

温度与室外温度的关系。由图可见，供回水温度与室外温度近似成线性关系，与设定的供热调节曲线相符。其供暖季建筑供热量与室外温度的关系见图4-43，可以看出，建筑实际供热量与建筑需热量相差不大，基本不存在过量供热损失。

楼宇换热器的另外一个优势在于，楼内循环水泵能耗低。图 4-44～图 4-46 给出了一个供暖面积约为 1.5 万 m^2 的楼宇式换热站，其楼内管网循环水泵定压差变频控制运行情况。由图可见，流量的变化范围为 10～15m^3/h，水泵扬程仅为 3～4mH_2O，远远低于大型集中热力站的水泵扬程；水泵功率为 150～250W，完全可

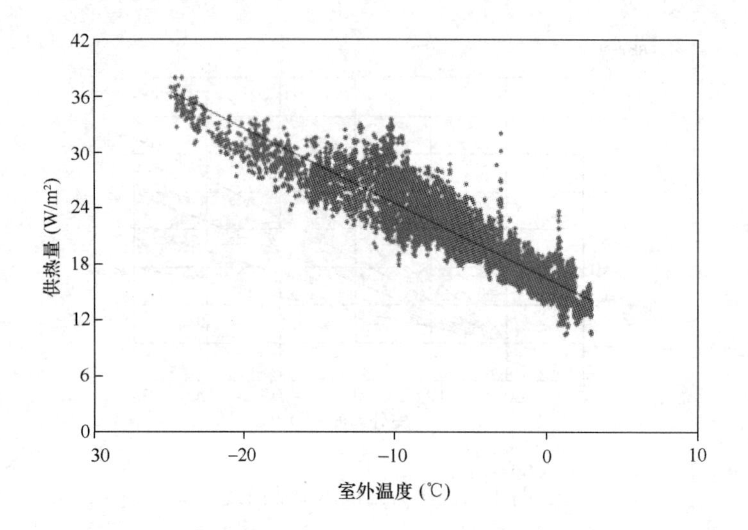

图 4-43 建筑实际供热量与室外温度曲线

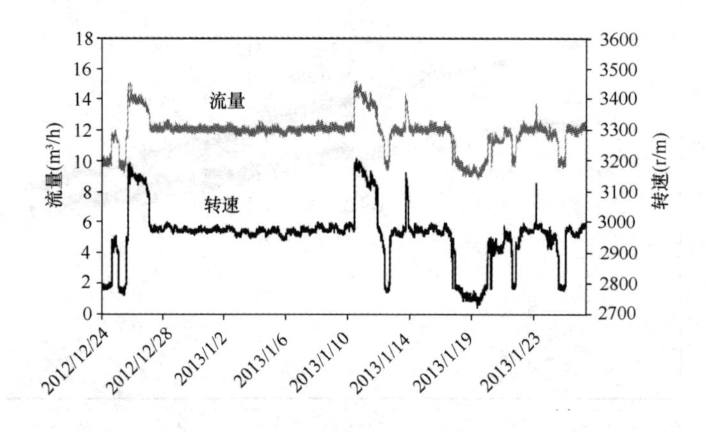

图 4-44 楼内管网循环水泵流量与转速

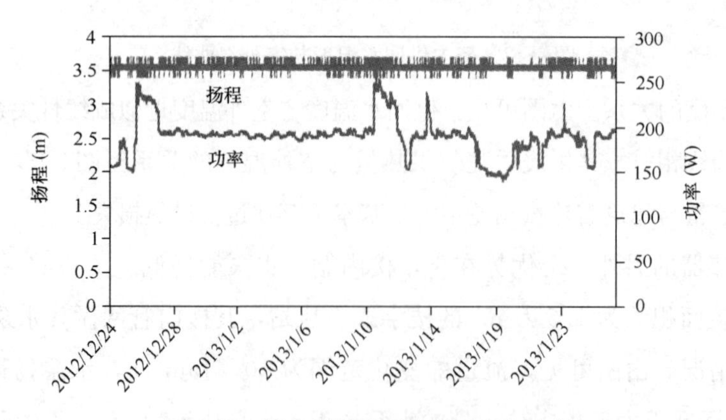

图 4-45 楼内管网循环水泵扬程与功率

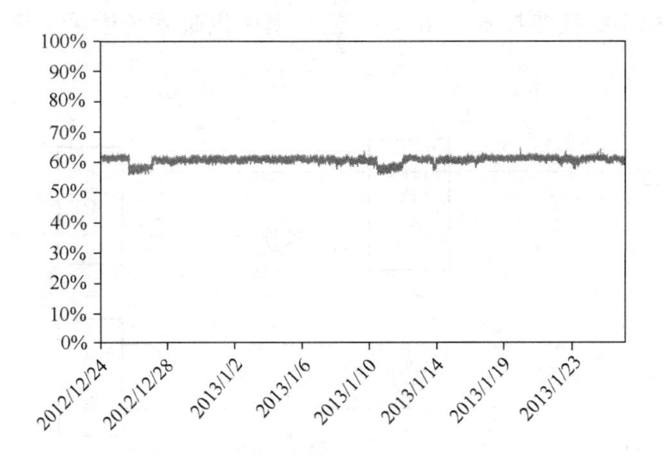

图 4-46 楼内管网循环水泵效率

以不需要单独配电，采用普通居民用电线路提供供电。

4.7.4 楼宇式换热站需要注意的问题

楼宇式换热站在国内具体应用还需要解决一些具体的实际问题。例如楼内循环管网的水处理和定压问题。目前北欧等国其楼内自来水达到饮用水水质，远远超出楼内循环管网的水处理要求，因此其楼宇式换热站多采用自来水直接补水，定压方式采用自来水系统加膨胀水箱定压即能满足要求。但是国内目前自来水水质达不到直接补水楼内循环管网的要求，因此，合理的采用水处理设备以及定压方式，是在楼宇式换热站具体应用需要解决的问题。此外，楼宇式换热站的运行对自控系统和运行数据管理提出了更高的要求，如何根据实测运行数据进行节能分析，并从中发现实际运行问题，例如，热力站设备、传感器执行器故障，调节曲线调整等，是运行人员需要掌握的技能。

4.8 降低回水温度的串级换热技术

4.8.1 简述

为了在保证室内热舒适度的前提下，尽可能地降低集中供暖系统一次网的回水温度，可以采用串级换热技术。图 4-47 是在集中供暖系统中采用串级换热技术的示意图。

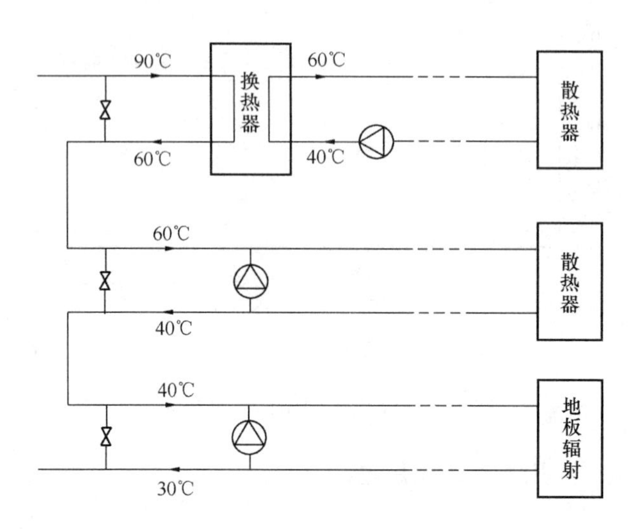

图 4-47　串级换热技术示意图

使用串级换热技术后，一次网的热水依次经历了三个换热环节。在第一个换热环节，一次网的 90℃的热水与二次网的 40℃的回水通过热力站处的换热器进行换热，二次网的回水吸收一次供水的热量后水温升高到 60℃，从热力站出来的二次供水进入二次管网进而进入到散热器末端，二次供水通过散热器释放热量后水温降低到 40℃，最终作为二次回水回到热力站被再次加热，而换热器的一次侧供水释放热量后温度降低到 60℃，进入到了第二个换热环节。在第二个换热环节，从第一个换热环节出来的 60℃的一次网热水直接进入到散热器末端，一次网的热水通过散热器释放热量后水温继续降低到 40℃，进入到了第三个换热环节。在第三个换热环节，从第二个换热环节出来的一次网的 40℃热水直接进入到了低温地板辐射末端，一次网的热水通过低温地板辐射末端释放热量后水温再次降低到 30℃。经历第三个换热环节后，降到了 30℃的一次网回水回到了一次管网进而回到热源处，被再次加热到 90℃，作为一次网供水进入到一次管网，从而完成了整个循环过程。可以看出，一次网热水中的热量依次通过间连散热器末端、直连散热器末端以及低温地板辐射末端而释放到室内来保证室内热舒适度的要求。

在串级换热技术中，由于一次热网水在间连散热器末端、直连散热器末端以及低温地板辐射末端之间串联连接，在不考虑管网热损失的前提下，三类末端的供暖面积应大致满足一次热网水在每个换热环节的温差所对应的比例关系。以图 4-44 所示的串级换热技术为例，间连散热器末端对应的一次热网水温差为 30℃，直连辐射暖气片末端对应的一次热网水温差为 20℃，低温地板辐射末端对应的一次热网水温差为 10℃，因此，三类末端的供暖面积比例应按照 3∶2∶1 设计。

为了满足热力调节的需要，每一类供暖末端所对应的一次热网水的供回水管之间都安装有旁通管与旁通阀。对于直接连接的散热器末端与低温地板辐射末端，在楼栋入口处均安装有混水泵，从而满足热力调节、水力调节以及减少局部过热损失的需要。

4.8.2 串级换热技术优点

串级换热技术实现了末端梯级供暖，该技术符合能源梯级利用的准则，可以在保证室内热舒适度的前提下尽可能地降低一次网的回水温度。该技术的优点可以归纳如下：

（1）提供不同的供暖参数。对于使用不同的末端形式的集中供暖系统，在使用串级换热技术后，可以根据热用户的末端形式而采取相应的串联连接形式，从而可以为不同的供暖末端形式供应不同温度的热水。有利于集中供暖系统实行合理的运行调节措施。

（2）低品位能源的使用。在集中供暖系统中使用串级换热技术后，一次网的回水温度显著降低，这就意味着可以更多地选择和使用低品位能源来对回水进行加热使其升温，例如，热电厂中乏汽的热量、太阳能、工业废热、土壤中的热量、空气中的热量等。

（3）提高供暖能力。如图 4-47 所示，对于传统的供暖方式，一次网的热水只经历第一个换热环节，90℃的一次侧热网水经过换热降到 60℃以后，就直接回到了热源处被再次加热，一次网的供回水温差只有 30℃。而使用串级换热技术后，90℃的一次侧的热网水经历了三个换热环节，水温被降到了 30℃，一次网的供回水温差达到了 60℃。对于既有的集中供暖系统，在一次侧的循环水流量保持不变的前提下，使用串级换热技术后，整个供暖系统的供暖能力提高了一倍，可以负担更多的供暖面积。在一定程度上，还可以延缓管网因供暖面积增加而进行更换的时间。

(4) 降低输配能耗。与传统的供暖技术相比，使用串级换热技术后，由于一次网回水温度大幅度降低，供暖系统在输送一定热量时所消耗的循环水泵的电耗会由于供回水温差的加大而降低。因此，使用串级换热技术会有效的降低供暖系统的输配能耗。

(5) 减少管网投资成本。对于新建的集中供暖管网，与传统的供暖技术相比，使用串级换热技术后，供暖管道的管径则会由于供回水温差的加大而相应减小，从而有效地减少管网的投资成本。

(6) 提高能源利用效率。使用串级换热技术后，由于一次网回水温度的降低，则可以为热电厂或者一些工业流程中的废热利用提供有利条件，这无疑是提高能源利用效率的一个有效途径。

综上所述，无论是从热源的取热环节，还是从中间的输送环节，再到末端热用户的使用环节，集中供暖系统使用串级换热技术后，对于降低集中供暖系统的整体运行能耗、提高能源效率、降低运行成本，都是非常有利的。

4.8.3 注意事项

集中供暖系统使用串级换热技术，需要在以下几个方面引起注意：

(1) 由于一部分系统采用了直接连接的形式，一次热网水直接进入到一些热用户的末端设备中，集中供暖系统的水力工况变得更加复杂，需要对整体的水利工况进行准确的计算从而选择合适的连接形式。

(2) 由于连接的热用户增多，且不同的热用户对供暖参数还有不同的要求，因此，在运行调节过程中，需要根据热用户的用热需求以及串级换热技术中每一个换热环节的特点，制定合理的运行调节方案。

(3) 应根据热用户的用热需求以及末端设备对供暖参数的具体要求，合理地确定一次网热水的换热流程，即每一个换热环节相应的换热量、换热方式、换热设备等。

(4) 由于是三组用户串联连接，各组用户间会相互影响。为了减少这一影响，保证各组用户的独立可调性，应在每组用户处都安装旁通阀（见图4-47），通过调整旁通阀可以保证各组用户各自不同的需求。

4.9 热力站吸收式末端

吸收式换热机组的核心部件是热水驱动的吸收式热泵机组。吸收式热泵机组所采用的工质对主要有溴化锂/水和氨/水两种，其中以溴化锂/水应用最为普遍，目前开发的吸收式换热机组亦采用了溴化锂/水为工质。

对吸收式换热机组来说，采用普通流程、结构的吸收式热泵也能够工作，但由于使用目的、运行参数等不同，普通吸收式热泵应用于该场合不能达到最佳性能。

吸收式换热机组中的吸收式热泵与常规吸收式热泵/制冷机运行工况的不同，主要体现在：(1) 一次水在蒸发器进出口的温差大；(2) 一次水在发生器进出口的温差大；(3) 二次水进出口温差大。如果采用普通的吸收机结构，这种载热介质的小流量大温差变化就会引起机组内部传热部件出现严重的“剪刀型”传热温差，造成能量的不可逆损失。

根据这种载热介质大温差变化的换热特点，我们提出了以下几方面主要改进措施：(1) 采用多级蒸发和多级吸收的结构形式，使一次水在多级蒸发器中逐步降温，二次水在多级吸收器中逐步升温；(2) 发生器采用多回程逆流换热；(3) 增大溶液的放汽范围（浓度差），从而减小溶液循环量，提高溶液的温度变化范围。上述改进都是为了减小各部件中的“剪刀型”传热温差，减小不可逆传热损失。

图 4-48 是我们发明的具有两级蒸发/吸收结构的吸收式换热机组流程图，发生器出口浓溶液先进入上吸收器，再进入下吸收器，分别吸收上、下蒸发器的冷剂蒸汽，下吸收器出口的稀溶液再通过溶液泵打入发生器，被一次水加热浓缩为浓溶液完成循环。发生器采用了多回程错流滴淋降膜结构，一次水下进上出，溶液上进下出，形成近似逆流的换热方式。一次水先后通过发生器、水水换热器、下蒸发器、上蒸发器逐级降温；二次水的一部分先后通过下吸收器、上吸收器、冷凝器逐级升温，另一部分通过水水板换与一次水直接换热，两部分汇合后送出。吸收机与水/水换热器整合为一体化结构，便于运输和安装，如图 4-49 所示。

表 4-6 为太原市第二热电厂供热区域内安装的部分吸收式换热机组在 2015 年 1

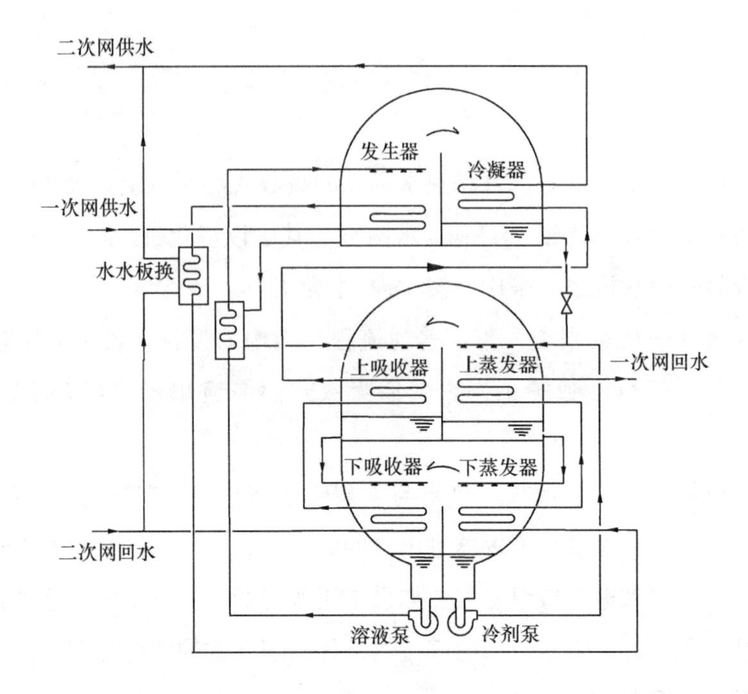

图 4-48 两级蒸发/吸收结构的吸收式换热机组流程

图 4-49 整体型吸收式换热机组

月 8 日的实际运行数据以及根据其实际运行参数计算得到的一次水换热效率、热力完善度、效率、降温系数、提升系数等指标。图 4-50 为安装于太原市政设计院热力站的一台 AHE30T-I-S 型吸收式换热机组从 2015 年 1 月 9 日～1 月 16 日连续 7 天的实际运行测试结果。

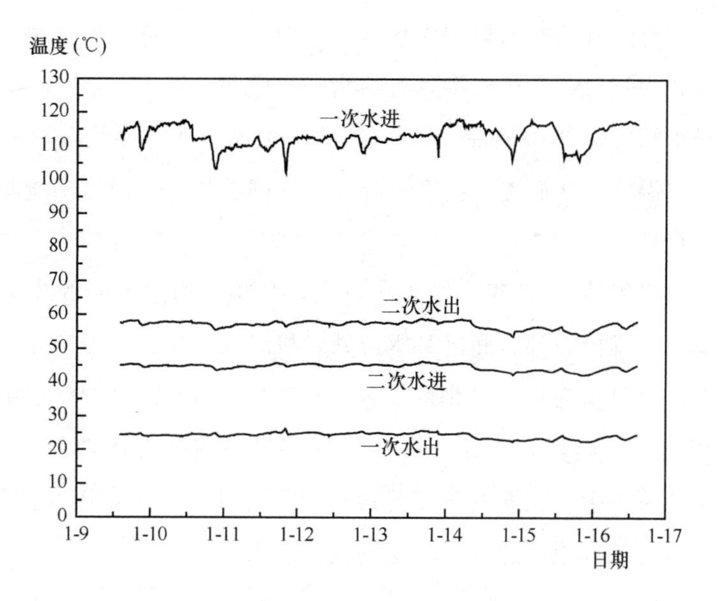

图 4-50 吸收式换热机组的性能测试结果

吸收式换热机组实际运行参数以及性能指标 **表 4-6**

热力站名称	实际运行温度（℃）				一次水出口极限温度（℃）	换热效率 ε	热力完善度 Ψ（%）	效率 η_c（%）	降温系数 ζ	提升系数 α
	一次进口	一次出口	二次进口	二次出口						
柴村 1 号	103.8	27.2	45.2	53.6	0.5	1.31	74.1	80.6	0.40	0.36
东唐干校	115.3	17.6	40.8	46.6	−18.5	1.31	73.0	72.6	0.39	0.34
面粉二厂	116.9	26.6	49.4	54.7	−5.2	1.34	74.0	78.7	0.42	0.37
明泰房地产	107.9	22.5	44.3	49.1	−7.6	1.34	74.0	77.5	0.42	0.37
	107.6	21.3	42.6	48.4	−9.5	1.33	73.7	76.6	0.41	0.36
山机	119.3	19.5	44.6	48	−17.0	1.34	73.2	73.6	0.41	0.35
	119.7	20.2	45	47.8	−17.2	1.33	72.7	73.2	0.40	0.34
市政设计院	111.6	26.5	46.4	59.7	0.7	1.31	76.7	82.2	0.44	0.38
	111.5	22.8	45.9	52.1	−6.4	1.35	75.3	78.9	0.44	0.39
太铁花园	117.4	17.6	40.9	46.3	−20.3	1.30	72.5	71.6	0.38	0.33
	117.6	14.5	41.6	45.8	−20.3	1.36	74.8	73.2	0.44	0.38
新中北能源	100.4	25.1	44.1	48.3	−2.5	1.34	73.2	78.9	0.41	0.36
桃园二巷	103.1	25.7	43.8	54	0.1	1.31	75.2	81.1	0.41	0.37
新安东南片区	118.9	24.1	45.9	55	−9.6	1.30	73.8	77.0	0.39	0.34
新城 4 号	115.5	20.9	42.6	51	−13.3	1.30	73.4	75.1	0.39	0.34
	115.9	22.9	45.2	50.8	−11.5	1.32	73.0	75.6	0.39	0.34
兴安	118	21.7	44.9	52.4	−12.0	1.32	74.1	76.2	0.41	0.35
杏花岭小区	102.3	22.5	43.5	50.6	−2.5	1.36	76.1	80.7	0.46	0.41

另外，为了与燃气调峰的集中供热方式相结合，我们进一步发明了具备燃气补燃功能的吸收式换热机组，该机型具有热水和直燃两个发生器，同时深度回收烟气冷凝余热（排烟温度降到30℃左右），在实现热力站分布式燃气调峰的同时进一步降低一次网回水温度，从而更大幅度地降低一次网流量，并通过多能源互补的方式提高了供热安全性。

吸收式换热机组从2008年开始正式研发，几年来通过不断的改进完善，在设计、制造、运行、维护等各方面已基本成熟，机组性能达到了预期效果，并已实现了批量化生产。到目前为止，仅北京华源泰盟节能设备有限公司就已销售了489台吸收式换热机组，总容量达到4043MW。这些设备应用在山西、北京、内蒙古、山东等多个供热系统中，长期的跟踪观察及检测表明，这些机组都能够在不同工况下稳定、安全运行，各项性能指标均达到设计要求。

4.10　实现楼宇式热力站的立式吸收式换热器技术

4.10.1　楼宇式吸收式供热系统的提出

为了利用低品位的工业余热为建筑供热，并且实现热量的长距离输送，降低一次网的回水温度是关键措施之一。在热力站采用吸收式换热器代替常规的板式换热器，可以实现一次网的供回水温度自常规的110℃/60℃降低为110℃/30℃，低温的一次网回水回到热电厂或者工厂既能回收低品位的余热，又能增加一次网输送的温差，降低输送电耗。

由于目前中国的热力站供热模式都是小区供热，单个热力站的供热规模达到10万～30万m^2甚至更大，往往在小区中集中设置热力站机房，单个热力站统一为10～40栋楼供热。若采用吸收式换热代替常规热力站中的换热器，则吸收式换热器的供热出力要比较大，为4～12MW。已有采用大型吸收式换热器代替常规板式换热器的技术，实现了降低一次网回水温度的目的，但由于机组规模大，采用常规的卧式结构，占地面积大，面积较小的热力站机房没有空间安装这类设备，使得应用受限。此外，由于小区规模的热力站在小区内通过庭院管网集中为多栋楼供热，当楼栋数较多时，庭院管网的规模较大，二次管网变得复杂，二次泵的泵耗也偏高。并且，楼宇间的调节仅能通过调整二次网的流量分配来满足不同楼的供热要求，当热力站所带楼栋数偏多时，二次网的水力调节也变得非常复杂。

为此，将吸收式换热器小型化，减小占地面积，缩小到楼宇的规模，从而取消常规小区规模的集中热力站，而改为分散的楼宇式吸收式换热，即为每栋楼安装吸收式换热器，独立为每栋楼供热。由于缩小到了楼宇的规模，吸收式换热器的出力可以缩小到 160～600kW，若将吸收式换热器改为立式结构，机组占地仅为 1.5～3m^2，占地面积很小，从而可将机组放置在每栋楼的旁边，类似小区内放置在室外的变压器，从而既取消了占地较大的集中的热力站，又取消了复杂的庭院管网，直接将一次网铺设至每栋楼前，通过吸收式换热器变换温度后通过 非常简单的管路为楼宇供热，如图 4-51 所示。这即是最新提出的楼宇式分散吸收式换热器的技术，小型的吸收式换热器的性能在后文中介绍，其性能比常规的大规模卧式机组要优异。

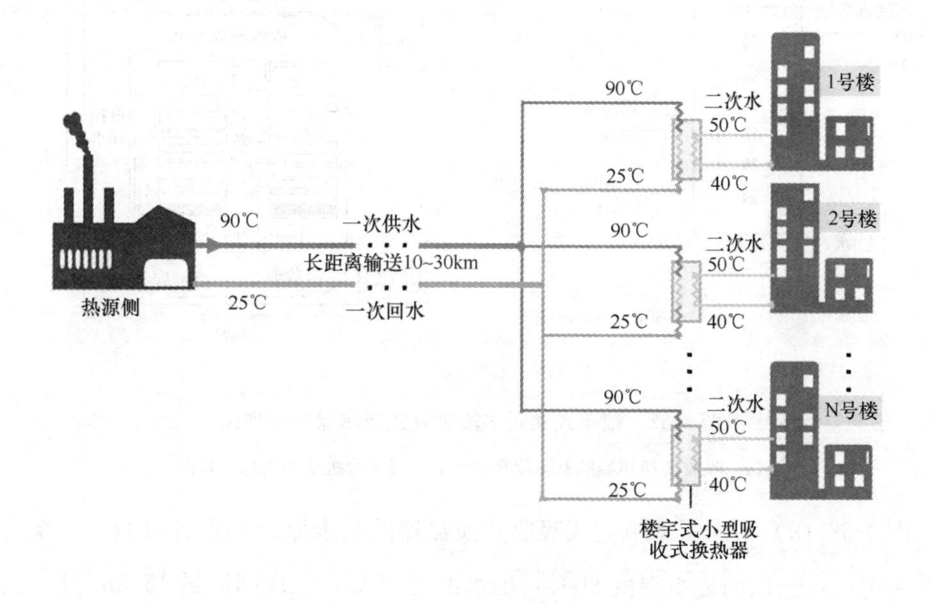

图 4-51 楼宇式吸收式换热的系统图

通过这种全新的末端供热模式，既能以较高的效率降低一次网的回水温度(90℃一次网供水，一次网回水能降至 25℃，如下面详细性能所述)，又能根据每栋楼的末端状况分栋调节二次供水温度，使得末端的调节变得简单方便，可以方便地实现分栋调节和分栋计量；由于取消了庭院管网，降低了二次供水泵耗，大幅度降低了二次管网投资；取消了集中的热力站，改为室外的分散供热，减小了热力站占地和建设的投资；这些优势都使得这种全新的楼宇式小型吸收式供热的技术，将成为未来一种非常有潜力的集中供热的末端模式。

4.10.2 楼宇式立式吸收式换热器的原理与温度效率

楼宇式立式吸收式换热器的原理如图 4-52 所示。

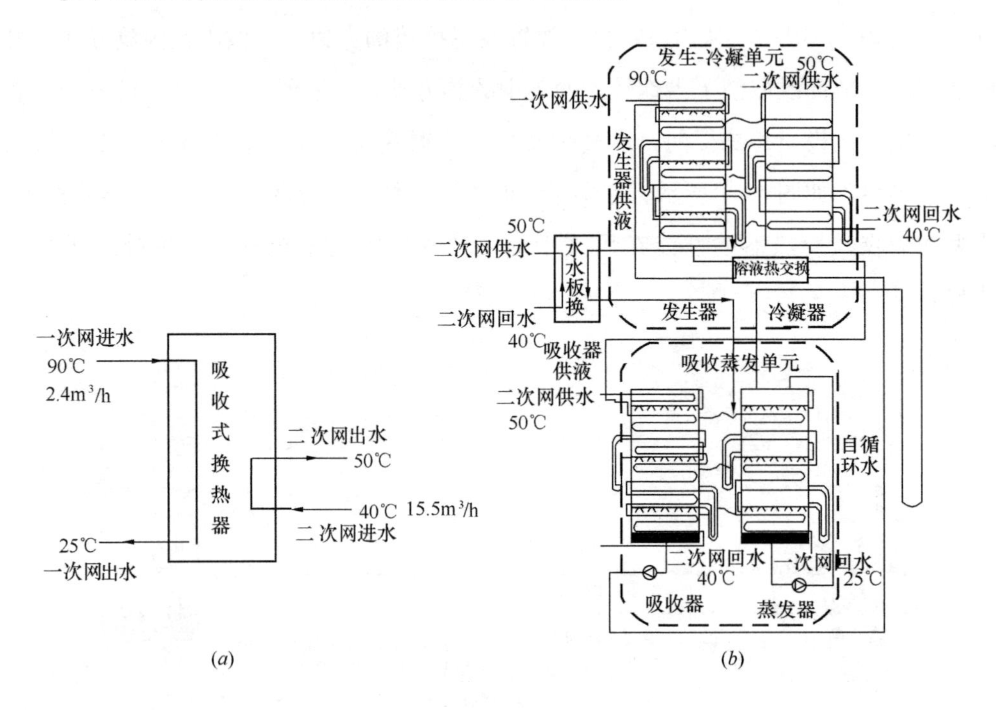

图 4-52 楼宇式立式多段吸收式换热器的原理图

(*a*) 吸收式换热器的基本原理；(*b*) 立式三段机组的内部流程图

图 4-52 (*a*) 给出了末端立式吸收式换热器的基本原理和设计参数，一次网流量 2.4m³/h，一次网进水温度 90℃，出水温度 25℃；二次网流量 15.5m³/h，二次网进水温度 40℃，出水温度 50℃。可见，用在末端的吸收式换热器实现了流量极不匹配的两侧流体之间的换热，并使得一次网的出水温度比二次网低，一次网的出水温度降低至 25℃，可回到工厂或者热电厂直接回收低品位（30～40℃）的工业余热。并且使用吸收式换热器后，一次网的供回水温差增加至 65℃，传统采用板式换热器直接换热的方式一次网的供回水温差（90℃供，45℃回）仅为 45℃，采

用这类小型的吸收式换热器能够使得一次网供回水温差增加 40%，管网输送能力增加 40%。

图 4-52 (*b*) 给出了楼宇式立式三段吸收式换热器内部流程图。为了减小吸收式换热器的占地面积，比较好的解决方案是将楼宇式的机组设计为立式结构，上部为发生-冷凝基本单元，下部为蒸发-吸收基本单元，发生-冷凝基本单元的压力高，蒸发-吸收基本单元的压力低，上下之间通过 U 形管来隔压。由于实现的是一次网侧的大温降（90℃进，25℃出），发生器的一次网热水侧温差约为 20℃，蒸发器的一次网热水侧温差约为 15℃；二次网侧的温差为 10℃（40℃进，50℃出），冷凝器的二次网温差为 10℃。由此，吸收式换热器的源侧相比常规吸收机（源侧温差仅为 5℃）来说，均为大温升或者大温降，而常规吸收机一般都为单级发生-冷凝和单级蒸发-吸收的方式，仅有一个冷凝压力和一个蒸发压力，在单个冷凝压力或者单个蒸发压力下，外部大温升/降的热源与内部溶液或冷剂水之间的换热过程为“三角形”的换热过程，换热过程极不匹配，这就导致要求较高的换热面积进而较大的机组成本，或者要求的一次网回水的低温参数根本无法实现。为了避免内部换热过程的这类不匹配现象，可将发生-冷凝过程分为三段，蒸发-吸收过程也分为三段，通过三段结构将单一的冷凝压力变为呈梯度变化的三个冷凝压力，将单一的蒸发压力变为呈梯度变化的三个蒸发压力，可以有效地降低换热过程的三角形损失，使得换热过程变得匹配，从而显著提高吸收式换热器的性能。此立式三段吸收式换热的 *T*-*Q* 图如图 4-53 所示意。三段发生器之间、三段冷凝器之间、三段吸收器之间、三段蒸发器之间均通过 U 形管来实现相邻段的隔压，从而实现了稳定可靠的冷凝压力梯度和蒸发压力梯度。

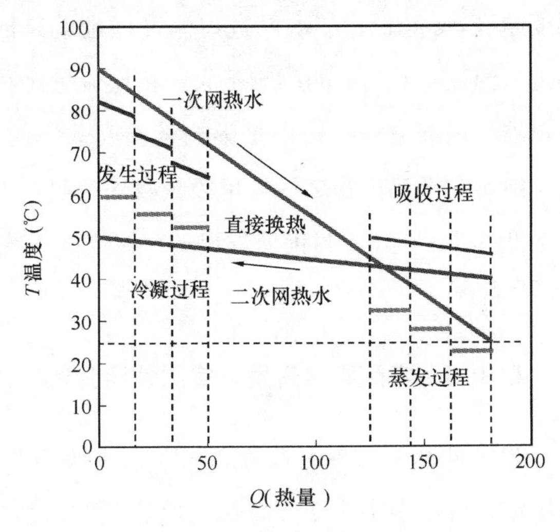

图 4-53 立式三段吸收式换热器的 *T*-*Q* 图

这种全新的立式多段结构的吸收式换热器，依靠发生-冷凝基本单元与蒸发-吸收基本单元之间自然的压力和重力实现了溶液和冷剂水在六段模块（三段发生-冷凝、三段蒸发-吸收）之间的自然流动；溶液循环系统仅需要一台溶液泵，放置在设备最下部，实现将溶液自溶液罐输送到发生器的第一段；一台冷剂水泵，也放置在设备最下部，实现将冷剂水自冷剂水罐输送到蒸发器的第一段，之后完全依靠溶液和冷剂水的自然流动实现溶液或冷剂水在级内的喷淋和各级之间的流动，由此这种立式结构也使得溶液和冷剂水在机组内的流动变得稳定和可靠。

对于吸收式换热器，如图4-52（a）所示，其从外部看仍然实现了一次网向二次网换热的功能，为了评价吸收式换热器的性能，可类比换热器的效率定义吸收式换热器的温度效率，对于用在末端的吸收式换热器，其温度效率ε定义为一次网热水被降温的程度，见式（4-1）。

$$\varepsilon=\frac{t_{1,\mathrm{in}}-t_{1,\mathrm{o}}}{t_{1,\mathrm{in}}-t_{2,\mathrm{in}}} \tag{4-1}$$

其中$t_{1,\mathrm{in}}$为一次网进水温度，$t_{1,\mathrm{o}}$为一次网出水温度，$t_{2,\mathrm{in}}$为二次网进水温度。

由式（4-1）所示，吸收式换热器的温度效率ε与常规换热器一次侧的温度效率定义完全相同。仅是对于常规的换热器，$\varepsilon\leqslant1$；而对于吸收式换热器，$\varepsilon>1$。而且与常规换热器类似，对于已定流程的吸收式换热器，ε也主要受两侧流量比、吸收式换热器内部的换热面积的影响，吸收式换热器的换热面积越大，ε越高，二次侧与一次侧的流量比越大。与常规换热器不同的是，ε还受一二次网进口温度的影响。对于给定流程、给定面积、给定一二次侧流量比的吸收式换热器，一次网进口温度越高，ε越低；二次网进口温度（也就是回水温度）越高，ε越高。但一二次网进口温度参数对ε的影响不大，相比流量比和换热面积的影响要弱很多。吸收式换热器的内部流程结构也是影响其温度效率的主要因素之一，一般给定两侧流量比、给定总换热面积之后，单段吸收式换热器的温度效率总比三段吸收式换热器的效率低0.1～0.15。目前研发出的三段立式吸收式换热器产品的温度效率能够达到1.3左右。

4.10.3 实际机组研发与实测性能分析

2014年初，世界上首台立式吸收式换热器被研发出来，之后机组结构也进一步优化，首批楼宇式立式吸收式换热器的产品也研发成功，如图4-54所示。这类楼宇式立式吸收式换热器可单独放置于室外、楼的旁边。机组内置二次网循环泵、一次网加压泵（对于一次网资用压头不够的末端），将一次网铺设至机组，与二次网之间进行吸收式换热后直接输送二次网热水至建筑的末端。这类楼宇式的立式吸收式换热器实质是放置在室外的小型吸收式热力站，由于占地面积非常小，图4-54中的单台机组所负责楼的供暖面积为 4000m^2，占地仅 1.5m^2，若单栋楼的供暖面积增加到 15000m^2，则机组占地仅增加为 3m^2。若在小区建设时提前规划好，在每栋楼的旁边预留出位置放置这类小型机组，就类似小区中在室外放置的变压器，这将彻底取消集中的热力站，取消庭院管网，仅将一次网铺设至各楼的吸收式机组处，即可以实现分栋供热，分栋调节，分栋计量，并且输出低温的一次网回水，为回收各类低品位工业余热创造条件。

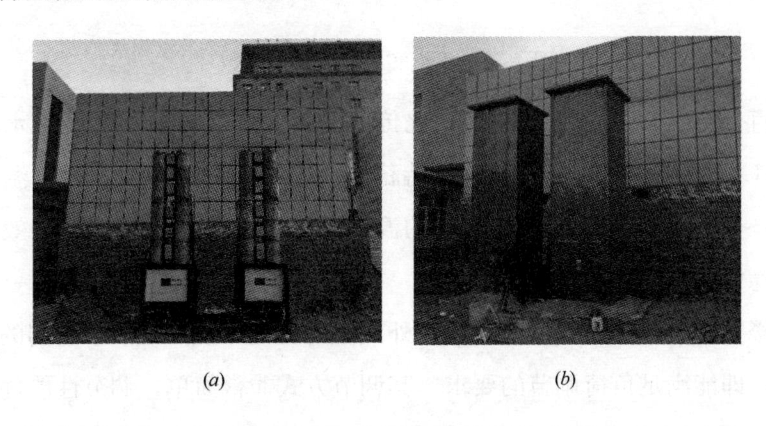

(*a*) (*b*)

图 4-54 实际机组照片

（*a*）机组内部结构；（*b*）机组带保温外观图

图 4-54 所示楼宇式吸收式换热器安装在内蒙古赤峰松山法院，共安装了三台立式机组，室外放置两台，室内放置 1 台，分别对消防总队办公楼、消防员活动大楼、工程行政管理办公大楼供热，每台机组的额定供热量为 180kW。研发的首台机组为室内放置，自 2014 年 1 月开始运行，实现了极稳定的运行和优异的性能，安装在室外的两台自 2014 年 12 月开始运行，实现了在室外的可靠和稳定的运行，性能比首台机组有了进一步的改进，真正实现了室外的楼宇式吸收式热力站。

取首台机组 2014 年 1～4 月的运行参数为例，由图 4-55 给出了机组的实测性能。由于末端热负荷偏小，机组严寒期运行时实际供热量为设计值的 80%，严寒期及末寒期的外网运行参数如图 4-55 所示，随着室外气温的变化，机组的供热量从额定值的 80%变化到 30%，一次网供水温度从 90℃变化到 57℃，而一次网的回

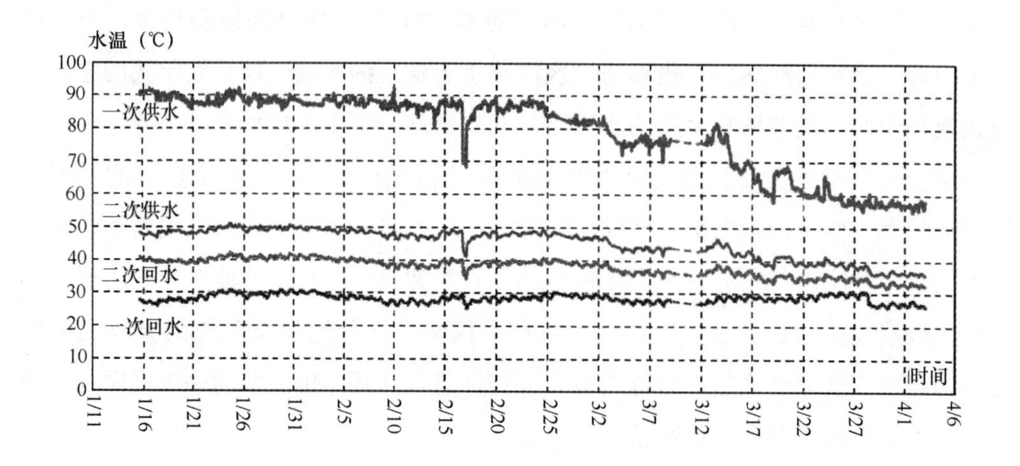

图 4-55 机组实际运行外网参数

水温度一直保持在 25～30℃之间，相比传统的板式换热器，一次网回水温度降低了 15～20℃，并且整个供暖季基本保持稳定。同时，二次网供、回水温度在严寒期达到 50～40℃，完全可以满足室内的温度需求，机组达到预期供热效果，实现了极好的稳定性和优异的性能。

对于楼宇式吸收式换热器，随着室外气温的变化，仅需调节一次网的供水温度或者流量，即能满足负荷调节的要求，其调节方式非常简单，调节性能优于常规板式换热器。图 4-56 给出了楼宇式吸收式换热器与普通板式换热器的调节性能对比，横坐标为一次网流量调节比例，仅调节一次网流量，二次网流量不变，纵坐标为实际供热量占最大供热量的比例。给定一次网的供水温度 90℃，二次网的回水温度

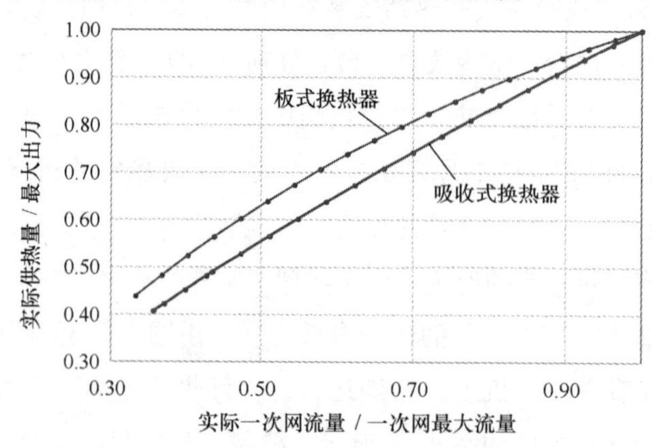

图 4-56 吸收式换热器与板式换热器的性能对比

40℃，其中吸收式换热器最大出力时二次网与一次网流量比为6.1，板式换热器最大出力时二次网与一次网的流量比为3.6。从图4-56可以看出，随着一次网流量的调节，对于板式换热器，供热量随一次网流量的变化呈非线性变化，而吸收式换热器的供热量随一次网流量的调节接近于线性变化，吸收式换热器的部分负荷调节性能要优于常规的板式换热器。

图4-57给出了上述机组实测的温度效率，还给出了温度效率随二次网、一次网流量比的变化。由图4-57可以看出，立式吸收式换热器的温度效率在1.2～1.4之间变化，随着二次网与一次网流量比的增加，立式吸收式换热器的温度效率也增加。图4-57给出了三类楼宇式吸收式换热器的温度效率，吸收式换热器3是优化机组流程后的设备，其温度效率比首台机组（吸收式换热器1）在同样流量比下的温度效率要高，已达到1.3～1.4。追求较高的温度效率，是未来吸收式换热器内部流程结构优化的方向。

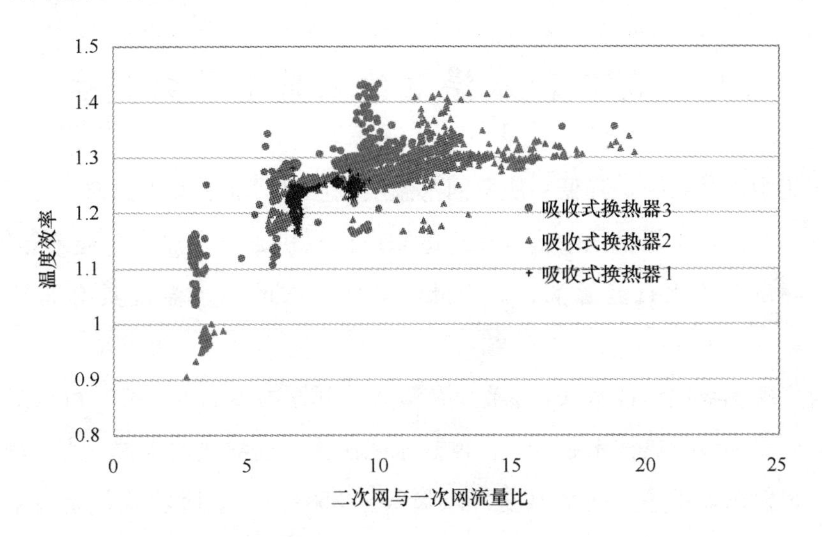

图4-57 立式吸收式换热器的温度效率随二次网与一次网流量比的变化

4.10.4 推广应用前景与可行性分析

以上对楼宇式吸收式换热器从系统原理、机组原理与性能评价参数、实际机组研发及其实测性能和应用效果各方面都进行了介绍。作为一类全新的末端供热技术，楼宇式吸收式换热器技术的研发与示范都取得了成功，由于其具备取消了庭院管网、实现了分栋可调与分栋计量、设备占地小、降低一次网回收温度的性能优异等各方面的优势，并且随着工业余热作为建筑热源-这一越来越迫切的节能减排的需求，在末端应用楼宇式吸收式换热器具备了非常广阔的应用前景。

若能实现供热计费的改革，即实现5.4节所述，利用供水温度－40℃来计量热量，40℃至25℃对应着15K温差的热量为免费热量，若热量为30元/GJ，则根据目前楼宇式立式吸收式换热器的投资进行估算，仅考虑这部分免费热量节省的热费，则供暖4000m²的小型立式设备投资回收期为6年，供暖5000m²的小型立式设备的投资回收期为5年，供暖15000m²的小型立式设备的投资回收期为3年。根据不同的建筑面积的规模，其投资回收期有所变化，但大部分集中在3～5年回收，这还不包括由于省去庭院管网、降低二次泵泵耗、省去集中热力站投资而节省的费用，因此这项全新的楼宇式立式吸收式换热器技术有着非常好的应用前景，也将支撑未来一种全新的集中供热的末端模式。

4.11 降低回水温度的末端电热泵技术

对于集中供暖系统，降低一次网回水温度既可以增加供回水温差，降低输配电耗；又可以充分利用低品位余热（如热电联产汽轮机乏汽余热、工业余热等），减少相同供热量下的化石能源消耗。因此，降低一次网回水温度具有非常重要的意义。

通过末端梯级供热技术（4.8节）及吸收式热泵技术（4.9节）可以降低一次网回水温度。梯级供热技术中，一次网热水依次为间连散热器末端、直连散热器末端、低温辐射末端供热，回水温度可以降低至35℃左右。吸收式热泵技术中，高温一次网热水进入吸收式热泵的发生器以驱动热泵，一次网回水温度可以降低至25℃左右。

梯级供热技术难以实现很低的回水温度；吸收式热泵技术难以在一次网供水温度不高时实现低温回水。当一次网供水温度不够高，而又需要将回水温度降低至较低水平时，电热泵技术则是一种可以高效降低一次网回水温度的技术。

以典型的地板辐射末端热力站为例，系统原理图如图4-58所示。在热力站内，电热泵的蒸发器接在一次网板换后的回水管上，经过板换换热后的一次网回收进入

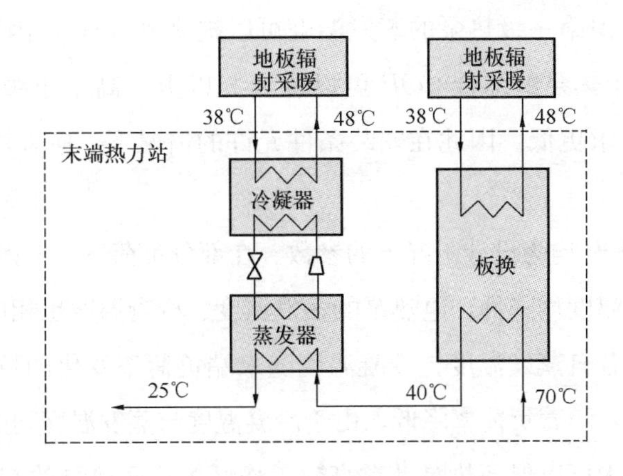

图 4-58 末端热力站内单级热泵原理图

蒸发器，热量被热泵循环工质带走，温度降低至 25℃（甚至更低）；冷凝器接在二次网的回水管上，二次网回水从冷凝器内热泵循环工质吸收热量，升温后为用户供暖。图中所示的温度参数下，热泵 *COP* 可以达到 8 以上。

为了进一步提高热泵的 *COP*，可以利用多台热泵分级取热，如图 4-59 所示。相比于单级热泵，多级热泵串联可以提高机组的平均蒸发温度，从而使机组的综合 *COP* 得到提高。如图所示，若采用两级热泵，40℃回水先进入第一级热泵，降温至 32℃后进入第二级热泵，最终回水温度为 25℃，其供热量与上述单级热泵方案相同。第二级热泵的蒸发温度为 23℃不变，因此其 *COP* 仍与单级热泵方案相同，

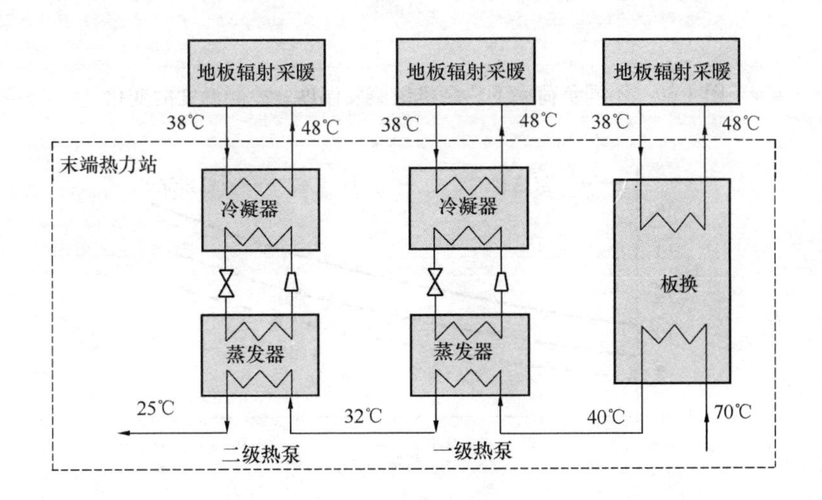

图 4-59 末端热力站内多级热泵原理图

可以达到 8 左右。但第一级热泵的蒸发温度可以提高到 30℃，因而其 *COP* 可以提升至 10 以上。两个热泵的综合 *COP* 可以达到 9 以上，高于单级热泵 *COP*。运行费用更低且配电需求更低。因此在安装条件允许的情况下，应采用多级热泵供热的方式。

上述温度及 *COP* 均为设计工况下的参数。在部分负荷下，考虑热网质调节方式，一次网二次网供水温度均降低，电热泵的蒸发温度、冷凝温度也相应降低。如图 4-60 所示为两级电热泵各自蒸发温度、冷凝温度随末端负荷率变化的特性。如图 4-61 所示，在部分负荷下，随着负荷率降低，由于冷凝温度与蒸发温度间的温差减小，而通过压缩机变频等技术可以保证热泵处在高效工作区，从而热泵的 *COP* 显著升高。整个供暖季内，两级热泵系统的 IPLV（综合部分负荷性能系数）可达 12 以上（即每供应 1GJ 热量，热泵机组需要用电约 20kWh），运行经济性较好。

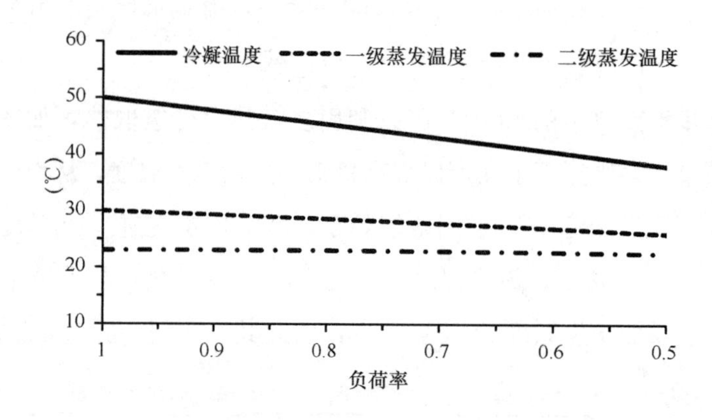

图 4-60　不同负荷率下热泵机组蒸发温度、冷凝温度的变化

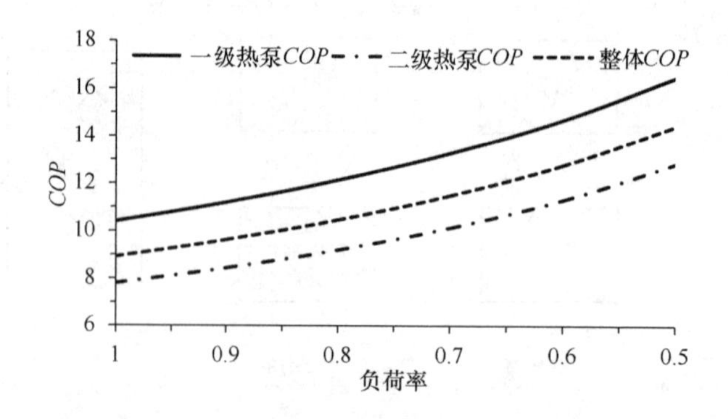

图 4-61　不同负荷率下热泵机组 *COP* 变化

除了节能的优点外，末端电热泵技术还具有体形较小、安装方便、技术成熟、运行调节可靠的特点。

总结来看，末端电热泵技术可以在消耗少量电力的情况下有效降低一次网回水温度；多级电热泵可以进一步提高运行的经济性；部分负荷工况下可以稳定高效运行；因此适合于一次网供水温度不高而需要较低回水温度的场合，从而减小输配电耗，且提高低品位余热的利用率。

4.12 长距离输送技术

4.12.1 长距离输送管道的发展

(1) 石景山热电厂向北京供热

1992年，北京市石景山热电厂至车公庄供热干线进入全面运行阶段。该干线全长21.5km，管径分别为*DN*1200和*DN*1000，并装有内压式波纹管、金属硬密封蝶阀、逆止阀及复式拉杆[28]。该工程项目主要包括新建32km供热干线，63km支线，205座热力站及锅炉房换热站，两座回水加压泵房和1座大型供热厂，是当时我国最大的供热工程系统。该项目外网工程管网除穿越一般地段外，还穿越风化石山、河流、大砂石坑、铁路、地铁、立交桥和地下公用设施阀室等特殊地段。因此，管网敷设采取了地下隧道、浅埋暗挖、顶方涵全封闭通行地沟和椭圆拱沟等敷设方式[29]。

(2) 红雁池热电厂向乌鲁木齐供热

2007年，新疆乌鲁木齐市红雁池第二热电厂向乌鲁木齐南区供热干线建成，该干线长16km，管径为*DN*1200。该工程供热区域内南高北低，热电厂在南部高处，高程1012.7m；北部最远处热用户高程为860m，高差为152.7m，地形高差极大。热网系统采用三级间接供热方式。一级网供水温度150℃，回水温度90℃，而当时直埋敷设的保温材料耐温只能到135℃，所以需要采用地沟敷设方式，其他的均采用无补偿直埋方式敷设[30]。

(3) 河北三河热电厂向北京通州供热

2011年，河北省三河热电厂正式向北京通州供热，供热干线长23km，管径为*DN*1400，是国内首家跨省送热工程。该项目虽然不存在高差的问题，但是管线路由十分复杂，该项目管线穿越了潮白河等河流5次，穿越京哈高速等道路5次，穿越铁路3次。此外，还遭遇流沙层、淤泥层、卵石层、垃圾回填区和地震断裂带等多处复杂地况[31]。

4.12.2 供热半径不断提高的原因

随着城市化与热电联产的不断发展，市区外热源的比重变得越来越高。而随着长距离输送热量的增大，管径也在不断变大，而且从目前来看，*DN*1400的管径已经逐渐无法满足供热量的需求，有必要研究发展更大管径的长距离供热管网。相同流速下，比摩阻与管径是成反比关系的；相同比摩阻下，流量是与管径的2.5次方成正比的。所以，大管径管道的使用，可以提高供水的流速，大大提高管道的输送能力。

另一方面，随着城市的发展，尤其是近几年来，雾霾问题的突出。为了提高空气品质，城市内的燃煤锅炉房将逐渐被热电联产或者燃气锅炉房替代。当城市内热源不够时，如果不从城市外引进热源的话，就只能通过新建燃气锅炉房来提供热源。然而，天然气价格昂贵，所以运行成本要比燃煤锅炉房高很多。供热半径的本质是通过当地热源的供热成本与热电联产或其他工业余热热源的供热成本的差价来支付长距离输送所需要的费用，所以，在当地热源供热成本大幅度提高的条件下，再配合大管径管道的使用，供热半径有可能发展得越来越大。

4.12.3 大温差技术对长距离输送的推动

通过在末端使用大温差换热机组可以大大降低一次管网的回水温度，使得一次网供回水温差提高到100℃左右。降低回水温度，可以充分回收热电厂或工业余热热源厂本无法回收的低品位热量，降低电厂供热成本，提高热电厂供热能力，并促进大管径管道的使用；提高供回水温差，可以提高热质的载热能力，进一步提高管道的输送能力。因此，大温差技术的使用，可以大大提高供热半径，扩大了城市热源的选取范围。

以1.4m管径的供热管道为例，热源为热电厂，如果不进行大温差改造，则电厂的供热成本约为17.5元/GJ；而进行大温差改造后，电厂的供热成本为15元/GJ，但是末端热力站设备需要改造，费用约为6元/GJ。则常规热电联产与大温差热电联产的输送成本比较如图4-62所示。

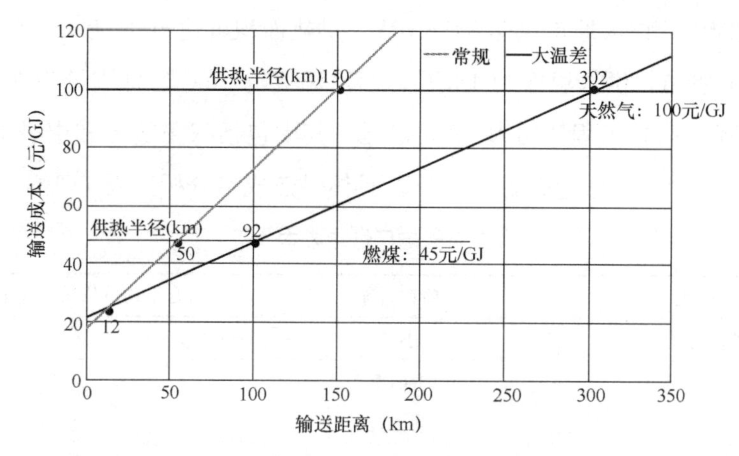

图 4-62 常规与大温差热电联产的比较

从图中可以看出，虽然大温差技术由于末端热力站需要改造而导致总的初投资较大，但是由于输送能力的提高，随着输送距离的增加，大温差热电联产则显示出了明显的优势，并且能够进行长距离输送。与燃煤锅炉房相比，大温差的供热半径可达到 92km；若与燃气锅炉相比，供热半径可达 302km。

4.12.4 典型案例分析

为了实现太原市的清洁供热，充分利用无污染的余热，太原市利用距离太原市约 40km 的古交兴能电厂向太原市供热。然而从兴能电厂到太原市内，不仅有 37.5km 的距离，同时还需要翻越两座山。通过研究发现，挖掘三条隧道不仅能降低供热管道的路由长度，也可以提高管网的安全性。不过即使如此，古交兴能电厂与太原市区依然存在着 180m 的高差，具体如图 4-63 所示。

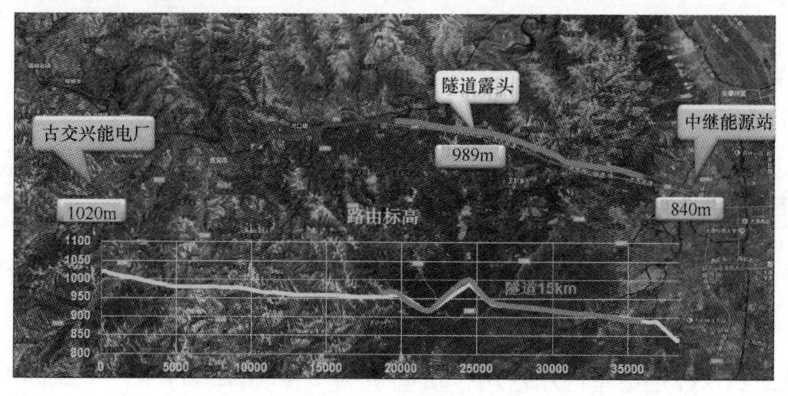

图 4-63 古交兴能电厂向太原供热路由

古交兴能电厂向太原市供热3488MW，供热面积可达8000万m^2。长输管道敷设两组1.4m管道，供水温度为130℃，回水温度为25℃，总流量为3000t/h，共设置六级泵站。直接工程费用为37.5亿元，其中包括三条隧道和中继能源站，其造价为17.4亿元，占总造价的46.4%。具体供热成本分析见表4-7[32]。

古交兴能电厂供热成本分析　　表4-7

项目分类	项目名称	折合平均单位供热成本（元/GJ）
外购热能费	小计	15.75
热能输送费	折旧费	6.71
	动力费	2.77
	财务费用（借款利息）	2.73
	运行管理费	2.233
	小计	14.44
合计		30.19

从上表可以看出，加上长输管道，其供热成本略高于热电联产，主要原因是此工程额外投资了隧道和中继能源站，增加了近一半的投资折旧和运行管理费。

由于此工程高差大，路由复杂，流量也较大，并设置了六级泵站，所以在启停或者事故工况下，如果处理不当，会出现严重的水击问题，威胁管道的安全性。通过动态水力分析，此工程在泵站设置旁通管，在电厂与能源站内设置整体旁通，使用高位水箱定压，同时变频启停等一系列手段来减缓和消除水击。在此同时，在压力较高的位置设置泄压阀，在压力较低的位置设置紧急补水点，确保在各种事故工况下不超压，不汽化。

4.13 空气源热泵供暖技术

4.13.1 技术原理和特点介绍

空气源热泵从室外空气中提取热量，通过风机驱动室外空气流过安装在室外采热装置（也就是热泵的蒸发器），获取室外空气中的热量，室内换热装置（冷凝器）制取热风或热水提供给室内用户用于房间供热。在实际运行中，考虑到电机效率、压缩机效率、换热器效率等因素，空气源热泵制热效率*COP*通常可达3～4，与直接电加热供暖相比，耗电量仅为1/3～1/4，因此具有非常好的节能效果。

目前空气源热泵应用于建筑供暖主要包含如下三大类产品：

（1）大型空气源冷热水机组（空气-水热泵系统）。该类空气源热泵机组的用户侧介质是水，与普通水冷冷水机组相似，特征在于能够在制冷季提供空调冷水并在制热季提供采暖热水；目前主要以大容量的螺杆式压缩机（80～200RT）和小容量的涡旋压缩机（<80RT）的空气源热泵冷热水机组为主；

（2）多联式空调（热泵）系统，简称多联机系统，它由一台室外机带多台室内机运行。与空气一水热泵系统的不同点在于省略了载冷剂水，而是将制冷剂直接输配到被控空间的末端换热器直接与室内空气换热，用于制冷或供热，其容量范围2～60RT；

（3）房间空调器，这一类最为简单，由一台室外机带一台室内机，是普及率最广的空气源热泵系统。

空气源热泵最突出的优点就是适用范围广。由于它直接从室外空气取热，因此便于小型化就地安置，且安装方便，节省建筑空间，只要室外温度不太低，都可以使用空气源热泵供暖。然而由于室外侧直接蒸发风冷换热器换热容量的限制（过大容易导致制冷剂分流不均，风侧取热不畅，整体换热性能恶化），空气源热泵容量不易选择过大。

4.13.2 实际应用中的主要问题和目前的解决途径

空气源热泵性能和应用范围受室外气候条件影响较大，在实际应用过程中还存在如下一些问题：

（1）空气源热泵产热量与建筑负荷不匹配的问题

随着室外温度的降低，建筑用户的需热量不断增加。但对于空气源热泵而言，当室外温度降低时，室外机蒸发温度随之降低，压缩机入口处制冷剂吸气比容增大，机组吸气量迅速下降，从而热泵系统的制热量降低，与用户供暖需求的变化不匹配。此外，随着室外温度的降低，压缩机压比增加，会导致系统 *COP* 下降；由于压缩机压缩比的不断增加，压缩机的排气温度迅速升高。在很低的室外温度下，压缩机会因防止过热而自动停机保护，这也限制了空气源热泵在室外低温情况下的应用。

（2）室外侧换热器结霜和除霜的问题

热泵室外机在低温高湿度的室外环境下，室外换热器表面会出现结霜现象，这会增大空气侧换热阻力，减少室外机风量，热泵机组性能恶化。因此必须对换热器表面进行除霜。对于除霜技术而言，不仅应该考虑如何准确实现按需除霜，还必须考虑如何实现单位时间内最大平均制热效果、缩短除霜过程、减小除霜过程对系统的冲击。

（3）冬夏运行工况不匹配的问题

目前空气源热泵大部分都设计了制冷和制热冬夏两种工作模式下，但由于实际系统在冬夏不同工况下工作环境存在较大差异，例如夏季工况的室内外温度约为25/32℃，而冬季工况则为20/0℃。两种模式的压缩机压缩比差异较大，对于空气源热泵机组常用的螺杆和涡旋压缩机，其内部容积压缩比（internal built－in volume ratio）是一个仅与压缩机结构尺寸相关的参数，无法进行调节。如果热泵压缩机按照夏季工况进行设计，必然会导致冬季工况压缩机实际工作的外部压比大于内部压比，处于欠压缩状态，压缩效率下降，热泵性能恶化。

（4）室内舒适性问题

目前的室内末端多采用送热风的方式，但是由于送风温度和室内气流组织设计不合理等原因，导致吹冷风，热气上浮，工作区温度偏低等问题，使得室内舒适性降低。

针对上述情况，提高空气源热泵低温适用性，解决空气源热泵机组结霜问题，提高室内热舒适性是热泵系统在恶劣工况下可靠、高效运行的保证。这已成为空气源热泵技术研究中的热门课题。

1）空气源热泵系统低温适用性研究

解决空气源热泵产热量与建筑负荷不匹配，室外低温情况制热量不足问题，在机组设计时，必须考虑寒冷地区的气候特点，在压缩机与部件的选择、热泵系统的配置、热泵循环方式上采取技术措施，以改善空气源热泵性能，提高空气源热泵机组在寒冷地区运行的可靠性、低温适应性。具体可能采取的解决手段如下：

① 室内侧补充电加热供热

当室外温度偏低（例如低于－16℃），热泵机组制热量不足时，可以开启室内侧电加热系统补热，虽然这种取暖方式导致机组耗电量增加，性能恶化，但是在一些室外最低温度并不是太低的严寒地区，由于该极端天气出现时间较短，该方式不失为一种简单有效的解决手段。本书 6.9 节介绍了该方法在北京应用的一个具体案例，从运行情况来看机组供暖季综合 *COP* 达到 3.1，具有非常好的效果。

② 在低温工况下，加大压缩机内部压缩比

A. 压机串联

压机串联是指采用两天台压缩机串联运行。夏天单台压机运行，在低温供热工况下，用增加压缩机串联台数的方法，增加压缩机内部压缩比，提高机组压缩效率和供热能力。目前市场上采用的一些变频和变挡技术，虽然在低温工况下通过增加转速可以使压缩机的输气量加大，弥补了空气源热泵在低温工况下制热量的衰减。但是该方法并没有改变压缩机内部压缩比，在外部大压比工作状况下依然存在压缩效率低下机组性能偏低的问题。

B. 带辅助进气口的涡旋压缩机的准二级压缩

该空气源热泵系统可以用来提高空气源热泵在低温工况下的制热性能。这一方式可以有效提高热泵在低温工况下的性能，系统的基本形式如图 4-64 所示。

该系统能够成功解决当室外温度过低时制热量急剧衰减过快，以及因压比过高所导致的压缩过程恶化，排气温度过高的问题；通过辅助回路的启停有效解决了单台压机在不同的压比要求下的正常工作问题。

③ 研制冬季供暖专用空气源热泵

现有的空气源热泵压缩机多采用螺杆和涡旋式等容积压缩式机组，其单台压缩机内部压缩比不可调，导致冬夏两用时，由于运行压缩比不同，必然其中一种工况处于效率较低的运行状态。同时，两器的设计、蒸发器冷凝水的排除，蒸发器处理结霜的考虑等，都需要同时照顾冬夏两种工况的需求，往往导致两种需求不可兼顾。因此，可以考虑研制冬季供暖专用空气源热泵，只根据冬季运行工况设计压缩机压比，两器等关键部件，不承担夏季空调功能，这必将提高热泵机组供热性能。而且严寒寒冷地区夏季基本不需要使用空调。这样的机组在一些化石燃料短缺，电力供应充足，生态环境脆弱，大气排放控制严格的地区，如四川西部藏区，具有非常广泛的应用前景。

2）空气源热泵机组除霜规律的理论与实验研究

目前防止或延缓结霜问题的方法有：

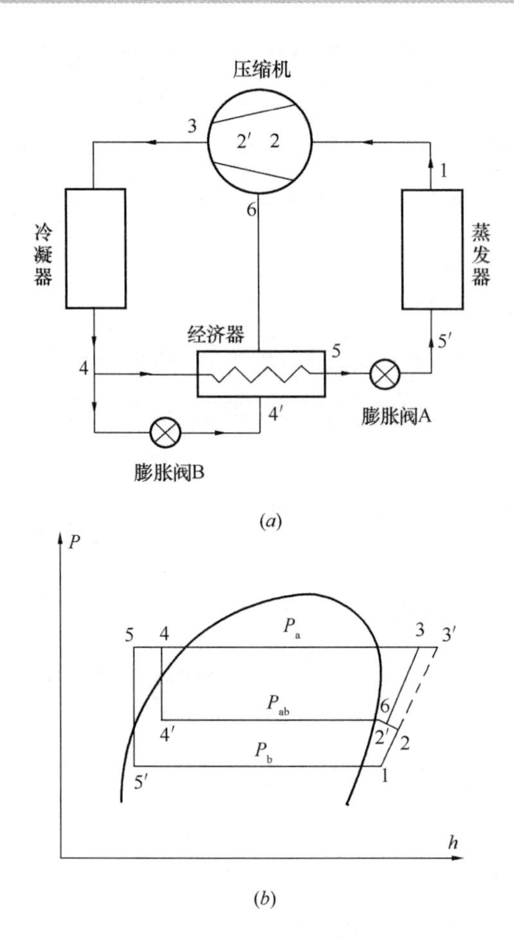

图 4-64 带辅助进汽口的涡旋压缩机的准二级压缩系统原理图

（a）流程图；（b）循环图

① 改变蒸发器的结构参数，如换热面积、翅片结构和间距等。

蒸发面积增大可提高蒸发温度，延缓结霜。不同的室外环境条件下，有不同的翅片间距取值，适当增大入口流处肋片尺寸，能延缓霜层生长。

② 对室外侧换热器表面进行处理也可以抑制霜层生长。

疏水层可促进水滴从室外机壁面脱落，较好的抑制了霜层生长，延缓结霜效果更为明显。

除了防止和延缓结霜的方法，机组还是需要除霜。除霜方式包括：

① 目前反向循环除霜是应用最广泛的除霜方法之一，机组从室内环境取热融化霜层，导致室内环境温度降低，系统制热综合能效比降低。

② 热气旁通除霜是在压缩机出口和蒸发器入口处增加旁通管，抑制结霜效果，增大旁通管内制冷剂流量，可以有效地抑制室外机霜层生长，且机组不必反向运行便可除霜。但同时造成系统供热量下降。

机组的除霜控制最广泛应用的是时间控制法。此外温差控制法，压差控制法，风机输入功率检测技术，测量霜层厚度等技术也都有所尝试，但由于复杂的传感器技术，控制方法的可靠性以及造价的原因，均没得到广泛利用。据报道，目前有约27％的除霜动作实际在室外换热器少霜或无霜情况下进行的，造成误除霜和浪费。因此控制除霜起点和终点方式，应尽可能精确，从而降低除霜能耗。

③ 空气源热泵供暖的室内末端形式

当室内换热末端采用室内机末端或者风机盘管时，末端直接向室内送热风，这时，应该避免送风温度低于35℃，造成使用者感到吹冷风而不适。同时室内气流组织需要优化设计避免出现热气上浮，工作区温度偏低的现象。

热泵的冷端希望尽可能高的温度，热泵的热端则希望尽可能低的温度，只有这样，才有可能降低要求热泵提供的温度提升温差，从而获得较好的能耗性能。所谓热泵的热端温度，指热泵冷凝器中的冷凝温度。采用送热风的方式，由于换热温差和送风温度的影响，热泵冷凝器的冷凝温度就需要在45℃以上。如果室内是地板供暖，各房间的管道是并联连接，地板采暖的供回水温差可在5K，供回水温度可以为37℃和32℃或者更低，这样，热泵冷凝器的冷凝温度就可以在40℃，从而获得较好的性能。辐射末端供暖方式目前在北方很多地区都得到广泛的应用，室内热舒适性比直接送热风更容易得到保障。因此“空气源热泵＋地板供暖”的方式从系统节能和室内热舒适性等方面更具有优势。

4.13.3 小结与建议

空气源热泵取热便捷，在我国多个气候区都有很强的适用性，在集中供热覆盖不到的范围，应作为供热的首选方式。专为冬季设计的单极压缩热泵，通过合理的设计其内部结构参数，可适用于室外气温为－10～10℃的非极寒地区的供暖。极寒地区的供暖利用低温热泵技术也可改善可靠性、安全性、能效性。因此应重新设计压缩机和换热器，配合电辅助加热，使其成为一种高效、适用于分散住户、便捷的供暖方式。此外除了延缓除霜外，更为准确的除霜控制有必要进一步研究。

空气源热泵系统规模不应太大，因为规模越大，热源效率不能进一步提高，但低温和高温热量的输送能耗、管网热损失和输送能耗，以及系统调节不均匀造成的浪费等却会迅速增加，因此，空气源热泵系统要适度规模，绝不是“越大越好”，分户、分室的小型系统更为合理。

4.14 太阳能加吸收式热泵供暖技术

在太阳能丰富的地区，比如西藏、青海等，对于大型商业建筑、公共建筑，由于建筑功能上的限制不能满足被动式太阳能供暖的建筑形式要求时，也可以采用主动式太阳能供暖方式。一种方式是通过太阳能热水器采集热量，再通过热水循环向室内供热。通过设置蓄热水箱，还可以蓄存热量，在没有太阳时继续供热。这种方式在层高不超过六层，并且有足够空间设置蓄热水箱时，利用屋顶的空间设置集热器，可以基本满足建筑供暖要求。在出现连续三天以上阴天时，需要用电或燃气作为辅助热源，满足供暖要求。近年来国内又已经研发出一种新型的太阳能主动式供暖系统，见图4-65，其由太阳能集热器、蓄存太阳能热量的相变蓄热装置，空气源吸收式热泵、采暖末端所组成。

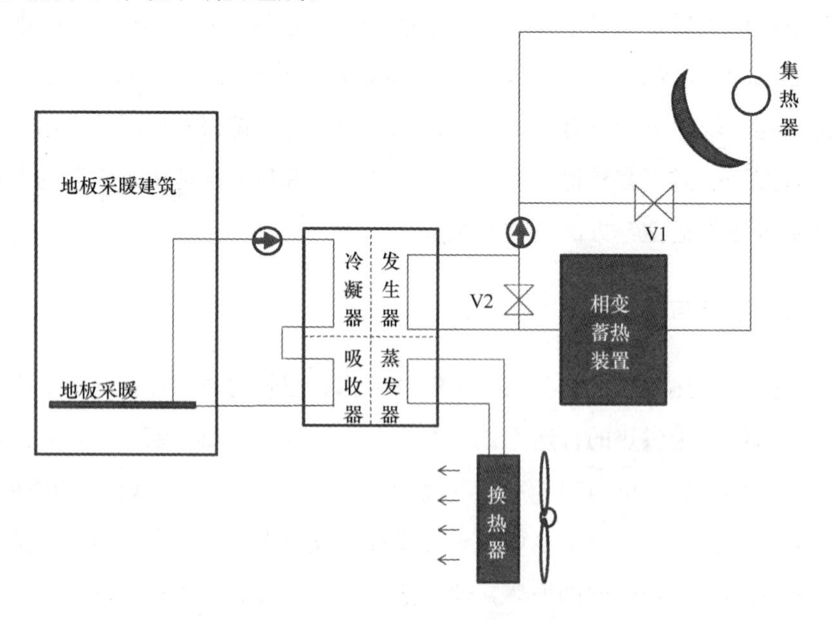

图4-65 太阳能吸收式热泵供暖原理图

采用槽式太阳能集热器通过聚焦和一维的追踪，可以利用太阳能加热循环的油，获得170～180℃的热量。高温热油进入吸收式热泵，吸收室外空气中的热量，可以产生35～45℃循环热水的低温热量。这时的吸收式空气源热泵的制热*COP*可以达到1.8～2.2，也就是一份太阳能热量通过吸收式热泵可产生1.8～2.2份用于供热的低温热量。循环热水再经过地板供暖或者风机盘管向室内供热，实现建筑供暖。热油循环系统还接入由高温相变材料制成的蓄热装置，可以蓄存太阳能多出的热量。在没有太阳时可以从蓄热装置中取热，继续驱动空气源吸收式热泵。这样，所存储的一份热量同样可以产生1.8～2.2份供暖用低温热量。这也就使得蓄热装置的蓄热能力得到充分利用，一份蓄热量可以获得两份供暖热量。

整个系统运行的原理是：在有太阳正常供暖时，阀门V1、V2关闭，集热器得到的180℃热油经过相变蓄热箱，进入吸收机的发生器放出热量，发生出氨气。氨气在冷凝器凝结，产生的凝结热加热进入冷凝器的循环水。冷凝的氨液进入蒸发器蒸发，吸收室外空气的热量，再进入吸收器中被喷淋的氨水吸收，在吸收器中产生的凝结热进一步加热循环水。循环水在吸收式热泵和建筑地板供暖埋管间循环，实现向建筑的供暖。当太阳辐射充足，而建筑不需要供暖时，则打开阀门V2，停止吸收器运行，热油在太阳能集热器和相变蓄热装置之间循环，融化相变材料蓄热。当没有太阳，但建筑物需要供暖时，则打开阀门V1、关闭阀门V2，使热油仅在吸收机和相变蓄热装置之间循环，相变材料凝固放热，热量通过循环的热油送到吸收机的发生器，使吸收机继续制热。这样可以使太阳能产生的热量得到充分利用。当蓄热装置容量足够大时，每平方米集热面积可以满足15m^2以上的建筑供暖要求。这样即使是12层的大型公建，只要在屋顶布满槽式太阳集热器，在顶层留下足够的空间安装吸收式热泵和蓄热装置，也可以实现主动式太阳能供暖。这种方式系统比较复杂，初投资将达到每平方米建筑面积500元左右。但相比于燃气锅炉供暖，当天然气价格达到5元/m^3时，十年内可以回收初投资。

图4-65所示的太阳能空气源吸收式热泵能够良好运行的一个重要条件是所供暖地区的冬季空气干燥，而我国太阳能丰富的西北地区正好满足冬季室外空气干燥这一条件，比如拉萨冬季大部分时间露点温度低于−5℃，这就使得空气侧取热的换热器极少有结霜的可能，不需要除霜融霜，从而使空气源热泵一直能够高效运行。

总的来说，相比直接利用太阳能集热器供暖的系统，利用太阳能集热装置与高温油的蓄热系统相结合，可以蓄出较高温度的热量，从而利用较高温的热量驱动空气源的吸收式热泵从空气中取热，这种应用方式即克服了太阳能不能连续供热的困难，又提高了太阳能转化为热的温度，从而实现了1份太阳能供1.8～2.2份的热，提高了太阳能的利用率，是我国西北太阳能丰富地区、冬季空气干燥地区太阳能利用的一种较佳方式。

4.15 被动房技术

4.15.1 关于被动式超低能耗建筑

被动式超低能耗建筑的概念是在20世纪80年代德国低能耗建筑的基础上建立起来的，1988年由瑞典隆德大学阿达姆森教授和德国菲斯特博士提出。被动式超低能耗建筑（以下简称“被动式建筑”）通常被称为“被动房”，即不需要设置传统的供暖和空调系统，就能够在冬季和夏季均能实现舒适室内物理环境的建筑物。

1991年，世界上第一座被动式建筑在德国达姆施塔特市的克莱尼斯坦社区问世。该建筑在投入使用之后的二十多年里，一直在10kWh/（m^2·a）的超低供暖能耗状况下运行。1996年，菲斯特博士组建了德国被动式建筑研究所，并在三年后，采用太阳能光热和光电利用技术提供采暖、生活热水和照明用电，建造了建设成本仅为传统建筑107%的住宅楼，其运行成本很低。目前，继德国乌尔姆energon和美国明尼苏达州Waldsee Biohaus等被动式建筑之后，在德国和奥地利等欧洲国家投入使用的被动式建筑已有1000座以上。

自20世纪80年代中期开始，我国建筑节能工作经历了快速发展，低能耗建筑技术的研究和推广受到了各界的广泛关注。到2006年，全国各气候区的建筑节能设计标准逐步完善，建筑节能的要求不断提高。近年来，根据不同地区的气候特征对供暖、空调和通风的要求，建筑节能技术在工程实践中得到了大量的应用推广。2010年，住房和城乡建设部和德国交通、建设和城市发展部共同签署了《关于建筑节能与低碳生态城市建设技术合作谅解备忘录》，进一步推动了被动式建筑在中国的发展。截至目前，国内已有秦皇岛“在水一方”、哈尔滨“辰能·溪树庭院”、廊坊威卢克斯办公楼、长兴“朗诗布鲁克”和北京“CABR近零能耗示范楼”等被动式建筑落成并运行使用。

在已建成的被动式建筑中，多数项目的设计理念是最大限度地降低建筑物冬季的供暖能耗。目前，在欧洲国家获得被动式建筑的认证，必须满足两个必备条件：建筑物的供暖能耗（终端能源消耗）≤15kWh/（m^2·a），建筑总能耗（电量，包括供暖、空调、通风、生活热水、照明和家电等）≤120kWh/（m^2·a）。同时，对建筑围护结构的保温性能要求更高：外窗传热系数≤0.8W/（m^2·K），外墙、屋面传热系数≤0.15W/（m^2·K），并消除热桥；建筑物气密性能为在室内外压差50Pa下，每小时换气次数≤0.6次。可见，提高建筑围护结构的热工性能，是实现被动式建筑的关键所在。

4.15.2 建筑物气密性能对建筑能耗影响的分析

目前，我国各气候分区建筑节能设计标准中，均对住宅建筑门窗幕墙的气密性作了规定，但并未对建筑物整体气密性能提出要求。而建筑物的气密性能关系到室内热环境质量和空气品质，对建筑能耗的影响至关重要。

建筑物整体气密性能与所采用外窗自身的气密性、施工安装质量以及建筑物的结构形式和建设年代有着密切的关系。如北方地区1986年以前开工建设的居住建筑，所用的外窗基本是传统的木窗和钢窗，气密性很差；框架结构建筑物，由于其板、柱和梁的混凝土浇筑在前，围护墙体的保温砌块填充在后，砌块与柱的连接处存在缝隙，如果施工过程未经认真封堵，运行使用中就会产生大量的空气渗漏，导致建筑物终端能耗大幅度增加。

清华大学建筑节能研究中心和中国建筑科学研究院等单位对北方地区60余项既有居住建筑进行了整体气密性调查。调查结果表明，由于施工质量不好和外窗存在变形等问题，我国20世纪90年代以前建成的建筑物密闭性差，门窗关闭后仍存在严重的漏风现象，换气次数可达1.5次/h以上。近年来，新建建筑和既有建筑节能改造工程使用了节能门窗、采用了外墙外保温技术，建筑物整体气密性能得到显著改善，部分建筑物的换气次数可实现0.5次/h以下。2014年1～3月，北方两个城市居住建筑气密性能测试的结果见图4-66。

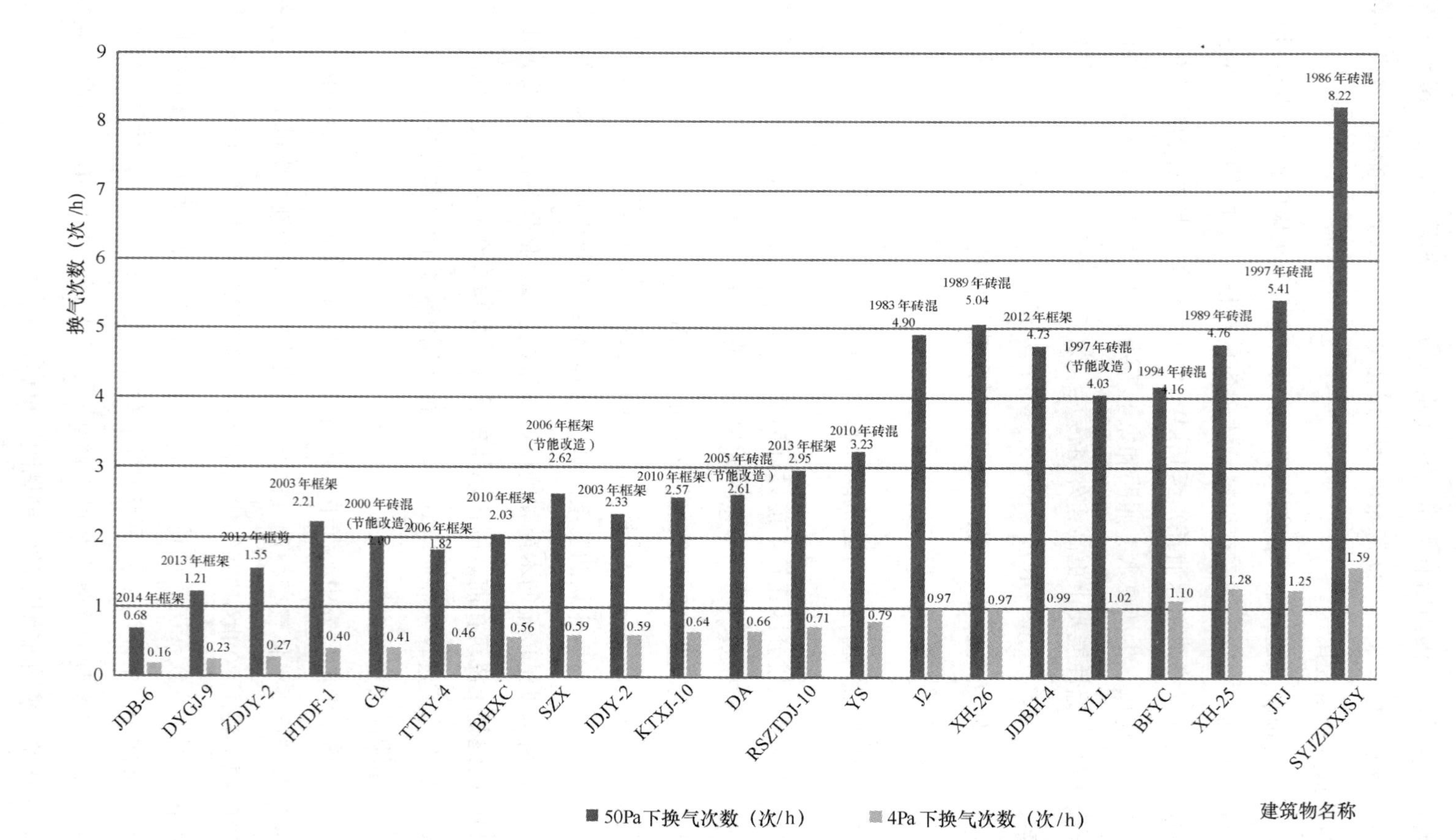

图 4-66 建筑物换气次数实测结果

从图 4-66 可以看出，21 栋建筑物的气密性能差别较大。在 50Pa 压差下，2014 年建造的住宅楼换气次数为 0.68 次/h，而 1986 年建造的住宅楼换气次数高达 8.22 次/h，建于 20 世纪 80 年代的住宅换气次数普遍较高。整体来看，北方地区既有居住建筑整体气密性能现状不容乐观。

如前所述，为了满足冬季室内热舒适要求所需要向建筑物内提供的热量，即为建筑供暖需热量。单位建筑面积的供暖需热量 Q 可近似地描述如下：

$$Q = 8.64 \times 10^{-5} \times Z \times (SK_m + C_p \rho N) \times (t_n - t_e) h \quad (4\text{-}2)$$

式中 Q——单位建筑面积的供暖需热量，GJ/m^2；

t_n——室内计算温度，取 18℃；

t_e——采暖期室外平均温度，℃；

Z——供暖天数，d；

K_m——外围护结构平均传热系数，W/（m^2·K）；

S——体形系数，m^{-1}；

h——建筑层高，m；

C_p——空气的比热容，取 0.28Wh/（kg·K）；

ρ——空气的密度，kg/m^3，取温度 t_e 下的值；

N——换气次数，h^{-1}。

从式（4-2）中可以看出，建筑物的供暖需热量与围护结构的传热系数和体形系数、体积和换气次数成正比的关系。也就是说，建筑方案一旦确定，建筑面积、体积、高度和体形系数就不会改变了，供暖需热量主要取决于围护结构的传热系数和换气次数。当根据建筑节能设计标准要求确定围护结构的传热系数后，换气次数的大小就决定了建筑物的能耗水平。

为此，我们选择北京市一幢高层建筑，对该建筑在不同换气次数下的供暖需热量进行模拟计算，进而分析建筑物整体气密性能对建筑能耗的影响。该建筑物总建筑面积为 7163.46m^2，层高为 2.95m，体形系数为 0.26，共 18 层，每层两个单元，其围护结构各部位传热系数符合北京市居住建筑节能设计（节能 65%[33]、75%[34]）标准的规定。设定换气次数分别为 2.0、1.5、1.0、0.5 和 0.13 次/h❶，

❶ 常压下换气次数为 0.13 次/h，约相当于 50Pa 下的 0.6 次/h。

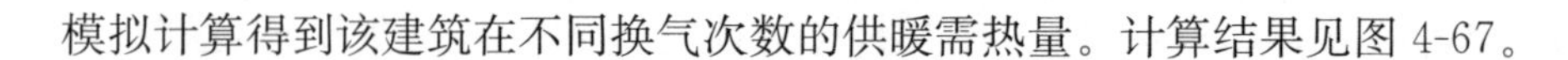

模拟计算得到该建筑在不同换气次数的供暖需热量。计算结果见图 4-67。

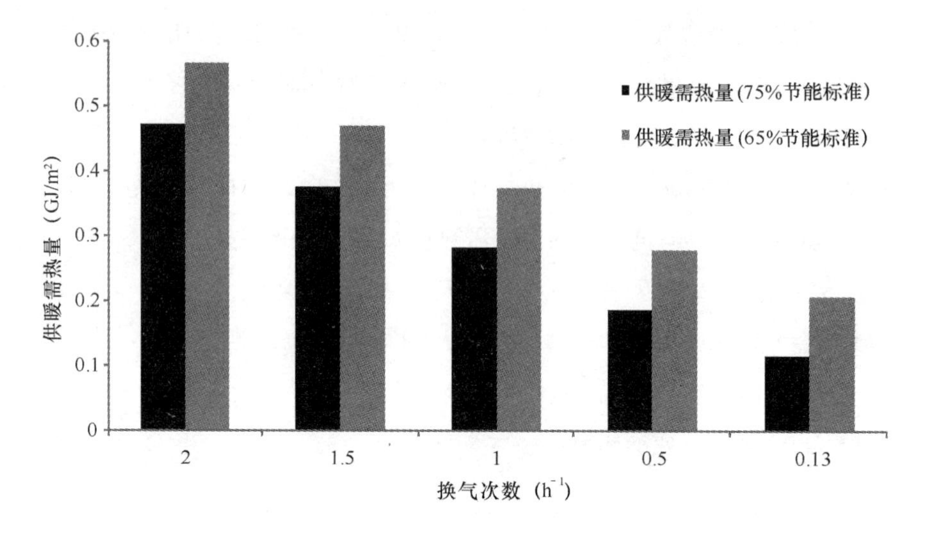

图 4-67　不同换气次数对应的供暖需热量

从图 4-67 中可以看出，该建筑当围护结构各部位传热系数分别符合北京市居住建筑节能 65%或 75%设计标准规定时，其换气次数从 2.0 次/h 减小到 0.5 次/h 时，供暖需热量分别约降低 51%和 61%；当换气次数从 0.5 次/h 减小到 0.13 次/h 时，供暖需热量分别降低了 25%和 37%。可见，当换热次数达到德国被动式建筑气密性能要求时，空气渗透热损失将大幅度降低。此时，室内空气品质是在建筑围护结构气密性能好的前提下，有组织地从室外引入新风来保证，并通过有效的热回收装置回收排风中的热量，既可以保证室内足够的新风量，又可以大幅度降低由于通风换气造成的供暖需热量，实现节能的目的。

4.15.3　围护结构节能产品研发的新进展

为满足超低能耗建筑节能需求，科研人员与玻璃、门窗和墙体保温材料生产企业倾力协作，积极开展高性能围护结构节能产品研发，以及相应的施工技术研究。

（1）高性能外窗系统

外窗是围护结构中保温隔热性能最薄弱的建筑构件，其窗框型材、玻璃配置和五金配件的性能差异较大，加之具有开关构造，气密性差，其节能潜力巨大。

针对建筑外窗在传热和渗透热损失方面存在的问题，从外窗的传热特点入手，重点研究建筑外窗的保温技术；从玻璃保温、透光性能出发，研发真空和镀膜技术等高性能的玻璃；从兼顾气密性和隔声性能的断热铝合金、复合材料等多腔型材组成的节能窗，乃至解决保证室内空气品质配置新型通风器的节能外窗系统，与外窗系统相关的节能技术产品研发成果如下。

1）高性能玻璃

由于采用了特殊的配方和工艺，超白玻璃的铁、钴、镍等杂质含量超低，故可见光透过率可高达 91%，而紫外线透过率又较普通玻璃低；超白钢化玻璃的安全性远优于普通钢化玻璃，低铁（钴、镍）使得玻璃中的硫化镍颗粒尺寸小到不会引发自爆的程度，避免了超白钢化玻璃的自爆问题，因而超白三银可钢化 Low-e 镀膜玻璃成为幕墙行业首选的安全性玻璃基片。超白玻璃还具有美观、无色差，采光效果好，产品最大规格可达 3660×18000mm 的优势。目前，国产的超白玻璃有逐步占领建筑节能市场的趋势，钢化真空玻璃的生产加工工艺已趋成熟，将为被动式建筑外窗提供高保温性能的配套玻璃产品。

2）保温隔热性能优异的外窗

传热系数≤1.5 W/（m^2·K）的新型节能断热铝合金窗已在寒冷地区工程中推广、具有耐低温耐腐蚀的玻璃纤维增强复合材料窗产品也应用于南极科考站建筑中。传热系数≤1.0 W/（m^2·K）的新型节能窗产品（断热铝合金复合窗和 PVC 塑料窗）已不为鲜见。带有中置遮阳百叶的保温隔热窗和保温隔热一体化窗已在工程中应用推广。

3）多功能外窗系统

为防止细颗粒物对人体健康的影响，配置有新型通风器的节能外窗系统已研发成功。该系统的通风器包括内外循环总成、前置过滤层和高效过滤层及双向离心风机结构，其窗体下方主框架和室外窗台板与进风口一体化设计，竖向边框与窗套之间设有隐藏式出风口。如图 4-68 所示。高性能外窗系统在实现节能减排目标的同时，提高了建筑室内热舒适度和空气品质。

4）辅助技术措施及产品

外墙、窗框防风防雨水构造以及窗与墙体之间、玻璃与窗框之间的密封等技术措施已完善；增强防水性能的国产透气防水雨布已研制成功。

（2）真空绝热保温板

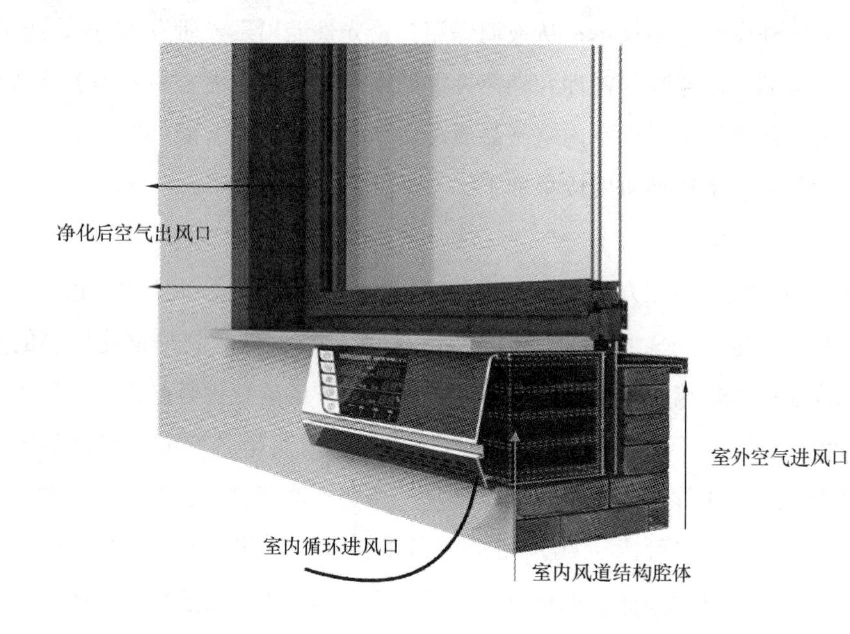

图4-68 配置通风器的节能外窗系统

真空绝热保温板是基于真空绝热原理，采用无机纤维芯材与高阻气（铝箔等）复合薄膜，通过抽真空封装技术制作的一种高效绝热的保温材料。该产品使用二氧化硅（或含纳米级-平均粒径10～20nm粒子聚集的表面多孔、分布均匀气凝胶）、增强纤维和金属基复合吸气剂等制作芯材，再用复合薄膜材料进行封装，之后抽取真空并保持其内部真空状态。

真空绝热保温板具有热传导率低（芯材导热系数为0.006W/（m·K））、质轻、不燃、耐腐蚀、耐老化和施工方便等特点，其薄膜表面增加粘贴强度的构造设计，确保了保温工程的寿命。目前，已批量化生产并应用于工程中。

4.15.4 小结

工程实践表明，被动式设计和精细化施工，以及科学的运行管理，是实现建筑供暖、通风和空调用能需求最小化的保障。在我国被动式建筑节能技术发展的核心问题是：如何秉承“被动优先，主动优化，经济实用”的原则，在满足建筑物所在地的气候和自然条件下，通过合理平面布局，有效利用天然采光和自然通风，提高建筑围护结构保温隔热和气密性能，采用太阳能利用技术及室内非供暖热源得热等各种被动式技术手段，进而实现建筑节能，并获得舒适的室内环境。

本章参考文献

[1] 付林，江亿，张世钢．基于 co-ah 循环的热电联产集中供热方法[J]. 清华大学学报(自然科学). 2008，48(9)：1377- 1380.

[2] Lin Fu，Yan Li，Shigang Zhang，et. al. A new type of district heating method with co-generation based on absorption heat exchange (co-ah cycle). Energy Conversion and Management，2011，52(2)：1200-1207.

[3] 赵玺灵，付林，张世钢．吸收式气-水换热技术及其应用研究．湖南大学学报 2009，36(12)：146-150

[4] 祝侃．降低供热系统能源品位损失的分析与研究．硕士论文．清华大学．2014.

[5] 齐渊洪，干磊，王海风，张春霞，严定鎏．高炉熔渣余热回收技术发展过程及趋势．钢铁．2012 (4)：64-74.

[6] 董晓青，孙韬，彭闪闪等．一种高炉冲渣水换热系统．实用新型专利，申请号 201220293691.

[7] 金亚利，张曼丽，王新燕．宽流道板式换热器在氧化铝生产种子分解过程中的应用．中国有色冶金．2006 (1)：52-54.

[8] 刘杰，罗军杰．高炉冲渣水专用换热器的应用．节能．2012 (6)：59-62.

[9] 臧传宝．高炉冲渣水余热采暖的应用．山东冶金．2003，25 (1)：22-23.

[10] 柳江春，朱延群．济钢高炉冲渣水余热采暖的应用[J]. 甘肃冶金，2012，34(1)：118-121.

[11] 刘红斌，杨冬云，杨卫东．宣钢利用高炉冲渣水余热采暖的实践[J]. 能源与环境，2010 (3)：45，46，55.

[12] 尚德敏，李金峰，李伟．钢铁厂冲渣水热能回收方法与装置．发明专利，申请号 201210276910. 3.

[13] 马最良．替代寒冷地区传统供暖的新型热泵供暖方式探讨[J]. 暖通空调新技术，2001，(3)：31～34.

[14] 石文星，田长青，王森．寒冷地区用空气源热泵的技术进展[J]. 流体机械，2003，31(增刊)：45～46.

[15] Stefan S. Bertsch，Eckhard A. Groll. Review of Air-Source Heat Pumps for Low Temperature Climates [C]. 8th International Energy Agency Heat Pump Conference，2005.

[16] 沈炜，周晋，李树林．空气源热泵在中国北方地区的运行经济性分析[J]. 建筑热能通风空调，2007，26(1)：63～66.

[17] 俞丽华，马国远，徐荣保．低温空气源热泵的现状与发展[J]．建筑节能，2007，(3)：54～57.

[18] 康彦青．空气源热泵在西安地区的应用研究[D]．长安大学，西安，2010.

[19] 王建民．基于北京地区的空气源热泵能耗分析及节能改造[D]．天津：天津大学，2012.

[20] 董建锴．空气源热泵延缓结霜及除霜方法研究[D]．哈尔滨：哈尔滨工业大学，2012.

[21] 李腊芳．空气源热泵结霜工况下高效能运行研究[D]．重庆：重庆大学，2013.

[22] 王漪，薛永锋，邓楠．供热机组以热定电调峰范围的研究．中国电力，2013，46(3)：59-62.

[23] 吴龙，袁奇，丁俊齐等．基于变工况分析的供热机组负荷特性研究．热能动力工程，2012，27(4)：424-430.

[24] 赵龙，王艳，沙志成．山东电网接纳风电能力的研究．电气应用，2012，17：43-69.

[25] 李俊峰，蔡丰波，乔黎明等．2013中国风电发展报．中国资源综合利用协会可再生能源专业委员会、中国可再生能源学会风能专业委员会、全球风能理事会．2013：39-46.

[26] 朱柯丁，宋艺航，谭忠富等．中国风电并网现状及风电节能减排效益分析．中国电力，2011，44(6)：67-77.

[27] 王宝书，谢静芳．长春市电负荷变化的统计特征及与气象条件的关系分析． 吉林气象，2002，3：12-14.

[28] 张英英．北京石电供热工程正式向市区供热．区域供热1993年01期．

[29] 张英英．北京市石景山热电厂供热工程简介．区域供热1992年04期．

[30] 2007-2020年乌鲁木齐市热电联产规划2007年．

[31] 赫然．三河发电跨省供热北京首享外埠热源．中国电力报2011年11月28日第001版．

[32] 古交兴能电厂至太原供热主管线及中继能源站工程可行性研究报告2013年．

[33] 北京市建筑设计研究院．居住建筑节能设计标准(DBJ11-602-2006)[S].

[34] 北京市建筑设计研究院．居住建筑节能设计标准(DB11/891-2012)[S].

第 5 章　北方城镇供暖管理体制改革

集中供热的管理需要解决管理机制的问题，包括：供热规划、经营模式与管理机制、热价体系设计、监督管理、热费收取、分级约束、冲突解决。只有有效解决了以上问题，才能够使集中供热系统正常运行和可持续发展。本章从运行管理机制方面介绍了几个欧洲国家（以芬兰、丹麦为主）的供热管理体制，进行总结归纳，提出了对我国集中供热节能管理机制中几个重要问题的改进建议。

5.1　北欧集中供热管理体制

5.1.1　芬兰住房合作社制度

公寓建筑的很多设施和服务都具有准公共物品的性质，例如电梯、集中供暖、安防、房屋装修、垃圾处理、周边配套、停车、环境绿化等，受益对象为所有居民。居住在一个公寓里的所有用户都有付出公共服务的责任，但是由于“搭便车”的心理，每个人都想让别人提供这种服务，自己坐享其成。如果没有外部管理者或者自主治理的组织，那么就没有人主动承担这些责任，可以预想的后果是垃圾随处可见、房屋年久失修以及房屋价值的降低。这样的后果是所有人都不想看到的，因为所有人都不想让自己的房屋贬值。为了解决公寓住宅楼的公共设施和服务问题，住房合作社提供了一种住户自主治理的形式。

在芬兰，住房合作社制度是一种非常常见的公寓住宅产权所有形式，这是一种公寓住宅楼由住房合作社集体所有的制度。在建造公寓住宅楼时，住房合作社随之成立，成立之后任何人都可以申请加入，但是必须通过住房合作社的审查，才能够出资购买公寓内的住房，即意味着拥有了公寓的居住权。拥有公寓内的一套住房的居住权则意味着拥有住房合作社的一部分股权，一平方米建筑面积代表一份股权，住房合作社的股权可以在市场上进行买卖。建筑建成之后，住户，也就是住房合作社的成员，要共同承担住房合作社提供公共设施服务的费用，以及运行维护公共设施的费用。

住房合作社是成员自主治理的组织，有效的运行管理机制能够使所有成员的集体利益最大，因此住房合作社的管理水平越好，它所拥有的房屋的附加价值越高。住房合作社是一种非营利组织。非营利组织以最大化公共利益为目标，而不是以最大化利润为目的，盈利不在组织成员之间分配。它具有四个基本特征：①组织的目标以提高公共服务的质量或增加公共物品的数量为目标，不是为了增加投资人或者运营者的收入，以此作为衡量组织的经济活动的标准，即非营利性。②非营利组织所提供的服务一般具有准公共物品的属性，从中受益的是一个集体，这个集体的组成是个人意愿的体现，选择加入这个组织的个人应该是自愿的，而非被强迫的，即组织的自愿性。③非营利组织是一种独立存在的公共服务性组织，它具有自己的规章制度，也具有独立法人的资格，即非依附性。④非营利组织的目的不是营利，但并不意味着必须要亏损，只不过组织的盈利不是用于给个人分配的，也就是说个人不能从非营利组织中谋利，追求个人利益最大化的行为是不被允许的，即不分配性。

为了使住房合作社顺利运行，所有的用户共同讨论决定住房合作社相关的制度。住户大会是一种基本的制度，即召开所有住户参与的会议，每个人都有表达自己想法的权利，参与制度的操作规则的修改。执行委员会的选举机制为：执行委员会在住户中选举产生，方式是住户们投票决定，约定执行委员会的履行责任期限，在期限结束之后，住户们对其管理成效进行评价，通过投票的方式表达是否赞成他们继续留在执行委员会，如果没有通过投票，那么住户们再选举新的委员会成员。

住房合作社的组织、运行机制如图5-1所示。执行委员会是住房合作社具体事务的执行机构，负责公共区域的运行维护，协调住户之间的关系，解决住户之间的纠纷，管理住房合作社的财务，处理住房合作社与外界的关系。所有成员应该执行住房合作社的管理规定，包括成员的责任与义务，如果不履行责任会受到的惩罚。成员的责任主要为分担住房合作社运作的费用，权利是能够参与住房合作社的运行管理。住房合作社的财务审计机制为每个季度或者半年，由专业的审计公司对执行

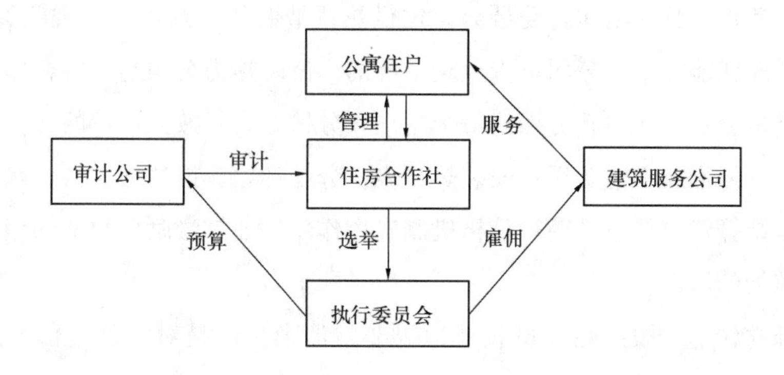

图 5-1 住房合作社组织形式

委员会提供的预算决算进行审计，并提交审计报告，执行委员会有义务向所有用户通报审计结果。为了对公共区域进行专业的运行维护，执行委员会雇佣建筑服务公司，提供物业管理、维护修缮的服务。住房合作社的支出由所有用户共同分担。

住房合作社制度在芬兰存在的历史已将近百年，是一种成功运行的组织形式。对比诺贝尔经济学奖获得者埃莉诺·奥斯特罗姆提出的长期存续的公共事务管理制度的设计原则❶，住房合作社的组织机制符合这些原则，具体体现在：住房合作社的管理范围界定清晰，包括公寓住宅楼、楼内的设施、以及周围的绿地、垃圾箱等。公寓里的住户以自愿的方式购买房屋以及加入住房合作社，认可住房合作社的形式，并且每个人都能够通过住户大会的形式参与操作规则的制定以及更改。住房合作社监督住户的行为，由于每个住户都是合作社的成员，因此监督公寓公共设施维护情况、以及使用者行为的积极性高。对于违规使用公共设施的行为，住房合作社有权进行制裁。当住户之间或者住户与执行委员发生冲突的时候，能够通过成本低廉的用户大会的形式进行解决。住房合作社的成员可以根据自身的情况设计规章制度，并不需要受政府权威的约束。住房合作社汇集了提供公共服务、规定成员之间责任分配、监督、执行、纠纷解决和治理的功能于一体，保证了公寓住宅楼内公共设施的定期维护修缮。住房合作社制度使得公寓建筑的寿命延长，芬兰 20 世纪 70 年代的建筑至今保持完好，楼内公用设施运行良好。

与公寓楼内的其他公共设施一样，集中供热系统的楼宇式换热站的运行维护由

❶ 埃斯特罗姆对长期存续的公共池塘资源制度的设计原则。

住房合作社负责。具体由执行委员会设定供热调节曲线，当系统出现问题的时候，执行委员会雇佣能源服务公司负责供暖系统的维修。热力公司与住房合作社结算热费，执行委员会负责将热费分摊给每个用户，分摊方式是按照用户的住房面积所占比例。这种分摊形式不需要用户安装热量表、分配计，分摊的成本低。热力公司与住房合作社结算建筑热量，使得价格机制发挥作用，能够激励用户节约用热，培养用户行为节能的习惯。

对于独立住宅，按照热计量收费边界非常清晰。但是对于公寓住宅，如图所示，由于热量在公寓住宅之间传热方向的不确定性，因此单个住户的用热量难以做到精确计量，每个住户的用热量没有清晰的边界。

住房合作社解决了公寓住户和热力公司之间按热量收费的热量分摊问题，对芬兰能够实行热计量收费起着重要的作用。住房合作社作为公寓住宅的产权所有者，跟热力公司按照计量的热量结算热费，用户内部的热费分摊由住房合作社负责，与热力公司无关，热力公司的责任范围到建筑换热站一次侧的热量表为止，界限划分清晰。

芬兰热计量的方式为在建筑热力入口的一次网安装热量表，热量表属于热力公司，并由热力公司进行运行维护。对于独立住宅用户，热力公司与住户直接结算热费。对于公寓住宅用户，热力公司与公寓住房合作社结算热费，住房合作社则根据公寓住户的面积将热费分摊到每个住户家中。

芬兰集中供热用户与热力公司签订供热协议，约定供热最大热负荷，热力公司根据最大热负荷与计量的热量收取热费。集中供热用户的热费由连接费、固定费与热量费组成。用户接入集中供热管网时需要支付连接费，费用与建筑所在地理位置的偏远程度和建筑大小有关；每年的热费账单包括固定费用和热量费用，固定费用与建筑最大热负荷相关，主要覆盖热力公司的固定成本，热量费用与实际用热量有关，主要覆盖热力公司的可变成本。集中供热建筑所消耗热量的多少，直接影响着热源所消耗的能源，为了减少能源消耗，减少CO_2的排放，通过价格机制，把热费和用热量联系起来，是一种激励机制，以达到资源的最佳配置，减少热源的能源消耗。最初芬兰热力公司与住房合作社之间的热费结算基于简单的估算，例如房间的体积和散热器的数量作为结算的依据，后来使用流量计根据热水的流量收费。20世纪60年代开始，芬兰采用机械式热量计进行热计量，但是这种热量表的维修校准复杂、寿命短，使得计量费用过高，70 年代初开始使用对每座建筑计量的电子式热量表，其计量范围宽、精确度高、校准容易、使用寿命长。20 世纪 70 年代，阿拉伯国家的战争以及政局波动导致了两次“能源危机”，石油价格大幅度上涨。为了应对“能源危机”，西方国家更加重视建筑节能工作，尤其是希望通过个人节约用能的行为降低建筑用能，在这种背景下，热计量收费机制在欧洲很多国家实行起来。

芬兰热计量对集中供热系统的节能作用体现在两个方面。一方面对热力公司来说，热计量为热力公司提供了采暖用户实际耗热量信息，对热力公司优化集中供热系统，提高能源系统效率有非常重要的作用。另一方面对采暖用户来说，按热量收费激励了他们节约用热，而且计量的热量为他们提供了基本能耗数据，当耗热量明显增大的时候，用户雇佣能源服务公司，进行节能咨询，温度、流量、功率等运行记录可以用来检查实际运行工况与设计数值是否相符，如果不符，可以调整或更换设备，以提高其运行效率。运行记录、能耗数据还可以为规划新的集中供热区域提供参考信息。总之，用热量的数据是改善系统的装置和运行的前提条件。

热力公司每年至少给用户提供一份账单，说明建筑的实际耗热量，以及气象修正后的耗热量，账单中还包含不同年份用热量的对比，以及与同类型建筑的比较。例如，图 5-2、图 5-3 为芬兰某热力公司提供给用户的账单。该账单由五部分组成：建筑信息、集中供热费用、用热量、最近五年逐月用热量的对比、年用热量的对比。建筑信息包括建筑供热面积、供热体积、总面积、总体积、建筑类型，对于公寓建筑，列出的信息有户数、居民数、办公房间个数、工作人员个数、建筑个数。集中供热费用包括固定费用和能源费用，以及 22%的增值税。该公寓的全年热费为 20266.54 欧元，平均到每户的热费为 562 欧元/年，固定费用占 19%，能源费用占 81%。根据每个月的用热量数据，考虑到集中供热系统全年运行，夏季只用于加热生活热水，可以得到生活热水耗热量约为 10MWh/月，假设每个月的用量不变，全年生活热水耗热量为 120MWh，约占总用热量的 34%。

5.1.2 丹麦集中供热用户合作社

丹麦政府制定集中供热的节能政策，地方政府具体负责供热规划、组织集中供热运行、执行集中供热法规定。丹麦能源管理局规定建立和运行集中供热的组织应

建筑信息		类型：公寓建筑	
供热建筑面积：	2280m²	户数：	36
供热建筑体积：	9250m³	居民数：	64
总建筑面积：	2800m²	办公房间个数：	0
总建筑体积：	9250m³	雇员数：	0
		建筑数：	1

2009年集中供热费用			
固定费（VAT22%）	3777.12EUR	平均价格(VAT22%)	60.73EUR/MWh
能源费（VAT22%）	16489.42EUR		
费用总计（VAT22%）	20266.54EUR		

2009年能源消耗量			
天气修正后的单位体积耗热量：	36.5 kWh/m³	参考耗热量	42.4kWh/m³
单位体积耗热量：	36.1 kWh/m³		

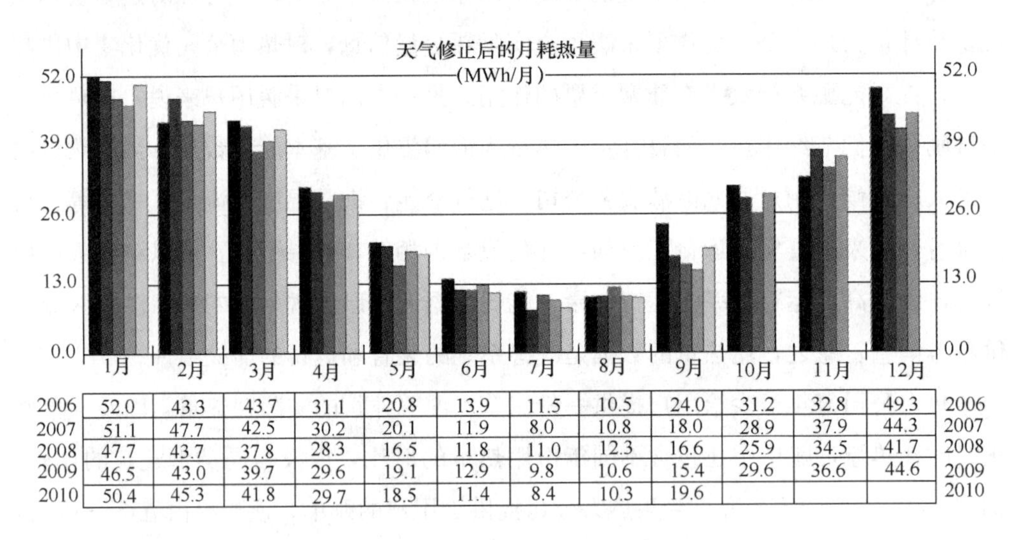

	1月	2月	3月	4月	5月	6月	7月	8月	9月	10月	11月	12月	
2006	52.0	43.3	43.7	31.1	20.8	13.9	11.5	10.5	24.0	31.2	32.8	49.3	2006
2007	51.1	47.7	42.5	30.2	20.1	11.9	8.0	10.8	18.0	28.9	37.9	44.3	2007
2008	47.7	43.7	37.8	28.3	16.5	11.8	11.0	12.3	16.6	25.9	34.5	41.7	2008
2009	46.5	43.0	39.7	29.6	19.1	12.9	9.8	10.6	15.4	29.6	36.6	44.6	2009
2010	50.4	45.3	41.8	29.7	18.5	11.4	8.4	10.3	19.6				2010

图 5-2 芬兰某热力公司耗热量账单（一）

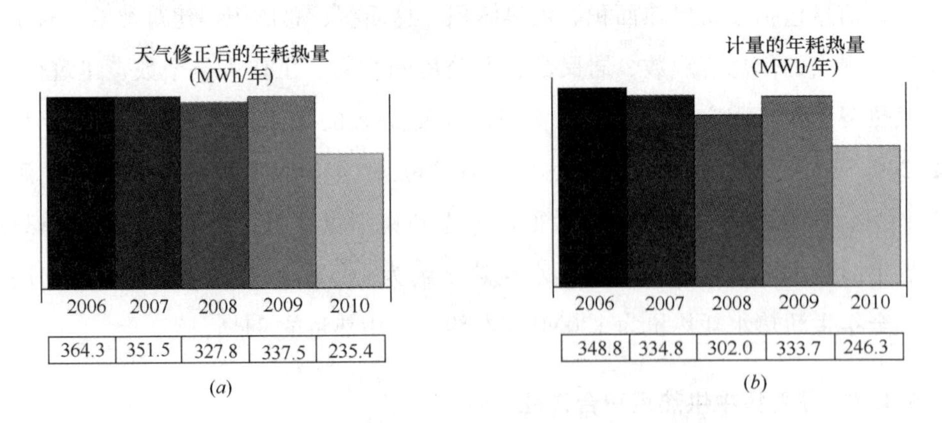

图 5-3 芬兰某热力公司耗热量账单（二）[1]

[1] 资料来源：Euroheat & power，Good practice in metering and billing. 50-51.

符合的条件。丹麦能源管理局和能源供应投诉委员会负责监管集中供热企业，处理用户关于价格和供热质量的投诉。所有的集中供热公司必须将供热价格和供热质量报告给丹麦能源管理局，以方便他们处理关于热费和供热质量的投诉。集中供热公司有不同的所有和运作方式，在规模较小的城市，集中供热公司以用户合作社的形式存在。在规模比较大的城市，通常是由地方政府拥有集中供热管网。

集中供热用户合作社是一种用户合作社的模式。用户合作社遵循“自主供给、责任自负、民主、平等、公正、团结”的宗旨。集中供热用户合作社成立的初始资金是由用户们提供的，用户有权享受用户合作社提供的产品和服务。用户合作社与私人企业的主要不同在于：用户合作社用最低的成本为用户提供最优质的服务，热费收入用于覆盖运行成本，不以追求最大利润为目的。公司盈利用于增加合作社资产，投资扩大生产规模，或者作为用户提前支付的热费。集中供热用户合作社最大的特点是集中供热的投入方与受益方的一致性。每个用户都是集中供热用户合作社的股东，同时也是集中供热的受益者。集中供热用户合作社的年终盈利返还用户，或者当成用户提前支付的下一年的热费，从而降低用户次年的交费。

以丹麦某一热力公司为例进行说明，丹麦 Høje Taastrup 集中供热公司是一个成立于 1992 年 1 月 1 日的集中供热用户合作社，为丹麦首都哥本哈根西部的 Høje Taastrup 地区提供集中供热服务，已经成功运行了二十多年。该集中供热用户合作社的组织结构如图 5-4 所示。根据建筑类型，供暖用户有独立住宅、公寓住宅、工厂三类，分别以投票的方式选举出 15 人、10 人、10 人，组成用户代表委员会。用户代表委员会负责了解用户的需求和建议，提交给公司董事会。用户代表委员会中选举出 7 人，与城市议会中选举出的 2 人，一共 9 人，组成集中供热公司的董事会。董事会对用户代表委员会的建议进行讨

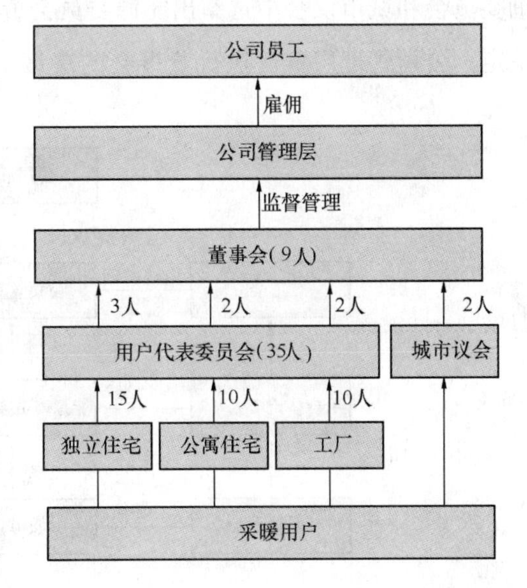

图 5-4 丹麦集中供热用户合作社的组织结构

论，对于合理的建议就采纳，并负责将这些建议决策化，传递给公司管理层。公司管理层负责管理集中供热公司具体的经营事宜，并雇佣员工从事集中供热的专业技术工作，公司管理层和员工获得合理的劳动报酬。董事会对公司管理层进行监督管理，防止管理层以权谋私，损害公司利益。集中供热用户合作社所有的预算和价格对用户都是透明的，最大程度地降低了公司管理层谋取私利的可能性。

通过用户代表委员会，用户能够方便地表达他们的想法、意见，得到公司董事会的讨论和认可。当用户对公司的供热服务不满意的时候，可以通过用户代表委员会向董事会表达不满，董事会促使公司管理层加强管理，以最低的价格提供最好的供热服务。当公司管理层被用户认为管理水平太差，不能胜任职责的时候，能够将意见传递给董事会，在董事会作出决定之后，更换公司管理层。由于每个采暖用户都关心自身的利益，不愿受到周围用户的损害，因此用户之间自然会相互监督，形成一种无形的约束，促使用户都遵守规则。在这种相互监督的约束下，能够提高用户的缴费积极性，增强用户的节能意识。

在规模比较大的城市，通常是由地方政府拥有集中供热公司，其运营包括热源、热网以及末端用户换热站的建设、运行管理等全方面的工作。如图 5-5 所示。集中供热用户以投票的方式选举产生用户咨询委员会，反映用户的意见；从用户咨询委员会和城市议会中选举出能源委员会董事会，负责对城市集中供热的决策做出决定；公司管理层负责执行董事会的决策，接受用户咨询委员会组成的公会的监

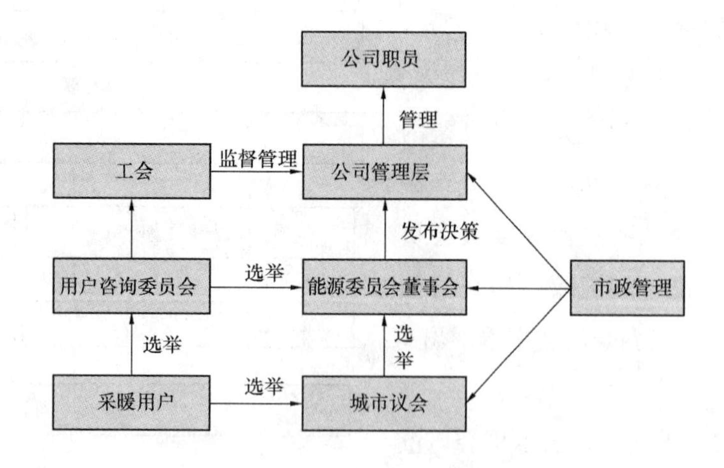

图 5-5　市政所有集中供热公司组织结构图

督，不能设置过高的价格；公司雇佣专业人员从事技术、咨询、维修、财务工作，向其支付劳动报酬。

热计量收费是欧洲国家普遍使用的集中供热节能机制。关于集中供热的热计量，欧盟最有影响力的法规是末端用能和能源服务法规（2006/32/EC）[1]，规定“在技术、财力允许的前提下，终端用户应该安装电力、天然气、集中供热的计量设施，提供实时耗能量数据；能源账单应基于实际的能源消耗，并且以清晰易懂的方式呈现给消费者能源使用情况，使消费者获知以下信息：①当前的能源价格和消耗量；②不同年份能源消耗量的对比；③与同类型建筑的平均能耗进行对比；④通过网站为消费者提供有用信息，例如提高能效的措施，对比不同用户能耗，设备说明书等”。需要说明的是该文中提到的终端用户主要是针对一栋楼来说的，无论是一栋别墅还者一栋公寓楼都是一个终端用户，这跟我国目前供热系统一个住户被认为是一个终端用户的情况完全不同。欧洲各个国家的热计量方式和收费机制都不相同，与各自的国家背景和集中供热的发展历史非常相关。

热计量的技术比电、天然气、水的计量更复杂。根据欧盟计量条例（2004/22/EC），新安装的热量表应符合 EN 1434 标准：“热量表应符合技术和环境条件的要求，寿命期内具有很好的稳定性和准确性，而且应该由可信赖的具有环境和社会责任的制造商生产，易于升级为新的远程读数技术”。热量表根据流量计的类型分为机械式和电子式，机械式的热量表使用叶轮式流量计，叶轮的转速转化为电子脉冲信号，传送给积分仪。电子式热量表对污染物敏感度低，不会因为超载而损坏，寿命更长，维修替换成本降低，分为电磁式和超声波式，电磁式的历史更久，超声波式不依赖于水的导电性，而且可以使用内置电池。

购买热量表的费用先由供热公司承担，但最终还是由用户承担，以年度计量费的方式向用户收取，或提高热费价格，或在安装时直接向用户收费。初次安装热量表的成本包括购买、运费、检测、安装，热量表的使用和维护由热力公司和用户共同负责。例如，丹麦建议用户每月至少记录一次热量表数据，与热力公司计算出的预期数据进行对比，一旦发现异常立刻向热力公司报告。

---

[1] http://eur-lex.europa.eu/legal-content/EN/TXT/?qid=1399645774105&uri=CELEX:52011PC0370.

对于公寓楼内各户的热计量，使用分户热量表的国家很少，按住户的面积分摊是一种方式，散热器分配计是另一种方式，分配计的读数由住户或者供热公司读取，输入到供热公司的数据库里，由供热公司给出每户的账单，或者由服务公司读数并给出每户的账单。

热计量仅仅是技术手段，完整的热计量收费体系还包括收费方式。由于集中供热提供的是舒适的室内环境以及生活热水，是一种服务，费用的构成应该与成本相关，使用户容易理解。集中供热系统的锅炉、换热器、蓄热器、管网等设备的投资较高，利用废热和可再生能源替代化石燃料，能降低燃料的花费。热力公司通过收取热费，偿还长期的投资和燃料的成本，因此热费通常由固定部分和可变部分构成。

欧洲各个国家的热费体系与其运行管理机制相关。丹麦政府规定必须使用集中供热，芬兰、瑞典则没有政府管制。无论是政府制定价格还是市场决定价格，集中供热的价格往往比其他取暖方式（如燃油锅炉、燃气锅炉、热泵、电采暖、生物燃料）略低。热力公司和用户之间签订关于计量和收费的合同，以免产生误解。集中供热的计量热费基于耗热量。

集中供热用户按照建筑类型分为居住建筑、公共建筑、商业建筑。有两种供热合同形式，一种是集中供热公司和终端用户直接签订合同，另一种是集中供热公司与合作社用户签订合同，例如建筑所有者或者住房合作社，热力公司和终端用户没有合同关系，由建筑所有者或者住房合作社负责终端用户之间的热量分摊和账单问题，分摊的方法由住房合作社决定。这两种类型中是哪种类型在各个国家得到应用与各国的历史进程和法律体系相关，不同的体系影响着具体的形式。例如在匈牙利，集中供热公司和每个用户签订合约，在法国、瑞典、芬兰、丹麦集中供热公司只和公寓所有者签订合约，也就是每座公寓只与一名所有者签合同。

根据欧盟建筑的能耗指令（2010/31/EU），能源公司每年应提供给用户最近3～5年的能耗账单，并且与相似建筑的能耗进行比较。国家标准给出按照建筑的年代、是否改造过、居住人数、用户行为等分类的建筑能耗标准。例如，图5-6是丹麦一家供热公司向用户提供的账单中关于能耗对比的部分。

年份	2007～2008	2008～2009	2009～2010
总耗热量（MWh）	16904	15914	16065
单位面积耗热量(kWh/(m^2·a))	126	119	120
同类建筑平均值(kWh/(m^2·a))	126	114	125

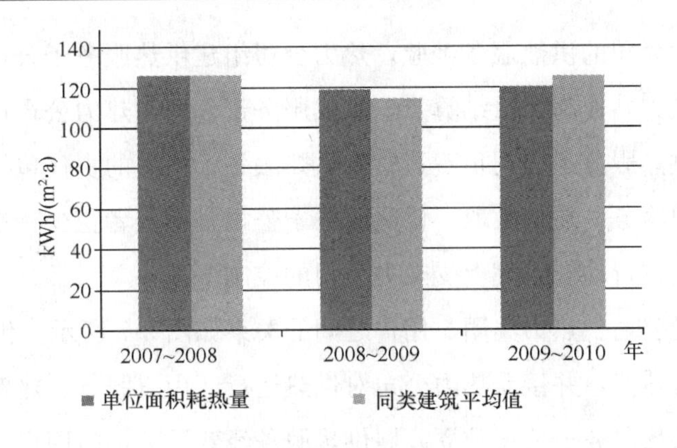

图 5-6 丹麦热力公司账单

5.2 热力站承包制改革

与芬兰等成熟的公寓住房合作社机制相比，我国公寓住宅业主大都没有法律承认的法人资格，业主大会所能够发挥作用有限，运行机制仍处于探索实践状态。纵观芬兰由按照面积收费向热计量收费机制转变的历史，住房合作社机制在先，热计量收费机制在后，住房合作社机制有效减少了向热计量收费机制转变的成本。首先，楼宇换热站、楼内管网都属于住房合作社所有，热量结算点为楼宇热力站一次侧，热力公司负责范围到楼宇换热站热量表为止；其次，住房合作社负责楼宇换热站、楼内管网的运行维护；再次，住房合作社负责热费在公寓住户之间的分摊，分摊方式是按照住宅面积平摊。住房合作社机制以成员大会的形式解决用户的质疑，对于已经良好运行的住房合作社机制，解决问题的成本低。因此热力公司只需在楼宇换热站安装热量表，不用处理公寓内住户的质疑投诉。由于芬兰集中供热的价格是市场竞争机制，热力公司可以根据自身的供热成本制定热价，政府不需要制定热价。

我国推行热计量收费机制的关键是解决如何以较低的成本让用户接受热计量收

费机制以及解决热计量收费机制可能引发的用户纠纷。本文提出一种热力站承包供热服务子公司机制。

5.2.1　运行机制

依托于热力公司的供热服务经验，热力公司组建供热服务子公司，把热力站承包出去，即以热力站作为热量结算点，供热服务子公司与热力公司进行结算，热力站供热区域由供热服务子公司负责运营。供热服务子公司的责任包括热力站的运行管理、供热用户服务、热费收取。供热服务子公司全部或者至少一半的资产由热力公司拥有，并且在行动和管理上受热力公司的控制。

供热服务子公司、热力集团、用户之间的关系如图5-7所示。供热服务子公司向热力公司支付热费，并接受热力公司对供热运行、用户服务、热费收缴等方面的管理和考核；供热服务子公司独立开展供热服务经营活动，向用户收取热费。

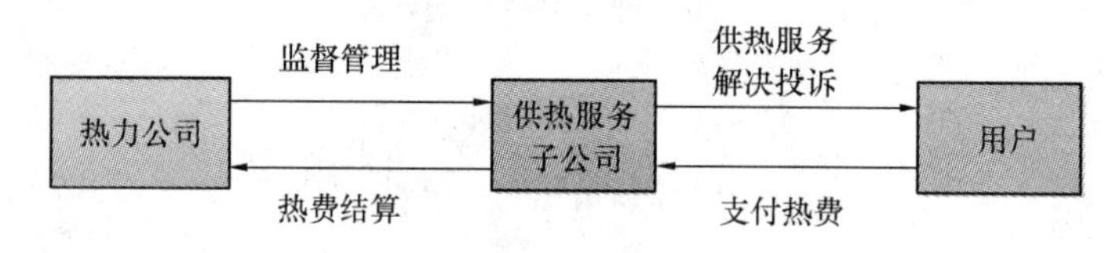

图5-7　供热服务子公司模式

热力公司与供热服务子公司热费结算方式由容量费和热量费两部分组成，容量费根据热力公司和供热服务子公司合同约定的最大供热负荷确定（MW），热量费根据热力站计量的供热量确定（MWh）。这种热费结算方式的好处是：按容量收费使得热力公司了解每个热力站的最大负荷，有利于优化热源；按热量收费促使供热服务子公司节约用热量，改善热力站的运行调节，减少过量供热，改善建筑之间的水力平衡，减少冷热不匀造成的热量浪费。

在这种模式下，热力公司不再与居民采暖用户直接结算，将重点放在热网运行的技术问题上，对热量输送实现专业化管理；供热服务公司具体解决用户的各种问题，采用热力站气候补偿器、楼栋入口混水泵等各种二次网供热调节手段实现热量调节，并负责对建筑内部各用户间进行精细化热量分配，实现高质量的供热服务。

实现按热量收费的前提是对热力站耗热量进行计量，因此需要在热力站一次侧安装热量表。热力公司优化热网运行离不开对热网的自动监控：建设热力站数据采集系统，能够对热力站实现实时监控；将热力站近几年的用热量进行对比，能够发现是否有异常情况；将不同热力站的用热量进行横向对比，能够发现节能潜力。

实现热力站承包制，承包者一方面需要向供暖用户负责，保证各个用户获得良好的供暖服务，只有这样才可能收取供暖费；另一方面还要向热力集团公司负责，根据计量得到的总热量向公司支付热量费，并且根据气候条件及时调整供热量。承包公司的受益是从各用户收取的供暖费向热力公司支付的热费之差。这样，就可以完全调动起承包公司的积极性，既要节能调节以降低热量，又要精心调节以为用户提供最好的服务。

这样做的最基础也是核心的问题就是如何确定最终用户的供暖费标准。由于我国目前不同建筑之间保温水平相差很大，使室内实现同样温度所需要的热量相差约在一倍以上。如果承包公司与热力集团公司之间完全按照热量结算，而与用户之间按照供热面积结算，就会出现承包保温好、能耗低的小区经济收益大，而承包保温差、能耗高的老旧小区亏损的现象。这时，可以根据各个承包小区单位面积建筑实际热耗的情况以及实际建筑的保温水平，通过调查和评审，确定其热耗偏高的原因。如果确实是由于建筑本体的问题，可由当地政府直接出资补贴部分热费。这样把原本补贴到达热力集团公司的费用直接发到具体的保温差、高耗能小区，可以非常清楚地揭示政府需要补贴的实际原因，从而就会根据热费补贴的情况，逐步安排节能改造资金，随着老旧小区围护结构改造逐步完成，供热补贴也逐步退出。

实际上，目前还有很多民营小区锅炉房供热的方式，就有些类似于上述描述的承包运行模式，管理水平较好的小区，其建筑耗热量和管网输配电耗也能做到很低，并有较好的盈利空间。如果将其热源从购买燃气改为从热网买热，则与上述介绍承包运行模式完全一致。

建筑保温不同，需热量差异大是客观现象，不可能绕过去，而采用分户计量时，这个矛盾更大，所以这也是分户计量无法推行的主要原因。对这样的问题，应该迎着问题上，找出应对方法，而不能设法避开，因为它绕不过去。

5.2.2 案例介绍

该热力公司的供热服务子公司制度处于积累经验阶段，尚没有成立子公司，而是以热力站承包小组的形式存在。选取三个供热区域作为试点。每个供热区域有 4

个热力站，供热面积约为50万m^2，由5名运行人员、1名收费人员、1名总负责人组成承包小组，负责热力站的运行调节、供热服务和收缴热费。收缴到的热费上交热力公司，电费、水费等运行费用由热力公司支出。热力公司保证承包小组员工的基本工资和五险一金不变，对其运行情况进行考核，根据考核结果发放绩效工资。

绩效考核的内容包括几个方面：

（1）能耗指标

能耗指标包括：热指标、电指标、水损指标，分别指在一个采暖季期间，单位供热面积的用热量、热力站用电量、热力站补水量。根据热力站近几年的历史运行数据的平均值，确定考核能耗指标，如表5-1所示。

承包热力站考核能耗指标 **表5-1**

	热指标（GJ/m^2）	电指标（kWh/m^2）	水损指标（t/m^2）
承包1组	0.53	0.58	/
承包2组	0.58	0.98	0.146
承包3组	0.53	1.09	0.021

考核方法为：与考核指标持平，发放基本薪酬；比考核指标低0%～5%时，提取节约热费的20%作为试点绩效薪酬；比考核指标低5%～10%时，提取节约热费的25%作为试点绩效薪酬；比考核指标低10%以上时，提取节约热费的30%作为试点绩效薪酬；根据奖惩对等原则，比考核指标高时，从基本薪酬中扣除一定费用。

（2）热费收缴

考核内容包括：本采暖期热费收缴率、停热补偿热费收缴率、尾欠热费收缴情况及违约金收缴情况。本采暖期热费收缴率指采暖期实际收取的热费金额与应收金额的比值。停热补偿热费收缴率指实际收缴的停热补偿热费与应收缴的停热补偿热费的比值。尾欠热费指本采暖季之前的未收回热费。违约金指用户违约所交罚金。

考核方法为：本采暖期热费收缴率为90%时，发放基本薪酬；本采暖期热费收缴率为90%～92%时，以此段超收金额乘以3%作为试点绩效薪酬；本采暖期热费收缴率为92%～95%时，以此段超收金额乘以6%作为试点绩效薪酬；本采暖期热费收缴率为95%～98%时，以此段超收金额乘以9%，作为试点绩效薪酬。本采暖期热费收缴率98%以上时，以此段超收金额乘以12%，作为试点绩效薪酬。本采暖期热费收缴率在90%以下时，根据奖罚对等原则，从试点基本薪酬中扣除。停热补偿热费收缴率、尾欠热费收缴情况及违约金收缴情况的考核方法类似。

（3）运行服务质量

考核内容包括：热费减免率、用户报修及时率、运行事故、用户投诉。热费减免率指因室温不合格为用户减免的热费金额占总应收热费金额的比例。用户报修及时率指用户报修及时处理次数占用户报修总次数的比例。运行事故指运行人员在供热运行过程中，因未按规程操作或操作失误、不当、过失或者故意造成的影响热网正常运行、造成人身伤害、造成一定经济损失的事故。用户投诉指因服务质量、态度等原则造成用户的投诉情况或与用户发生纠纷的情况。

考核方法为：热费减免率不高于3‰，高出部分由承包小组承担。用户报修处理及时率标准100%，用户报修未及时处理并经核查情况属实的，每发生一次处罚2000元。运行事故标准为0，在一个承包期限内，发生运行或安全事故造成两人（含两人，包括内部人员和外部人员）以下轻伤或经济损失10万元以下，由承包小组承担经济损失，人身伤害按劳动法、工伤保险和意外伤害等相关法律法规执行，超出部分由承包小组负担；在一个承包期限内，发生运行或安全事故造成两人以上轻伤、重伤或死亡、经济损失10万元以上，取消承包小组承包资格，承包小组当年收益全部扣除。用户投诉标准为0，发生用户投诉一经核查情况属实的，每次处罚500元。

考核的前提是获得能耗信息，对能耗的计量是必须的，为了配合热力站承包机制，该热力公司建立了热力站能耗监管平台，方便运行管理人员了解能耗情况，这也是热力公司对承包小组进行考核的依据。能耗监管平台对热力站的用热量、用电量、水损量进行计量，并且能够通过3G通信将数据实时传送到服务器上，管理人员能够通过能耗分析软件随时查看能耗数据。

热力站能耗监管平台虽然建设成本较高，但是在投入使用之后能够减少人工读数的成本，在能耗数据分析方面，热力站能耗数据分析软件能够实现实时多种分析功能，方便管理者快速进行节能诊断。能耗分析软件的功能包括实施能耗查看、历史能耗对比、不同热力站能耗指标对比。

1）热力站历史耗热量、耗电量、水损量对比柱状图。计量的时间间隔可选逐时、逐日，计量时间段可任意选择，如图 5-8、图 5-9 所示。

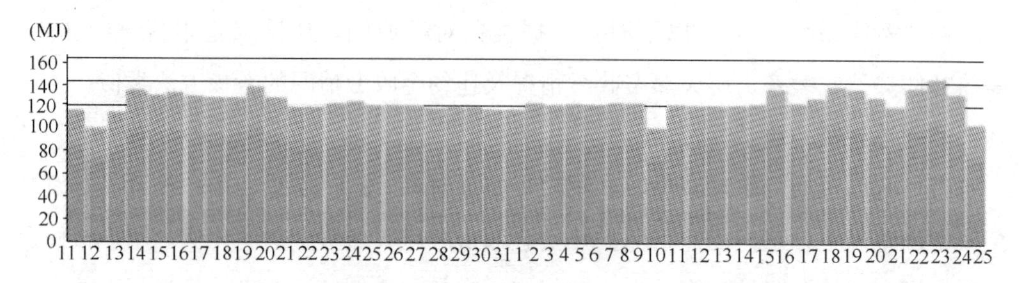

图 5-8 热力站逐日耗热量柱状图截图（2014.01.11～2014.02.25）

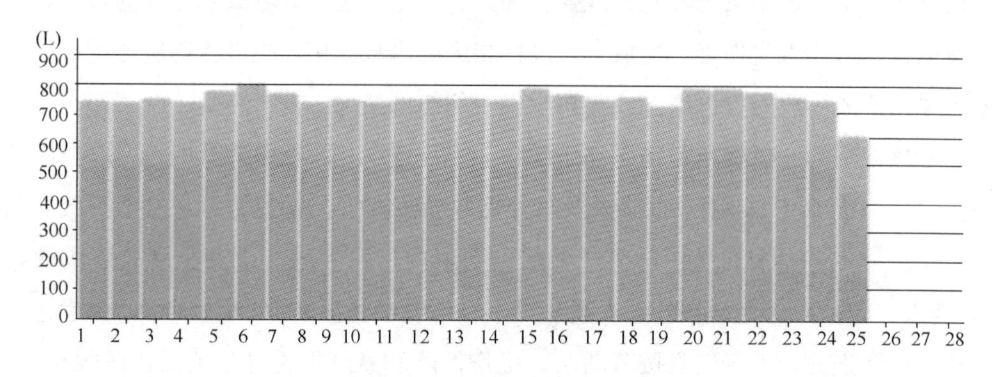

图 5-9 热力站逐日水损量柱状图截图（2014 年 2 月）

2）热力站之间耗热量指标、耗电量指标、水损量指标的对比，如图 5-10 所示。

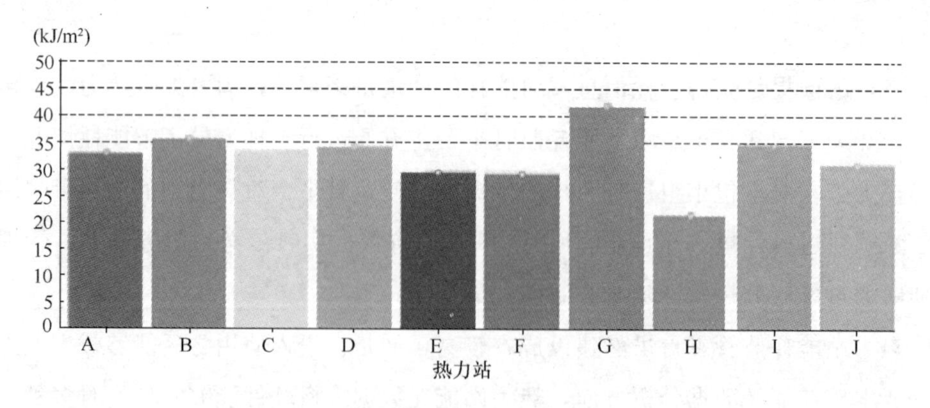

图 5-10 热力站用热量指标对比截图（2014.02.14～26）

本案例中的热力站承包机制今年正在实施当中，预计供暖季结束之后能够最终评价运行效果。从2014～2015年前4个月供暖季运行情况来看，用户热舒适性得到有效的保证，同时运行能耗（热指标和输配电耗）都较往年有大幅度降低，其中实际供热量降低约25%，采用的节能管理措施包括：楼栋间流量调节，二次网供水温度控制等降低过量供热，避免用户开窗散热等；输配电耗降低约10%，采用的节能措施包括：进一步热力站内降阻，调整水泵工作点提高水泵运行效率等。

5.3 分栋计量与分户分摊

我国供热改革开始于20世纪90年代，伴随着计划经济向市场经济改革的进程，对供热的认识由“社会福利”转变为“商品”属性。原住房城乡建设部城建司徐中堂（2000年）提出“供热改革的目标是，由计划经济年代的按面积收费转变为市场经济体制下的供销双方直接交易，将按照热量分户计量作为热计量收费的前提条件，像水、电、燃气一样实现分户计量收费”。提出集中供热“谁用热，谁交费”的原则。但从目前应用的情况来看，分户计量系统并没有得到有效的推广，目前在实际应用中还是存在各个方面的阻力。

从热计量方式来看，对热源、热力站、建筑的热计量并不复杂，复杂的是对公寓住宅各个用户用热量计量，目前有几种针对公寓住宅用户的热计量方式，分别是：分户热量表、散热器分配法、流量温度法、通断时间面积法、户用热量表法等方法，都各有其优缺点。

从热量表设备成本和安装、调试、读数等人力成本的角度来看，对公共建筑进行总的热计量比对住宅建筑各户分别的热计量收费更容易实现。这主要是由于，目前热力公司与居民用户是“一对一”结算热费的关系，分户热计量收费给热力公司增加了大量处理用户关系的管理成本。热计量收费额外增加的成本，最终会转嫁到用户身上，反而增加用户负担。公寓住宅用户热计量收费的成本高是阻碍热计量收费的另一个重要原因。

根据制度变迁理论，任何制度都需要人们去创造、维持、改变，只有付出一定成本，才能使其发挥作用，为人们带来好处。只有当人们认为从一项制度中获得的好处大于所付出的成本时，人们才会选择新的制度，改变原有的制度。与按面积收费机制相比，热计量收费机制的收益为了激励用户行为节能，减少用热量，增加的成本包括：①热计量收费价格的制定；②热量表的购买、安装、维护、读取数据；③让用户接受热量分摊方式、处理用户质疑投诉。在目前热力公司与公寓住宅用户“一对一”的关系下，后两项的成本很高，尤其是最后一项，一位热力公司管理高层说“与技术问题相比，用户的投诉和上访是最让人头疼的”。在我国目前的国情下，与按面积收费机制相比，向热计量收费机制转换的成本大于收益是热计量收费机制难以推行的根本原因。

综合目前对我国集中供热管理收费机制及欧洲集中供热经验借鉴的研究，可以认为我国目前设计的热改换式尚存在很大不足，体现在由于集中供热是典型的公共物品，目前对集中供热的公共物品属性探讨不足，尤其应用公共物品理论解决集中供热困境的研究不足。

福利经济学家[1]主张公共物品应该由政府提供，认为自由市场无法解决排他的问题，或解决的花费太高，由于很多公共物品具有规模效益，由多个主体提供反而会损失效率。萨缪尔森[2]认为当每个享用公共物品的人支付的报酬等于政府供给公共物品的成本时，能够有效供给公共物品，政府通常以税收的形式收取报酬。

关于公共物品供给制度的研究，涉及个人在集体行动中的行为逻辑。奥尔森[3]（1965）指出在集体行动中个人存在“搭便车”的心理，即“不付出成本而享受到与支付成本者等同的物品效用”。现代产权理论的创始人科斯（1974）认为人们普遍存在“搭便车”心理，因而不愿意透漏自己对公共物品的实际需求，导致政府提供陷入困境，即免费时的过度需求和收费时的消费不足。面对这种难题，科斯认为只要有了明晰的产权，准公共物品就完全可以由市场提供。与政府供给相比，市场提供不仅能够提高效率、满足不同消费者的需求，而且能够减轻政府的财政负担。

奥尔森（1965）认为在小规模集团中实行激励机制能够解决“搭便车”问题，当个体行为对集体利益的影响为“一荣俱荣，一损俱损”时，集体的共同利益更容易实现。埃莉诺·奥斯特罗姆（1986）认为具有共同利益的集体具有自主组织解决“搭便车”问题的能力，不一定必须依赖于政府的强制力量。“从许多成功的公共池塘资源自主治理制度案例中，归纳得到长期存续的公共池塘资源制度中所阐述的设计原则：清晰界定公共池塘资源边界；使用和供给的规则因地制宜；绝大多数受规则约束的个体能够参与对操作规则的修改；监督公共池塘资源状况和使用者行为的人，是对使用者负责任的人；违反操作规则的使用者很可能受到其他使用者以及管理者的制裁；资源使用者自己设计制度的权利不受外部政府权威的挑战；使用、供应、监督、强制执行、冲突解决和治理活动在一个多层次的嵌套式企业中加以组织”[4]。

对公寓住户来说，集中供热系统具有准公共物品的性质，主干管道由所有住户共同使用，热量在相邻住户之间传递，集中供热带来的温暖由住户共享（图 5-11）。公寓建筑的耗热量作为一个整体，不具有分割性和排他性，位于边部和顶部的住户耗热量要明显大于中间的住户。热力公司和公寓的住户直接按热量收费，会造成用户的困惑。而通过具有排他性质的属性作为收费依据，比如说建筑面积、建筑体积，容易被用户理解，操作性强。

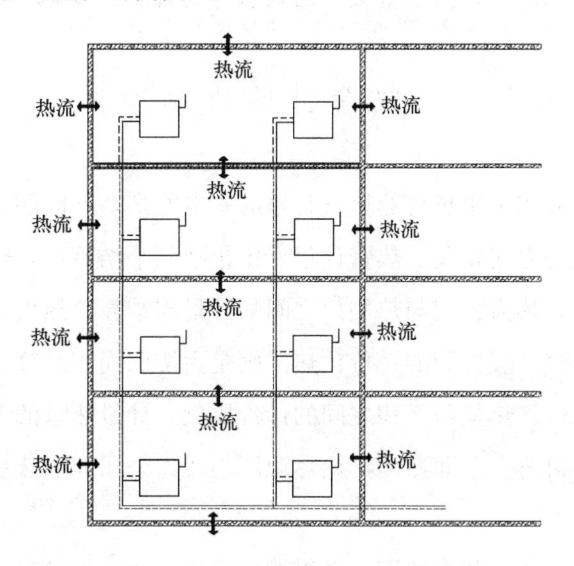

图 5-11　公寓建筑采暖邻室传热示意图

公寓建筑耗热量节能的途径是改善保温和分户室温调控，降低建筑需热量和过量供热量，节能的收益由所有的用户共享。怎样将节能的收益平摊到每个用户身上是一个复杂的问题，理论公式难以给出准确的答案，只要是所有用户认同的方案就是可行的答案，达成一致的途径是所有用户进行协商，而协商的范围越小越容易成功，因此采用分栋计量，分户分摊的方式更加符合集中供热的公共物品属性特点，这也是为什么目前北欧大部分国家公寓楼采用分栋计量的重要原因。

目前业主大会机制在我国处于探索实践阶段，没有成为住宅小区的基本的组织制度。业主大会机制实质上与芬兰的住房合作社机制相似，都是具有共同利益的公寓住户进行自我管理的机制，用于解决公共设施、公共服务的问题。

在业主自治机制完善之后，集中供热按楼栋计量实施起来将更容易。业主自治组织雇佣供热服务企业，对建筑供热系统进行运行维护。供热服务费用由固定部分和热量部分组成。热费由业主委员会按照商定的结果进行分摊。由于热费多少关系到每个业主的利益，业主之间会对浪费用能的行为进行相互监督，由于住户们对自己居住的环境了解最详细，这种监督是有效的。社区里进行节能宣传以及开展节能运动，使节能成为一种流行的生活方式。由于人们的从众心理[1]，在社区节能氛围下，用户会更倾向于选择节能行为。随着业主自治机制的不断完善，以及公民对节能环保逐渐深刻的认识，相信会有更多的人参与到我国的节能事业中来。

5.4 热费计价机制改革

热费计量计价方式是供热行业运行管理的基本原则，不同的计量计价方式会引导供热技术向不同的方向发展。热费计量计价包括两个结算点：热力公司与热源厂之间的计量与结算，热力公司与热用户之间的计量与结算。热力公司与热用户的结算历史上是延续按照供暖面积的计价。热改则是由按照面积结算改为按照热量与按照面积的二步制电价。热量与面积之间的计价比例、计量热量的方式等前面已有研究探讨，这里不再讨论。下面专门讨论热源厂与热力公司间的热量计量、计价与结算方式

这里的热源厂指热电联产热源、燃煤燃气锅炉热源、以及工业余热、各类大型水源热泵等热源。目前，公认的热量计量与计价方式是按照实测的供回水温度和循环流量计算热量 Q：

---

[1] 从众心理即指个人受到外界人群行为的影响，而在自己的知觉、判断、认识上表现出符合于公众舆论或多数人的行为方式。实验表明只有很少的人保持了独立性，没有被从众，所以从众心理是大部分个体普遍所有的心理现象。例如，学者阿希曾进行过从众心理实验，结果在测试人群中仅有 1/4～1/3 的被试者没有发生过从众行为，保持了独立性。

$$Q=(T_{供水}-T_{回水})\times 循环流量\times 水的比热\quad (GJ/h)$$

再根据热力公司与热源厂之间协商出的热价（元/GJ），热力公司和热源厂之间结算热费。当热源为燃煤锅炉时，由于燃煤燃烧温度高，热水温度不同对锅炉效率基本无影响，因此，这样得到的热量基本上与锅炉燃煤消耗量成正比。除了尚不能有效反映出循环量不同在循环水泵电耗上的差别外，这应该是比较合理的计量计价方式。然而，在各类新型高效清洁热源正在逐渐替代燃煤锅炉热源时，由于各类新型热源的效率都对热网回水温度非常敏感，这种不分温度高低，一律按照热量计价的方式，就出现了问题：

对热电联产热源，可以有如下四种基本的加热方式：

（1）从低压缸抽气加热。此时如果循环流量不变，为了提供同样的热量，回水温度越低，需要的抽气压力抽气温度越低，这样由于抽气供热所减少的发电量就越少；

（2）循环水首先进入冷凝器加热，然后再由低压缸抽气加热。同样，回水温度越低，冷凝器提供的热量的比例就越大，同样的热量所需要的蒸汽量就越小；

（3）采用吸收式热泵，用抽出的高温蒸汽做驱动热源，提取低温冷凝器中的热量，对循环水加热。此时，提供同样的热量在同样的冷凝器压力下，回水温度越低，需要的高温蒸汽量越少。

（4）采用背压机方式用机组排出的蒸汽对循环水加热。当循环流量一定时，为了提供同样的热量，回水温度越低，要求的背压就越低，从而由于改为背压方式所减少的发电量越少。

这样，无论哪种工艺流程，都希望进入电厂的循环水温度越低越好。

对于天然气锅炉热源，目前都要求加装热回收装置回收排烟中的余热。这就要利用热网循环水回水首先与烟气换热。这时，回水温度越低，经过热回收的排烟温度才有可能越低，而只有当排烟温度低于40℃以后，才有可能全面回收排烟中的潜热，大幅度提高锅炉效率。因此回水温度越低，燃气锅炉效率越高。

对于工业余热热源，现代工业采用了能源综合利用与回收技术后，可能排出的热量绝大多数是40～70℃的低温热量，回水温度越低，回收这样的热量的成本越低，反之，当回水温度过高时，相当多的低温热量就不再有回收价值，而只能排掉。

对各类热泵，则更希望降低回水温度。要求加热的温度越高，热泵的 *COP* 就越低，耗电量越大。采用多台热泵串联，对循环水进行分级加热时，循环水回水温度越低，就可以使更多的热泵机组工作在高效的低温加热工作区间。

这样，上面这些新的热源方式能够高效率运行的基础，都是低回水温度。当回水温度较高（例如 50℃以上时），热源效率就变得较差，很多余热甚至难以回收利用。近几年许多热电厂进行吸收式热泵改造，以提取低温的冷凝热，增加供热量。然而由于热网回水温度高于 50℃，可以通过吸收式热泵提取的冷凝热量有限，扩容效果和经济效益都不佳。所以，要充分开发利用高效新型热源。降低热网回水温度是关键。

那么怎样降低热网回水温度？在满足建筑供暖要求的前提下，要求建筑按照低温采暖系统设计，采用大换热能力的末端装置，例如地板采暖，或者安装更多的散热器；要求对热网的流量分配进行精细调节，以避免某处流量过大，一路高温回水会把混合后的回水温度拉高；还要求热力站有更大的换热面积和精细的流量调节，使一次网回水尽可能接近二次网回水。以上各项措施全部做好，有可能使回水温度达到 30～35℃。再进一步降低一次网回水温度，可以采用吸收式热泵，以高温供水为动力，对回水进行制冷，这样有可能把回水温度降低到 20～25℃；还可以使用电动热泵，消耗部分电力，可以把回水温度降低到 10℃，所放出的热量用来加热二次侧循环水。这样，无论是提高换热能力和精细调节，还是采用吸收式或电动热泵，热力公司都要投入设备、人力，甚至增加运行电耗。这样的投入，尽管能有效降低回水温度，但如果按照前面那样供回水温差乘流量的方法计算热量结算热费的方法，就不会从降低回水温度中得到任何回报，所投入的设备和多消耗的电力也不能得到回收。因此，除了特殊情况，热力公司一般不会在降低回水温度上投入，这就极大地限制了各种新型高效热源的开发利用和推广。

既然热力公司需要投入人力物力降低回水温度，既然回水温度降低后可以使热源厂大幅度提高效率，那么所得到的收益是否应该由热源厂与热力公司共享？换一个角度看，不同温度的热量从理论上具有不同的价值，二三十度温度下的热量与一百度温度的热量应该具有完全不同的价格，混在一起，按照一个标准计价收费，从热力学角度也并不公平。从热源厂和热力公司共享回水温度的收益出发，从热的价值与其温度品位的原理出发，从谁投入谁受益的经济学原则出发，再考虑实际可操作性和简洁性需求，热源厂与热力公司之间的热量结算可以按照如下公式进行：

$$Q=(T_{供水}-40℃)\times 循环流量 \times 水的比热 \quad (GJ/h)$$

这就不再计量回水温度，无论实际回水温度是多少，一律按照 40℃计算。当实际的回水温度高于 40℃时(例如实际为 45℃)，仍然按照 40℃计算热量，热力公司就要向热源厂多支付(45－40＝5℃)热量的费用(如果供水温度为 120℃，就要多付出 6.3%的热费)作为补偿热源厂的费用；如果实际的回水温度低于 40℃，(例如实际为 30℃)，则热力公司仅需要向热源厂支付 40℃以上热量的费用，40℃到 30℃的热量免费(如果供水温度为 120℃，可少支付热费 11%)，以补偿热力公司在降低回水温度中的付出。

这里的 40℃是一个参考的回水温度标准，也可以通过热源厂和热力公司协商，共同确定一个协议温度。一般来说，40℃以下的热源在目前运行参数下很难被直接利用，如果它能够被利用，应该是热网公司巨大投入导致回水温度降低所做出的贡献，可以把受益归还热力公司。而对于热力公司来说，回水温度 40℃可能是不需要投入更多的设备，仅通过精细调节在目前情况下所能达到的最低回水温度。要进一步降低回水温度，就需要投入设备甚至增加运行电耗。40℃以下热量的免费使用可以作为对这些投入的补偿。对于热源厂，尽管提取 40℃以下的热量也需要投入设备，但这些设备实际也是为了提取 40～50℃的热量。如果实际的回水温度高于 40℃，热源厂的热量不能得到利用，但仍可以按照回水温度 40℃计算热量，从而补偿其低温热量提取装置的投入。所以 40℃以下热量的免费使用是热力公司对回水温度不高于 40℃承诺的一种补偿。在目前没有回水温度约束的条件下，北方热网平均的回水温度是 50℃。正是由于热力公司的努力，使得回水温度降低到 40℃以下。按照上述建议的热量结算方法，保证热源厂回水温度为 40℃下的收益，应该是对热源厂各种回收低温热量投入的补偿。当然，各地根据实际的不同情况，可以对这一参考温度在 40℃的基础上上下调整，就如同热价也是各地都不相同，根据具体情况由双方商议确定一样。这样热力公司就会根据热量计价方法很容易算出投入各种降低回水温度的措施的经济效益，从而积极投入，热源厂也可以计算出投入低温余热回收设施可以产生的效益以及不投入低温余热回收设施就必须免费用高温蒸汽加热低温循环水所带来的经济风险。这样，一个新的计价方法，就可以使供需双方都能主动进行降低回水温度回收低温余热的改造，最终是双方受益，共同促成供热系统的节能减排。

本章参考文献

[1] 郑书耀．准公共物品私人供给研究．北京：中国财政经济出版社，2008.

[2] 曼瑟尔·奥尔森．李崇新，陈郁，郭宇峰译．集体行动的逻辑．上海：上海人民出版社，1994.

[3] 郑书耀．对传统政府供给公共物品模式的质疑．湖北经济学院学报．2008.

[4] 埃莉诺·奥斯特罗姆．陈旭东，余逊达译．公共事务的治理之道．上海：上海三联书社，2000.

第6章　北方城镇供暖节能最佳实践案例

6.1　云冈热电厂余热回收项目

6.1.1　项目背景

大同云冈热电厂是大同市主力热源点之一。电厂现有2×220MW、2×300MW共4台空冷机组，供热范围为城区西部及十里河沿线新开发区，如图6-1所示。

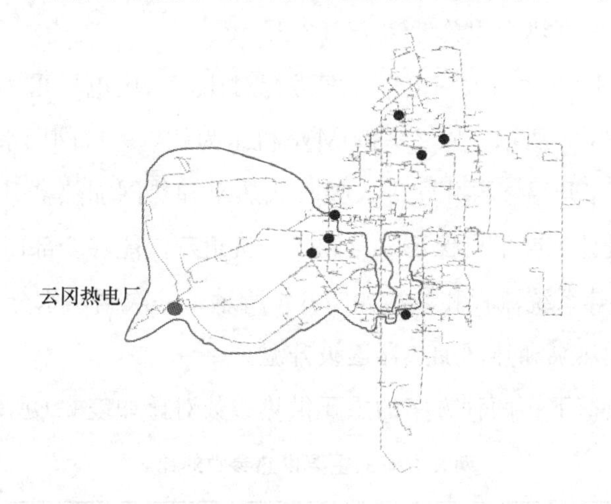

图6-1　云冈电厂热网及供热区域

改造前云冈电厂的供热能力和逐年增长的供热需求如图6-2所示，到2015年供热缺口将达到880万m^2。

6.1.2　供热方案比较

云冈电厂项目在总结大同一电厂（简称大一电厂）余热回收项目的经验上针对供热系统流程进行改进，厂外热力站仍通过安装吸收式换热机组的方式降低一次网

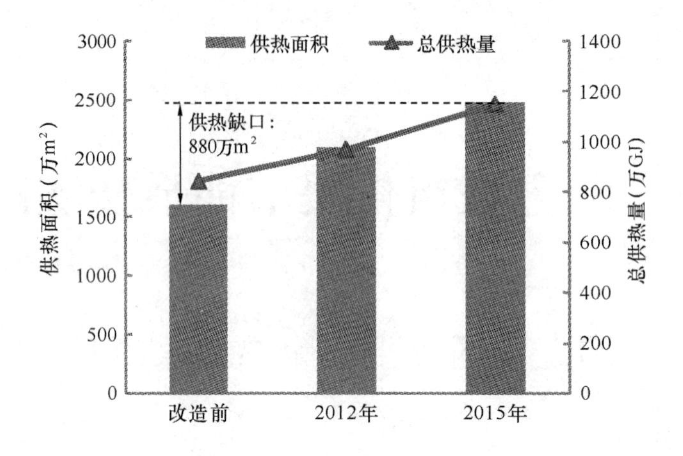

图 6-2 云冈电厂改造前供热能力分析

回水温度，实际采用板式换热器的常规热力站有 222 个，共计面积 1386.69 万 m^2，热力站采用吸收式换热机组的有 94 个（吸收式换热机组介绍见 4.9 节），共计面积 986.83 万 m^2，全部供热面积总计 2373.52 万 m^2。

将云冈电厂实际方案与大一电厂方案进行对比，云冈电厂采用方案 1，供热系统流程和参数如图 6-3 所示，以 2×300MW 机组为例，一次网回水先后串联进入 3 号机、4 号机凝汽器升温，再并联进入吸收式热泵和热网加热器升温，4 号的排汽压力高于 3 号，设计工况下可保证 3 号和 4 号机组乏汽能够全部回收。而大同一电厂采用方案 2，供热系统流程和参数如图 6-4 所示，一次网回水分为两路，并联经过凝汽器、吸收式热泵和热网加热器逐级升温。

在不同供热负荷下，两种方案的主要供热参数对比如表 6-1 所示。

两种方案的主要供热参数对比 **表 6-1**

	热负荷 100%		热负荷 80%		热负荷 60%	
	方案 1	方案 2	方案 1	方案 2	方案 1	方案 2
总供热功率（MW）	885.7	885.7	708.5	708.5	529.4	529.4
室外平均温度（℃）	−17	−17	−10	−10	−3	−3
供水温度（℃）	115	115	97.1	97.1	78.9	78.9
回水温度（℃）	39	39	36.3	36.3	33.5	33.5
抽汽量（t/h）	450/450	450/450	196/450	324/324	80/259	194/194
排汽量（t/h）	214/214	214/214	430/214	323/323	529/381	435/435
乏汽回收率	100%/100%	100%/100%	49.4%/100%	66.3%/66.3%	40.2%/69.7%	49.3%/49.3%
背压（kPa）	14.0/21.5	19.5/19.5	11.7/18.3	16.3/16.3	10.0/18.9	13.84/13.84
总发电功率（kW）	430275	428712	469920	464854	515933	506692

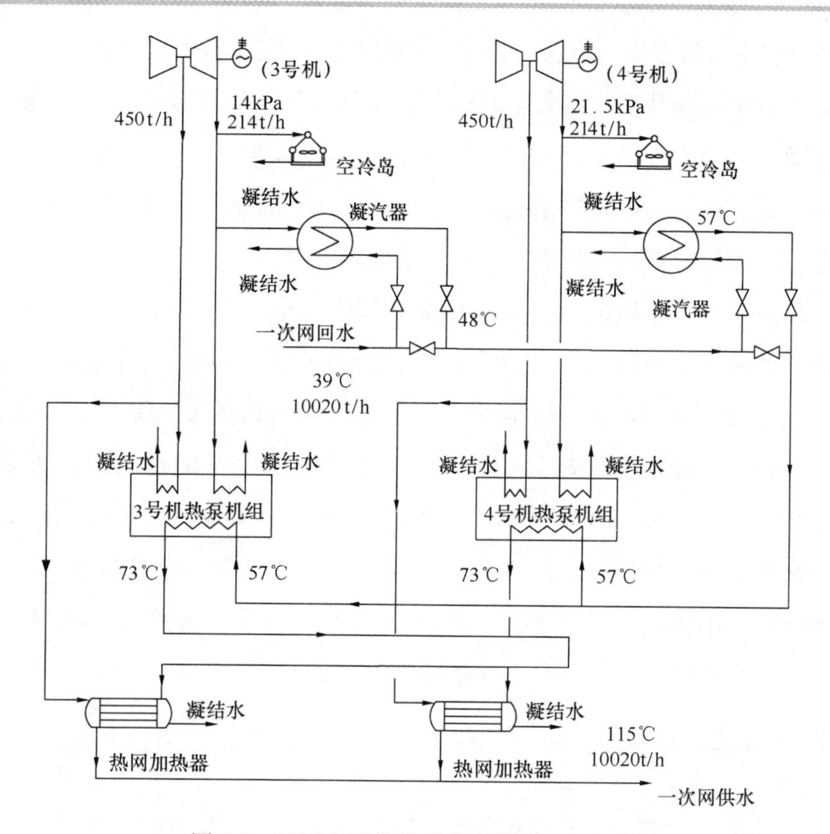

图 6-3 云冈电厂供热系统流程图（方案 1）

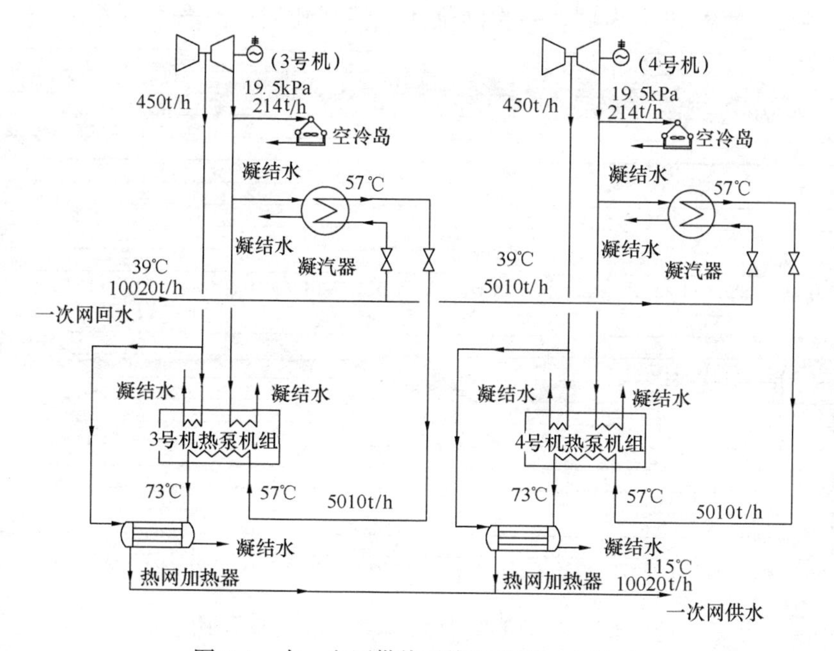

图 6-4 大一电厂供热系统流程图（方案 2）

从表6-1中可以看出，方案1由于采用凝汽器串联的形式，在加热一次网循环水的过程中背压逐渐升高，而方案2由于采用凝汽器并联的形式，两台机组都处在较高背压运行，造成方案2的发电量小于方案1的发电量，而且随着热负荷的减少，方案2对发电量的影响越来越大。其原因在于：方案1主要降低了3号机的背压，避免了两台机都在高背压下运行，随着热负荷减少，背压较高的4号机承担基础负荷，尽量保证4号机的乏汽全部回收，通过调节3号机的抽汽量适应负荷变化，因此有效避免了冷端损失，减少了对发电量的不利影响。而方案2虽然在严寒期能全部回收凝汽余热，但是随着热负荷减小，两台机的凝汽余热都不能全部回收，热负荷越小，冷端损失越大，因此，方案2对发电量的影响大于方案1。此外，由于方案2在热负荷减少时两台机都有乏汽上空冷岛冷却，因此，需要在严寒期对空冷岛的防冻进行监控。而方案1延后了4号机上空冷岛的时间，在用户负荷降低到80%时仍能保证4号乏汽全部回收，而并联方案用户负荷一减少就开始两台机乏汽同时上空冷岛，空冷岛冻结危险明显降低。

6.1.3　实际运行参数分析

目前云冈电厂改造热力站面积约为1100万m^2，热网流量调节均采用质调节方式。以2×300MW机组为例，一次网供回水温度和流量如图6-5所示。严寒期回

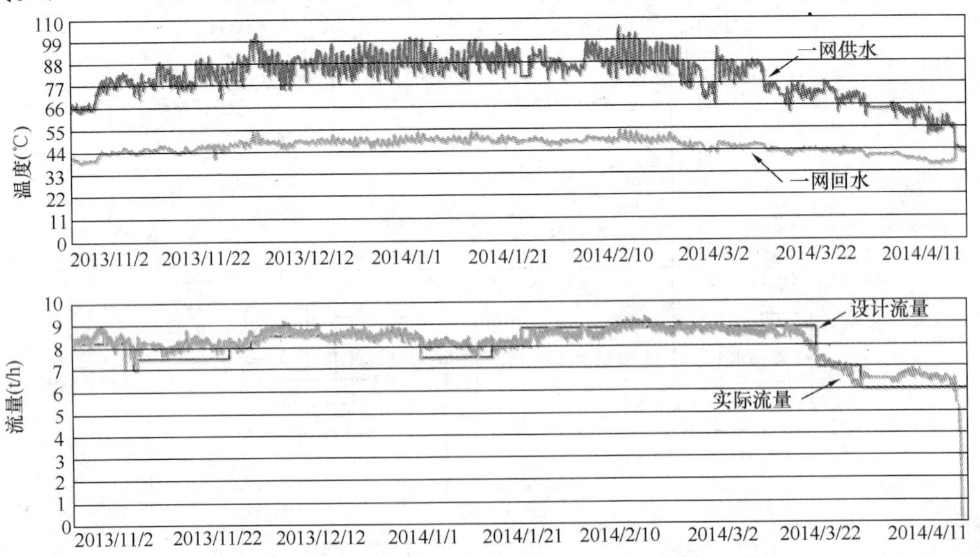

图6-5　二期工程供回水温度及流量变化趋势

水温度约为49℃左右，末寒期回水温度约为42℃左右。热力站采用吸收式换热机组的改造比例为42%，当一网供水温度随负荷下降而降低时，二网的回水温度也相应降低，由于吸收式换热机组采用了吸收式热泵降低一网回水温度，一网供水温度和二网回水温度同时下降时对一网回水温度影响不大。而热力站采用板式换热器时，一网供水温度随负荷下降而降低时，一网的回水温度也相应下降，因此全部热力站的一网回水温度随一网供水温度下降而降低。

由于目前热网回水温度偏高，第一级凝汽器难以实现直接换热，若第一级升高背压反而造成浪费。因此，目前主要通过提高4号机背压回收凝汽余热，3号机基本在正常背压运行，如图6-6所示。

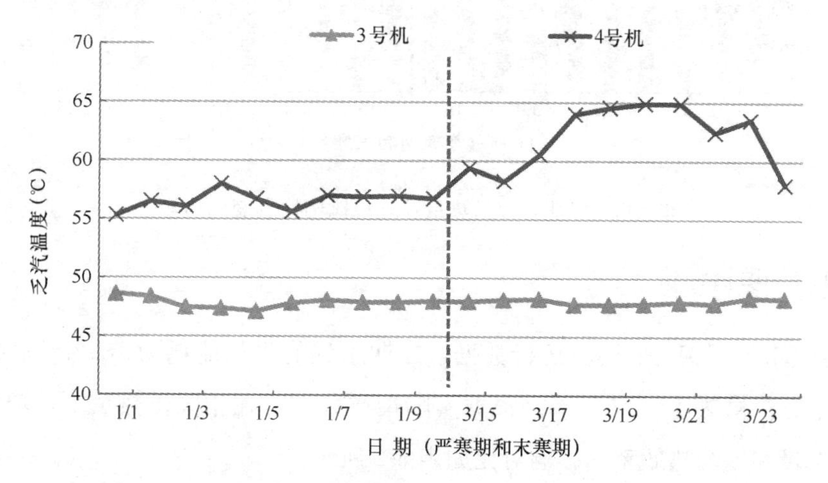

图6-6 严寒期和末寒期乏汽温度变化

余热回收机组是该系统中的核心设备，出口温度基本维持在72℃左右，一次水温升24℃。如图6-7所示。

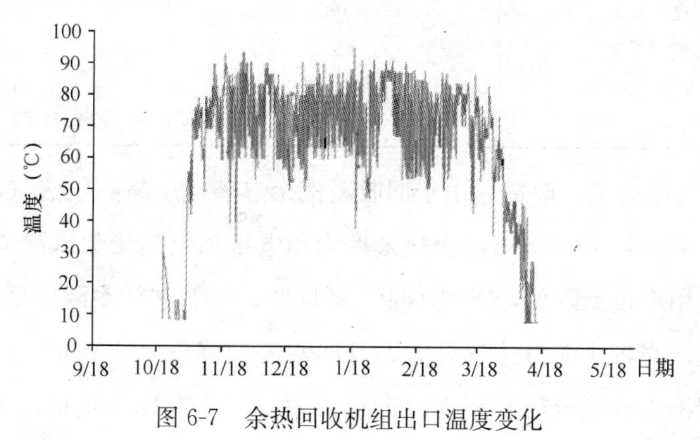

图6-7 余热回收机组出口温度变化

从供热量构成来看，严寒期供热需求大供热量中乏汽比例较低，末寒期尖峰加热退出，主要由凝汽器和吸收式热泵供热，乏汽占总供热量比例显著上升，乏汽热量占总供热量可达70%，如图6-8所示。

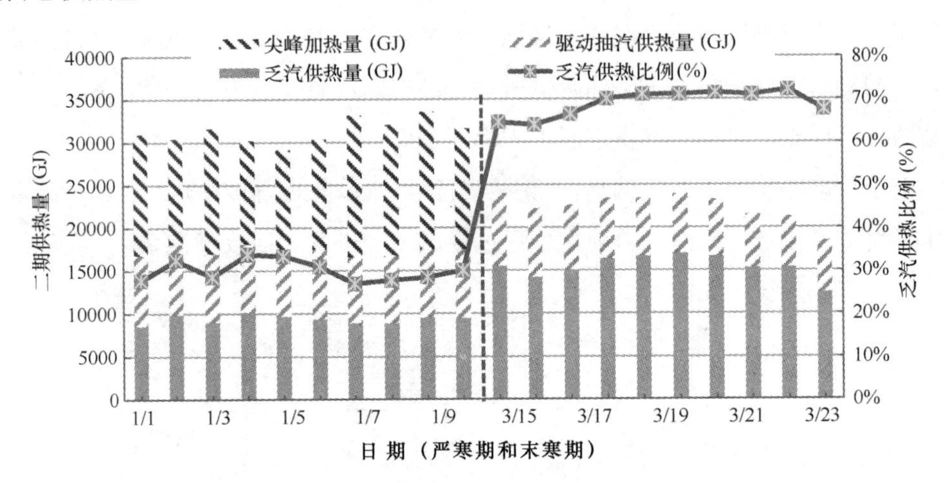

图6-8　二期工程供热量及乏汽比例构成变化趋势

6.1.4　项目评价

根据2013～2014采暖季运行数据，二期工程的供热能耗为18.2kgce/GJ，总供热量中乏汽供热比例为51%。根据实际运行数据，在相同供热量下，项目实施后对发电量和综合热效率的影响对比如表6-2所示。

供热量和发电量影响　　**表6-2**

名称	严寒期	末寒期
总供热功率（MW）	564.6	332.1
供水温度（℃）	100	70
回水温度（℃）	49	40
总发电功率（kW）	478557	532271
综合热效率（%）	77.6%	64.3%

由表6-2可以看出，改造后由于回收凝汽余热替代了高品位蒸汽，改造后严寒期的综合热效率达到77.6%（综合热效率为发电量加供热量除以锅炉蒸发量）。而在末寒期时，用户负荷降低，乏汽不能全部回收，综合热效率降低至64.3%。

经过计算，当供热能力达到最大，且回水温度降低到设计值39℃时，由于严寒期没有冷端损失，综合热效率将接近锅炉效率，末寒期热负荷为60%时，综合热效率可达到77.8%。

由于回收乏汽供热，相应地减少了抽汽供热，更多的抽汽可以在低压缸发电，改造前后对发电量影响如表6-3所示，改造后发电功率增加约7%。

改造前后对发电功率影响 **表6-3**

	改造前发电功率（kW）	改造后发电功率（kW）	增加比例（%）
严寒期	445248	478557	7.48
末寒期	497592	532271	6.97

该项目节能减排效果显著，整个采暖季回收的乏汽热量折合标煤10.6万t，由于提高背压影响了发电，减少发电量折合标煤0.91万t（按平均发电水平350gce/kWh），因此，该项目总体节约标煤9.7万t。与燃煤锅炉比，根据每燃烧1tce排放二氧化碳约2.6t，二氧化硫约24kg，氮氧化物约7kg❶计算，相应减少了SO_2、NO_x及CO_2排放，降低排放如表6-4所示。

该项目减排效果 **表6-4**

名　　称	数　值
减排SO_2（t）	2326
减排CO_2（t）	251940
减排NO_x（t）	678

由此可见，项目改造后，由于实现了凝汽余热的回收利用，供热能效显著提高，对发电量的影响也大幅减小。目前这个系统的问题是：由于还有一多半热力站仍为常规的换热器，以及热量计量和计价方式的原因，热网公司没有降低回水温度的意愿，所以目前一次网回水温度偏高，从而供热能力尚未充分发挥，因此还有一定的提升空间。

6.2 十里泉电厂高背压改造项目

6.2.1 项目简介

目前十里泉电厂由两台300MW机组和1台135MW机组共同承担供热负荷。

❶ 能源基础数据汇编，国家计委能源所，1999.1。

其中，135MW机组（5号机）为上海汽轮机厂生产的N125－13.24/535/535型超高压、一次中间再热、两缸两排汽、凝汽式汽轮机。2000年由上海汽轮机厂对5号机进行了高背压改造，更换了高中压内、外缸，高中压转子、动叶及隔板，低压转子、动叶及隔板，轴承箱和轴承等主要部件，改造后汽轮机出力由135MW增至140MW。

华电国际十里泉电厂所在的枣庄市东城区人口密集、工业发达，城市供热需求发展迅速。随着城市建设步伐的加快，尤其是枣庄市被列为全省棚户区改造试点城市以后，城市集中供热新增需求量更大。按照《枣庄市供热规划》，2010年东城区集中供热面积达到650万m^2；2011年将增至850万m^2；2012年集中供热面积将达到1137万m^2；到2016年集中供热面积将增至2187万m^2。按照市政府关停地方供热小锅炉计划，供热缺口将达到520万m^2。

为增加电厂的供热能力，提高供热经济性，针对5号机组进行低压缸双背压双转子互换循环水供热改造。

6.2.2 系统供热流程

在供暖期间冷却塔及循环水泵退出运行，一次网循环水全部进入凝汽器回收凝汽余热，由热网加热器尖峰加热后供至城市热网。设计工况下，进入凝汽器热网水流量约为9000t/h，排气背压45kPa，凝汽器出口温度为75℃。供热系统如图6-9所示。

由于背压显著提升，低压缸和凝汽器的温度和流量参数发生显著变化，本项目针对汽轮机低压缸的主要改造内容如下：

（1）低压缸2×6转子变为2×4级高背压转子；

（2）由于原末级和次末级叶轮、隔板处出现较大空挡，加装导流环，使汽流平滑过渡，从而达到保持低压缸较高效率的目的。低压缸改造的部分如图6-10所示。

针对凝汽器实施的相关改造内容如下：

（1）更换凝汽器铜管及管束布置形式，管束布置形式由巨蟒形改为双山峰形；

（2）在凝汽器后水室管板内侧加装膨胀节；

（3）凝汽器进排水管更换具有更大补偿能力的膨胀节。

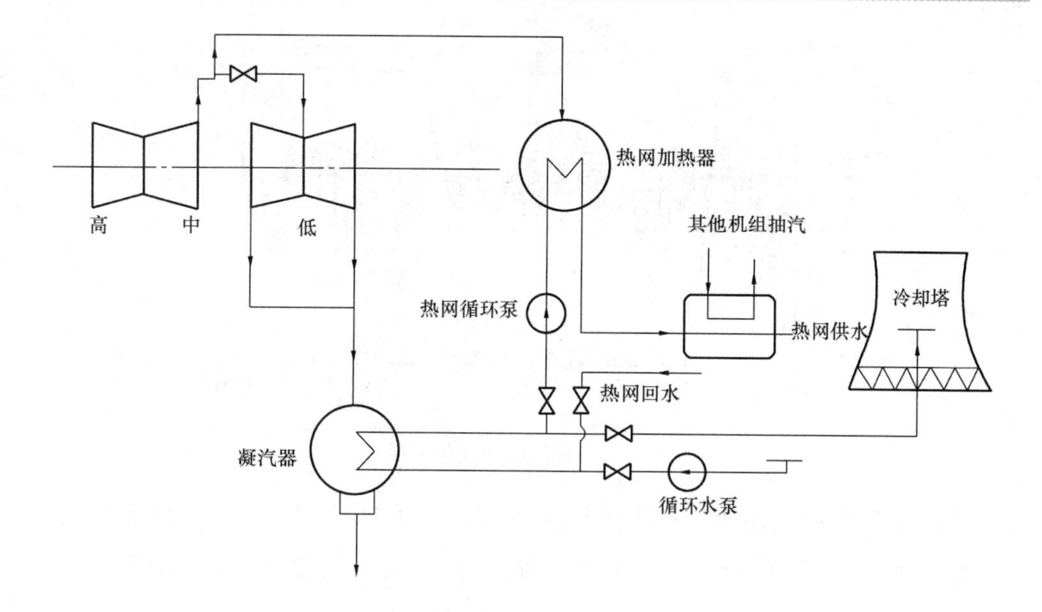

图 6-9 改造后的供热系统流程图

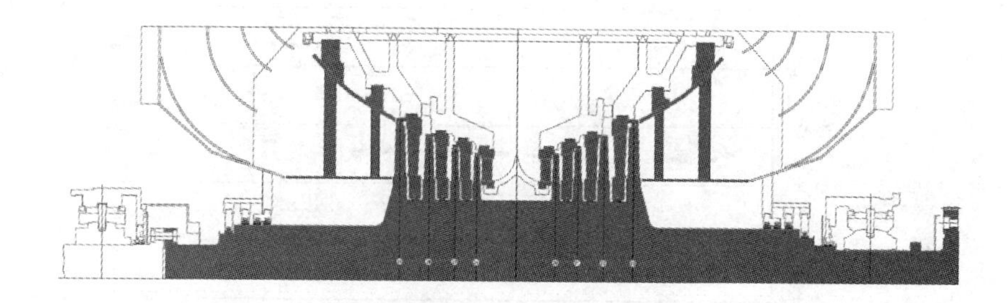

图 6-10 低压缸改造示意图

6.2.3 项目运行效果分析

采用高背压技术改造后整个采暖季排气压力如图 6-11 所示，当地大气压为 101kPa，乏汽压力基本维持在 38～46kPa 左右。

分析该机组整个采暖季运行数据，将其供热能耗数据与常规抽汽供热方式进行比较，由于改造机组在整个采暖季无抽汽，背压机排气承担基本负荷，由相邻 300MW 抽凝机组的抽汽承担调峰负荷，根据实际运行数据，整个采暖季背压机平均排气压力为 38.8kPa，提高背压影响的发电量再乘以平均发电水平 332.6gce/kWh（供电煤耗为 350gce/kWh）即可得到背压机排气供暖煤耗为 10.3kgce/GJ，而整个采暖季的平均抽汽压力 0.4MPa，抽汽的供暖煤耗为 18.3kgce/GJ，由整个

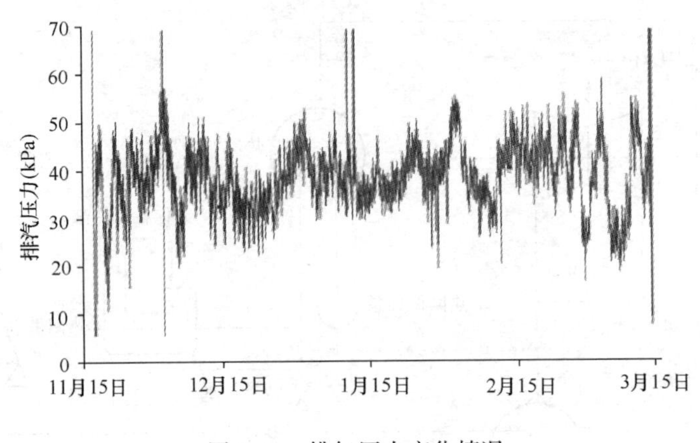

图 6-11　排气压力变化情况

采暖季的排汽和抽汽比例，背压机排气热量占总供热量 71.5%，总供暖煤耗为 11.7kgce/GJ。一次网供水温度、回水温度以及凝汽器出口温度如图 6-12 所示。

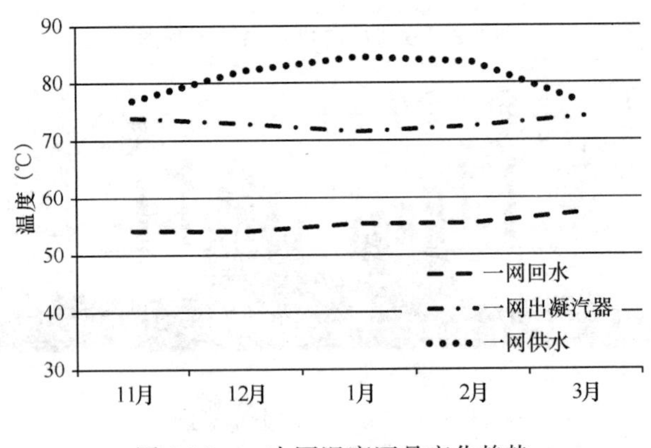

图 6-12　一次网温度逐月变化趋势

该高背压机组在采暖季没有抽汽，只是提高了背压后的乏汽加热一次网水。为了保证该机组乏汽热量全部回收，由其乏汽热量承担基本负荷，不足的热量由相邻的 300MW 机组的抽汽继续加热，供热量构成如图 6-13 所示。凝汽器温升和抽汽加热温升如图 6-14 所示。

由于初末寒期一次网的供回水温度较低，采用乏汽热量便可满足近 90%的供热需求，当严寒期时，一网回水温度上升，而乏汽压力较为稳定，凝汽器回收的热量略有下降，同时供水温度的提升导致相邻的 300MW 机组的抽汽热量上升，乏汽供热量在总供热量中比例有所下降。末寒期的乏汽供热比例为 88%，严寒期的乏汽供热比例为 54%，如图 6-15 所示。

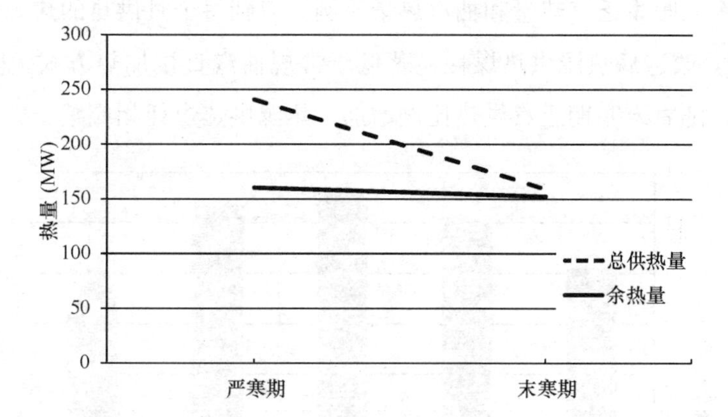

图 6-13 采暖季供热量构成

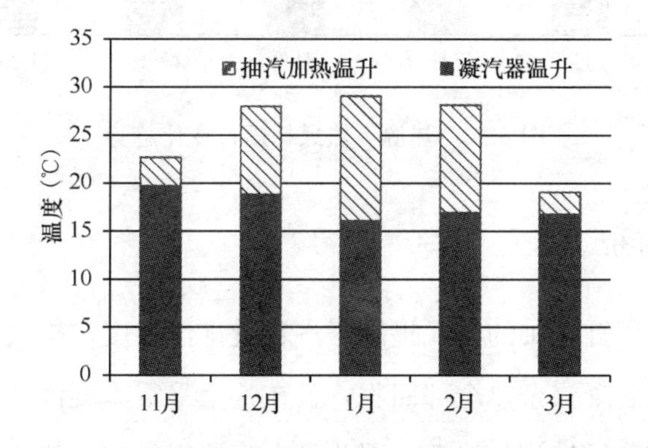

图 6-14 凝汽器温升和抽汽温升逐月变化趋势

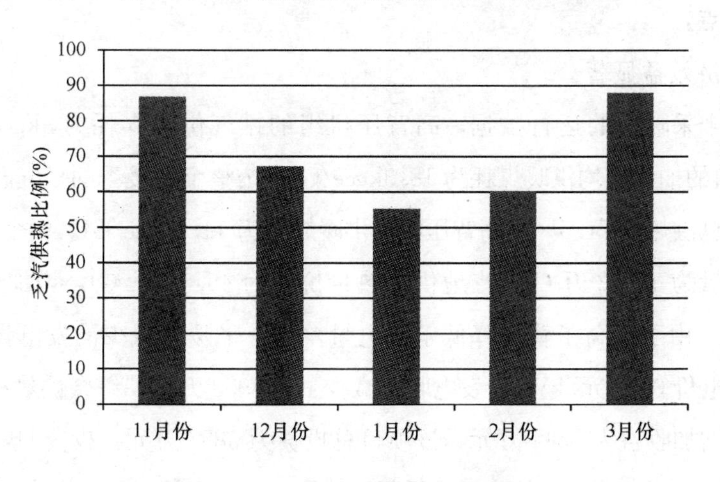

图 6-15 乏汽供热比例变化趋势

根据整个采暖季乏汽热量和抽汽热量比例，得到每个月供热的热源供热煤耗如图 6-16 所示，改造后热源供热煤耗显著低于常规抽汽直接加热方式，降低供热能耗效果显著，随着末寒期乏汽供热比例增加，热源供热煤耗相应减少。

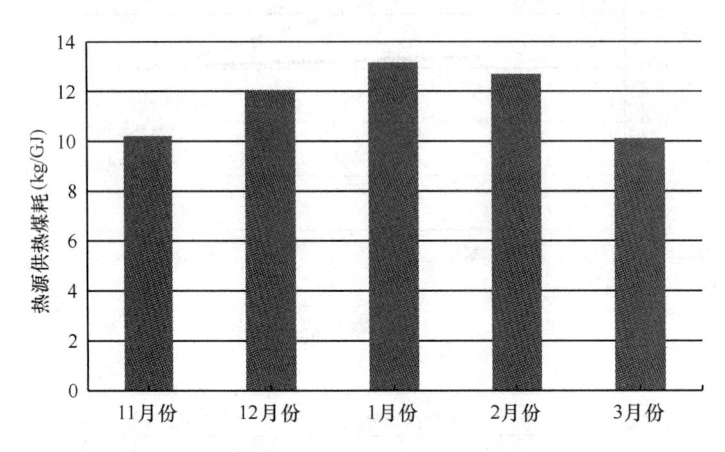

图 6-16 热源供热煤耗逐月变化趋势

6.2.4 项目评价

本项目利用低压缸换轴的方式提高了汽轮机排汽温度，扩大了凝汽器的升温范围，由于提高背压后凝汽余热全部回收，且在整个采暖季凝汽余热都承担基本供热负荷，没有造成高背压排汽的浪费，因此没有冷源损失，供热能效较高。该项目主要有以下特点：

（1）经济效益显著

依据整个采暖季的运行数据，高背压机组的排气供暖煤耗为 9kgce/GJ，相邻 300MW 机组的抽汽平均供暖煤耗为 18.3kgce/GJ，按整个采暖季的排气和抽汽比例，排气热量占总供热量 71.5%，高背压机的供暖煤耗为 11.7kgce/GJ。整个采暖季背压机排气供热量为 162.2 万 GJ，当地供热热量价格为 45.52 元/GJ，增加了供热收益 7383.3 万元，由于提高了背压降低了发电量，整个采暖季减少的发电量为 4379 万 kWh，上网电价 0.42 元/kWh，发电收益减少了 1839.3 万元，综合供热和发电考虑，电厂采暖期增加收益为 5544 万元，该项目总投资为 5883 万元，投资回收期为 1 年。由此可以看出，提高背压虽然降低了低压缸的发电量，但是却因替代抽汽供热增大了供热能力，并且提高了热源能效、降低了供热成本，使经济性显著改善。

（2）节能减排效果显著

本项目回收乏汽热量折合 5.5 万 tce，由于提高背压减少了发电量，按平均供电煤耗 350gce/kWh，减少的发电量折合 1.5 万 tce，因此综合节约标煤4 万 t，相应污染物减排量[1]如表 6-5 所示。

污染物减排情况 **表 6-5**

名 称	数 值
减排 SO_2（t）	960
减排 CO_2（t）	104000
减排 NO_x（t）	280

（3）运行方式需要负荷稳定

采用高背压技术改造后的显著缺点就是发电和供热互相耦合，热负荷和电负荷的调节比较困难，因此需要发电负荷尽量稳定，所以高背压机组适合承担基本负荷，由其他机组抽汽承担调峰负荷。另外一年需要两次停机换轴，每次换轴约需要 7 天。

6.3 集中供暖系统二次网低温回水项目

6.3.1 项目概况

延吉市为延边朝鲜族自治州首府所在地，是多民族聚居的城市，朝鲜族人口占总人口的比例约为 57.9%。由于朝鲜族生活习惯的原因，当地人都喜欢席地而坐，80%以上集中供热系统的末端供热形式采用的是地板辐射采暖。延吉市供热面积在 3066 万 m^2 左右，集中供热的普及率达到了 94%。延吉市的供暖室外计算温度是 −18.4℃，全年的供暖天数是 172 天，供暖期室外平均温度是 −6.6℃。该市主要有 8 家供热公司，见图 6-17 所示。在这 8 家供热公司中，延吉市集中供热有限公司是供热规模最大的供热企业，其供热参数以及供热水平供热也最能够代表延吉市集中供热的具体情况。

在 2013～2014 年采暖季，延吉市集中供热有限责任公司所负责的总供热面积

[1] 国家计委能源所．能源基础数据汇编．1991.1。

图 6-17 延吉市 8 家供热公司分布图（见星形标记）

是 997 万 m^2，占到了延吉市供热面积的三分之一。该集中供暖系统一共有 90 个热力站，末端供暖形式以地板辐射采暖为主。

6.3.2 运行情况

（1）供热量指标

延吉市集中供热有限责任公司在 2013～2014 年采暖季的供热量是 408.58×10^6GJ，供热量指标是 0.41GJ/(m^2·a)。2013～2014 年采暖季的室外平均温度是 −4.73℃，采暖度日数是 3909℃·d，因此，按照标准气象年的采暖度日数 4267℃·d进行折算，可以得到其供热量指标是 0.45GJ/(m^2·a)。

（2）二次网供热参数

在 2013～2014 年采暖季，室外温度最低值的时间发生在 2014 年的 2 月 4 日，室外温度的平均值是−18.8℃，图 6-18 是该日的 26 个典型热力站的二次网供回水温度的情况。可以看出，在 2013～2014 年采暖季的最冷天，该集中供热系统的二次网供水温度的平均值是 42.9℃，二次网回水温度的平均值是 33.3℃；二次网供水温度的最高值是 44.0℃，二次网回水温度的最高值是 36.0℃；二次网供水温度的最低值是 41.0℃，二次网回水温度的最低值是 31.0℃。

图 6-19、图 6-20 分别是该集中供热系统中典型的热力站的供回水温度在整个采季的变化情况。表 6-6 是 12 个典型热力站的二次网供回水温度在整个采暖季的平均值。

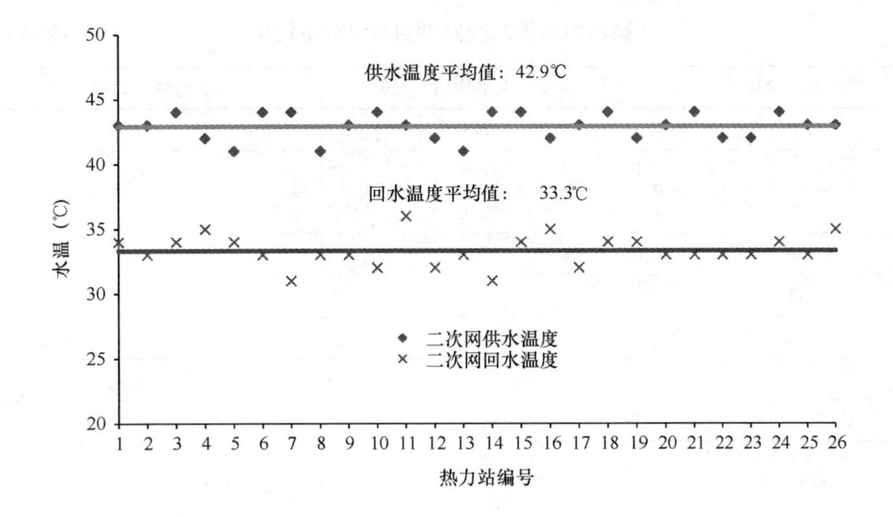

图 6-18 延吉市集中供热有限责任公司 2013～2014 采暖季最冷天二次网供回水温度

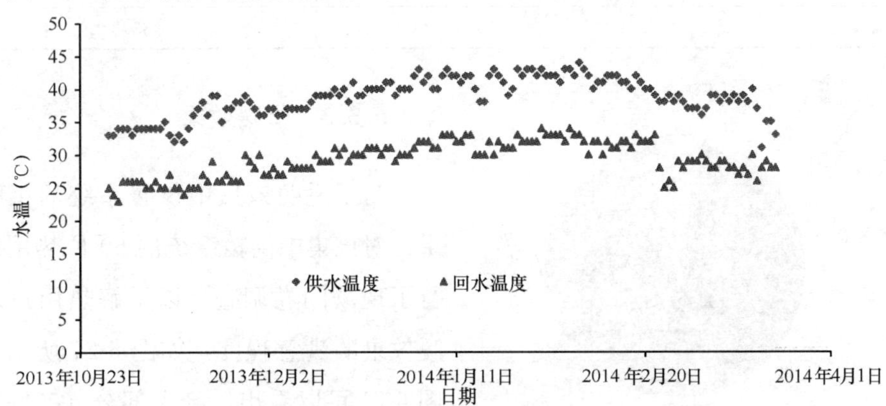

图 6-19 热力站二次网供回水温度随时间变化情况（1 号热力站）

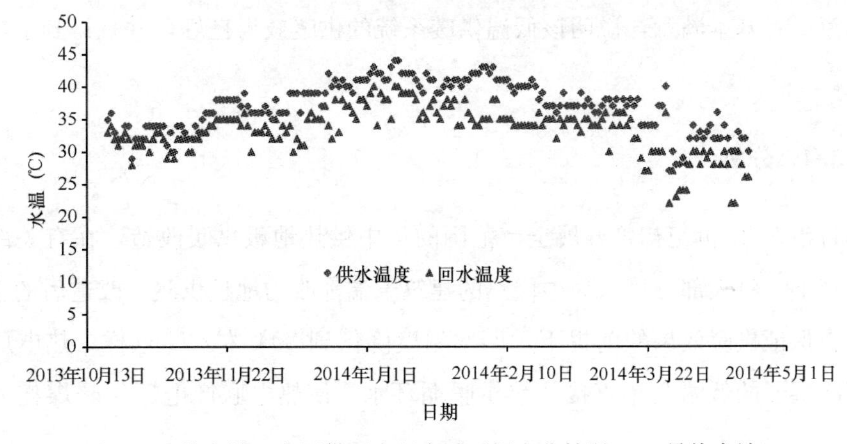

图 6-20 热力站二次网供回水温度随时间变化情况（26 号热力站）

典型热力站的二次网供回水温度平均值 表6-6

热力站编号	供水温度平均值（℃）	回水温度平均值（℃）
1	38.7	29.3
4	36.4	32.1
8	39.0	28.9
10	39.9	30.3
11	38.1	32.3
12	40.0	30.0
13	38.7	29.7
14	39.6	30.9
16	37.7	32.9
19	36.5	31.5
23	37.9	30.1
26	37.1	33.3

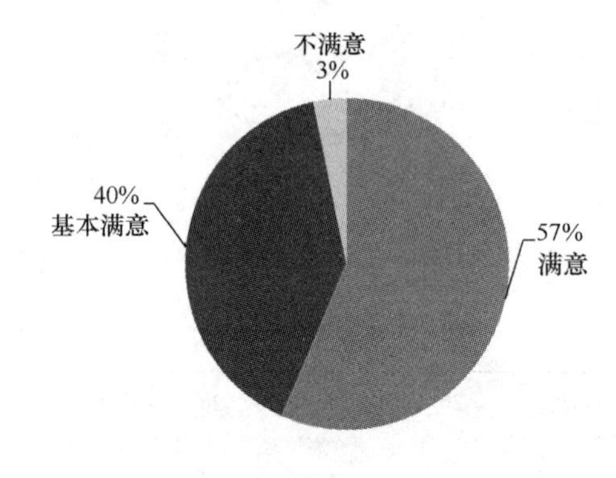

图6-21 热用户对供暖效果的满意度情况

6.3.3 供暖效果

为了说明该集中供暖系统的供暖效果，对该集中供暖系统的60位热用户进行了现场问卷调查，以了解热用户对供暖效果的满意程度，如图6-21所示。由图6-21可以看出，绝大部分（97%）的热用户对该集中供暖系统的供暖效果都表示满意或者基本满意，说明该低温供暖系统的供暖效果良好，并且得到了热用户的认可。

6.3.4 分析

延吉市在21世纪初曾开展全市范围的集中供热地板供暖改造，在有关部门组织和支持下，将大部分接入集中供热的建筑末端都改为地板供暖，改造后的直接效果就是在保证供暖效果的前提下，回水温度降低到30℃左右。这样，热电厂就可以利用冷凝器的低温余热直接加热供暖循环水，使热电联产电厂供暖煤耗大幅度降低。

采用地板辐射供暖形式使得末端散热装置传热能力增大，二次网回水温度降低。还使得各种原因引起的过量供热现象显著改善。由于某种原因过量供热，使室温升高时，低温供热会使得供暖系统与室温之间的传热温差减小。例如，当热水平均温度为35℃，室温为20℃时，室温上升1℃会使供热量减少7%，而当热水平均温度为55℃，室温为20℃时，室温上升1℃仅会导致供热量减少3%。这样，延吉市平均供暖指标为0.4GJ/(m^2·a)，比其他类似气候条件城市的供暖指标(0.45～0.5GJ/(m^2·a))低10%～20%。其中重要原因是二次网供回水温度降低导致过热损失减小。

6.4 赤峰金剑铜厂低品位工业余热集中供暖示范项目

6.4.1 工程概况介绍

(1) 工程所在地概况及供暖现状

赤峰市是内蒙古自治区东部的中心城市，地处中温带半干旱大陆性季风气候区，冬季漫长而寒冷。全年供暖季长达6个月（10月15日～次年4月15日）。最冷月（1月）平均气温为－10℃左右，极端最低温度－27℃。

自20世纪80年代建市以来，城市发展迅速。80年代初期城市集中供暖面积仅为100万m^2，至2012年供暖面积已发展至约为2280万m^2。根据《赤峰市城市总体规划》预测，赤峰市中心城区每年新增供暖面积300万～400万m^2，预计到2015年整个城区供暖面积将扩大到约3500万m^2。

赤峰市的中心城区热源主要包括：京能（赤峰）能源发展有限公司、赤峰热电厂（A、B两厂）、赤峰富龙热电厂、赤峰制药股份有限公司等五家热电联产单位，总计最大供暖能力1156MW，约合2312万m^2。赤峰中心城区面临巨大的供暖热源缺口。尤其中心城区西南部的小新地组团（图6-22右下深色区域）正在加大开发力度，但目前此区域尚无热源，而且现有热网管径输送能力也无法满足此区域的供暖负荷，此区域建设一新热源势在必行。表6-7为小新地组团2013～2017年的供暖发展规划。

小新地组团供暖发展规划 表 6-7

末端类型	吸收式末端为主，少量电热泵末端、辐射暖气片末端			
一次网回水温度（℃）	20			
严寒期供水温度（℃）	120			
供暖热量指标（W/m^2）	50			
供暖面积（万 m^2）	2013～2014年采暖季	2014～2015年采暖季	2015～2016年采暖季	2016～2017年采暖季
	30	180	250	350

赤峰市金剑铜厂（图 6-22 中圆圈标出位置）距小新地组团最近距离仅 3km，年耗电量近 2 亿度，年耗煤量达 8 万 tce。由于工业生产需要，实际工艺过程中存在大量的低品位余热无法直接就地利用，只能排放到环境中，造成能源浪费和环境污染，如图 6-23 所示，从左至右依次展示的情景分别为制酸工艺的循环冷却塔、炉渣冲渣和阳极铜散热。

图 6-22 小新地组团及附近的金剑铜厂

（2）项目进度总览

本项目的整体进度如图 6-24 所示。

项目于 2010 年 10 月开始对赤峰金剑铜厂低品位工业余热资源进行实地考察调研。2012 年 9 月起开始一期工程施工，一期工程于 2013 年元月施工完毕开始运行，至当年 4 月完成第一个采暖季的供暖实践。2013 年对一期工程进一步完善，

图 6-23 金剑铜厂生产过程中排放的低品位余热（部分）

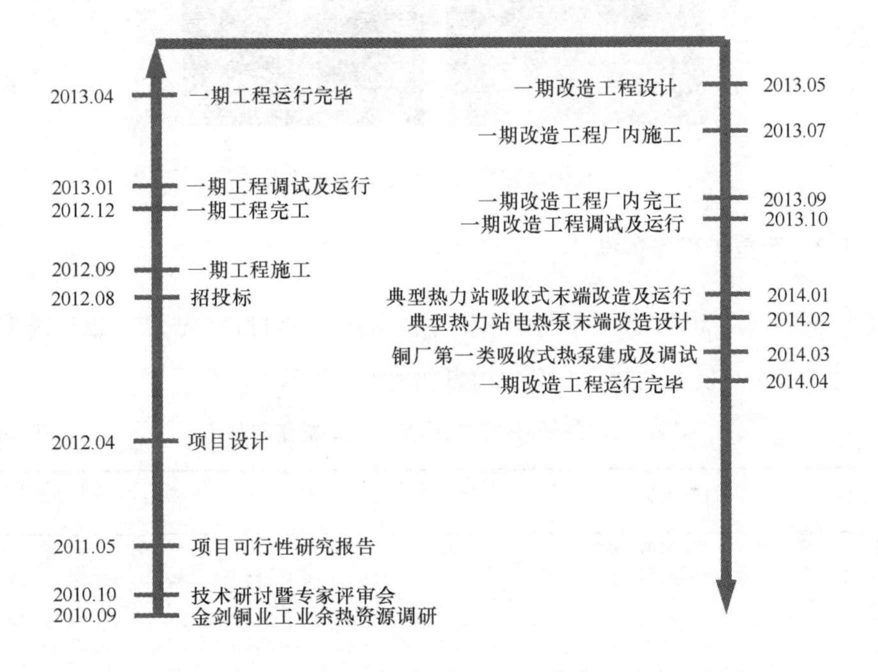

图 6-24 示范工程项目进度时间轴

最终将设计中要求回收的低品位余热悉数回收，完成了 2013～2014 年采暖季的供暖实践。上述两个采暖季回收的工业余热热量大于小新地的实际需热量，铜厂的工业余热实际也为小新地附近的其他热用户进行供暖。值得一提的是，在 2013～2014 年采暖季中，为了降低一次网回水温度，在松山法院热力站内进行了吸收式末端改造（见图 6-25），该热力站整个供暖季内一次网回水温度为 25℃左右；同时对万达广场某热力站进行了电热泵末端的设计，该热力站的一次网回水温度可以低于 15℃。

图 6-25 松山法院热力站的立式多级吸收式热泵

6.4.2 示范工程整体设计

赤峰金剑铜厂为采用典型火法炼铜工艺的铜厂。经过现场调研，铜厂内可利用的低品位工业余热资源的热量与品位信息如表 6-8 所示。

铜厂可利用低品位工业余热资源的热量与品位 表 6-8

热源序号	热源名称	热源热流率（MW）	被冷却前温度（℃）	被冷却后温度（℃）
①	奥炉炉壁冷却循环水	20	40	30
②	稀酸冷却循环水	5	40	30
③	干燥酸[a]	15	65 (50)	45 (30)
④	吸收酸[a]	29	95 (70)	65 (50)
⑤	奥炉冲渣水[b]	9	90	70
⑥	蒸汽[c]	7	150	150

注：a. 由于干燥酸、吸收酸必须通过特殊冷却设备（阳极保护装置）才能被安全冷却，特殊冷却设备的换热面积受到初投资与场地空间的限制往往不大，因此考虑该换热设备的换热温差后，热源品位出现较显著的降低，如被冷却前/后温度括号内的数值所示。b. 奥炉冲渣水作为末端环节的余热，从工艺要求看被冷却后的温度没有严格上限要求，但受到最大循环水量的制约不可能太高，设计中取70℃。c. 蒸汽为铜厂内余热锅炉产生，考虑到使用过程中减温减压，温度按照 150℃计。

将赤峰金剑铜厂内余热热源具备回收可能的余热热源绘于 *T-Q* 图中，如图 6-26所示。*T-Q* 图中每一根数字标出（与表 6-8 对应）的实线线段均表示一个余热热源，每一根实线线段在横轴上的投影长度表示热源的热流率，在纵轴上投影的两个端点分别表示被冷却前与冷却后的温度。所有余热（包括蒸汽）总计 85.0MW。

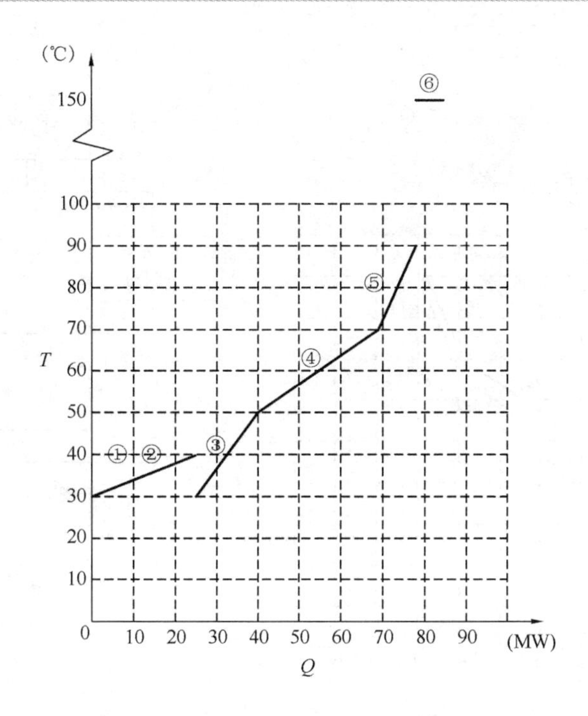

图 6-26　金剑铜厂的余热资源

依据表 6-7 给出的小新地组团供暖发展规划进行计算分析，一次网回水温度为 20℃，供暖系统一次网供水温度 120℃，且工业余热承担基础负荷（负荷率 50%），以质调节方式进行系统调节时，工业余热利用系统的出口水温应为 70℃。

运用夹点优化法进行余热采集整合流程的优化，如图 6-27 所示。图 6-27（*a*）为基于 *T*-*Q* 图的夹点优化法得到的取热流程。其中热源③与④下方的虚线表示干燥酸、吸收酸余热采集过程中增加一级板式换热器将浓酸生产冷却系统与热网系统分隔开，从而保证热网安全，由于增加了换热过程而进一步降低了热源的品位。热源⑤下方的虚线表示由于回收冲渣水余热的换热器换热温差导致的冲渣水热源品位的下降。具体取热流程为：一次网回水进入铜厂厂区后，先回收干燥酸余热，再分成两股并联回收奥炉炉壁循环水与稀酸冷却循环水余热，汇合后再依次串联回收吸收酸、奥炉冲渣水和蒸汽的热量，温度及流量参数如图 6-27（*b*）所示。

示范工程设计阶段，小新地组团的供暖面积有限，该工程负责供暖的区域大部分为小新地周边区域的热用户，这些热用户绝大部分是辐射暖气片末端，实际一次网回水温度约为 45℃。

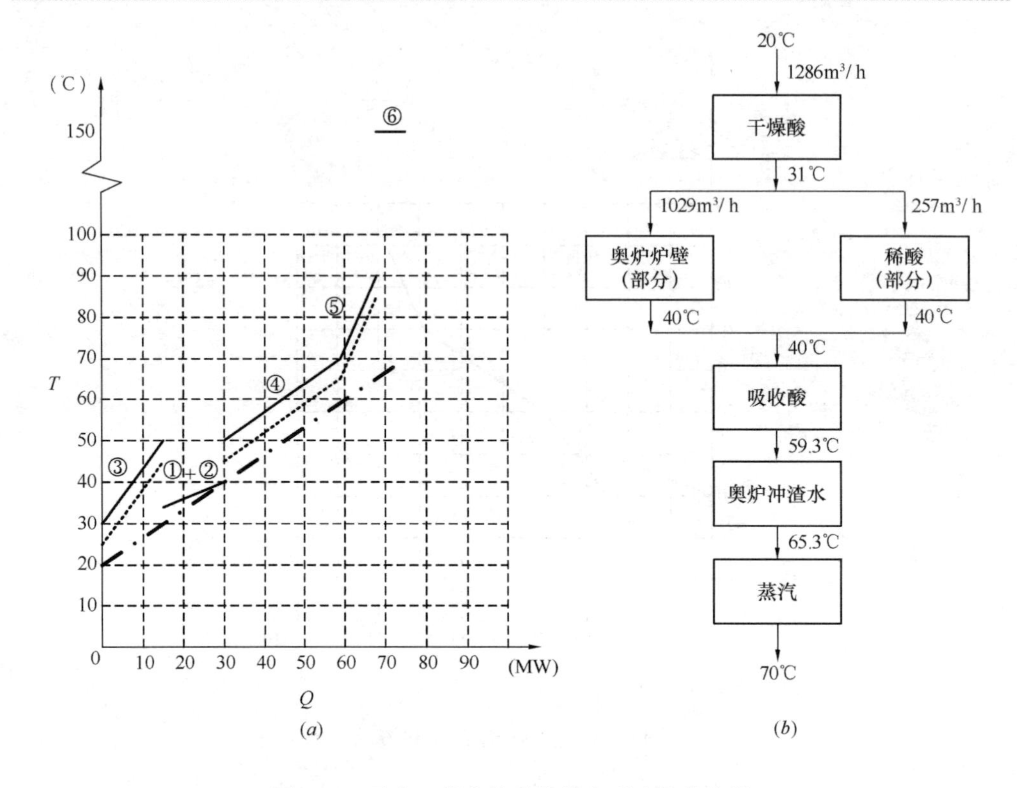

图 6-27 示范工程余热采集整合理论最优流程

为了实现较高的余热回收率，热量较大的吸收酸余热必须被回收，此时工业余热利用系统的出口水温为76℃，设计余热回收量为45.0MW。为了进一步提高余热回收率，也为了提升出口水温，在铜厂内安装了一台蒸汽型第一类吸收式热泵（如图6-29中图①），以7MW蒸汽驱动吸收式热泵回收5MW干燥酸余热，此时设计余热回收量为50.0MW。对应的 *T-Q* 图如图6-28（*a*）所示。实际示范工程中为了避免复杂的管路在厂区内来回穿行，采取并联回收吸收酸、奥炉冲渣水余热的方式，对应流程如图6-28（*b*）所示，可以看出由于存在掺混损失，实际采取的余热采集整合流程比最优流程的出水温度低了近7℃。

为了满足调峰需要且保证示范工程供暖的安全可靠，在距离铜厂约500m处建立了首站，首站内安装了两台29MW天然气锅炉（如图6-29中图④），作为调峰与备用热源。首站内的中央控制室既可以控制天然气锅炉、循环水泵的启停与调节，亦能监测系统运行状态，自动记录并存储重要运行参数。

图6-29展示的是示范工程的现场照片。其中，①为铜厂内安装的第一类吸收

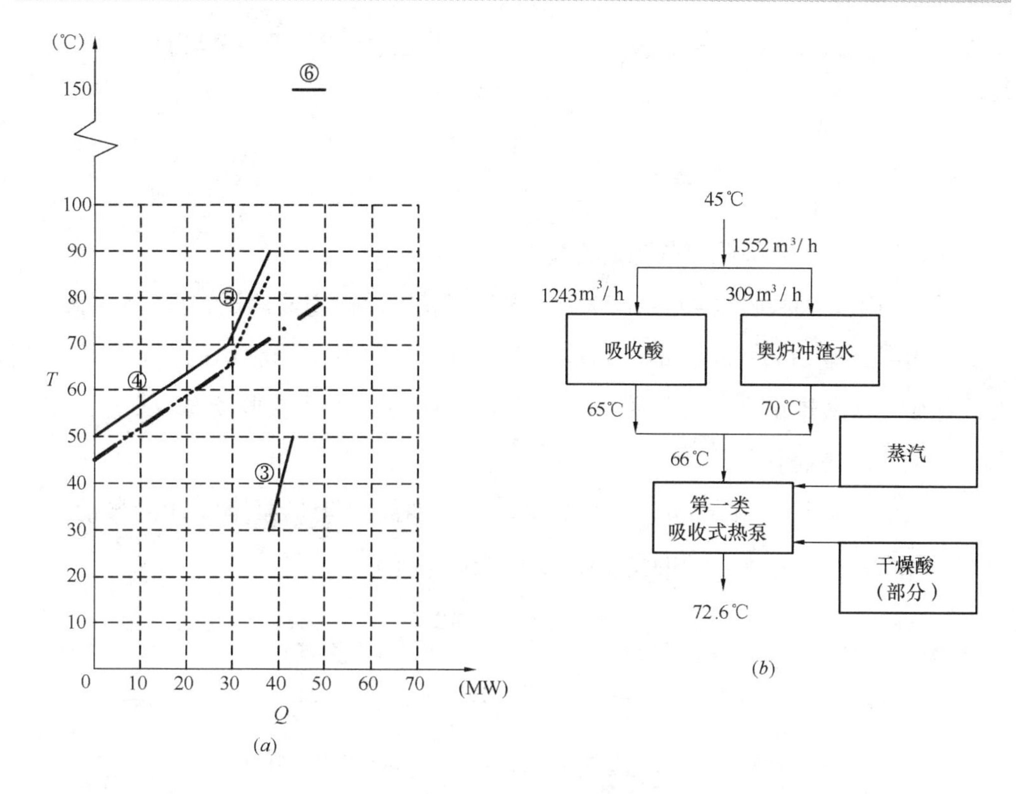

图 6-28 示范工程余热采集整合的理论最优流程（a）与实际流程（b）

图 6-29 示范工程现场照片

式热泵；②为铜厂内具有远传功能的传感器（包括电磁流量计、温度传感器、压力传感器等）；③为用于吸收酸、干燥酸余热回收的酸一水换热器；④为调峰及备用的天然气锅炉；⑤为监测工程运行状态及存储运行参数的中央控制室；⑥为用于奥炉冲渣水余热回收的螺旋扁管换热器；⑦为用于吸收酸、干燥酸余热回收的水一水换热器。

6.4.3 示范工程运行效果

（1）铜厂第一类吸收式热泵运行情况

铜厂内第一类吸收式热泵在2014年3月完成建设并完成调试，预计将在2014～2015年供暖季进行供暖。铜厂内饱和蒸汽进入热泵发生器驱动机组运行，干燥酸冷却循环水余热在热泵蒸发器内得以回收，热网水在热泵吸收器与冷凝器内获得蒸汽与余热的热量而升温。

热泵的主要设计参数如表6-9所示，调试期间对于热泵重要性能参数（如*COP*、蒸发器出口水温等）的测试结果如图6-30所示。

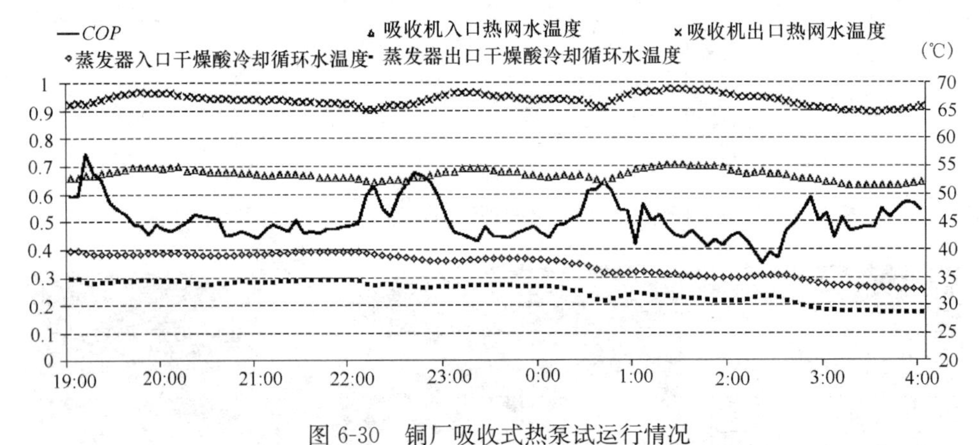

图6-30 铜厂吸收式热泵试运行情况

铜厂第一类吸收式热泵主要设计参数 **表6-9**

部件	参数	设计值	单位
发生器	入口蒸汽压力	0.5	MPa
	热量	5000	kW
蒸发器	入口水温	40	℃
	出口水温	30	℃
	热量	7000	kW
吸收器/冷凝器	入口水温	66	℃
	出口水温	73	℃
	热量	12000	kW

从图 6-30 可以看出，蒸发器出口的干燥酸冷却循环水温度可以较好的控制在 30℃左右，满足铜厂干燥酸冷却的工艺要求。试运行期间处于采暖的末寒期，一次网回水温度整体偏低，因此进入吸收式热泵吸收器的热网水温度不足 55℃，吸收式热泵冷凝器出口的热网水温度约为 65～70℃。吸收式热泵 *COP* 未达到设计值 0.7，约为 0.5～0.6，主要由于蒸汽压力未达到设计值导致。

（2）工业余热利用系统整体运行情况及末端用户室温

图 6-31 所示为 2013～2014 年采暖季严寒期两个典型周工业余热利用系统的运行情况，包括余热回收量及工业余热利用系统的进、出口水温。该采暖季回收的低品位余热为吸收酸余热及奥炉冲渣水余热。

图 6-31（*a*）为 2014 年 1 月 3 日～1 月 9 日的情况，低品位工业余热回收量平均值为 22566kW。由于铜厂生产的周期性安排，余热回收量也呈现周期性的波动，

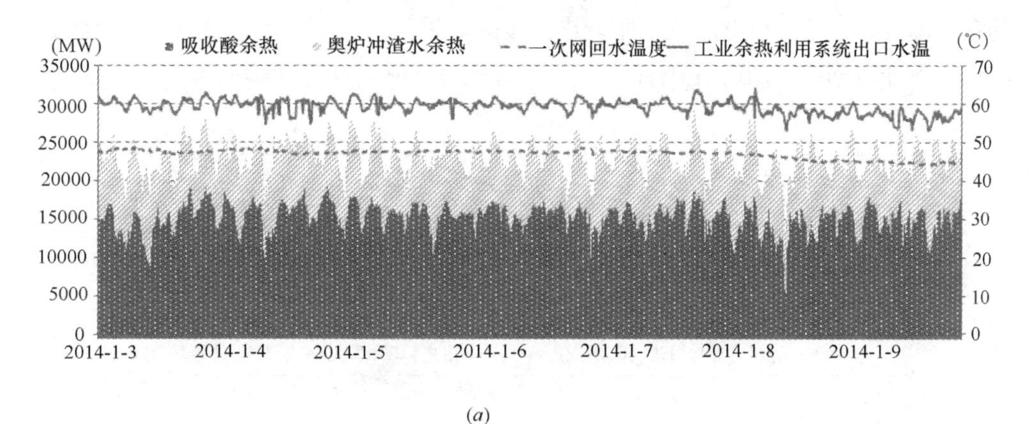

(*a*)

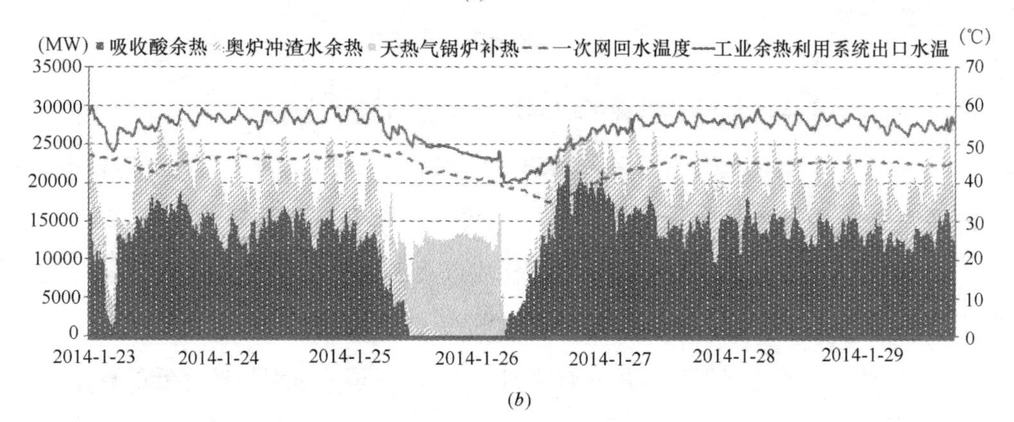

(*b*)

图 6-31 工业余热利用系统整体运行情况

（*a*）典型周（2014 年 1 月 3 日～1 月 9 日）；（*b*）典型周（2014 年 1 月 23 日～1 月 29 日）

余热回收量最大值为30217kW，最小值为10983kW。由于铜厂产量相比于设计阶段显著减少，低品位余热回收量最大值仅为设计值的80%左右。工业余热利用系统的出口水温随着余热回收量的周期性波动而频繁升降，两者之间呈现显著的同步性。然而热网及用户巨大的热惯性使得回水温度基本稳定维持在45～49℃之间。

图6-31（*b*）为2014年1月23日～1月29日的情况，低品位工业余热回收量平均值仅有17136kW，这是由于期间铜厂停产两次（23日，26日），停产时余热量几乎为零。26日铜厂停产后，一台天然气锅炉启动，补充12MW的热量，满足大约一半的供暖需求，以保证末端用户的安全。即便如此，一次网回水温度还是不可避免地降低至40℃以下。停产一天半之后，随着产量的恢复正常，回水温度迅速回升至45℃。

在示范工程的供暖区域内选择具有代表性的住宅用户作为测试对象，监测用户的室内温度，进而分析低品位工业余热供暖的效果。图6-32所示为2013～2014年供暖季严寒期典型周（2014年1月23日～1月29日）的典型用户的室温。可以看出：

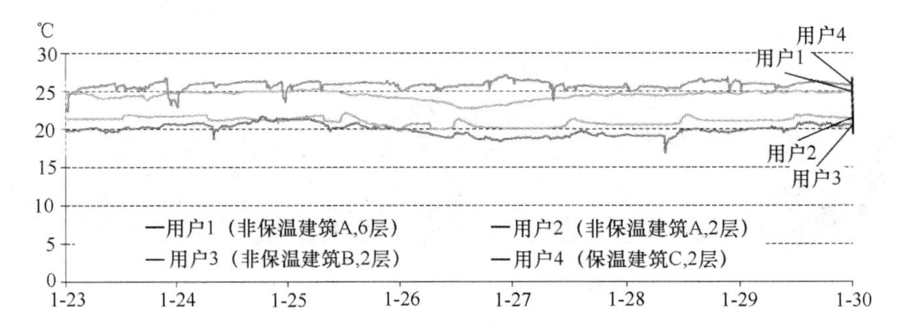

图6-32　典型末端用户室温

1）所有用户室温都没有出现类似铜厂余热的周期波动性；

2）对于非保温建筑，绝大多数用户室温均高于20℃，满足人员舒适性要求；而保温建筑的用户室温甚至高于25℃，过量供热明显；

3）个别非保温建筑的底层用户由于耗热量大而出现短时间室温低于18℃的情况，出现几率小，持续时间短，对用户的舒适性影响微弱；

4）几乎所有的非保温建筑用户在1月26日均出现了室温持续降低的现象，与铜厂当天停产相关；保温建筑用户的室温则没有受到影响，其室温主要受到人行为的影响。特别可以看到用户9，由于过量供热，该户只有开窗通风才能使室温降低，而在 1 月 26 日后该户室温增长缓慢，开窗周期延长。

总体来看，低品位工业余热供暖的效果是良好的，可以满足供暖的基本要求。

6.4.4 示范工程综合效益

低品位工业余热应用于城市集中供暖项目的实施带来巨大的综合效益，包括缓解热源紧张、显著的经济效益及环境效益等。

（1）缓解热源紧张问题

该示范工程项目的成功实施，使金剑铜业的工业余热成为重要补充和热电厂以及锅炉房一起并入城市热网为赤峰市集中供暖提供热源，填补了小新地及松山区 100 余万 m^2 的供暖缺口。有效地缓解了赤峰市中心城区热源紧张的局面。同时本示范工程也为我国北方地区集中供暖提供了新的途径与解决方案。

（2）经济效益

示范工程的经济效益显著，如表 6-10 所示。2012～2013 年供暖季运行的三个月内共计回收低品位工业余热 9.2 万 GJ，实现供暖收入 195.8 万元。2013～2014 年供暖季运行的六个月内共计回收工业余热 39 万 GJ，实现供暖收入 828.2 万元。该项目的投资总额为 5128 万元（不包括天然气锅炉房及供暖管网），按照 2013～2014 年供暖季的供暖收入计算，考虑人员工资、水泵输配电费等运行费用（约 400 万元/年），静态回收期约为 12 年。由于节约了供暖燃煤的费用，与热电联产、区域锅炉房等常规热源的供暖项目相比，项目经济性理想。

示范项目供暖收入　　表 6-10

	运行天数（天）	回收工业余热总量（GJ）	节约标煤（t）	供暖收入（万元）
2012～2013 年供暖季	91	92000	3416	195.8
2013～2014 年供暖季	183	390000	13300	828.2

（3）环境效益

项目运行期间，一方面减少了常规热源供暖时化石能源燃烧产生的二氧化碳及其他污染物的排放，另一方面原本铜厂内冷却塔蒸发散热导致的水耗也由于余热的利用而避免，节能减排效益明显，如表 6-11 所示。

示范项目节能减排量 表 6-11

	运行天数（天）	减少 CO_2 排放（t）	减少 SO_2 排放（t）	减少 NO_x 排放（t）	节水（t）
2012～2013 年供暖季	91	8，223	27	23	36，840
2013～2014 年供暖季	183	34，857	113	98	156，160
总计	274	43，080	140	121	193，000

6.5 燃气锅炉余热回收项目

6.5.1 项目概况

天然气燃烧后的烟气中含有大量的水蒸气，烟气中水蒸气的汽化潜热占天然气高位发热量的比例达到 10%～11%，目前基本上都没有利用而直接排放到环境。另外，天然气烟气中的水蒸气排入大气后冷凝，造成了冒白烟现象，形成景观污染，并使 PM2.5 排放指数增加。因此深度回收利用包括水蒸气凝结潜热在内的烟气余热对节约能源和减少污染物排放都有重要意义。

6.5.2 总后锅炉房示范工程简述

清华大学提出了基于吸收式热泵的直接接触式烟气余热回收技术，并于 2012～2013 年采暖季在北京市建设了示范工程。

该工程实施在北京市丰台区程庄路总后大院供暖锅炉房内。该供暖锅炉房由热力集团负责运营管理，2012 年之前为燃煤锅炉房，2012 年进行“煤改气”后，锅炉房内设有三台 29MW 燃气热水锅炉与一台 14MW 燃气热水锅炉，总供热面积约为 70 万 m^2。四台锅炉的烟气通过各自独立烟囱排入大气。

本工程在锅炉房内增设直燃型烟气余热回收装置，回收一台 29MW 锅炉的烟气余热，技术方案简要描述为：燃气锅炉的烟气在卧式直接接触式换热器中放出显热和潜热，使烟气温度降至 35℃或者更低温度，通过烟囱排至大气。循环冷却水在换热器中升温后泵入吸收式热泵，吸收式热泵以天然气为驱动热源，提取循环冷却水热量，用于加热锅炉给水，以减少锅炉的天然气耗量。

本工程的烟气余热回收系统原理如图 6-33 所示，锅炉烟气与循环冷却水叉流直接接触，完成传热传质过程。卧式换热器中，循环冷却水通过水泵提升压力，通过外螺旋喷嘴雾化为小颗粒的液滴，喷入换热器中与通过换热器的烟气进行传热传质，实现烟气降温、循环冷却水升温。

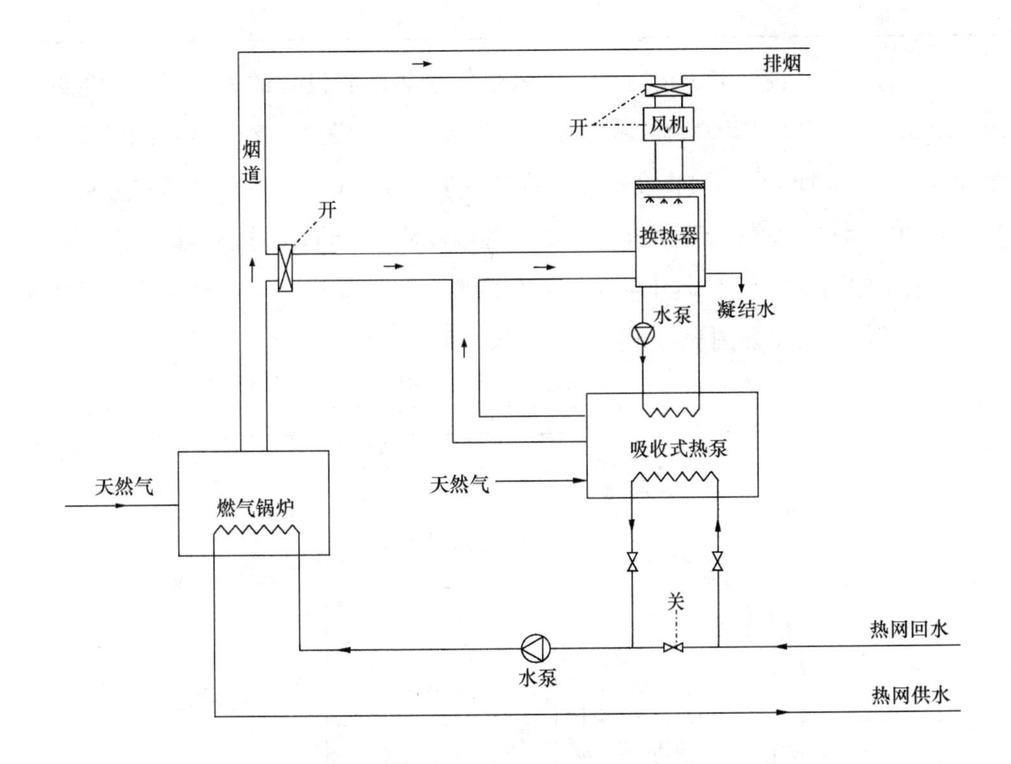

图 6-33 烟气余热回收系统基本原理图

6.5.3 总后锅炉房示范工程余热回收系统设计

北京天然气成分与热值见表 6-12。

北京市天然气特性 表 6-12

成分	CH_4	C_2H_6	C_3H_8	$i-C_4H_{10}$	$n-C_4H_{10}$	$i-C_5H_{12}$	$n-C_5H_{12}$	N_2	CO_2
含量	93.7671	3.3611	0.5855	0.1013	0.1104	0.0449	0.0196	0.5215	1.4885
低位发热量	34705kJ/Nm^3								

燃气锅炉工作在额定负荷，燃气锅炉的热效率为90%，排烟温度按照90℃计算，过量空气系数为1.2，空气条件成分与含湿量见表6-13。

空气特性　　表6-13

成分	O_2	N_2	CO_2	H_2O	Ar
含量	20.93	78.01	0.0329695	0.0924906	0.932137
空气含湿量	3g/kg 干空气				

经热力计算，设计工况运行下，进入烟气余热回收设备的锅炉烟气流量约为19891Nm³/h。回收的锅炉烟气热量为2.23MW（其中潜热1.73MW，烟气露点温度为55.8℃）。烟气余热回收设备耗天然气量为494Nm³/h。烟气降温过程可产生3.4t/h的冷凝水。烟气余热回收装置将烟气温度降至25℃，总供热量为7.2MW，可将热网水的温度由55℃提升至65℃，再由燃气锅炉加热至95℃送至用户处用于供热。系统的热力平衡图表，如图6-34、表6-14所示。

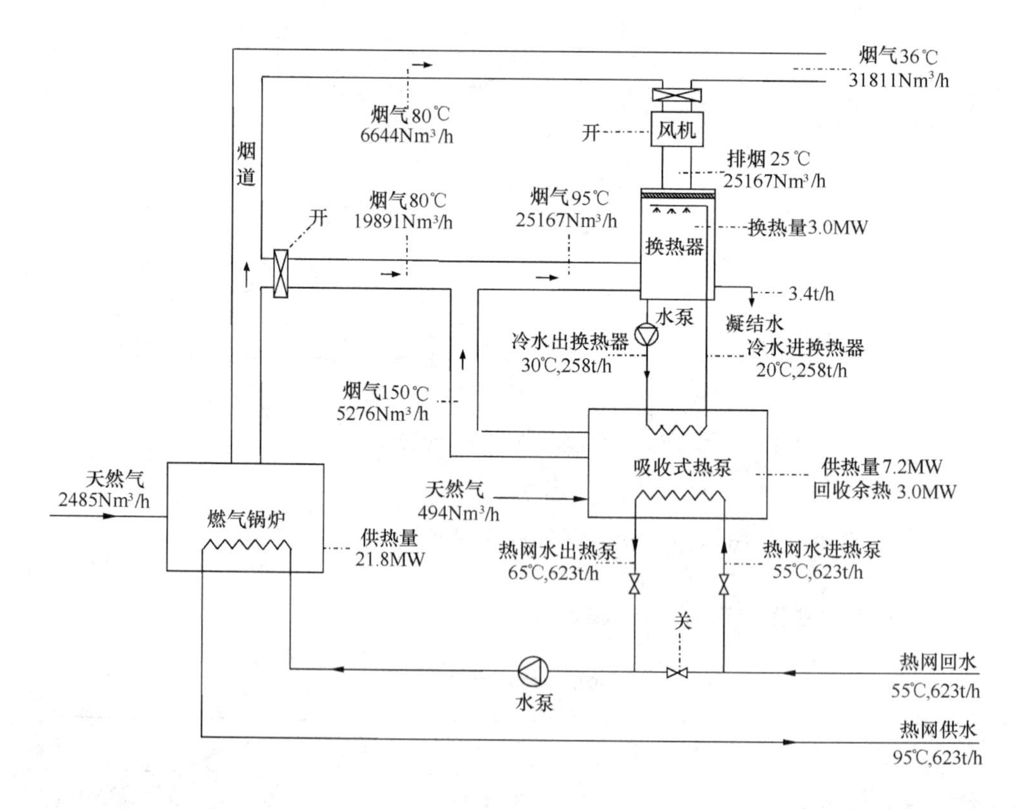

图6-34　烟气余热回收系统热力平衡图

烟气余热回收系统热力平衡表 **表 6-14**

<table>
<tr><td colspan="9">直燃型吸收式热泵热平衡</td></tr>
<tr><td colspan="3">燃气侧</td><td colspan="3">喷淋水</td><td colspan="3">热网水</td></tr>
<tr><td>燃气量</td><td>Nm³/h</td><td>494</td><td>进水温度</td><td>℃</td><td>30</td><td>进水温度</td><td>℃</td><td>55</td></tr>
<tr><td>烟气量</td><td>Nm³/h</td><td>5279</td><td>出水温度</td><td>℃</td><td>20</td><td>出水温度</td><td>℃</td><td>65</td></tr>
<tr><td>烟气温度</td><td>℃</td><td>150</td><td>水量</td><td>t/h</td><td>258</td><td>水量</td><td>t/h</td><td>623</td></tr>
<tr><td colspan="9">回收烟气余热：3.0MW</td></tr>
<tr><td colspan="9">供热量：7.2MW</td></tr>
</table>

<table>
<tr><td colspan="6">喷淋换热器热平衡</td></tr>
<tr><td colspan="3">烟气侧</td><td colspan="3">喷淋水</td></tr>
<tr><td>烟气量</td><td>Nm³/h</td><td>25167</td><td>进水温度</td><td>℃</td><td>30</td></tr>
<tr><td>进口温度</td><td>℃</td><td>95</td><td>出水温度</td><td>℃</td><td>20</td></tr>
<tr><td>排烟温度</td><td>℃</td><td>25</td><td>水量</td><td>t/h</td><td>258</td></tr>
<tr><td colspan="6">换热量：3.0MW</td></tr>
</table>

<table>
<tr><td colspan="6">燃气锅炉热平衡</td></tr>
<tr><td colspan="3">燃气侧</td><td colspan="3">一次网热水</td></tr>
<tr><td>进气量</td><td>Nm³/h</td><td>2485</td><td>进水温度</td><td>℃</td><td>65</td></tr>
<tr><td>排烟温度</td><td>℃</td><td>80</td><td>出水温度</td><td>℃</td><td>95</td></tr>
<tr><td>排烟量</td><td>Nm³/h</td><td>26535</td><td>水量</td><td>t/h</td><td>623</td></tr>
<tr><td colspan="6">供热量：21.8MW</td></tr>
</table>

现有烟气余热深度回收项目大多为改造工程，原有厂区安装占地面积限制是北京地区烟气余热深度回收项目面临的一个共有问题。为使烟气余热深度回收系统的占地面积尽可能缩小，在该示范工程中，烟气余热深度回收系统设计为一体化设备，如图 6-35 所示，在直燃型吸收式热泵上方布置直接接触式换热器。烟气余热回收一体化设备与锅炉房原有设备仅通过两根烟管连接。这种一体化设备便于现场安装，有效减小了占地面积，使工程得以顺利推进。同时，这种一体化设备不影响原有设备的运行，可以通过烟气阀门随时实现与原有系统的切断。

图 6-36、图 6-37 为总后锅炉房示范工程一体化设备的实景照片。

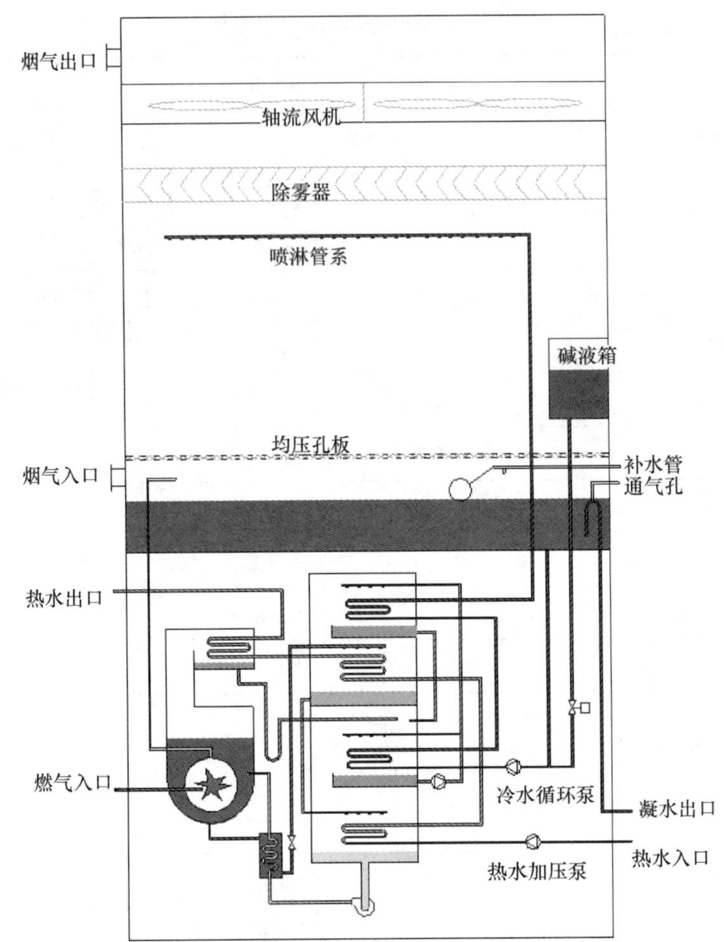

图6-35 一体化设备设计示意图

(a)

(b)

图6-36 工程实景图

(a) 直接接触式换热器实景；(b) 吸收式热泵实景

图 6-37 一体化设备封装后实景

6.5.4 总后锅炉房示范工程运行测试结果及分析

根据实验需求，设计了示范工程的测试系统，如图 6-38 所示。

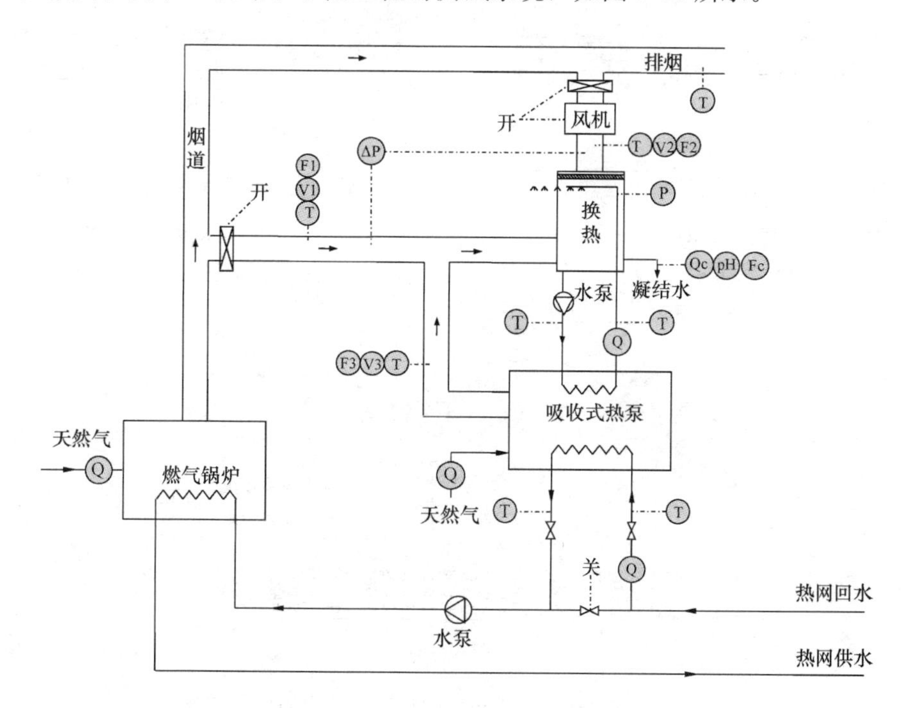

图 6-38 实验系统设备、管路、测点布置图

用于余热回收的 4 号锅炉连续运行时间为 2013.12.09～2014.02.21，总共运行时间为 75 天。余热回收系统的测试时间为 2014.01.13～2014.02.15，测试时间

为33天。清华大学对吸收式热泵的冷、热水进出口温度及流量、喷淋换热器的烟气进出口温度、电气设备的耗电功率、典型工况余热回收前后的烟气成分及产生的冷凝水量进行了测试，并获取了整个采暖季燃气锅炉房的运行记录。

以某典型日（2014年1月18日）为例，直接喷淋式烟气换热器的烟气进出口温度，热泵的喷淋冷水进出口温度以及热泵的热水进出口温度分别如图6-39、图6-41所示，测试期间直接喷淋烟气换热器的烟气进出口温度以及热网回水温度变化如图6-42所示。

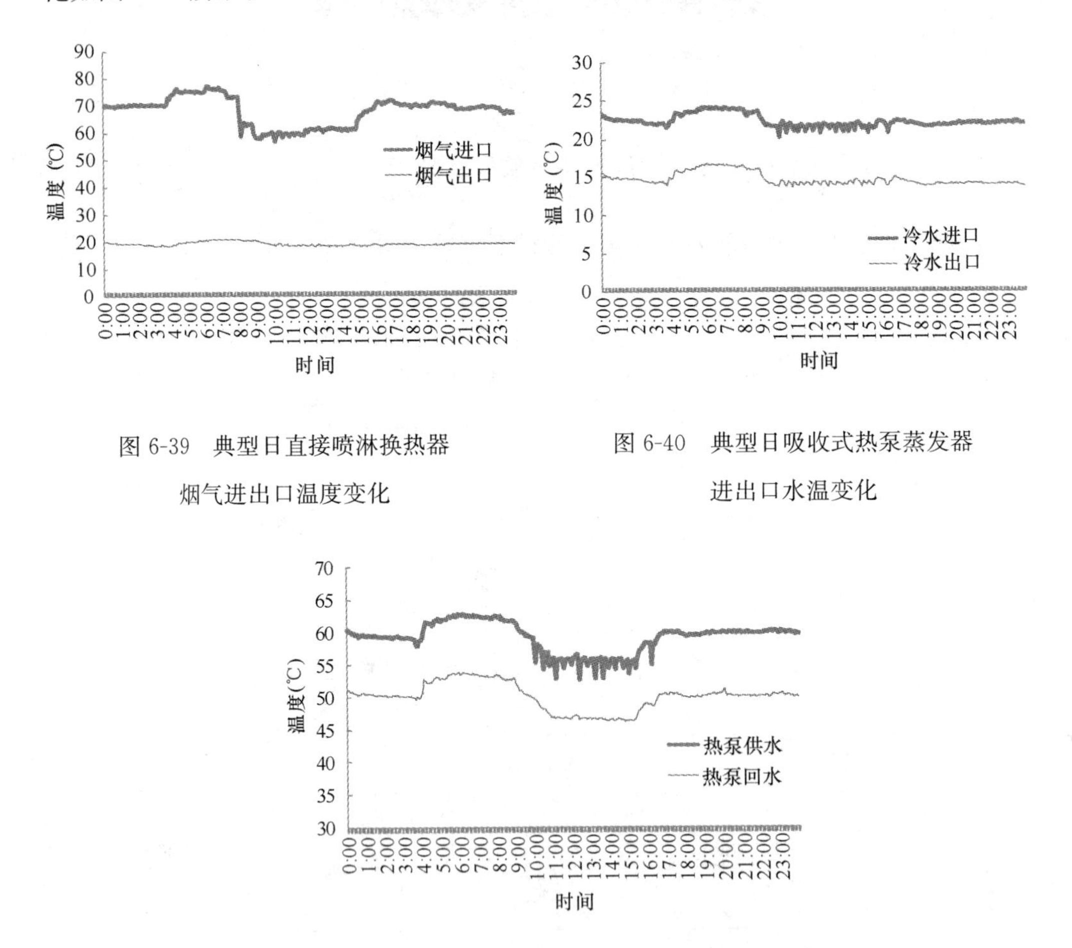

图6-39 典型日直接喷淋换热器烟气进出口温度变化

图6-40 典型日吸收式热泵蒸发器进出口水温变化

图6-41 典型日吸收式热泵的热网供回水温度的变化

如图6-39所示，烟气换热器的烟气进口温度在56.7～76.9℃之间变化，平均值为67.7℃；排烟温度在18.3～21.0℃之间变化，平均值为19.3℃，烟气侧温差为48.4℃；如图6-40所示，热泵冷水出口温度在13.7～16.8℃之间

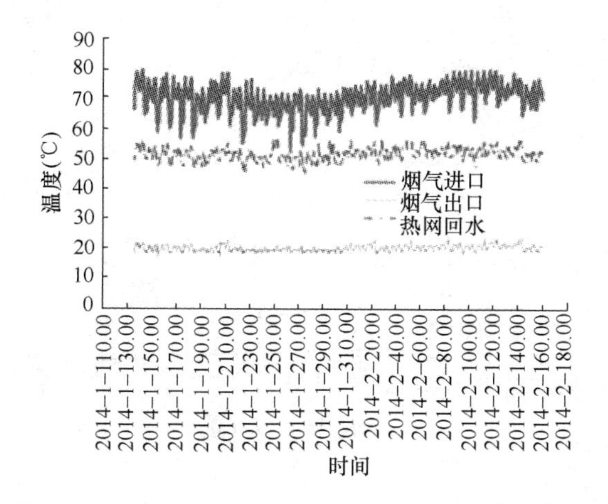

图 6-42 测试期间直接喷淋换热器烟气进出口温度以及热网回水温度的变化

变化，平均值为 14.7℃；冷水进口温度在 20.3～24.1℃之间变化，平均值为 22.3℃，冷水侧温差为 7.6℃；如图 6-41 所示，典型日的热网回水平均温度为 50.1℃，经热泵升高至 59.2℃，温升平均为 9℃；如图 6-42 所示，测试期间喷淋换热器烟气进口温度基本在 60～80℃之间变化，平均温度为 70.3℃，热网回水温度为 50℃左右，而排烟温度基本稳定在 20℃，显著低于热网回水温度，余热回收效果较好。

6.5.5 节能减排效益分析

（1）经济性分析

如图 6-43 所示，在整个采暖季（按照 121 天计算），如全部热负荷均由燃气锅炉来承担，则对于一台 29MW 的燃气锅炉而言，需要提供 19.99 万 GJ 的热量，燃气锅炉的效率按照 91%进行计算，可以得到该锅炉年耗气量为约为 633 万 Nm^3。

该系统回收烟气余热量为 2.72 万 GJ，直燃燃气供热量约为 3.81 万 GJ，烟气余热回收设备燃烧部分的热效率按照 87%计算，则直燃型烟气余热回收机组年耗气量约为 126 万 Nm^3，用于烟气余热回收的燃气锅炉供热量约为 13.45 万 GJ，折合耗气量约为 426 万 Nm^3，则增加了烟气余热回收系统后，年耗气量约为 552 万 Nm^3。综上，增加烟气余热回收系统后，在一个采暖季可以节约天然气约 81 万 Nm^3。

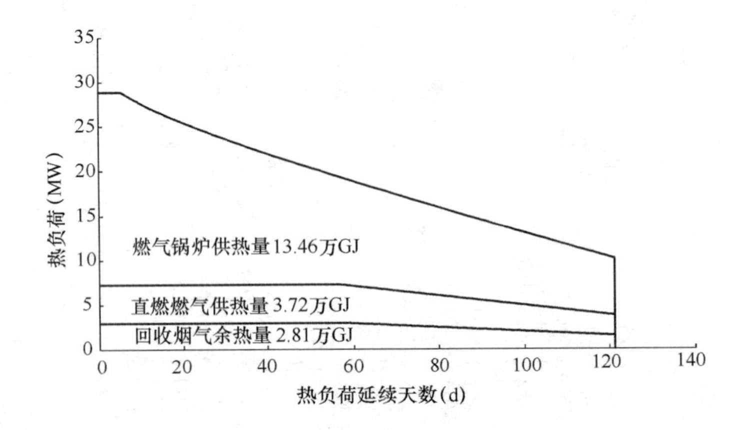

图 6-43　烟气余热回收方案热负荷延续时间图

另外本项目需增加锅炉房电耗约 140kW，则整个采暖季增加电耗约 35 万 kWh。本项目所使用的天然气价格为 2.28 元/Nm³，电价为 1 元/kWh。按上述能源价格计算，则本项目每年节省天然气费用约 185 万元，增加电耗约 35 万元，综合节省费用约 150 万元/年。综上，本项目预计静态投资回收期约为 4～5 年，经济性较好。

（2）节能分析

根据采暖季测试数据，可以计算出测试期间回收余热量、天然气效率提高值以及热泵供热 *COP*。经过计算，测试期间回收余热量在 1.7～2.5MW 之间变化，平均回收余热量为 2.21MW，热泵的供热 *COP* 在 1.35～1.92 之间变化，平均值为 1.72；天然气的热利用效率提高值平均为 9.0%。计算结果如图 6-44～图 6-46 所示。

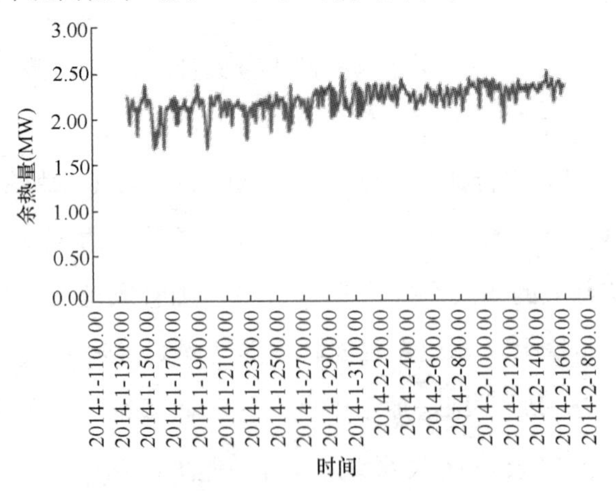

图 6-44　测试期间回收余热量的逐时变化

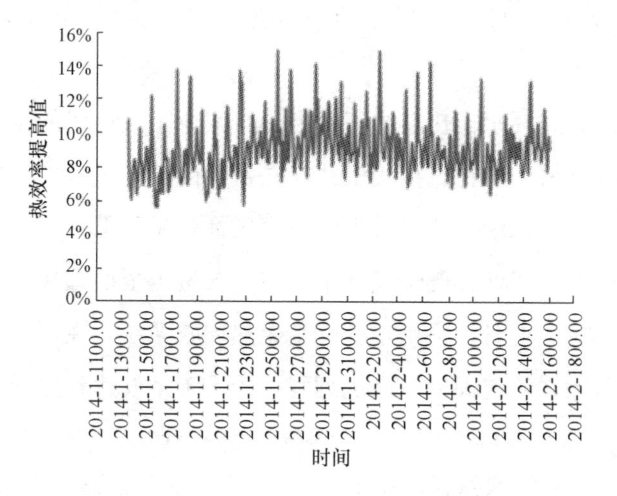

图 6-45 测试期间天然气热效率提高值的逐时变化

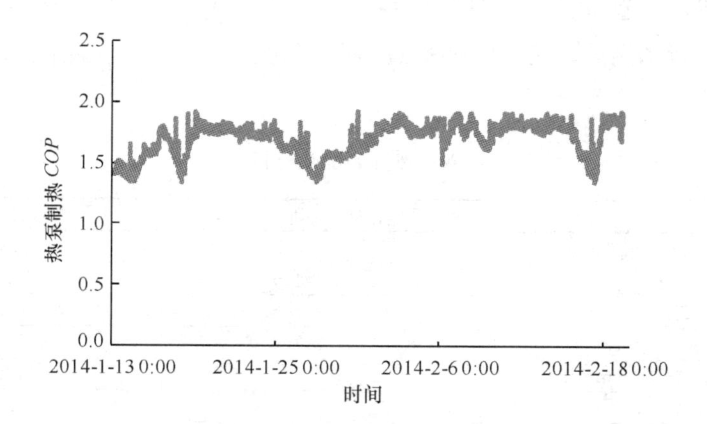

图 6-46 测试期间热泵供热 *COP* 的逐时变化

余热回收系统的运行参数和计算结果统计如表 6-15 所示。

余热回收系统的运行参数和计算结果 **表 6-15**

项目	数值	项目	数值
供水平均温度（℃）	59.8	平均供热量（kW）	5306
回水平均温度（℃）	51.2	热泵平均 *COP*	1.72
冷水出口平均温度（℃）	15.4	热水循环泵电功率（kW）	30.69
冷水进口平均温度（℃）	23.1	冷水循环泵电功率（kW）	26.23
烟气进口平均温度（℃）	70.3	风机电功率（kW）	13.6
烟气出口平均温度（℃）	19.8	喷淋泵电功率（kW）	70.17
热水流量（t/h）	530	平均供热能效比	1.68
冷水流量（t/h）	245	热效率提高值	9.0%
平均回收余热量（kW）	2212		

如表6-15所示，该项目在采暖季的平均热效率提高值约为9.0%。

（3）减排分析

采用直接接触式烟气水换热系统回收余热，减少了天然气的排放，相应地也减少了污染物的排放。另外，在直接接触式换热器内的喷淋过程中，烟气中的不同污染物将会部分溶入喷淋水中，使得排烟中有害气体含量降低。

由于天然气硫含量很低，燃烧烟气中的SO_x含量也很低，在天然气利用设备中一般不设置专门的脱硫设备，采用本套烟气余热回收系统，在回收余热的同时，还可将对SO_x进行脱除，使得天然气燃烧烟气中的SO_x排放达到更低的水平。

氮的氧化物有NO、NO_2、N_2O、N_2O_5等，统称NO_x。锅炉烟气中氮的氧化物主要是NO，NO_2含量较少。NO稍溶于水，NO_2易溶于水，形成亚硝酸和硝酸水溶液。

在典型日（2014年1月8日）对总后锅炉房烟气余热回收工程的污染物NO_x的排放进行了现场测试，测试时锅炉运行负荷为70%～80%。测试分析结果如表6-16所示。

NO_x减排测试及分析 **表6-16**

测试情景	余热回收开启	余热回收关闭
管道截面积（m^2）	1.1304	1.1304
过剩空气系数（3%O_2）	1.176	1.174
实测烟气量（m^3/h）	23196	25637
标况烟气量（m^3/h）	21761	21274
标干烟气量（m^3/h）	21326	17763
NO_x折算浓度（mg/m^3）	82.4	92.0
NO_x排放速率（kg/h）	1.76	1.63
估算燃气消耗量（m^3/h）	2671	2283
NO_x排放因子（g/m^3燃气）	0.658	0.716
余热回收装置NO_x处理率	8.1%	

如上表所示，烟气余热回收装置的NO_x处理率为8.1%，结合上节中提到，节能率为9.0%，则该烟气余热回收系统可以减少NO_x排放约为16.4%。

（4）节水分析

天然气的主要成分是甲烷（CH_4），燃烧后生成CO_2和H_2O。1Nm^3的天然气可生成1.55kg的H_2O。据了解，北京市2012年采暖季消耗60亿Nm^3天然气，平均每天消耗5000万Nm^3。严寒的1月份，每天消耗6000万～7000万Nm^3。也就是说，1月每天有10万t以上的水排放到北京五环内的空中。如果这些水汽通过烟气冷凝换热的方式收集起来，不仅能够增加10%左右的供热量，同时节约大量的水。

在该示范工程项目中，清华大学组织对烟气余热回收系统的冷凝水量进行了测试，相关测试结果如表6-17所示。

烟气冷凝水测试结果 **表6-17**

	锅炉出口烟气温度（℃）	热泵出口烟气温度（℃）	排烟温度（℃）	冷凝水量（t/h）	理论冷凝水量（t/h）
工况一	54.05	127.43	22.43	2.02	2.36
工况二	72.82	129.85	24.88	2.12	2.60

注：工况一为锅炉燃气消耗量为1528.12m³/h（锅炉负荷率约为50%），热泵燃气消耗量为319.47m³/h，进口平均烟气温度为54.05℃，采暖平均进水温度为42.79℃，余热回收量为1856.89kW；

工况二为锅炉燃气消耗量为1518.21m³/h（锅炉负荷率约为50%），热泵燃气消耗量为367.79m³/h，热泵进口平均烟气温度为72.82℃，采暖平均进水温度为42.80℃，余热回收量为2242.87kW。

经过测试，在烟气余热回收过程中，冷凝水产生量均为2t/h以上，但少于理论冷凝水量，这主要是由于测试是操作人员通过量筒接收冷凝水来实现的，结果存在一定的误差。

经过烟气余热回收后，烟气中的大部分水蒸气被冷凝在换热器中，避免了这部分水蒸气直接排入大气中，极大地缓解了传统供热锅炉房“冒白烟”的问题。而这部分水蒸气排放在冬季大气中，将会加剧雾霾天气的形成。图6-47与图6-48为烟

图6-47 系统中烟气余热回收前烟囱排烟效果

图6-48 系统中烟气余热回收后烟囱排烟效果

气余热回收前后烟囱排烟效果，可以看到，本套系统的使用可以有效解决供热锅炉房“冒白烟”的问题，达到“消白”的效果。

6.5.6 小结

清华大学针对燃气锅炉系统提出了基于吸收式热泵的直接接触式烟气余热回收技术，并于2012～2013年采暖季在北京市建设了示范工程，并在2013～2014年采暖季对示范工程进行了测试。

经过测试与计算分析，同常规燃气锅炉供热系统相比，得到如下结论：

（1）本项目预计静态投资回收期约为4～5年，经济性较好。

（2）该烟气余热回收系统使的天然气在采暖季的平均热效率提高值约为9.0%。

（3）烟气余热回收装置的NO_x处理率为8.1%，根据节能率为9.0%，则该烟气余热回收系统可以减少NO_x排放约为16.4%。

（4）在烟气余热回收过程中，冷凝水产生量均为2t/h以上，本套系统的使用可以有效解决供热锅炉房“冒白烟”的问题，达到“消白”的效果。

由此可见，该烟气余热回收系统证实了直接接触式换热配合吸收式热泵深度回收烟气余热技术大规模应用的可行性，有效解决了由于供热回水温度高而难以直接回收烟气冷凝热的难题。同时相对于间壁式换热，直接接触式换热极大地增加了气—液两相接触面积，瞬间完成传热和传质，达到强化换热，提高换热效率的目的。

6.6 降低二次网循环泵电耗示范项目

服务于热力站以下二次管网的循环泵耗电也是集中供热系统能耗的重要组成部分，对集中供热系统节能和降低运行成本都有重要意义。下面介绍赤峰地区的几个换热站进行的降低二次网循环泵电耗的工程实践。

6.6.1 热力站能耗现状

（1）热力站能耗统计

图6-49为赤峰市换热站的循环泵单位面积电耗，可以看出，各站之间的耗

电量差异较大，说明各热力站的水力工况有区别，存在节能潜力。

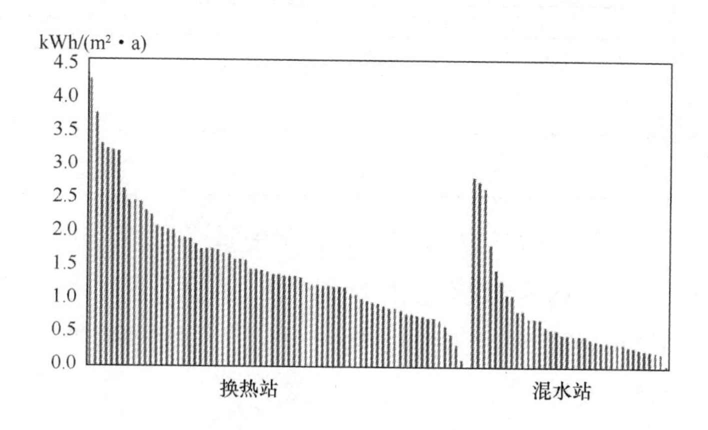

图 6-49 各换热站 2011 年单位面积电耗统计

（2）二次网压降分布

通过对 9 个换热站的各部件压降进行测试，得到各站的二次网压降分布情况如图 6-50 所示。

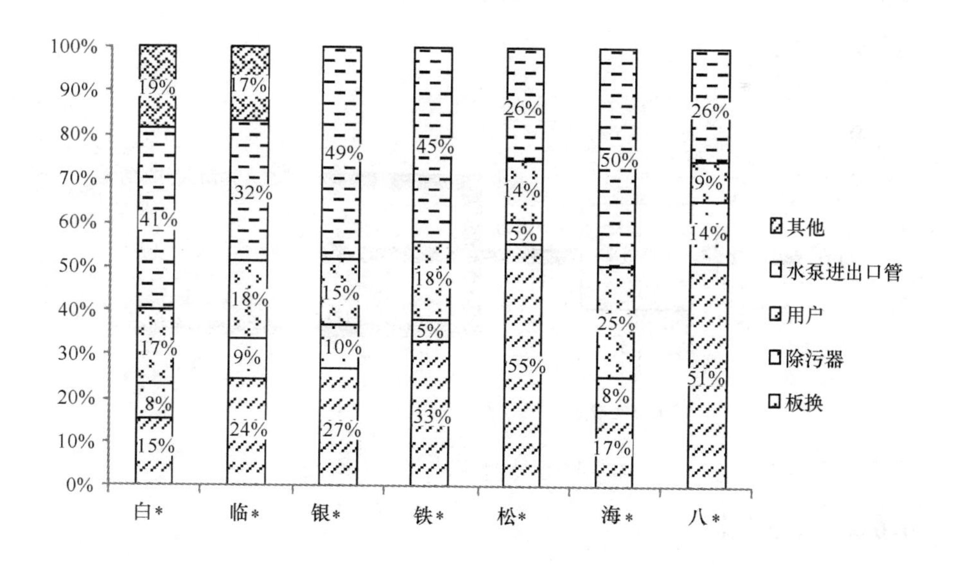

图 6-50 各站压降分布图

由图 6-50 压降分布图可以看到，用户消耗的压降平均只占水泵总压降的 9％～25％，消耗在热力站内的压降占到了绝大多数。由此可见，换热站水泵电耗的节能潜力主要在站内。测试中的合理值和偏高范围如表 6-18 所示。

热力站压降分布合理值和偏高值　　表 6-18

	合理值（mH_2O）	偏高范围（mH_2O）
换热器	4～6	>10
除污器	0～1	>6
站内管道和阀门	1～2	>5
用户	3～6	>10
水泵扬程	8～15	>20

在合理的情况下，应该使热力站内的压降控制在9m以下，而分集水器之后的压降在6m以内，这样循环泵的总扬程不超过15m。考虑一定的余量之后，实际选型也不应该超过20m。而目前的水泵扬程选型一般都大于25m，有的甚至达到了30～40m。

（3）影响电耗的因素

如图6-51所示，水泵本身的特性、频率与管网的特性曲线共同决定了水泵的工作点和水泵的效率。水泵的扬程被整个管网所消耗，可以分成三部分，一是为了使末端有足够资用压头的压降，二是站内一些存在选型或运行问题的部件所多消耗的压降，三是庭院管网由于管径不合理、阀门损坏等各种原因多消耗的压降。要降低水泵的电耗，一是尽可能使后两部分的多余压降减小，二是使水泵工作点的效率尽可能高。

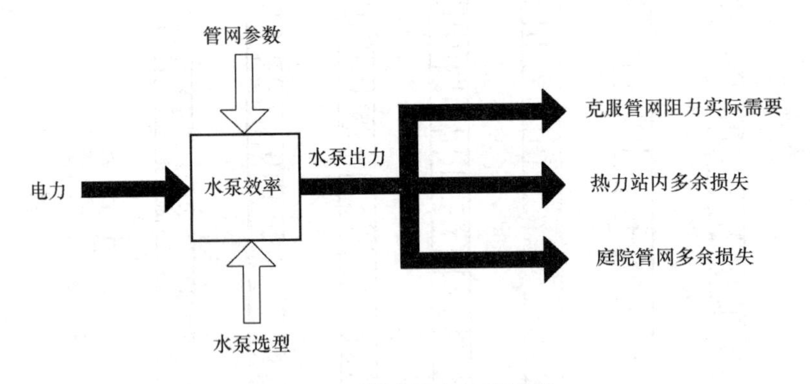

图6-51　影响耗电量的因素

6.6.2　改造方案

（1）热力站内局部阻力改造

1）换热器阻力

目前，板式换热器是热力站内最常用的换热器。在换热器型号、台数、片数不变的情况下，板式换热器的压降只和流速的二次方有关。下面对各站换热器压降统计如图 6-52 所示，可见换热器的压降差异较大。

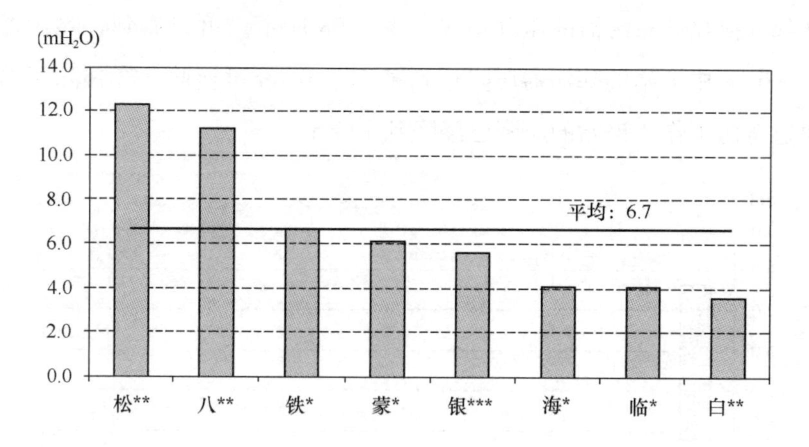

图 6-52　各站板换压降统计

部分板换压降偏大的主要原因是单台流量二次流量偏大。根据调查，单台流量较大的两个站，实际供热面积在换热站建成后不断增加，远大于设计供热面积。以图中松** 站为例，通过测试结果计算，每年由于板换压降过大而多消耗的电能达到 3.5 万度，约为 2.1 万人民币，可见如果能够增加板换台数，经济性将会更好。

除了单台流量过大外，结垢对于换热器压降也有一定影响。测试发现某换热站的单台换热器在末寒期的阻力比初寒期增加了 42.8%，因此应该每年对换热器进行冲洗。

表 6-19 为 4 个换热站换热器冲洗前后的换热效果和相同流量下的阻力变化情况。可见冲洗前后换热系数显著提高，压降普遍下降，部分站的压降变化幅度较大，表示原来存在一定的结垢状况。

换热器冲洗后效果　　**表 6-19**

换热站编号	冲洗前		冲洗后	
	换热系数 (W/(℃·m²))	压降 (mH_2O)	换热系数 (W/(℃·m²))	压降 (mH_2O)
1	1866	4.5	2318	4.2
2	2351	5.1	2806	5.1
3	972	7.2	1471	5.8
4	2249	3.4	2562	3.0

2）除污器阻力

统计部分换热站除污器的压降情况如图 6-53 所示。可以看到，除污器的一般压降在 1～3m。中＊站的除污器压降达到了 7.7m，经过检验，存在除污器堵塞的情况。通过清污工作，该站的压降已经降到了 3m。

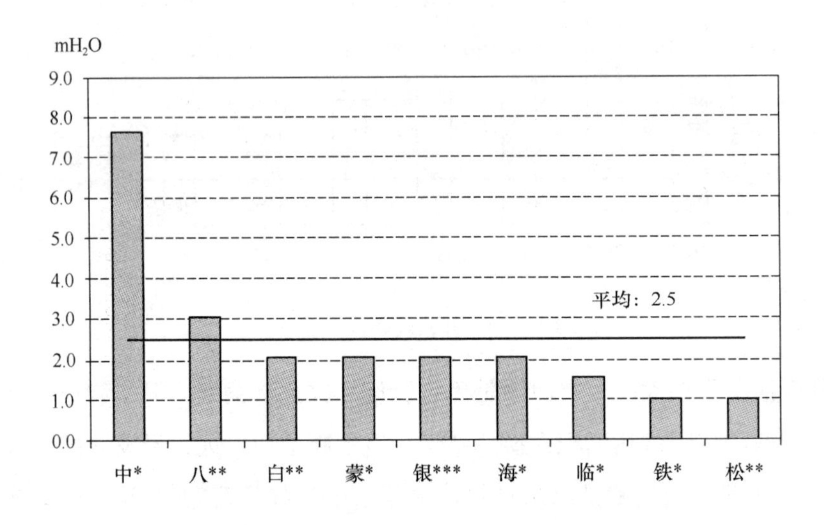

图 6-53 各站除污器压降阻力

在运行中，除污器的阻力显著增加主要发生在初寒期，尤其是刚开始供热的一段时间。因此，应该时刻关注除污器两端的压力，一旦发现除污器有堵塞的现象（即两端压降达到 3m 以上，在实际中往往表现为二次流量减少），就应该及时清污，避免不必要的压降。

3）不合理阻力

造成不合理阻力压降的主要原因是：站内部分管道设计管径偏小、部分阀门存在损坏的情况、弯头过多、部分管道上存在不必要的阀门等。以银＊＊＊站为例，2012～2013 年采暖季前期测得其水泵进出口存在 10.2m 的压降。2013 年 3 月 27 日，对该站的运行水泵进出口管进行了改造。具体改造措施如图 6-54 所示，左侧水泵为运行泵，右侧水泵为备用泵。将运行水泵的进出口管管径由 *DN*150 改成 *DN*200，拆除止回阀，蝶阀也改成 *DN*200。在两个泵的连接管上加装压力表，以测试实际压降。

对改造后的实际效果进行测试，对改造后支路上的水泵进行变频，保证与改造前基本一致的流量，对管路压降和水泵功率进行测试。测试结果如表 6-20 所示。

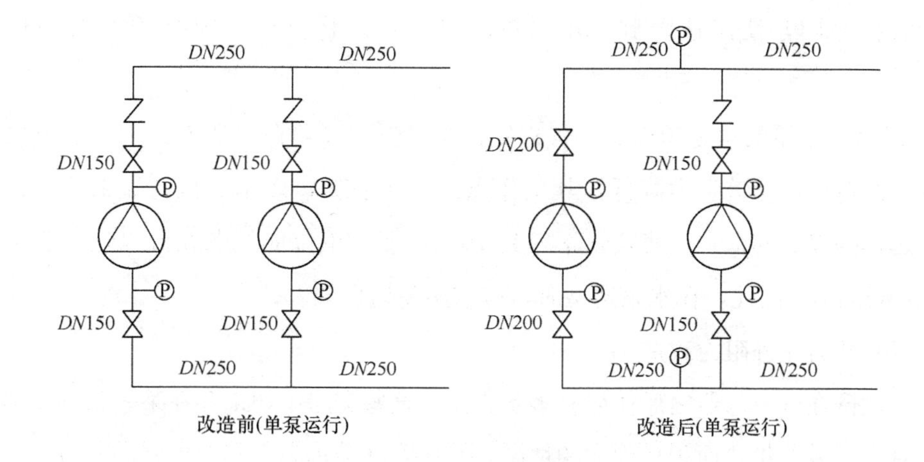

图 6-54 单泵运行改造前后变化图

改造前后压降测试 **表 6-20**

	水泵扬程(mH_2O)	进口管压降(mH_2O)	出口管压降(mH_2O)	流量(m^3/h)	管径 *DN*	流速(m/s)	比摩阻(Pa/m)	水泵功率(kW)	水泵频率(Hz)	水泵效率
改造前	18.88	4.6	3.6	308.2	150	4.84	2067.84	25.74	45.3	61.54%
改造后（未变频）	15.31	1.0	1.0	327.2	200	2.70	429.65	25.05	45.3	54.42%
改造后（变频）	13.78	1.0	1.0	310.5	200	2.56	386.91	20.14	42.32	57.82%

通过表 6-20，可以得到如下结论：

① 改造后进出口管流速大大降低，比摩阻减小接近 5 倍，动压头降低 0.8m，进出口管压降从 8.2m 降低到 2.0m，未变频时期流量增加了 20m^3/h，降阻效果明显。

② 通过变频达到与原来相近的流量后，功率从改造前的 25.74kW 降低到 20.14kW，单位面积耗电量从 1.21kWh/m^2 降到 0.95kWh/m^2，节能率为 21.8%。根据计算，其年节电量可达 2.6 万 kWh，折合电费 2.5 万元，而其改造费用不超过 1 万元，一年即可收回投资并且达到节能效果。由于改造手段简单，而具有相同问题的热力站数目较大，将其推广将达到较好的节能效果（本站由于泵前后空间有限，未能改成 *DN*250。若有空间的站能够改成与热力站内

主管管径相同，使流速降到1m左右，节能效果将更好，同时成本增加也有限）。

③ 由于水泵的额定扬程24m，额定流量280m³/h，在改造前其工作点就已经右偏。改造后，管道阻力降低，其工作点进一步右偏，效率更低。如果能更换水泵，选择扬程低的水泵，使其效率达到70%，那么单位面积电耗可以进一步降到0.78kWh/m²。因此，在水泵选型时，应该避免扬程偏大。

（2）热力站外阻力改造

二次网在分集水器之后往往有多条支路。这些支路中如果存在某一条的供热半径特别大，或者供热面积特别大的情况，其压降就会远高于其他支路。此时，其他支路只能采用关小阀门的方式来消耗多余压降。如表6-21所示的小区就存在这种情况。三条支路中，支路1的供热半径远高于其他两个支路，其压降（26.53m）也远高于其他支路，因此增大了循环泵的电耗。

某站各支路不平衡情况 **表6-21**

	压差（mH_2O）	流量（m^3/h）	主线管径 *DN*	流速（m/s）	供热面积（m^2）	供热半径（m）
支路1	26.53	218	200	1.93	61000	>1500
支路2	2.04	107	200	0.95	50895	<500
支路3	4.08	80	200	0.71	35156	<500

对于这种情况，首先应该在庭院管网设计和热力站位置选择时，尽量使各支路的供热半径和供热面积相差不要过大。如果已经发生了支路很不平衡的情况，应该通过给该支路加设加压泵的方式解决。在2013～2014年采暖季对表6-21所示的热力站进行改造，在该支线上加装支线加压泵，即：改造前仅由热力站一台高扬程水泵克服最不利末端的阻力，改造后热力站内低扬程水泵克服近端用户的阻力，而由支线加压泵克服该不利支线的阻力。改造后三条支路的压降如表6-22所示。可见通过加压泵的安装，虽然增加了支线加压泵的电耗，但由于热力站循环泵换为低扬程泵而提高了水泵效率，最终使总电耗下降了0.60kWh/（m²·a）。

支线泵加装前后工况测试 **表 6-22**

		改造前	改造后
各支路压降 (mH_2O)	支路 1	26.53	8.60
	支路 2	2.04	3.02
	支路 3	4.08	5.10
热力站水泵	扬程 (mH_2O)	30.03	11.22
	流量 (m^3/h)	405	406
	功率 (kW)	60.20	30.56
	频率 (Hz)	50	38
	效率	55.0%	40.6%
	单位面积电耗 (kWh/ (m^2 · a))	1.80	0.91
支线加压泵	扬程 (mH_2O)	无	12.24
	流量 (m^3/h)		160
	功率 (kW)		9.82
	频率 (Hz)		45
	效率		54.3%
	单位面积电耗 (kWh/ (m^2 · a))		0.29
总电耗 (kWh/ (m^2 · a))		1.80	1.20

(3) 水泵工况优化改造

1) 减少水泵扬程选型

2012 年采暖季开始之前，赤峰富龙热力对 7 个耗电量较高的热力站的水泵进行了更换，降低了循环泵的扬程。水泵选型的变化与电耗测试结果如表 6-23 所示。

水泵改造前后节能幅度 **表 6-23**

站名	改造前			改造后			节能幅度 (%)
	额定扬程 (mH_2O)	额定流量 (m^3/h)	实际电耗 (kWh/m^2)	额定扬程 (mH_2O)	额定流量 (m^3/h)	实际电耗 (kWh/m^2)	
白 * *	44	374×2	3.17	27.4	564	1.24	60.9
中 *	45	374×2	2.29	33.7	630	1.25	45.4
海 *	32	160×3	2.42	24	521	1.03	57.4
松 * *	32	160×3	1.56	27.4	564	1.04	33.3
铁 *	44	374×2	2.22	27.4	564	0.97	56.3
八 * *	32	160×2	3.71	24.5	249	1.03	72.2

说明：×n 意为有 n 台相同水泵并联运转

可以看到，水泵扬程选小后，电耗明显下降幅度较大，节能效果明显。

首先，以中＊站为例，分析改造前后单台泵的工况变化。可以看到，改造后流量整体稍有下降，实际扬程下降明显，水泵效率有所提高，总耗电量从 2.29kWh/m²降到了 1.25kWh/m²。改造前后的详细水力工况如表 6-24 所示。

水泵改造前后工况测试 **表 6-24**

	改造前	改造后
系统形式	两台水泵并联	单台泵
水泵选型	扬程 45m 流量 374m³/h×2 功率 75kW×2	扬程 33.5m 流量 630m³/h 功率 75kW
实际流量（m³/h）	723	649
实际扬程（mH_2O）	46.00	31.69
实际功率（kW）	110.70	66.40
效率	76%	83%

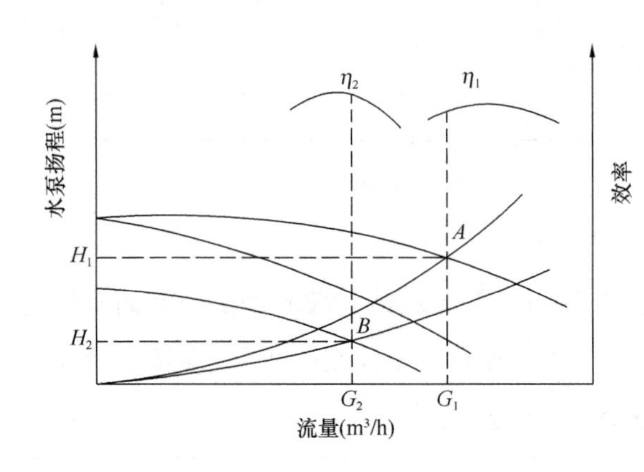

图 6-55 泵的工作特性曲线和工作点

泵的工作特性曲线和工作点如图 6-55 所示，改造前泵的工作点为 A，扬程为 H_1，流量为 G_1，效率为 η_1，改造后泵的工作点为 B，扬程为 H_2，流量为 G_2，效率为 η_2。由此可以看出改造后水泵扬程、流量变小，效率变高。

改造后的节能量主要来自于两方面。一是原来水泵扬程偏大，各支路阀门开度较小，消耗在阀门上的阻力较高。改造后水泵扬程降低，各支路阀门开度增大，使消耗在阀门上的压降减小。二是效率变高，这是由于并联时要求水泵扬程大，流量小，工作在高效工作点的左侧，改为单台后，工作点右移，效率提高。

通过这种方法，可以计算多个改造项目的水泵工况，如表 6-25 所示。两台并联改单台后，水泵效率都达到了 80%左右，基本都处于高效区。实际扬程大部分在 20m 多一些，相比原来的情况降低了不少，但仍然有节能潜力。

水泵改造后效率测试 表 6-25

站名	频率（Hz）	流量（m^3/h）	扬程（mH_2O）	功率（kW）	水泵效率
白 * *	49.00	627	24.01	51.23	80%
中 *	49.00	649	31.69	67.45	83%
海 *	48.40	425	24.36	35.23	80%
松 * *	48.04	629	22.16	47.43	80%
铁 *	45.00	564	20.25	38.86	80%
八 * *	49.50	275	22.05	20.38	81%

2）优化并联水泵运行策略

多台水泵并联时，由于工频泵与定频泵并联，导致水泵效率偏低。对于这种情况进行系统改造，为工频泵加装变频器，并对两台泵同时变频，使流量达到原来的流量要求，如表 6-26 所示。可见，两台水泵同时变频后，效率比原来有所上升，而总功率下降了 8.04kW。

并联泵运行策略优化后工况 表 6-26

	水泵	频率（Hz）	流量（m^3/h）	扬程（mH_2O）	功率（kW）	效率
改造前	工频泵	50.00	480.00	27.00	51.83	68.07%
	变频泵	40.00	214.00	20.48	20.20	59.06%
改造后	工频泵	44	360	23.82	32.3	72.3%
	变频泵	44	355	22.90	31.7	69.8%

6.6.3 结论

（1）各热力站耗电量差异显著，耗电量节能潜力主要在降低阻力与优化水泵运行工况。

（2）系统降阻措施简单，效果显著。

通过控制流速和定期清洗，可以有效降低换热器和除污器的阻力；通过扩大管径，可以降低某些流速过高的管段的阻力。

站外阻力主要由于庭院管网各支路不平衡率大造成阀门消耗的压降偏大，解决方法是安装支线加压泵；此外，对于有热表的楼栋入口可能存在较大的阻力的情况，解决方法是清洗除污器。

(3) 优化水泵工况效果显著。

如何使水泵工作在高效工作点，是降低水泵电耗的又一个关键点。在充分采用了各项降低阻力的措施后，原有的泵工作点就会严重偏右，在低扬程的低效率点运行，这时，降低转速只能降低流量而不能改善效率，所以必须根据实际需要的扬程更换低扬程水泵。此外，对于两台或多台并联水泵，只有对各台泵统一变频，使各台泵的转速相同，才能保证各台泵都在高效工作点运行。

6.7 赤峰楼宇混水技术供热项目

6.7.1 楼栋入口混水简介

楼栋入口混水对于解决楼内失调与楼栋失调严重小区的问题有很大的作用。通过楼栋混水可以增加楼内循环量，降低主管网流量，等效于末端的阻力变大，管网的阻力变小，提高整个系统的水力稳定性，形成楼内“大流量小温差”，庭院管网“小流量大温差”的理想工况，是值得推广的庭院管网新模式。

“地板采暖”是近年来使用越来越广泛的一种末端形式。与传统的散热器末端相比，地板采暖所需的供水温度低，一般为35～45℃，且其温度自下而上梯度分布，高温区位于人活动的区域，舒适性更好。

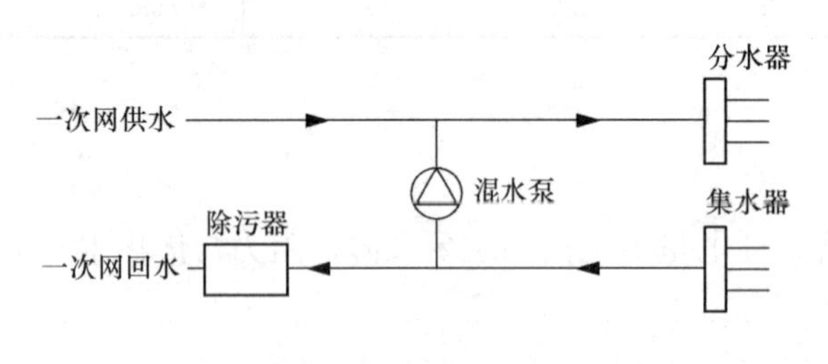

图6-56 混水泵混水站系统示意图

但是，由于地板采暖相比传统散热器仍然使用范围较小，往往在一些热力站中呈现“点状分布”，造成了在一个热力站中地板采暖与散热器混杂分布的情况。在这种情况下，为了满足散热器较高的供述温度需求，地板采暖往往采用高温运行，供水温度达到45～60℃，室温过高、过量供热的问题凸显。

楼栋入口混水的系统形式如图6-56所示。通过混水，使楼内的供水温度低于热力站的供水温度，达到降低供水温度的目的。

供水温度计算公式为：

$$t_g = \frac{(T_g G_g + T_h G_h)}{(G_g + G_h)} = T_g - \frac{\varepsilon(T_g - T_h)}{1+\varepsilon}$$

其中，t_g为混水后的供水温度；T_g为混水前的供水温度；T_h为回水温度；G_g为混水前流量；G_h为混水量；ε为混水比，等于G_h/G_g。

混水比越大，混水后的供水温度就越低。通过调节混水比，可以达到所设计的供水温度。

6.7.2 楼栋入口混水的案例实测

（1）案例概况

案例位于赤峰市十一粮店换热站的一个支路上。如图 6-57、图 6-58 所示，在该支路中，烟草公司 1 号和烟草公司 2 号两栋建筑的末端形式为地板采暖，其余建筑的末端形式为散热器。改造前，这两栋建筑物与其他建筑的供水温度一致。为了保证散热器的供水温度，这两栋楼的地板采暖供水温度偏高，达到了 50～60℃。

图 6-57 楼栋混水实验示意图

1 号和 2 号在建筑形式、采暖面积、末端等各方面完全一致，为了更好地测试楼栋混水的效果，选择这两栋建筑进行对比测试。在烟草公司 1 号的楼前小室内加装混水泵，而 2 号依然保持原来的供热参数。

1 号与 2 号的基本情况如表 6-27 所示。

图 6-58 楼栋混水 1 号施工情况

楼栋混水实验 1 号和 2 号基本情况 **表 6-27**

楼　　号	1号	2号
围护结构	24 墙无保温	
单元数	4	
末端采暖形式	地板采暖	
楼内系统形式	垂直双管并联，各用户分户串联	
采暖面积（m^2）	5179.74	5073.18
备　　注	2 号有一用户报停暖，因此其采暖面积按 1/3 计算，故总采暖面积比 1 号略小	

与 2014 年 3 月 13 日～4 月 15 日进行混水实验。测试分为两个阶段。在两个阶段中，调节混水量，使混水比不同，混水后的温度降幅也不同。

（2）测试结果分析

表 6-28 为两个测试阶段的测试结果。可以看到，在不同的混水比下 1 号的供水温度比 2 号分别低了 5.03℃与 8.20℃，而节能量分别为 27.5%和 41.9%。两栋楼的室温都存在过热现象，说明在测试期间的室外温度下，混水后的供水温度依然偏高。在第一阶段，2 号平均室温比 1 号搞了 0.93℃，而在第二阶段，2 号平均室温比 1 号搞了 1.79℃。

楼栋混水测试结果统计 **表 6-28**

测试时间	测试项目	1号	2号
测试阶段一 3 月 14 日 0：00 ～3 月 19 日 23：00	平均室外温度（℃）	6.86	
	混水比	0.68	无
	平均供水温度（℃）	40.81	46.04
	平均回水温度（℃）	32.68	32.55
	平均室内温度（℃）	25.68	26.61
	平均单位面积耗热量（W/m^2）	22.97	31.80
	2 号耗热量/1 号耗热量	1.38	

续表

测试时间	测试项目	1号	2号
测试阶段二 3月28日0：00 ～4月1日23：00	平均室外温度（℃）	12.51	
	混水比	1.36	无
	平均供水温度（℃）	39.37	47.57
	平均回水温度（℃）	33.03	35.17
	平均室内温度（℃）	27.07	28.86
	平均单位面积耗热量（W/m²）	22.07	38.01
	2号耗热量/1号耗热量	1.72	

图6-59和图6-60为1号和2号在测试阶段一的供水温度与单位面积耗热量的关

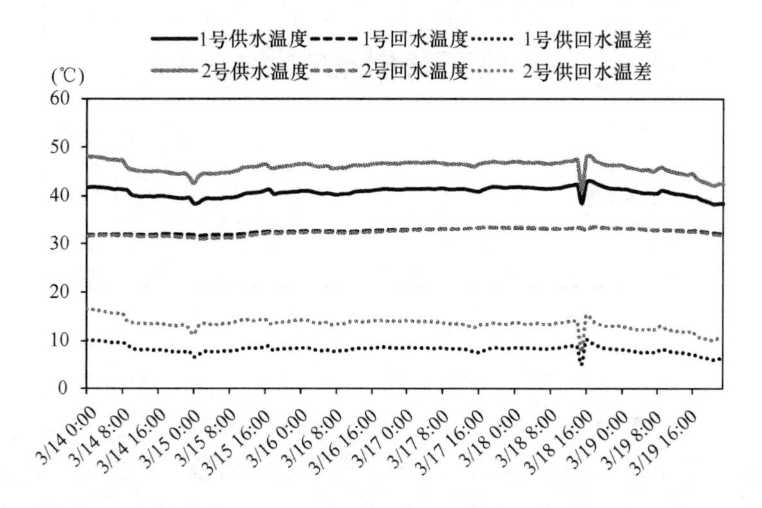

图6-59 测试阶段一各楼栋供回水温度

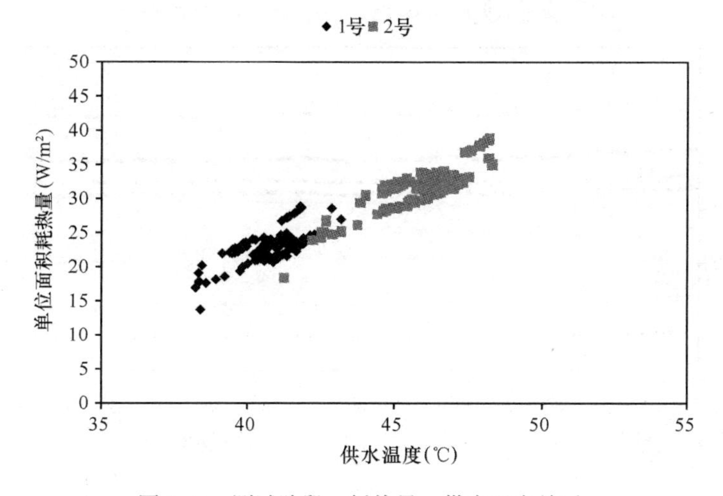

图6-60 测试阶段一耗热量一供水温度关系

系图。图 6-61 为 1 号和 2 号在测试阶段一的室内温度与室外温度关系图。从图中可以看到，1 号和 2 号的耗热量与供水温度的相关性明显，1 号由于供水温度较低，耗热量整体低于 2 号。而两者的室温都存在偏高的现象，2 号的室温比 1 号更高。

同时也可以看到，由于两栋建筑完全一致，因此其耗热量一供水温度基本在一条直线上，可以清晰地看出供水温度下降后耗热量的减少。

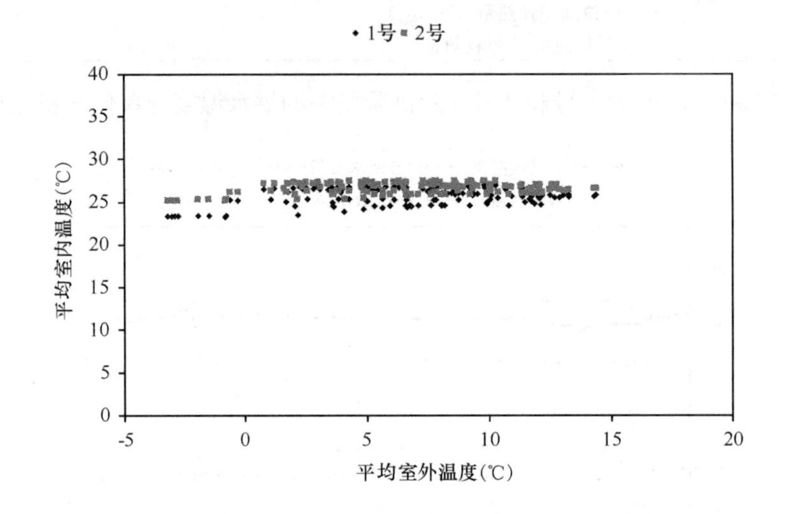

图 6-61 测试阶段一室内温度-室外温度关系

图 6-62、图 6-63 和图 6-64 为 1 号和 2 号在测试阶段二的供热参数分析。从图 6-62 可以看到，由于混水比的增大，供水温度的下降幅度比测试阶段一中更大

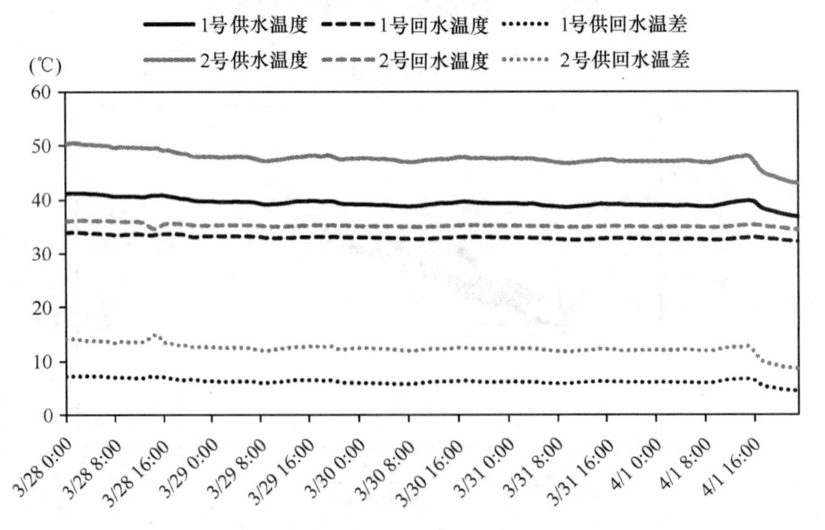

图 6-62 测试阶段二各楼栋供回水温度

（混水后供水温度基本与测试阶段一致，但测试阶段二混水前的供水温度比阶段一高，因此下降幅度是增加了），回水温度也更低。从耗热量一供水温度的关系（图6-63）中可以看到，由于供水温度始终较低，混水后1号的耗热量也始终小于2号。由于该阶段的室外温度较高（部分时间甚至高于20℃），供水温度也没有自动调节，因此室温偏高的现象显著，但1号的平均室外温度依然比2号低。

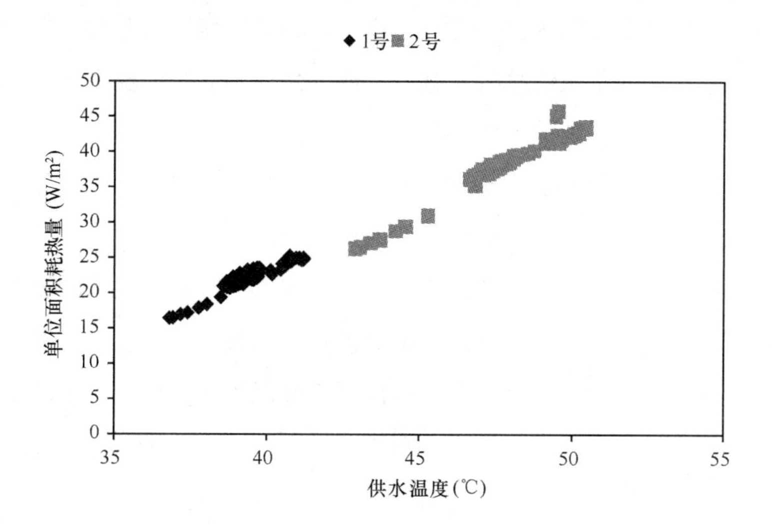

图6-63 测试阶段二耗热量一供水温度关系

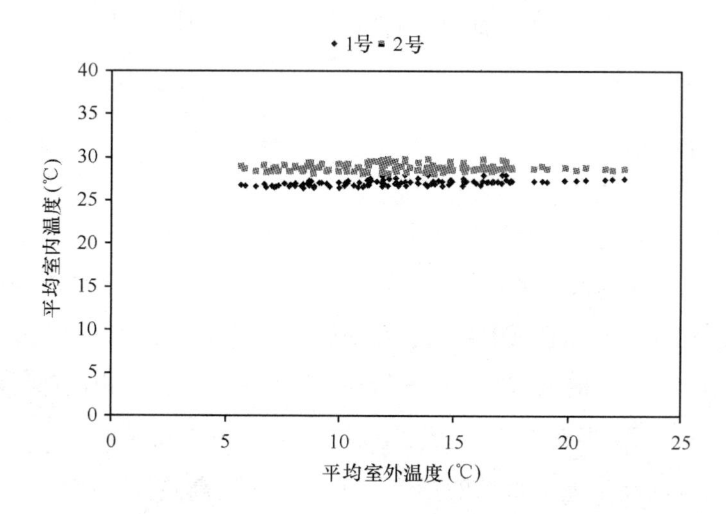

图6-64 测试阶段二室内温度一室外温度关系

通过上述实验，可以看到：

① 通过混水解决地板采暖末端供水温度偏高的问题是可行的，效果显著。

② 实验进行阶段的室内温度严重偏高，说明有进一步降低供水温度的潜力，结合供水温度随室外温度变化的自动控制，地板采暖末端混水会有更好的效果。

6.7.3 楼栋入口混水的其他问题

在该典型项目的测试中还发现一些问题，此处简要介绍。

(1) 改造后整个系统的水力工况发生变化，必须重新进行管网平衡的调节。具体表现在混水之后，由于系统总流量减少，混水泵前端的楼栋资用压头升高，流量增大。如果不进行调节，前端楼栋容易出现过热的情况。

(2) 本案例的改造过程较为繁琐。由于原有的小井空间不够，进行了土方开挖。由于原有的地沟完全没有配电设备，因此重新设计了电气线路。

事实上，目前有很多这样改造潜力的小区，或者考虑使用混水的新建小区，最大的障碍就在于楼前空间有限，水泵和配套的电气设备难以安装，一些通信、自控设备更没有条件进行安装。建议相关的厂商可以开发应用于楼栋混水的小型成套产品，将水泵、配电、监控等进行集成，重点提高设备在恶劣环境下工作的可靠性，以方便施工与运行管理。

6.8 沈阳阳光100污水源项目

6.8.1 项目简介

沈阳阳光100国际新城项目位于沈阳市于洪区吉力湖街，该项目的主要建筑功能为居民住宅。一期总建筑面积约为28万m^2，为12栋32层住宅。该地块全部采用污水源热泵供暖，采用北京中科华誉热泵制造有限公司生产的污水源热泵机组。

每天沈阳市约1/2的城市原生污水流经主干渠后汇至沈阳市南部污水处理厂流量为60万t/日，污水温度16℃。而沈阳市地下水的平均温度为12℃。采用原生污水热源的提水温度高于地下水源的温度，可以有效提高热泵机组的效率，降低能耗，且没有取水和回灌的压力，没有破坏地下水资源的危险。

由于本次方案采用污水源热泵的形式为整个系统提供热量，污水源热泵拥有较高的能效比；同时污水源热泵对废弃污水的余热量进行回收利用，符合国家节能减排政策。

6.8.2 系统流程

本项目供热区域距沈阳市南部污水处理厂总干渠约600m，在主干渠引 DN1500mm管线至供热机房，通过污水换热器将热量释放给中介水后返回主干渠。污水源热泵以中介水为低温热源，提取污水的余热，供热系统流程如图6-65所示。

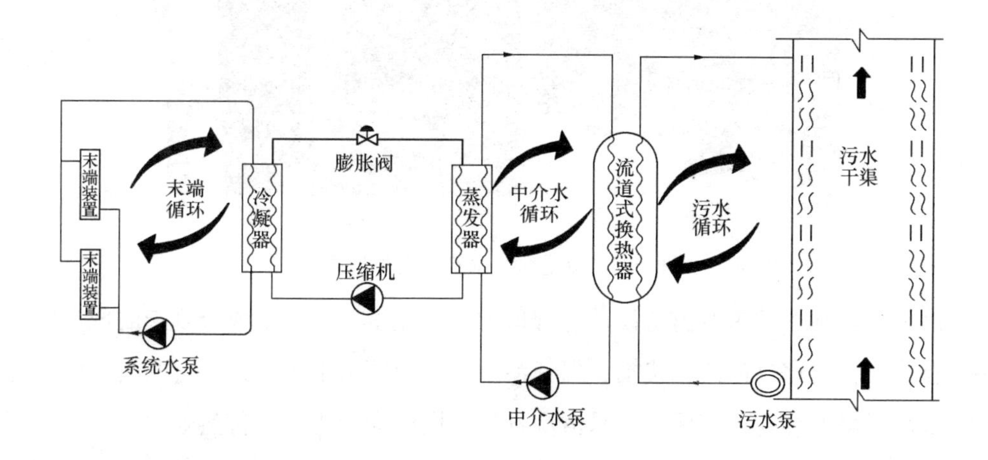

图6-65 供热系统流程图

根据本项目情况，机房内系统分为高、中、低三个区，高区为21～32层，热负荷约为2250kW，中区为10～21层，热负荷约为4200kW，低区为1～10层，热负荷约为6150kW。根据负荷估算，高区选用1台HE2450LF型热泵机组。单台机组制热量为2506.4kW，输入功率为526.7kW。中区选用2台HE2450LF型热泵机组。单台机组制热量为2506.4kW，输入功率为526.7kW。低区选用3台HE2450LF型热泵机组。污水源热泵机房循环泵如表6-29所示。

机房循环泵设计参数 表6-29

序号	设备名称	单位	数量	设备参数（单台）	备注
1	低区循环泵	台	2	Q=1200m³/h H=32m，160kW	1用1备
2	中区循环泵	台	2	Q=820m³/h H=38m，132kW	1用1备
3	高区循环泵	台	2	Q=400m³/h H=32m，55kW	1用1备
4	中介水循环泵	台	3	Q=1100m³/h H=28m，132kW	2用1备

6.8.3 污水换热器介绍

污水换热器是污水源热泵系统的核心部件。本项目除污系统采用了哈工大金涛的流道式污水换热器，实物外形如图 6-66 所示。

图 6-66 流道式污水换热器外形图

该换热器独有的单宽流道设计与合理的流道宽度，可以使成分复杂的城市原生污水在换热器内产生紊流和扰动，保证污水在一定压力下，保持一定的流速顺利通过，解决了堵塞和挂垢问题，且易清洗维护，同时大幅提高了传热效率。两侧开启门设计，利于换热器周期性维护保养。除污器采用纯逆流换热，保证了高效换热，实现了同等换热量下，占地面积更小，污水侧和中介水侧无任何掺混。除污器换热流程如图 6-67 所示，污水在宽通道内多次往返形成多个回程，而中介水也多次往返与污水侧形成逆流换热，为了严格避免污水与中介水的掺混，中介水相邻两个回程通过该换热器两端的开启门侧面的管路连接（侧面凸起部分），进而避免占用污水侧通道。

该污水换热器型号为 JTHR-L-150-0.3/0.2-BII，每台换热面积为 150 m^2，共

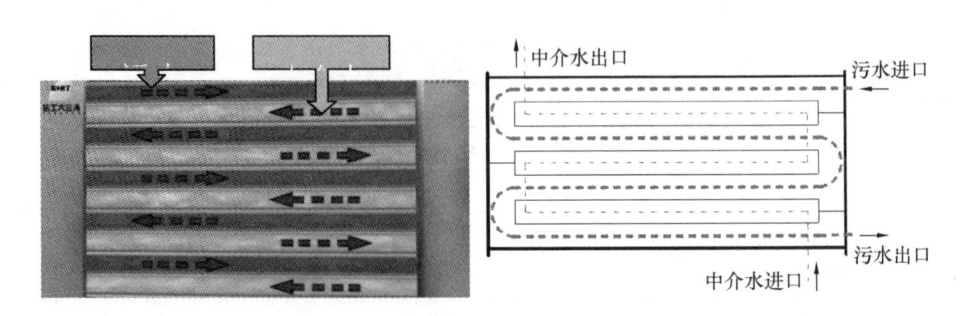

图 6-67 流道式污水换热器流程图

计22台，总换热面积3300㎡，设计传热系数1200W/（m^2·K），实际运行中一年清理一次。该换热器的优点为：

（1）污水侧采用单流程、大截面、无触点单宽流道设计，具有优异的抗堵防垢性能；

（2）清水侧（介质水）采用紧凑型、小截面、多支点，多层并联再串联结构；既保证了换热设备整体的承压能力与抗挠度，又减少了设备体积与占地面积；

（3）两侧换热介质整体实现了纯逆流换热，传热系数高，设备占地面积小；

（4）换热器两端分别设置专用密封门，开启任意一侧，所有污水通道全部可视，易于清洗维护；

（5）经测试，初始状态传热系数1800W/(m^2·K)以上，连续运行4个月不低于1200W/(m^2·K)；6个月不低于1000 W/(m^2·K)。清洗维护周期不低于6个月。

6.8.4 测试运行参数

针对2013～2014年采暖季的运行数据进行分析，该系统的末端形式为地板辐射，供回水温度较低可以进一步提升污水源热泵的*COP*，用户侧的供回水温度随时间变化如图6-68所示，用户供水温度在25～40℃之间波动，跟前面的技术介绍类似，生活污水的温度较为稳定，如图6-69所示。随室外温度变化波动不大，整个采暖季在12～15℃之间波动。

政府鼓励项目实行大工业电价，电价为0.65元/kWh，供暖期151天，实际运行费16.3元/m^2。总供热量和总耗电量，如图6-70所示，整个采暖季系统综合

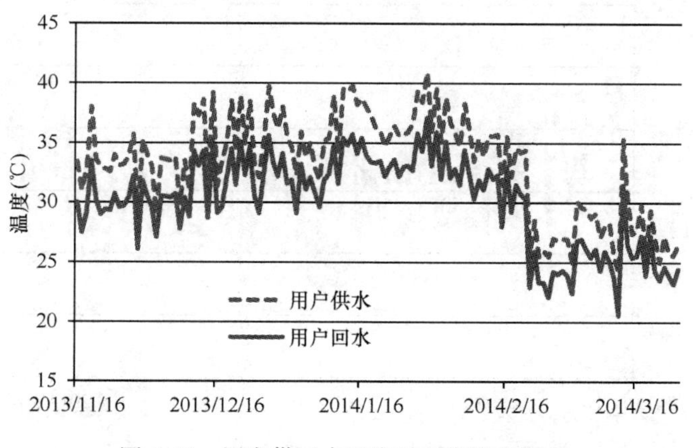

图6-68 用户供回水温度随日期变化趋势

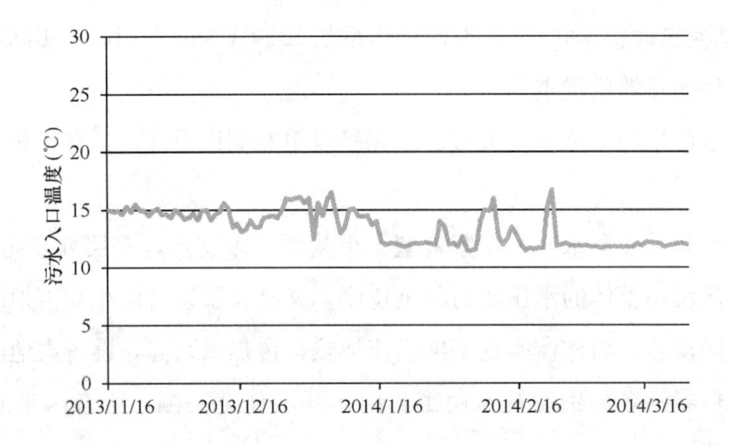

图 6-69　污水入口温度随日期变化趋势

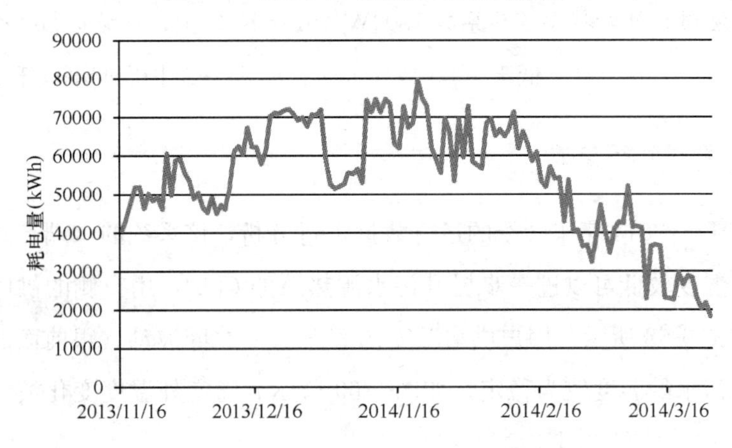

图 6-70　系统耗电量随日期变化趋势

COP 的变化如图 6-71 所示，整个采暖季 *COP* 平均值约为 3.2。

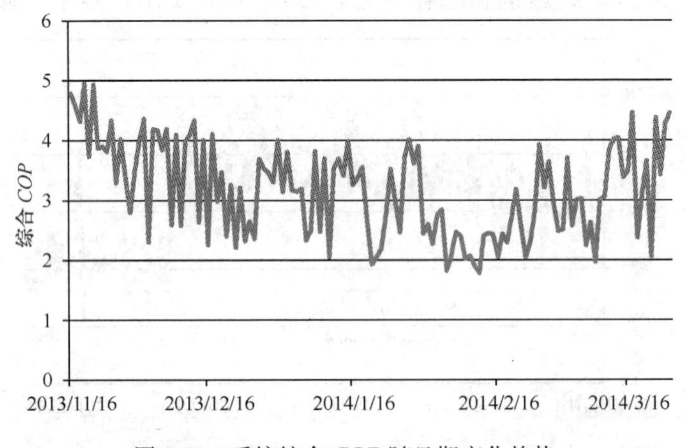

图 6-71　系统综合 *COP* 随日期变化趋势

随着室外温度变化，系统综合 *COP* 有所波动，在初末寒期，综合 *COP* 可以达到 4 以上，在严寒期系统综合 *COP* 为 2。

安装污水源热泵的 1 号～4 号热力站对部分用户室温进行了实时监测，见图 6-72～图 6-75。

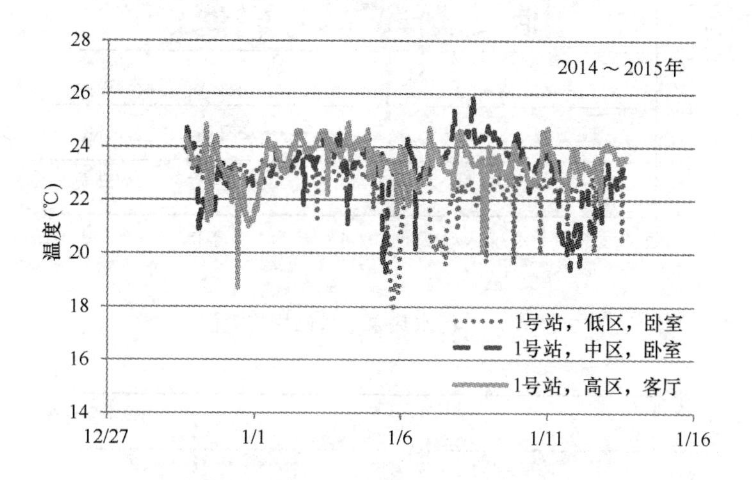

图 6-72 污水热泵 1 号站用户室温

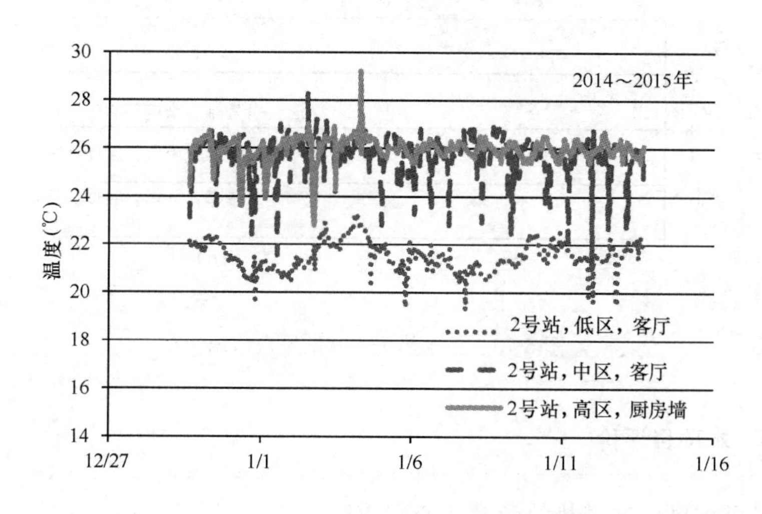

图 6-73 污水热泵 2 号站用户室温

从图 6-72～图 6-75 可以看出，用户室温均能保证在 18℃以上，能够保证舒适性要求。其中，2 号站中区和高区用户室温偏高，应在以后运行中适当调节，避免过量供热。

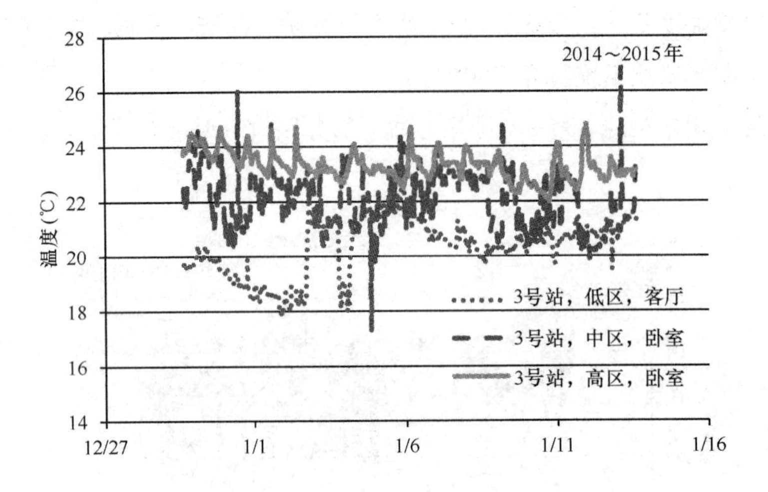

图 6-74 污水热泵 3 号站用户室温

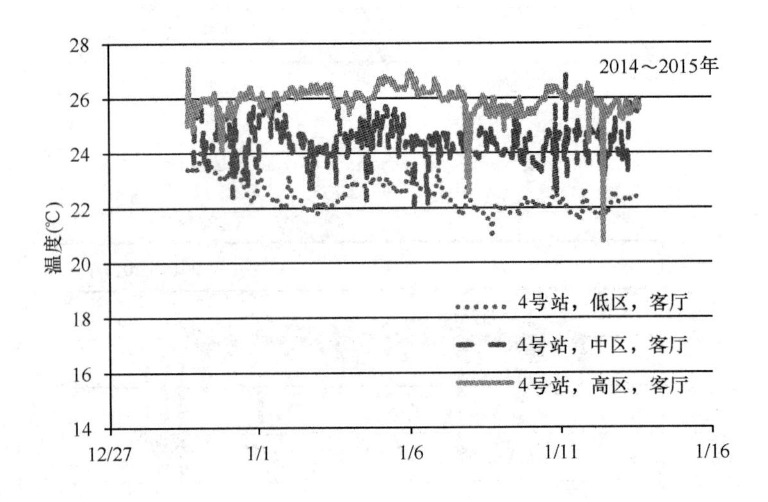

图 6-75 污水热泵 4 号站用户室温

6.8.5 本项目评价

下面从节能效果和减排等角度评价该项目：

(1) 在节能减排方面，与传统的燃煤锅炉方式供暖相比，每供暖期节煤 6039.7t，根据按每燃烧一吨标准煤排放二氧化碳约 2.6t，二氧化硫约 24kg，氮氧化物约 7kg（能源基础数据汇编，国家计委能源所，1999.1），减少 CO_2 排放 15703.2t，SO_2 减排 144.9t，NO_x 减排 42.3t。

（2）提水温度与地下水源热泵相比较高，有效提高机组运行效率，降低能耗。且没有取水和回灌的压力，没有破坏地下水资源的危险。

（3）本次方案采用污水源热泵的形式为整个系统提供热量；污水源热泵拥有较高的能效比，且利用的是城市污水废热，响应国家节能减排政策。

（4）根据2013～2014年运行数据，实际运行费16.3元/m^2，供热成本较低。

（5）所有机组用于冬季供暖，保证率为100%，目前已安全稳定运行两个采暖期，供热质量较高，保证居民室内温度18℃以上。

6.9 北京密云司马台新村冬季采暖项目

6.9.1 项目简介

密云司马台新村建设工程是北京市政府和密云县政府新农村建设的重点项目，位于北京市水源所在地密云县的古北口镇司马台村，总建筑面积为77525m^2。该村属于暖温带季风性半干燥气候，夏季炎热多雨，冬季寒冷干燥，多风少雪冬季漫长，年平均气温10～12℃。作为北京市的水源保护区、生态涵养区和传统文化展示区，该项目的供热既不宜采用传统化石能源，也没有其他适宜的可再生能源资源解决供热问题，北京市住建委和密云县住建委根据房山前期试点项目实验结果，经过专家组论证，委托同方人工环境有限公司在司马台新村建设工程上进行低温空气源热泵建筑供暖规模化应用示范。

密云司马台新村在我国热工分区图上属于寒冷地区，冬季供暖是人民生活必备的基础设施，供暖期自11月中旬到次年的3月中旬，长达120天，采暖能耗大。但由于集中供热设施无法覆盖到司马台新村，且若采用直接电采暖方式，一次能源利用率太低，结合现场实地考察以及可持续发展的要求，选用“低环温空气源热泵＋地板辐射供暖”系统方案。

6.9.2 系统原理

每个房间地板辐射散热末端采用并联结构，统一由置于室外的空气源热泵机组提供热水供热，实物如图6-76、图6-77所示，供热系统流程如图6-78所示。

图 6-76 别墅住宅南侧外观图

图 6-77 低温空气源热泵室外机

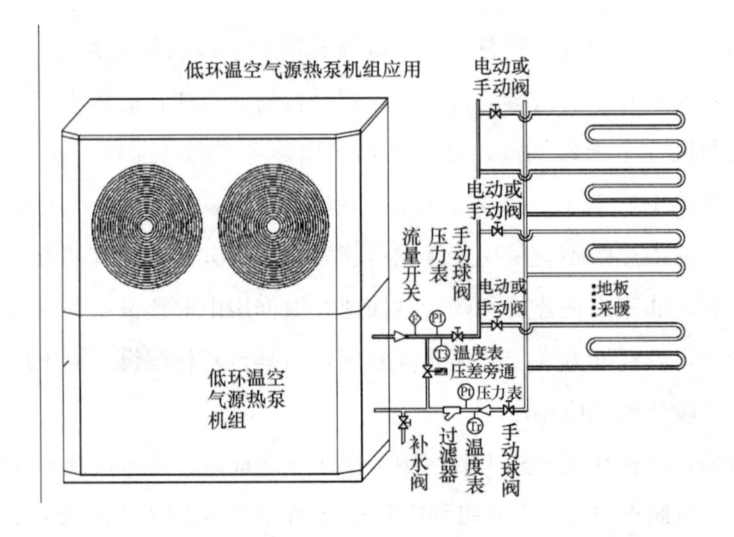

图 6-78 空气源热泵与地板采暖系统示意图

本项目使用 HSWR-07（D）E，HSLR-D-12（S）以及 HSLR-D-23（S）三种型号的低温空气源热泵机组，共计 596 套，主要参数如表 6-30 所示。−16℃以上时为机组热泵运行，以下时为电加热运行。

该项目建筑构成为住宅楼 121 栋，其中二层别墅 107 栋，有 3 种户型，共 316 户；多层住宅 14 栋，有 4 种户型，共 280 户。根据这 7 种户型的建筑面积从表 6-30 选择不同的机组。考虑一定设计裕量，供热指标为 $70W/m^2$。

空气源热泵机组主要参数 表 6-30

型号			HSWR-D-07 (D) E	HSLR-D-12 (S) E	HSLR-D-23 (S) E	
制热	7℃制热	热量（kW）	9.32	14.85	23.8	
		功率（kW）	2.67	4.6	7.26	
		COP	3.49	3.22	3.38	
	−12℃制热	热量（kW）	5.51	9.89	15.1	
		功率（kW）	2.47	4.4	6.53	
		COP	2.27	2.24	2.31	
	−16℃ 制热	热量（kW）	4.87	8.8	13.5	
		功率（kW）	2.43	4.31	6.47	
		COP	2	2.04	2.09	
电源类型			220V/1PH/50HZ	380V/3PH/50HZ	380V/3PH/50HZ	
辅电功率（kW）			3	5	7	10
适用房间类型			D，E	A，F，G	B	C

6.9.3 实际运行测试

测试方为北京市建委旗下房地产技术研究所，测试户型为167m²的别墅，此户型配置的主机型号为HSLR-D-23（S）E，该机组在标准工况下（7℃）时的供热量为23.8kW，功率为7.26kW。数据记录日期为2013年11月26日～2014年1月13号。测试日期室内外温度变化情况如图6-79所示。

采用的热量计通过热量累计功能自动记录每小时的供热量，测试期间每小时供

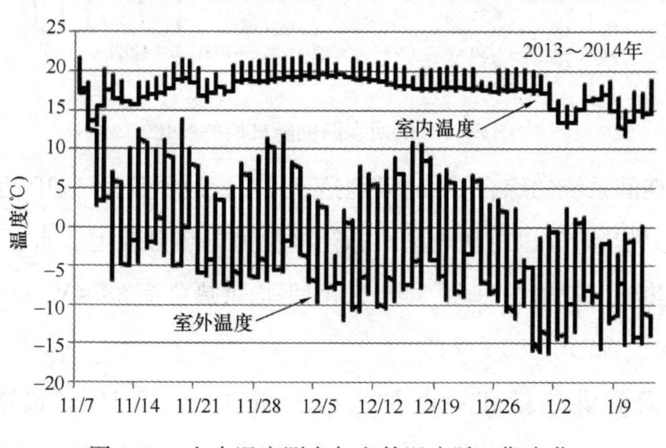

图6-79 室内温度测点与室外温度随日期变化

热量如图 6-80 所示。

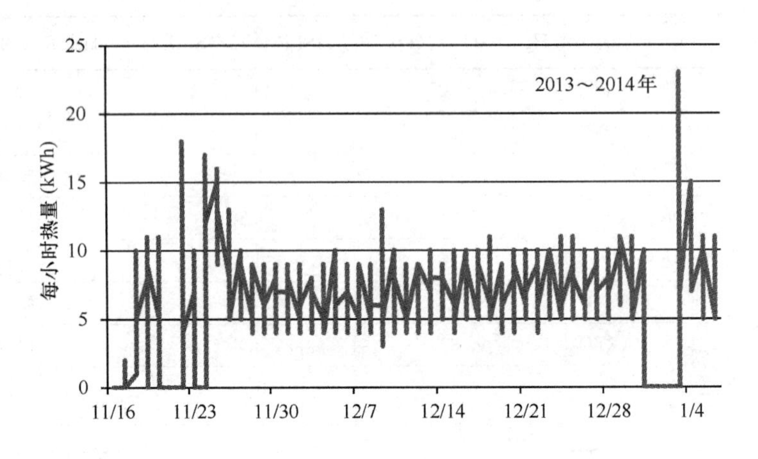

图 6-80 供热量随日期变化

由于该系统采用了控制回水温度范围的控制策略，回水的温度范围可根据个人的舒适度要求自行设定上下限，因此该系统通过间歇运行可以保持供回水温度随日期变化的波动性较小，如图 6-81 所示。

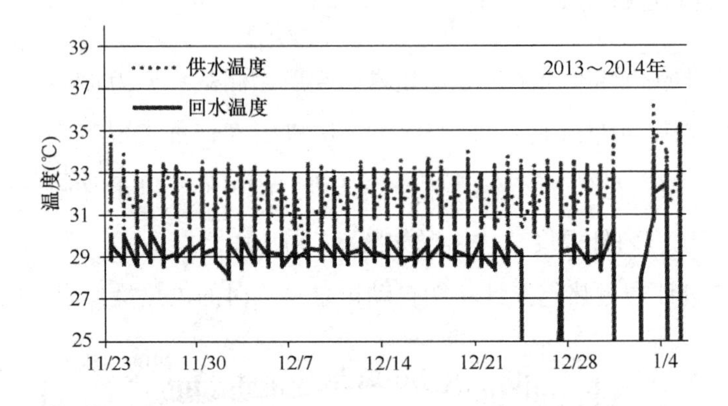

图 6-81 供回水温度随日期的变化

整个测试期间系统的综合 *COP* 平均达到 3.1，最冷天的 *COP* 为 2.6，其中综合 *COP* 是指总供热量除以总耗电量，总耗电量为电热泵耗电、水泵耗电及极端天气时少量电加热辅助耗电的总和。测试期间平均供热负荷 33.4W/m^2，最冷天供热负荷 41.1W/m^2，如图 6-82 所示。

针对最冷天的供热量和耗电量进行分析（1 月 2 日），最冷天耗电量为 70.5kWh，供热量为 183.3kWh，当日综合 *COP* 为 2.6，供热能耗为 41.1W/m^2。

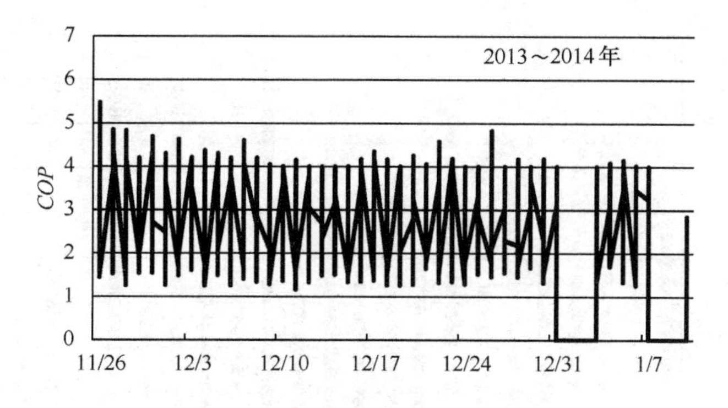

图 6-82 系统综合 *COP* 随日期的变化

该日逐时耗电量如图 6-83 所示，逐时供热量如图 6-84 所示，系统综合 *COP* 逐时变化如图 6-85 所示。

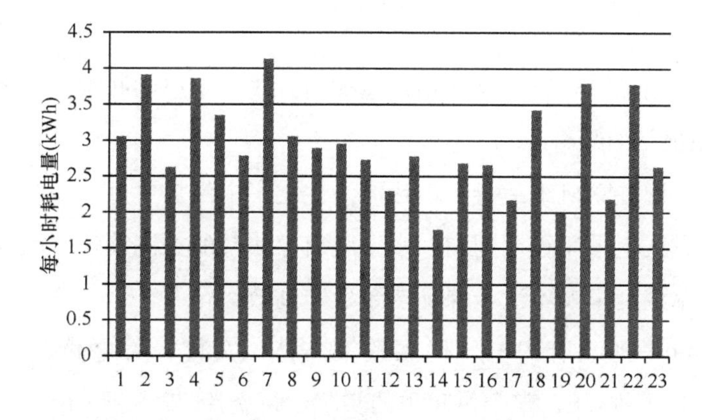

图 6-83 最冷天逐时耗电量

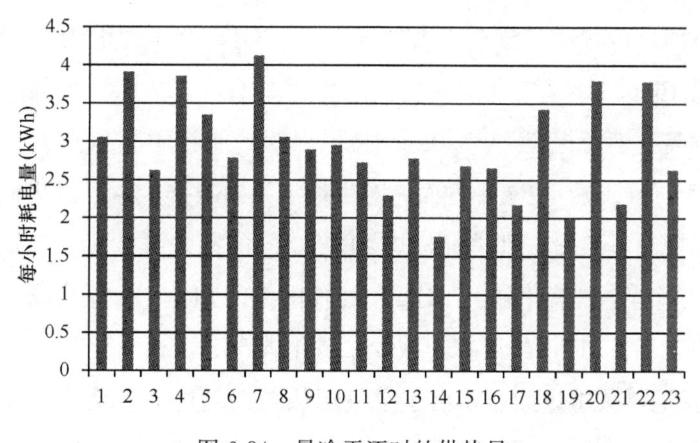

图 6-84 最冷天逐时的供热量

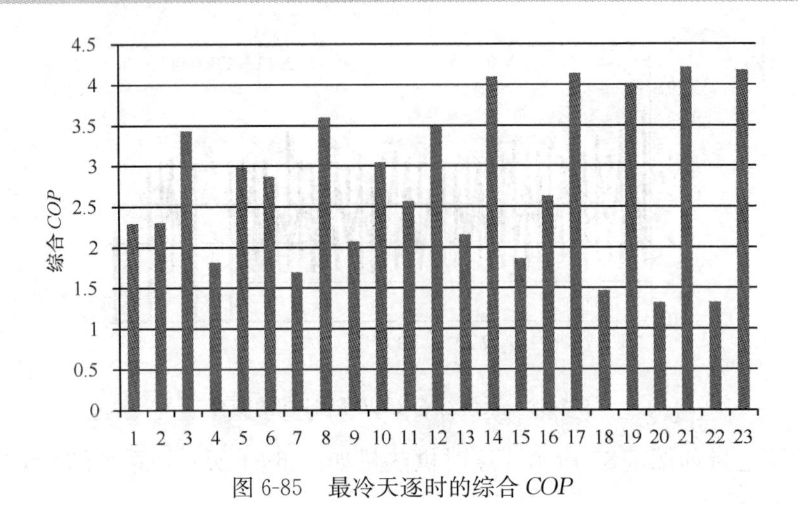

图6-85 最冷天逐时的综合 *COP*

6.9.4 项目评价

(1) 由于采用了空气源热泵+辐射地板的方式，用户供回水温度降低，提升了热泵 *COP*，该项目的综合 *COP* 为3.0。

(2) 由于每户独立机组运行，供热灵活性比集中供热更好。

(3) 运行方式上采用控制用户回水温度启停热泵的控制策略，因此室外温度变化对用户供回水温度影响不大，保证热泵稳定高效运行。

(4) 该项目得到政府的电价优惠政策支持，实行峰谷电价，平电0.49元/kWh，谷电0.3元/kWh。整个供暖季的实际运行费用22.8元/m^2，大大提高了利用电能采暖的效率，经济效益显著。

(5) 从节能和减排两方面评价该项目。

在节能方面，该测试对象全年供热量为54.7GJ，全年耗电为5161.4kWh，耗电量折合标煤1656.8kg（按全国平均供电煤耗321gce/kWh）。如果采用燃煤锅炉代替热泵，则需要消耗标煤2188.0kg（按燃煤锅炉能耗40kgce/GJ），因此该项目每年节约标煤531.2kg。在减排方面，对当地污染的减排量，可认为同样供热量下燃煤锅炉的污染物排放量，即消耗标煤2188.0kg的锅炉排放量。依据每吨标煤排放二氧化碳约2.6t、二氧化硫约24kg、氮氧化物约7kg（能源基础数据汇编，国家计委能源所，1999.1），经计算，减少二氧化碳5.7t、二氧化硫52.5kg、氮氧化物15.3kg。就绝对减排量而言，由于空气源热泵消耗电力，而火力发电存在污染物排放，因此绝对减排量为燃煤锅炉耗煤量与热泵耗电折合标煤量之差，此时节煤量为 531.2kg，对应减排二氧化碳为 1.4t、减排二氧化硫为 12.7kg、减排氮氧化物为 3.7kg。

(6) 从系统初投资、运行费用、资源依赖程度、环境友好程度、系统简便性、舒适性上综合考虑，该技术尤其适用于市区内多层住宅、2 万㎡以下的商用及办公建筑和郊区的独栋及联排别墅等。一方面满足用户对舒适、经济环保、调节方便的供暖服务的需求；另一方面可以解决集中供热设施无法覆盖且有供热需求场所的采暖问题。

附录

中国建筑面积计算方法的说明

建筑面积的统计是建筑节能的基础性工作。2006年以后，原建设部停止发布《城镇房屋概况统计公报》，也不再公布建筑面积总量；2007年以后，《中国统计年鉴》停止发布全国及各地城市实有房屋建筑面积和实有住宅建筑面积数据。目前，按照住建部、国家统计局等政府部门，以及相关专家学者等以不同统计口径对建筑面积的数据进行了大量的分析和研究，可估算出截至2013年底我国民用建筑面积总量（包括城镇住房面积、农村住房面积、公共建筑面积，不包括工业建筑和农村生产性用房）约在490亿～575亿m^2之间，对了解我国建筑面积的规模现状起到了重要作用。为了分析中国建筑能耗现状，清华大学建筑节能研究中心也对我国建筑面积进行了推算，详见《中国建筑节能年度发展研究报告2011》附录。在本年的年度报告中对建筑面积的定义及计算方法进行了一定调整，在本节中对建筑面积的定义、边界、计算方法及结果进行补充说明。

1. 建筑面积的定义与边界

根据住建部条例《房地产统计指标解释（试行）》，建筑按使用功能分类可分为民用建筑和生产性建筑两大类，另有少部分军事建筑和其他建筑[1]，如附图1所示。民用建筑分为居住建筑和公共建筑；生产性建筑分为工业建筑和农业建筑。根据国家统计局条例《统计上划分城乡的规定》，建筑根据其所处的城乡区划分为城镇建筑和农村建筑，如附图2所示。其中城镇建筑指位于城市、县城和建制镇区域内的建筑；农村建筑指位于乡村、农场、村庄区域内的建筑[2]。

---

[1] 参考住建部条例《房地产统计指标解释（试行）》。

[2] 参考国家统计局条例《统计上划分城乡的规定》。

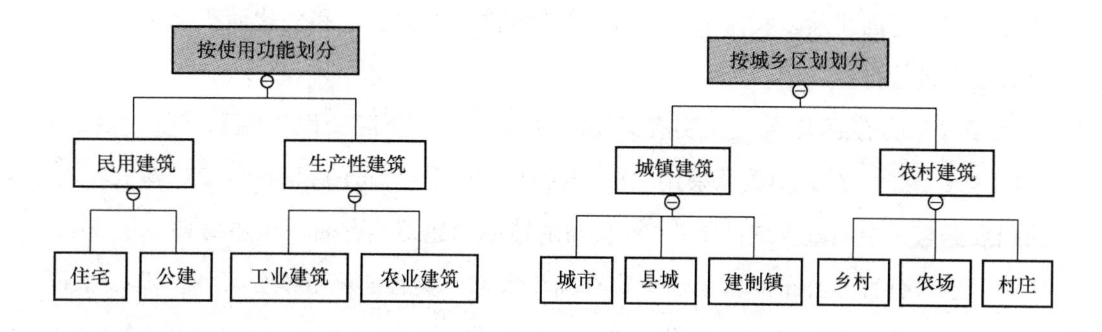

附图 1　建筑按使用功能分类　　　附图 2　建筑按城乡区划划分

本书中所指的建筑面积均为民用建筑面积。根据建筑能耗特点、影响因素及节能途径的不同，本书将中国建筑总面积划分为三类：城镇住宅建筑、农村住宅建筑和公共建筑。其中考虑到公共建筑能耗在城乡之间能耗特点差异不显著，因此将城镇公建和农村公建统一归为公共建筑。此外，北方城镇采暖面积单独统计，为北方地区城镇住宅和城镇公建的面积之和。本书提到的四类建筑能耗，北方城镇采暖、公共建筑、城镇住宅建筑、农村住宅建筑分别对应的建筑面积边界如附图 3 所示。

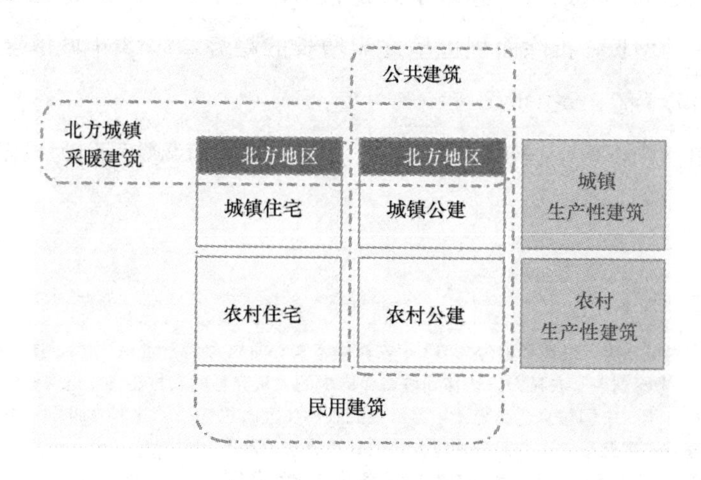

附图 3　建筑面积分类及边界

2. 建筑面积计算方法

本书建立了建筑面积的计算模型对各类建筑面积进行计算。农村住宅面积采用农村人均住宅面积乘以农村常住人口计算得到[1]。城镇住宅和公建面积，采用如下公式逐年进行推算：

城镇今年实有面积 = 去年实有面积 + 竣工面积 − 拆除面积 + 区划调整面积

2006年的实有面积数据采用《中国统计年鉴》[2]公布的2006年城镇建筑实有面积数据与《中国城乡统计年鉴》[3]公布的建制镇建筑实有面积相加得到。从2007年以后不再有官方公布的城镇建筑实有面积数据，实有面积由推算得到，推算中采用的竣工、拆除和区划调整面积的来源分别如下：

逐年竣工面积采用《中国统计年鉴》[4]中公布的全社会房屋竣工面积，2013年全社会房屋竣工面积为35.0亿m^2，其中住宅竣工面积19.3亿m^2，城镇房屋竣工面积为25.7亿m^2，其中住宅竣工面积为10.7亿m^2。

拆除面积根据历年的建筑拆除垃圾量、建筑新开工面积和竣工面积等多个限定条件给出拆除面积的上限值和下限值，在此区间内对逐年的拆除面积值进行估计。有报告显示2013年我国建筑拆除垃圾量为7.4亿t[5]，而拆除1m^2旧建筑就将产生0.7～1.2t垃圾[6]。有相关研究表明每年拆除面积约为当年新开工面积的15%[7]、约为竣工面积的30%[8]。对上述多个限定条件的分析表明，随着近年来新开工面积、竣工面积的增长，拆除面积也呈逐年增长的趋势，2013年城镇建筑拆除面积约在6.0亿～7.5亿m^2之间。

区划调整面积指由于城镇扩容、部分农村地区区划调整后划为城镇地区，导致

---

[1] 根据《中国城乡建设统计年鉴》，2013年农村住宅实有面积为261亿m^2，大于用农村人均面积计算得出的238亿m^2。考虑到由于农村人口转移到城市而产生的大量弃置的农村住房，这部分住房在统计人均面积时没有统计在内，而《中国城乡建设统计年鉴》中的农村住宅面积包括了此部分面积。本书研究的对象为产生运行能耗的建筑，因此采用人均面积乘以人口的计算方法为准。

[2] 数据来源：《中国统计年鉴2007》，表11-6各地区城市建设情况（2006）。

[3] 数据来源：《城乡建设统计年鉴2013》，表3-1-1全国理念建制镇及住宅基本情况。

[4] 数据来源：《中国统计年鉴2014》，表10-7全社会房屋施工、竣工面积和价值，表10-16固定资产投资（不含农户）房屋施工、竣工面积和房屋竣工价值。

[5] 《中国资源综合利用年度报告（2014）》，国家发展和改革委员会。

[6] 《建筑拆除管理政策研究》，中国建筑科学研究院，2014。

[7] 《建筑垃圾回收回用政策研究》，中国建筑科学研究院。

[8] 《建筑节能年度发展研究报告2012》。

的城乡属性变动的建筑面积❶。区划调整面积根据撤乡撤村建镇的数量❷和农村住宅面积的变动情况❸进行估计，估计结果为 2013 年从农村划为城市的建筑面积约为 2 亿～4 亿 m^2。

3. 结果及校核

根据上述计算方法得到的逐年中国建筑面积如附图 4 所示，2013 年城镇住宅面积为 205 亿 m^2，农村住宅面积为 238 亿 m^2，公建面积总计 99 亿 m^2，北方城镇采暖面积总计 120m^2。

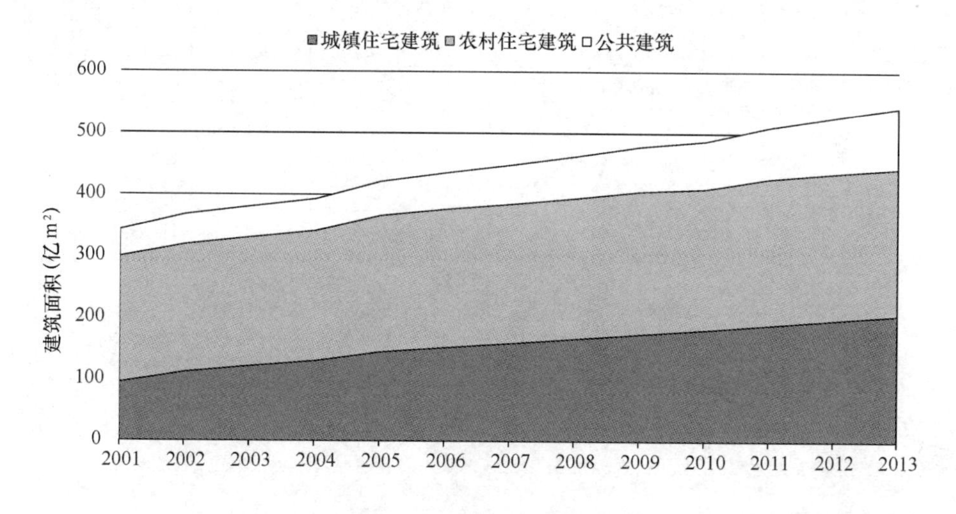

附图 4 建筑面积逐年变化

城镇住宅面积可以通过 2010 年人口普查数据中的住房情况进行校核，根据六普数据中的城镇家庭户人均住房面积与城镇家庭户人口相乘，得到 2010 年城镇住宅面积为 179.0m^2。由于人口普查中的住房统计仅包含使用中的住房，而不包含空置商品房。因此计算城镇住宅存量时需进行空置调整，根据文献❹的研究，调整后的 2010 年城镇住宅面积为 188.4 亿 m^2，与本研究计算的结果 181 亿 m^2 相接近。

---

❶ 参考《中国城乡建设统计年鉴》主要指标解释中年末实有建筑面积条目中提及的本年区划调整建筑面积。

❷ 历年建制镇、乡、村庄的数目来源于《中国城乡建设统计年鉴》。

❸ 根据《中国城乡建设统计年鉴》中公布的历年农村建筑实有面积、竣工面积和研究中估计的拆除面积，可反推出历年区划调整面积的大致范围。

❹ 刘洪玉. 基于 2010 年人口普查数据的中国城镇住房状况分析. 清华大学学报，2013。